Coil Coating

Almuth-Sigrun Jandel · Bernd Meuthen

Coil Coating

Bandbeschichtung: Verfahren, Produkte und Märkte

3., überarbeitete und aktualisierte Auflage

Unter Mitarbeit von Matthias Kolbe

Mit 191 Abbildungen und 35 Tabellen

JOT-Fachbuch

Springer Vieweg

Dr. Almuth-Sigrun Jandel
Münster, Deutschland

Bernd Meuthen
Solingen, Deutschland

ISBN 978-3-8348-1971-0
ISBN 978-3-8348-2354-0 (eBook)
DOI 10.1007/ 978-3-8348-2354-0

Die Deutsche Nationalbibliothek verzeichnet diese Publikation in der Deutschen Nationalbibliographie; detaillierte bibliographische Daten sind im Internet über http://dnb.d-nb.de abrufbar.

Springer Vieweg

Umschlaggestaltung unter Verwendung einer Abbildung der Firma BASF Coatings AG, Münster
Lektorat: Thomas Zipsner/Imke Zander

Gedruckt auf säurefreiem und chlorfrei gebleichtem Papier.

Springer Vieweg ist eine Marke von Springer DE. Springer DE ist ein Teil der Fachverlagsgruppe Springer Science+Business Media
www.springer-vieweg.de

Vorwort

Die Oberflächenveredlung von Stahl und Aluminium trägt in hohem Maße zu ihrer Werterhaltung und Langlebigkeit bei. Mit der Oberflächenbehandlung erhalten die Metalle ihre Funktion und ihr Design, vor allem werden sie jedoch durch die zusätzliche Auflage vor Korrosion geschützt. Die Bandbeschichtung ist ein weltweit etabliertes Verfahren, mit dem gewalzte Bänder aus Stahl oder Aluminium mit Lacken und Kunststoff-Folien kontinuierlich beschichtet werden. Diese Oberflächenveredlung erfolgt nach dem Konzept „Finish first – fabricate later". Es wird also zuerst das Blech lackiert und dann erfolgt die weitere Verarbeitung. Als kontinuierlicher Prozess ist die Bandbeschichtung effizienter und ressourcenschonender als ein Post-Painting-Verfahren. So ist z. B. schon die Anzahl der Verfahrensschritte erheblich geringer. Zudem konnten in den letzten Jahren viele umweltrelevante Einsatzstoffe und Teilprozesse eliminiert werden.

Die Anfänge der Bandbeschichtung reichen in Deutschland über mehr als einhundert Jahre zurück. Seit den 1960er Jahren ist der Markt für bandbeschichtetes Material, das vor allem im Bauwesen und in der Architektur sowie in der Geräte- und Fahrzeugindustrie eingesetzt wird, erheblich gewachsen. Die Bandbeschichter sind in großen Konzernen und in der mittelständischen Industrie angesiedelt. Sie arbeiten eng mit ihren Zulieferern aus der Lackindustrie und der chemischen Industrie sowie dem Geräte- und Anlagenbau zusammen. Die Globalisierung, Unternehmenszusammenschlüsse, weitgehende internationale Regelungen und nicht zuletzt die großen Importmengen aus Asien stellen derzeit die große Herausforderung für die europäische Branche dar.

In dem Fachbuch Coil Coating stellen wir den Stand der Technik, die Grundlagen und Anwendungen der Bandbeschichtung dar. Es werden Substrate, Beschichtungsstoffe und Eigenschaften der bandbeschichteten Metalle behandelt. Die Beschichtungstechnik mit Vorbehandlung, Applikation und Trocknung wird ergänzt durch Beispiele moderner Anlagen. Wir gehen ausführlich auf die Qualitätssicherung ein und geben Hinweise zur Weiterverarbeitung und zum Umwelt- und Arbeitsschutz. Zudem werden Märkte und Anwendungen sowie die Aktivitäten der Bandbeschichtungsindustrie beschrieben. Ein Ausblick auf die Weiterentwicklung sowie Trends und ein Überblick über Normen und Regelwerke ergänzen die Beschreibungen.

Das Buch wendet sich an die Mitarbeiter aus den Bereichen Technik und Vertrieb in der Stahl und Aluminium erzeugende Industrie, an Bandbeschichter, Lieferanten aus der chemischen Industrie, der Lackindustrie und dem Maschinenbau und an Gerätehersteller. Für sie wurde auch die umfangreiche Zusammenstellung von Normen erarbeitet. Das Buch ist ebenso als Fachbuch für die Ausbildung an Technischen Universitäten, Fachhochschulen und Berufsakademien im Bereich Fertigungs- und Werkstofftechnik sowie Korrosionsschutz und für die innerbetriebliche Weiterbildung gedacht. Nicht zuletzt soll es die Anwender im Baubereich, die Architekten und Bauingenieure, und Anwender in der Fahrzeug-, Hausgeräte- und in der allgemeinen blechbearbeitenden Industrie sowie Mitarbeiter bei Fachverbänden und in Instituten ansprechen.

Die Coil-Coating-Branche ist eine lebendige Branche. Deshalb war es an der Zeit, nach fünf Jahren die Daten zu aktualisieren und den Inhalt auf den neusten Stand zu bringen. So wurde auch die Übersicht über die Normen aktualisiert. Es sind neben den Normen für die Bandbeschichtung auch die im Umfeld relevanten Normen verzeichnet.

Die Aussage von Boris Pasternak (1890–1960) „Was festgelegt, geordnet, durch Tatsachen erhärtet ist, kann nie die ganze Wahrheit erfassen: Das Leben schwappt über den Rand jedes Bechers", gilt auch für die dritte Auflage des Coil Coating Buches. Bei der Fülle des Materials sind vielleicht immer noch einige Aspekte zu kurz gekommen. Sicherlich wird es trotz aller angewendeter Sorgfalt noch Verbesserungen geben.

Bei unserer Arbeit zu diesem Buch haben uns viele Kollegen aus der Coil-Coating-Branche unterstützt. Bei ihnen bedanken wir uns für die Bilder und vor allem für ihre Anregungen für die neue Ausgabe. Gefreut haben wir uns auch über die vielen positiven Kommentare.

Ein besonderer Dank gilt Prof. Dr.-Ing. Matthias Kolbe vom Institut für Produktionstechnik und Umformtechnik an der Westsächsischen Hochschule Zwickau. Er hat das Kapitel Weiterverarbeitung mit uns ausführlich diskutiert und viele Hinweise zu seiner Präzisierung gegeben.

Vielen Dank sagen wir auch dem Lektorat des Springer Vieweg Verlags für die Geduld bei der Überarbeitung des Buches, die guten Diskussionen und die konstruktive Zusammenarbeit. Anregungen, Vorschläge und Verbesserungen aus dem Leserkreis sind uns auch weiterhin stets willkommen.

Münster, im Oktober 2012

Almuth-Sigrun Jandel
Bernd Meuthen

Inhaltsverzeichnis

Die Bandbeschichtung

1

„Finish first, fabricate later" auf diese kurze Formel lässt sich das Wesentliche des Coil-Coating- oder Bandbeschichtungs-Verfahrens reduzieren. Coil-Coating (Bandbeschichtung) ist der weltweit etablierte Begriff für das industrielle Verfahren, gewalzte Bänder aus Stahl und Aluminium kontinuierlich organisch zu beschichten. In diesem Veredelungsverfahren werden die Coils mit einem Lack oder Kunststofffilm beschichtet, wieder aufgewickelt und anschließend bei dem Verarbeiter geschnitten, gestanzt, walzprofiliert, tiefgezogen, mechanisch gefügt oder geklebt, je nachdem zu welchem Produkt, z. B. zu Dachelementen, Kühlschrankseitenwänden, Fensterprofilen o. Ä., sie verarbeitet werden.

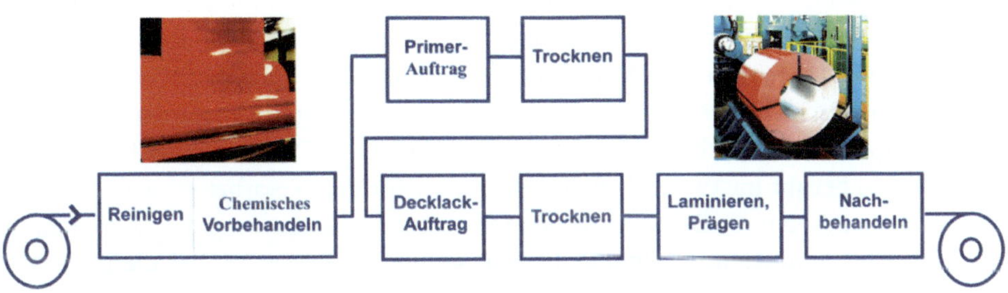

- **Produktnormen:** DIN EN 10169-1:2004, DIN EN 1396:2007
- **Substrate:** Stahl, verzinkter Stahl, Aluminium
- **Bandbreite:** max. 1.900 mm (Stahl), max. 2.700 mm (Aluminium)
- **Banddicke:** ca. 0,20 - 3,0 mm
- **Bandgeschwindigkeit:** ca. 10 - 200 m/min
- **Schichtdicke:** ca. 2 - 200 µm
- **Trocknung/Härtung:** <1 min / ca. 200 - 270 °C max. Objekttemperatur

Bild 1.1 Blockschema und Charakteristika des Bandbeschichtungsverfahrens. (Quelle: Urheberrecht beim Autor)

A.-S. Jandel, B. Meuthen, *Coil Coating*,
DOI 10.1007/978-3-8348-2354-0_1, © Springer Fachmedien Wiesbaden 2013

Die typischen Verfahrensschritte (Bild 1.1) werden in den Normen DIN EN 10169:2011-02 [1] und DIN EN 1396:2007 [2] definiert: Reinigung und chemische Vorbehandlung der Metalloberfläche, ein- oder zweiseitiges, ein- oder mehrmaliges Auftragen flüssiger oder pulverförmiger Beschichtungsstoffe mit anschließender Filmbildung in der Wärme oder das Laminieren von Kunststoff-Folien. Unter dem Verfahrensschritt Prägen versteht man das Heißprägen dicker (Plastisol-) Schichten, um eine dekorative Oberflächenstruktur zu erzeugen. Das Nachbehandeln umfasst hier das Auftragen von abziehbaren Schutzfolien, die die beschichteten Oberflächen zusätzlich während der Lagerung und des Transports schützen und auch schwierige Umformvorgänge und die Montage erleichtern.

Unter konstanten und reproduzierbaren Bedingungen entsteht auf den modernen Bandbeschichtungsanlagen ein Werkstoff mit einer „fertigen" Oberfläche. Er wird als:

- Band (Coil, Rolle) in der Originalbreite des beschichteten Substrats – bei Breitband ab 600 mm und bei Kaltband mit weniger als 600 mm (die Unterscheidung von Breitband und Kaltband ist stahltypisch) –
- längs geteilt als Spaltband (Coil, Rolle) oder
- quer geteilt zu Tafeln (Blech, Platinen) oder Stäben (stahltypisch)

an die blechbearbeitende Industrie geliefert. Spaltband, Tafeln oder Stäbe werden meist auf einer separaten Anlage hergestellt. Dekoratives Aussehen, Korrosionsschutz und eine Vielfalt funktioneller Eigenschaften, die je nach Anwendung und Spezifikation erfüllt werden können, charakterisieren diese Produkte. Die Lieferkette in Bild 1.2 zeigt die bedeutendsten Wege, die das Material geht. In Europa werden die Coils überwiegend direkt in den Stahl- und Aluminiumwerken beschichtet und dann in konzerneigenen oder fremden Bauteilwerken zu Paneelen, Stäben, Platinen weiterverarbeitet. Coils oder Tafeln werden aber auch direkt an den Verarbeiter, z. B. in die Hausgeräteindustrie, geliefert.

Die Bandbeschichtung ist seit mehr als 70 Jahren etabliert. Im Laufe dieser Zeit wurde sie zur effizientesten Methode für die Metallbeschichtung. Der Erfolg des bandbeschichteten Blechs beruht im Wesentlichen darauf, dass für den Verarbeiter dieser Bleche die Stückbeschichtung und alle damit verbundenen Aufwendungen, wie die Vorbehandlung, die Abwasser- und Abluftreinigung, die Entsorgung der Reststoffe und die Investitions- und Instandhaltungskosten für Lackieranlage und Trocknung entfallen, denn die Beschichtung erfolgt ja direkt im Aluminium- oder Stahl-Walzwerk bzw. im Veredelungsbetrieb. Mit dem Einsatz von Coil-Coating-Blech ist eine Verlagerung von Fertigungsschritten – in diesem Fall die Stückbeschichtung – an den Vorlieferanten verbunden. Der Verarbeiter kann sich auf seine Kernkompetenzen, die mechanische Verarbeitung und die Montage, konzentrieren. Um den Lackauftrag braucht er sich nicht mehr zu kümmern. Die bandbeschichteten Werkstoffe lassen sich bei entsprechend angepassten Parametern weiterverarbeiten, ohne dass die Beschichtung beschädigt und damit das Gebrauchsverhalten beeinträchtigt wird.

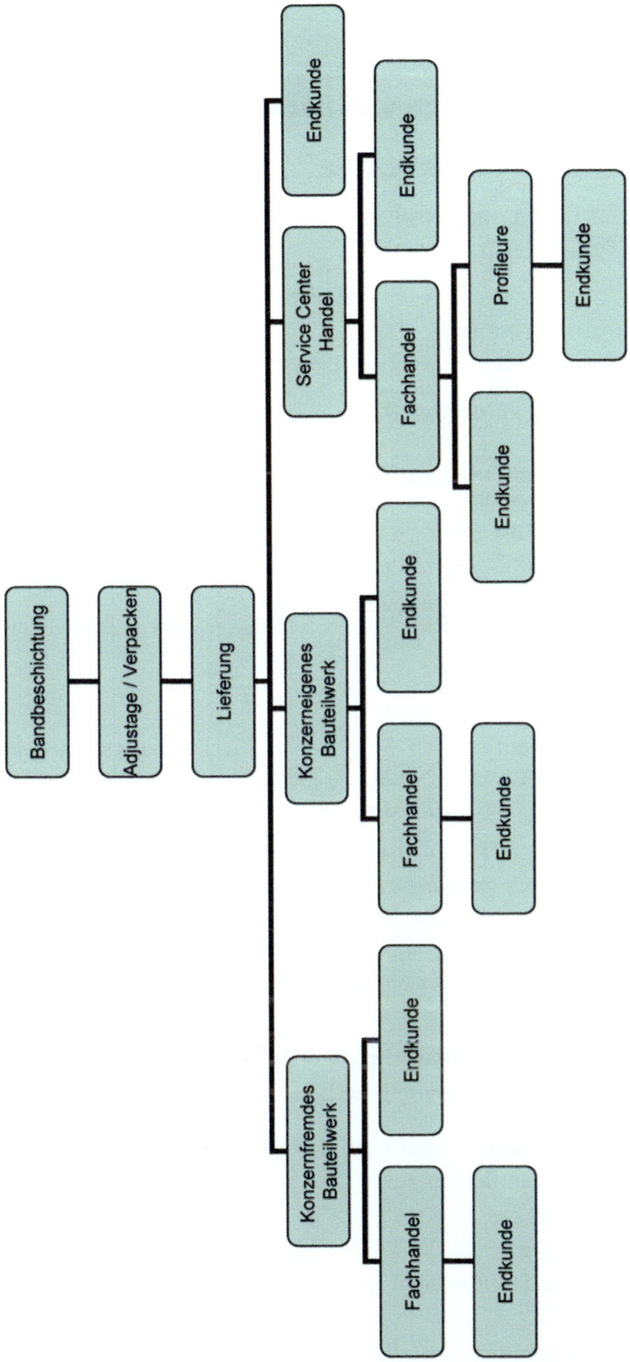

Bild 1.2 Lieferkette für bandbeschichtetes Material. (Quelle: Urheberrecht beim Autor)

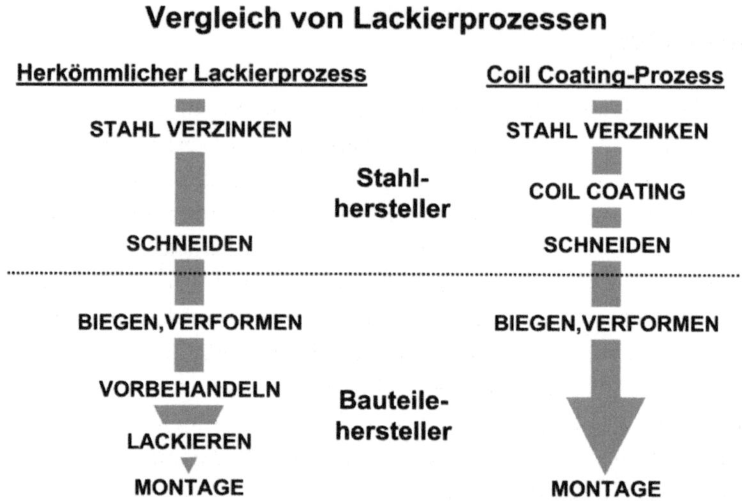

Bild 1.3 Mit dem Einsatz von bandbeschichtetem Blech vereinfacht sich der Fertigungsprozess beim Verarbeiter [3]. (Quelle: [3])

Ein Vergleich des konventionellen Stückgut-Lackierkonzeptes bei der Metallverarbeitung mit dem Coil-Coating-Verfahrensweg macht die Vereinfachung des Fertigungsprozesses deutlich (Bild 1.3).

Wenn im Laufe eines Herstellprozesses nicht mehr lackiert werden soll, muss bereits in der Vorplanung dieses neue Konzept berücksichtigt werden. In der vollen Konsequenz kommen diese Vorteile insbesondere bei neu errichteten Fertigungs- und Montageanlagen zum Tragen. Es reicht eine kleinere Hallenfläche aus, weil kein Platz für die Lackierung benötigt wird. Weder Lack noch Vorbehandlungschemikalien müssen eingekauft werden. Dementsprechend fallen hierfür auch keine Entsorgungskosten mehr an. Der gesamte Fertigungsprozess kann weniger personalintensiv betrieben werden. Insgesamt betrachtet führt der Einsatz von bandbeschichtetem Blech zu Einsparungen:

- bei der Stücklackieranlage mit aufwendigen Spül- und Trocknungsprozessen
- bei den Lack- und Chemikalienlagern
- in den Lackprüflabors
- bei der Instandhaltung
- bei der Abwasser- und Abluftreinigung
- von Restlacken
- von Versicherungsprämien.

Die Einsatzmöglichkeiten von bandbeschichtetem Blech sind sehr vielfältig, denn es ist mit den gängigen Techniken bearbeitbar. Schneiden, Lochen, Umformen (Biegen, Walzprofilieren, Tiefziehen) sind die wichtigsten mechanische Operationen, denen das Blech unterworfen wird. Das Fügen der Bleche erfolgt durch Heften, Bördeln, Falzen, Schrauben, Nieten, Clinchen, Kleben und durch Kombinationen dieser Techniken. Einzig das Schweißen kann nur eingeschränkt eingesetzt werden, weil die Beschichtung im Allgemeinen elektrisch nicht leitend ist und bei den hohen Schweißtemperaturen zersetzt wird. Ihre Hauptanwendung finden bandbeschichteter Stahl und bandbeschichtetes Aluminium im Bauwesen und Architekturbereich. Hier sind es z. B. Trapezprofile und Sandwichelemente, beschichtet mit wetterbeständigen Systemen für Fassaden, Wände und Dächer sowie Metalltüren, Fensterrahmen, Industrietore, Dachrinnen, Rollläden und ähnliches. Für den Bauinnenbereich werden bandbeschichtete Bleche für Trennwände und Deckenelemente, aber auch für Leuchten und Einrichtungen, wie Stahlmöbel oder Regale, und im Ladenbau eingesetzt.

Ein wichtiges Segment ist die „Weiße Ware“. Dazu zählen elektrische Haus- und Gewerbegeräte aller Art. Etwa 25 % der Hausgeräteoberflächen werden heute bereits im Walzwerk vorbeschichtet. Korpus und Türen von Kühl- und Gefriergeräten gehören dazu, ebenso wie Gehäuse von Waschmaschinen, Trocknern, Geschirrspülern, Herden, Mikrowellenherden und Dunstabzugshauben. Verkleidungen für Geräte aus dem Bereich Informationstechnologie, Heizgeräte, Kleingeräte, Teile von Kaffeemaschinen sind Beispiele aus der allgemeinen Verarbeitung von bandbeschichtetem Blech.

Auch im Fahrzeugbereich ergibt sich eine große Anwendungspalette. Für den Automobilbau werden schweißfähige, verzinkte Stahlbleche mit Korrosionsschutzprimer vorlackiert, die einen wesentlichen Beitrag zum Korrosionsschutz der Karosserie bilden. Aber es werden auch bandbeschichtete Bleche eingesetzt, die traditionelle Lackierschritte in der Automobil-Fertigung ersetzen, z. B. für Stirnwand, Ölfilter oder ähnliche Teile, die auch zum Teil schallgedämpft werden. Weitere Möglichkeiten, beispielsweise Schiebedächer, ergeben sich aus der heute vielfach praktizierten Modulbauweise im Automobilbau. LKW- und Bus-Aufbauten werden ebenfalls aus bandbeschichteten Materialien gefertigt. Wohnwagen und Aufbauten für Wohnmobile werden fast ausnahmslos aus bandlackiertem Aluminium hergestellt. Weitere Beispiele sind Teile von Schienenfahrzeugen und der Schiffsinnenausbau.

Die Bandbeschichtung ist ein effizientes Verfahren, denn es kommen hier vor allem die Vorzüge eines kontinuierlichen Prozesses zum Tragen. Die Effizienz liegt in den hohen Durchsatzgeschwindigkeiten bei den Anlagen mit großer Kapazität oder in der Flexibilität vergleichsweise langsamer Anlagen. Auf den Anlagen mit großer Kapazität können Flächen von mehr als 200 m^2 pro Minute beidseitig lackiert werden. Mit dieser Größenordnung nimmt die Bandbeschichtung in der Metalllackierung eine Spitzenstellung ein. Der Walzenauftrag stellt zudem eine nahezu 100-prozentige Übertragung des Lackes sicher. Er erlaubt die Applikation von im Vergleich zur Stückbeschichtung dünneren Lackschichtdicken bei gleicher Qualität (Bild 1.4).

Auch unter dem Gesichtspunkt der Umweltfreundlichkeit hat die Bandbeschichtung einige Vorteile zu bieten. Mit der Einführung der so genannten no-rinse-Vorbehandlung verringerte sich der Wasserverbrauch erheblich, denn das Vorbehandlungsmedium – die

Grundlage einer hochwertigen Beschichtung – wird genauso wie Primer und Decklack auf das Band aufgetragen. Die Wasser verbrauchenden Spülgänge entfallen dann. Systeme für die Abluftreinigung sind in die Anlage integriert. Da die eingesetzten Flüssiglacke fast ausschließlich lösemittelhaltig sind, werden die beim Trocknen entweichenden Gase gezielt abgesaugt und der thermischen Nachverbrennung zugeführt. Die dort entstehende Wärme wird häufig in den Prozess zurückgeführt, so dass sich die Energiebilanz der Trocknung nachhaltig verbessert. Es werden auch lösemittelfreie Systeme wie Kunststoff-Folien oder Pulverlacke verarbeitet. Allerdings sind Anlagen, auf denen sie ausschließlich beschichtet werden, selten. Dagegen gibt es eine Reihe von Beschichtungsanlagen, überwiegend in der Stahlindustrie, auf denen sowohl die Lackierung als auch das Laminieren möglich ist.

Bild 1.4 Blick auf den Auslauf einer Breitbandanlage.
(Quelle: voestalpine AG/BASF Coatings GmbH)

Die Ursprünge des Coil-Coating-Verfahrens lassen sich in Deutschland (was kaum bekannt ist) über 100 Jahre, bis in die Zeit vor dem ersten Weltkrieg, zurückverfolgen. In den Walzwerken mittelständischer Unternehmen wurde die Idee einer Walzlackierung von schmalen Stahlbändern – sowohl als Einzel- als auch in der Form einer Mehrbandanlage – weltweit wohl zum ersten Mal realisiert. So ist beispielsweise die Inbetriebnahme der ersten Coil-Coating-Anlage bei den Trierer Walzwerken in Wuppertal im Jahr 1913 belegt. Die weitere Entwicklung spiegelt eine wechselvolle Geschichte – vor allem im und nach dem letzten Weltkrieg – wieder, die sich nicht vollständig rekonstruieren lässt, da viele Unterlagen nicht mehr verfügbar sind.

In den 40er- und 50er Jahren des letzten Jahrhunderts wurden Folien auf Stahlblech beschichtet. Ab Mitte der 50er Jahre setzte sich diese Technik auch in England und Belgien durch. Die ersten modernen Schmalbandlackieranlagen für Aluminium und Stahl wurde Mitte der 50er Jahre in Betrieb genommen. Aus dem Schmalband wurden vor allem Jalousie-Elemente gefertigt und es wurden Nischenmärkte bedient. Ab 1960 wurden die Breitbandanlagen in der Stahl- und Aluminiumindustrie in Betrieb genommen. Parallel zum Ausbau der deutschen Beschichtungskapazität wurde auch in England, Belgien, Italien und Schweden, aber auch in den USA und in Japan in Coil-Coating-Anlagen investiert. In der deutschen Aluminiumindustrie wurden in den 60er Jahren die ersten Folienlaminieranlagen errichtet. Um 1975 wurden in der DDR je eine Breitbandlackieranlage für Aluminium und Stahl in Betrieb genommen, die zeitgleich durch eine Stahlband-Lackieranlage mittlerer Breite ergänzt wurden. Zwei dieser Anlagen sind, immer wieder modernisiert, noch in Betrieb.

In den 90er Jahren wurden mehrere moderne Breitbandanlagen errichtet. Einige sind als so genannte Kombinationsanlagen ausgelegt. So gibt es Beispiele für die Kombination eines organischen Beschichtungsteils mit einer vorgeschalteten Durchlaufglühe (Aluminiumbeschichtung) oder mit einer elektrolytischen Bandverzinkung (Stahl).

Neben der Beschichtung mit flüssigen Lacken oder Folien werden in einigen Fällen auch Pulverlacke auf Coil-Coating-Anlagen eingesetzt. Sie werden mit Hilfe von Sprühpistolen aufgetragen und überwiegend mit Infrarotstrahlung wärmebehandelt. Aber der Durchsatz ist relativ niedrig, so dass diese Technik nur in wenigen Fällen zum Zuge kommt.

Das Prinzip der Bandbeschichtung wird seit Jahrzehnten auch für die kontinuierliche Lackierung von Verpackungsblech, nichtrostenden Stählen oder Elektroblech, das mit einer Isolierlackierung versehen wird, genutzt. Dies wird teilweise auf denselben Bandanlagen durchgeführt.

Seit Ende der 1950er Jahre hat sich die Bandbeschichtung als effektives, kostengünstiges, flexibles, qualitativ hochwertiges und umwelt- bzw. ressourcenschonendes Verfahren bewährt. Die Technik hat sich weltweit durchgesetzt und wird ständig weiterentwickelt. In den großen Stahl- und Aluminiumkonzernen ist die Bandbeschichtung eine wesentliche Stufe in der Weiterverarbeitung von gewalzten Bändern zu oberflächenveredelten Flacherzeugnissen bis hin zu fertigen Bauteilen.

Die Zahl der Bandbeschichtungsanlagen geht weltweit in die Hunderte. In mehr als 60 Ländern auf allen Kontinenten gibt es inzwischen solche Anlagen [4]. Die Liefermengen der bandbeschichteten Metalle und der eingesetzten Beschichtungsstoffe wachsen seit Jahren. Allein in Europa wurden im Jahr 2011 über 5 Millionen Tonnen bzw. 1,3 Milliarden m^2 hergestellt, die auch fast ausschließlich in Europa verarbeitet wurden.

Die Bandbeschichtung wird von der ständigen Weiterentwicklung

- der Produktpartner (Substrate, Vorbehandlung, Beschichtungsstoffe)
- der Verfahrenstechnologien (Applikation, Wärmebehandlung, Prozessüberwachung und -steuerung) unter Beachtung Umweltschutz relevanter Aspekte
- der Verarbeitungstechniken (Schneiden, Umformen, Fügen)
- der Bauteile
- neuer Märkte und Anwendungen, z. B. in der Automobilindustrie und
- der Ausschöpfung wirtschaftlicher Verfahrens- und Produktvorteile

getragen.

Begleitet wird die Bandbeschichtung von der weltweiten Normung der Flachprodukte, ihren Prüfverfahren und der entsprechenden Bauteilentwicklung. Im Zuge der Globalisierung und des intensiven Informationsaustausches ist die Zusammenarbeit der regionalen/nationalen Fachverbände und der beiden weltweit agierenden Dachverbände, der European Coil Coating Association (ECCA) in Brüssel und der National Coil Coating Association (NCCA) in Cleveland, Ohio, hervorzuheben.

1.1 Literatur zu Kapitel 1

[1] DIN EN 10169:2011-02 „Kontinuierlich beschichtete (bandbeschichtete) Flacherzeugnisse aus Stahl – Technische Lieferbedingungen

[2] DIN EN 1396:2077 „Aluminium und Aluminiumlegierungen – Bandbeschichtete Bleche und Bänder für allgemeine Anwendungen – Spezifikationen"

[3] Jandel, L.: Ein Verfahren mit Zukunft: Coil Coating. In: Welt der Farben (1998), Heft 11, S. 13–15

[4] Meuthen, B.: Finish first, fabricate later: Coil Coating, ein Verfahren mit weltweiter Verbreitung. In: mo 60 (2006), Heft 9, S. 43–45

2 Märkte und Produktprofile

Die Oberfläche von Metallen lässt sich hinsichtlich ihrer Funktionalität und ihres Designs durch eine Beschichtung gestalten. Diese schützt vor Korrosion und gewährleistet eine lange Lebensdauer. Die Lackierung erfolgt bei den meisten Wirtschaftsgütern nach ihrer Fertigung, oftmals auch erst nach der Montage. In vielen Industriezweigen wird heute jedoch im Coil-Coating-Verfahren vorbeschichtetes Metall eingesetzt. Dieses wird bereits im Stahl- oder Aluminiumwerk lackiert und kommt auf der Rolle, dem Coil, oder schon zu Tafeln zugeschnitten direkt in die Fertigung. Dort wird es dann geschnitten, walzprofiliert, gebogen oder tiefgezogen und als Dachelement, Kühlschrankgehäuse oder Leuchte montiert. Der Einsatz von bandbeschichtetem Blech eröffnet die Möglichkeit, eine farbige Oberfläche ohne eigene Lackierung zu gestalten. Dabei werden einige Fertigungsschritte auf den Vorlieferanten verlagert. Der Verarbeiter konzentriert kann sich auf seine Kernkompetenzen, die mechanische Verarbeitung und die Montage.

Das bandbeschichtete Material, ein Verbundwerkstoff aus einem metallischen Substrat und einer organischen Beschichtung, vereinigt alle Merkmale eines endlackierten Blechs: Korrosionsbeständigkeit, Umformbarkeit und dekoratives Aussehen. Dementsprechend sind die Einsatzgebiete für bandbeschichtete Bleche sehr vielfältig (Bild 2.1).

Im Architekturbereich zählen zu den wichtigsten Elementen flache und profilierte Bleche, Sandwichelemente für Dach und Wand, sowie Türen, Fensterrahmen, Tore, Dachrinnen, Sonnenschutzsysteme und ähnliches. Für den Bauinnenbereich werden bandbeschichtete Bleche zu Trennwänden, Türen und Deckenelementen, zu Geräteverkleidungen und Stahlmöbeln verarbeitet und auch zu Einrichtungen für den Regal- und Ladenbau. Lampen und Leuchten bilden neben den elektrischen Haus- und Gewerbegeräten ein wichtiges Segment im Bereich der „Weißen Ware". Für die sogenannte „Braune Ware" werden Gehäuse für CD- und DVD-Player sowie für Computer aus bandbeschichtetem Blech gefertigt. Im Automobilbau werden LKW- und Bus-Aufbauten vielfach aus vorbeschichteten Materialien gefertigt. Wohnwagen und Aufbauten für Wohnmobile werden fast ausnahmslos aus bandlackiertem Aluminium hergestellt.

A.-S. Jandel, B. Meuthen, *Coil Coating*,
DOI 10.1007/978-3-8348-2354-0_2, © Springer Fachmedien Wiesbaden 2013

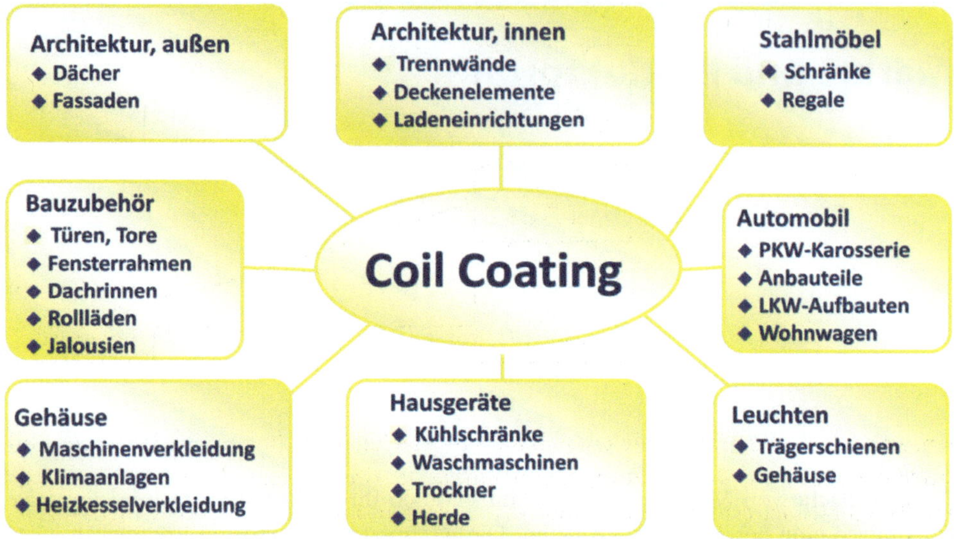

Bild 2.1 Einsatzgebiete für bandbeschichtetes Stahl- und Aluminiumblech. (Quelle: BASF Coatings GmbH, Münster)

Zudem werden geprimerte, schweißfähige, verzinkte Stahlbleche im Karosseriebau eingesetzt, bei denen die organische Beschichtung einen beträchtlichen Anteil zum Korrosionsschutz beiträgt (Bild 2a–2g).

Die Substrate werden nach den Vorgaben des Endproduktes ausgewählt, damit sowohl die Stabilität des Fertigteils als auch seine Umformbarkeit und Haltbarkeit gewährleistet sind. Die mechanischen Bearbeitungsschritte erfordern bestimmte Güten und Festigkeiten, die über die entsprechende Stahl- oder Aluminiumlegierung sichergestellt werden. Auch der Verwendungszweck des beschichteten Blechs ist ein Kriterium, nach dem ausgewählt wird, ob schmelztauchveredeltes (feuerverzinkt, Galfan, Galvalume, Zink-Magnesium), elektrolytisch verzinktes Stahlblech oder welche Aluminiumlegierung eingesetzt wird. Die organischen Beschichtungen müssen so flexibel, kratz- und abriebbeständig sein, dass sie die Umformvorgänge ohne Schädigung überstehen. Das gesamte System, bestehend aus Substrat, Vorbehandlung, Grundierung, Decklack oder Folie, ggf. abziehbarer Schutzfolie, wird auf die Anforderungen der Weiterverarbeitung und der Verwendung hin optimiert.

So muss bandbeschichtetes Blech für den Architekturbereich beispielsweise gute bis ausgezeichnete Oberflächenhärte, mittlere Umformeigenschaften und im Außenbereich ausgezeichnete Korrosions- und Witterungsbeständigkeit sowie UV-Stabilität und Farbkonstanz aufweisen. Blech, das zu Leuchtenkörpern verarbeitet wird, muss sehr gut umformbar sein und außerdem wärme- und UV-Licht-beständig sein. Oberflächen von Geräten für die Unterhaltungsindustrie und von Computern dürfen nicht glänzen und sollten Antifingerprint-Eigenschaften aufweisen.

Bild 2.2a Fassade eines Forschungsgebäudes in Linz. (Quelle: voestalpine AG, Linz)

Bei der Spezifikation der Oberfläche muss nicht nur das Gebrauchsverhalten berücksichtigt werden, sondern es müssen auch die Parameter für eine gute Verarbeitung erfüllt werden. Für die Verarbeitung sind die Haftung der Beschichtung, die Umformbarkeit, die Härte, die Abriebbeständigkeit und die Gleiteigenschaften ausschlaggebend. Wird zum Schutz der lackierten Oberfläche eine abziehbare, temporäre Schutzfolie aufgezogen, so ist auch ihre Haftung relevant. Sie darf sich bei Schneid-, Umform-, Füge- und Montagevorgänge nicht ablösen, sondern erst nach der Fertigstellung des Bauteils. Für das Gebrauchsverhalten sind hingegen neben der oben genannten Korrosions- und Witterungsbeständigkeit Wärmebeständigkeit, Abriebbeständigkeit und Härte sowie Chemikalienbeständigkeit von Bedeutung.

Bild 2.2b Beispiel für den Einsatz von bandbeschichtetem Blech im Architekturbereich. (Quelle: Dubosc-Landowski Architects, Paris)

Auch wenn die bandbeschichteten Oberflächen sehr robust sind, muss die Weiterverarbeitung auf sie abgestimmt werden. Schon beim Design, bei der Konstruktion und bei der Produktionsplanung muss ihr Einsatz berücksichtigt werden und ebenso müssen Montage, Verbindungstechnik und Logistik auf sie abgestimmt werden. Beidseitig lackierte Bleche lassen sich in der Regel nicht schweißen. Sie müssen durch eine andere Fügetechnik, z. B. durch Kleben, Durchsetzfügen (Clinchen), Nieten oder auch durch Kombination aus Kleben und mechanischen Fügetechniken verbunden werden. Auch das Lagern, Transportieren und Fördern der zugeschnittenen Tafeln verlangen eine Technik, die die lackierten Oberflächen nicht beschädigt. So sollte man beispielsweise eine bestimmte Stapelhöhe nicht überschreiten, um Druckmarkierungen zu vermeiden.

Bild 2.2c Fassade und Dach des Museums Naturgewalten auf Sylt sind aus bandbeschichtetem Material. (Quelle: L. Jandel, Münster)

Bild 2.2d Idee eines Wohnhauses aus bandbeschichtetem Material. (Quelle: Tata Steel Europe Ltd., Scunthorpe)

Bild 2.2e Fassade des Airporthotels am neuen Flughafen Berlin-Brandenburg. (Quelle: ThyssenKrupp Steel Europe AG, Duisburg)

Bild 2.2f Kraftwerk Boxberg. (Quelle: ThyssenKrupp Steel AG, Duisburg)

Bild 2.2g Für LKW Aufbauten wird auch bandbeschichtetes Material eingesetzt. (Quelle: L. Jandel)

Bild 2.2h Beispiel für den Einsatz von Coil-Coating-Material im Schiffs- und Hallenbau. (Quelle: L. Jandel)

Bild 2.2i Beispiele für Weiße, Braune Ware und Sonnenschutzsysteme.
(Quelle: BSH Bosch und Siemens Hausgeräte GmbH, München, ThyssenKrupp Steel AG, Duisburg, BASF Coatings GmbH, Münster, Hunter Douglas Components, Kassel)

2.1 Der Coil-Coating-Markt

Das Outsourcing von Produktionsprozessen, das in vielen industriellen Bereichen zu beobachten ist, hatte der Coil-Coating-Branche in den letzten Jahren weltweit zu einem Aufschwung verholfen. Wie viele Branchen litt jedoch auch die Coil-Coating-Branche unter der Wirtschaftskrise 2008/2009. Von diesem Einbruch hat sie sich jedoch erholt und im Jahr 2011 wurden rund eine Milliarde Quadratmeter (5 Millionen Tonnen) Stahl und Aluminium im Coil-Coating-Verfahren in Europa beschichtet [1]. Dabei liegt das Verhältnis von Stahl zu Aluminium bei ungefähr 12:1. Von den insgesamt 5 Millionen Tonnen Coil-Coating-Material wird rund 370.000 Millionen Tonnen Aluminium beschichtet.

Der größte Markt für bandbeschichtetes Material ist der Baubereich. Während in Mittel- und Osteuropa 89 % des beschichteten Stahls zu Wand- und Dachelementen, insbesondere für den Industriebau, verarbeitet werden, gehen in Westeuropa derzeit 66 %, das entspricht einer beschichteten Fläche von rund 432 Millionen Quadratmetern, in diesen Bereich (Bild 2.3). Hier verbrauchen auch die Hausgeräte- und Automobilindustrie einen nennenswerten Anteil von 7 bzw. 9 %. Im Automobilsektor sind es die fertig lackierten LKW-Aufbauten und die so genannten Dünnfilmbeschichtungen für den Korrosionsschutz, mit denen die Bandbeschichtung Marktanteile hält.

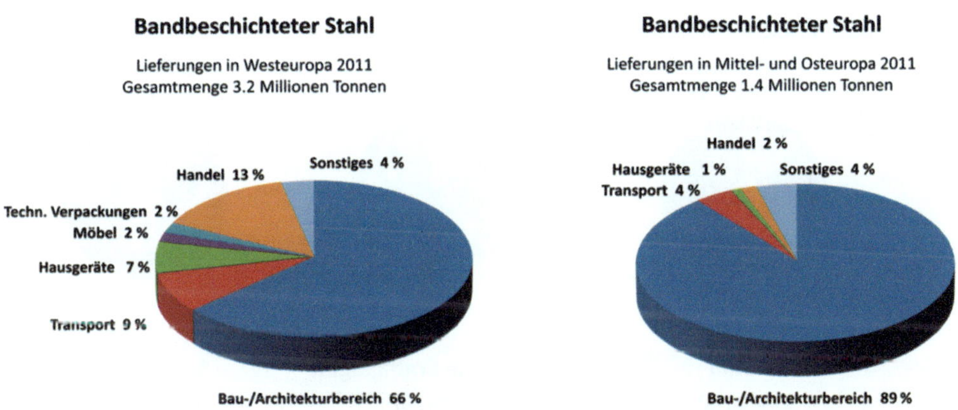

Bild 2.3 Lieferungen an bandbeschichtetem Stahl in West- und Osteuropa, aufgeschlüsselt nach Einsatz (2011). (Quelle: Urheberrecht beim Autor)

Mit einem Anteil von gerade einem Prozent ist die Hausgeräteindustrie nur ein kleiner Markt für bandbeschichtetes Aluminium (Bild 2.4). Auch hier ist die Bauindustrie der größte Abnehmer. Ein großer Verbraucher von bandbeschichtetem Aluminium ist auch die Fahrzeugindustrie mit einem Anteil von 12 % in Westeuropa. Speziell die Caravan- und Wohnwagenhersteller setzen Aluminium für Chassis und Aufbauten für Wohnmobile ein [1].

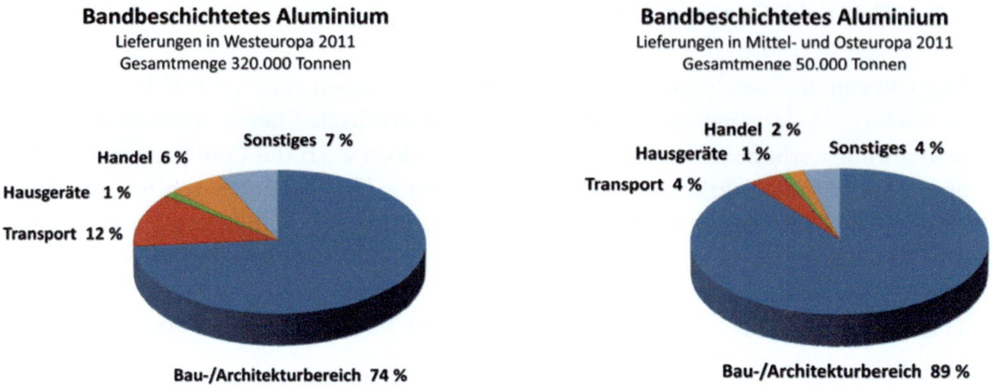

Bild 2.4 Lieferungen an bandbeschichtetem Aluminium in West- und Osteuropa, aufgeschlüsselt nach Einsatz (2011). (Quelle: Urheberrecht beim Autor)

Als Beschichtungsstoffe werden Lacke und Folien eingesetzt, wobei der Anteil an Folien mit rund 3 % recht gering ist (Bild 2.5). Sie werden für LKW-Aufbauten, für Hausgeräte und Möbel, in der Emballagenproduktion, die hier vor allem die Fassdeckel-Beschichtung umfasst, aber auch im Baubereich gebraucht [1].

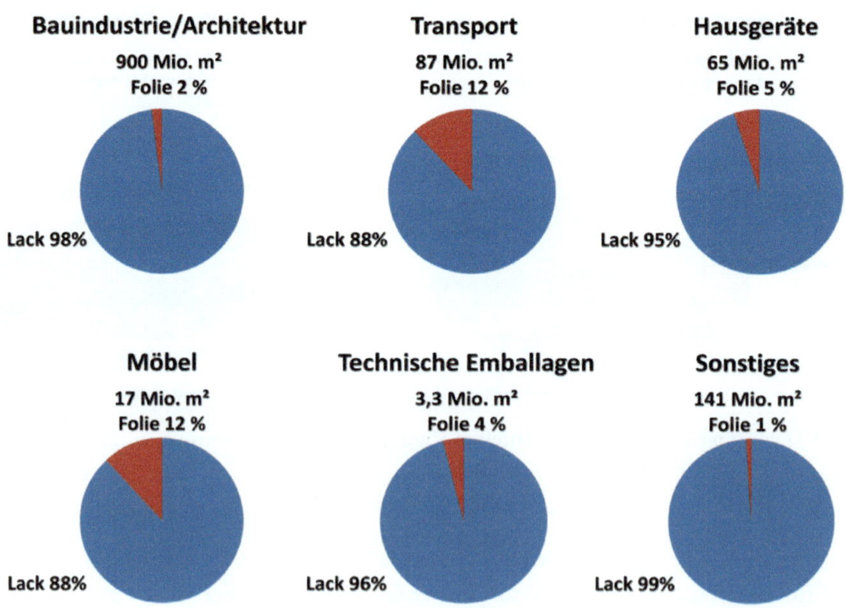

Bild 2.5 Verteilung von Lack- und Folienbeschichtung in den einzelnen Segmenten. Schutzfolien wurden hierbei nicht erfasst. (Quelle: Urheberrecht beim Autor)

Die Beschichtung mit einfarbigen oder dekorativ bedruckten sowie geprägten Folien anstelle eines Lacks liefert eine harte, abriebfeste Oberfläche. So sind beispielsweise Folien mit bis zu 1,5 Millimeter Dicke für Schwimmbad-Innenverkleidungen im Einsatz. Jedoch ist die Auswahl an Farben und Spezial-Effekten begrenzt.

Für die Bandbeschichtung werden in Europa rund 187.000 Tonnen Lack eingesetzt [1]. Davon entfallen rund 110.000 Tonnen auf Decklacke, 46.000 Tonnen auf Primer und 31.000 Tonnen auf Rückseitenlacke (Bild 2.6).

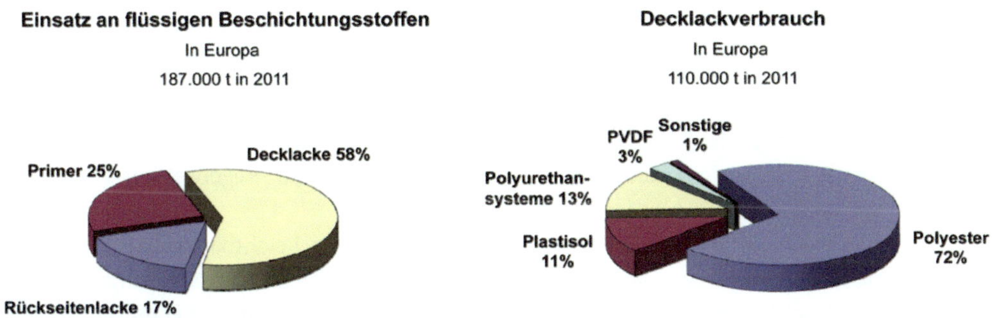

Bild 2.6 Beschichtungsstoffe für die Bandbeschichtung [1]. (Quelle: Urheberrecht beim Autor)

Neben der Funktionalität und dem Korrosionsschutz werden mit der Beschichtung die dekorativen Eigenschaften erzielt. Sie werden überwiegend durch den Decklack bestimmt. Bei Aluminium werden in zunehmendem Maße Klarlacksysteme eingesetzt, bei denen der Grundlack den Verbund zur Aluminiumoberfläche und die farbgebenden Eigenschaften übernimmt und mit dem Klarlack der Glanzgrad und weitere funktionelle Eigenschaften wie Kratz- oder Abriebfestigkeit festgelegt werden.

Mit Abstand die gebräuchlichste Beschichtungsstoffklasse sind die Polyestersysteme [1]. Sie zeichnen sich durch gute Beständigkeiten, problemlose Verarbeitbarkeit und gute Umformeigenschaften aus. Sie werden als Grundierungen und als Decklacksysteme für Fassaden und Dachelemente, Innenanwendungen, für Hausgeräte, Caravanlackierungen, Türen, Tore, Zargen, Leuchtensysteme und vieles mehr eingesetzt (Bild 2.6).

Bei den Decklacken werden zudem in größerem Maße Plastisol- und Polyurethansysteme eingesetzt. Die Plastisolbeschichtungen liefern mit ihren sehr hohen Schichtdicken sehr gute Korrosionsbeständigkeit in aggressiver Atmosphäre. Beschichtungen mit Schichtdicken bis zu 200 µm erlauben extreme Biege-Umformungen und gutes Tiefziehen. Allerdings sind sie empfindlich gegenüber starker UV-Strahlung und höheren Temperaturen.

Polyurethan-Beschichtungen, mit Schichtdicken bis zu 60 µm, zeichnen sich durch gute Haftung auf unterschiedlichen Grundwerkstoffen und durch gute Elastizität und Chemikalienbeständigkeit aus. Sie werden deshalb sowohl als Grundierungen als auch als Decklacke in einem breiten Einsatzspektrum verwendet. Mit 3 % haben die PVDF-

Beschichtungen keinen großen Anteil am Beschichtungsmix, aber wegen ihrer guten Umformbarkeit und ihrer hohen UV- und Chemikalienbeständigkeit werden sie bevorzugt, wenn größte Beständigkeit im Außeneinsatz gefordert ist.

2.2 Bandbeschichtetes Blech für den Baubereich

Bau- und Baunebenprodukte stellen wie oben beschrieben weltweit die wichtigste Anwendung für bandbeschichtete Metalle dar. Für sie werden, aufbauend auf langjährigen Erfahrungen, auf den jeweiligen Einsatzfall abgestimmte, spezielle Werkstoffaufbauten verwendet. Die typischen Systeme werden in Bild 2.7 am Beispiel des schmelztauchverzinkten Stahls dargestellt [2]. Aluminiumbeschichtungen sind ähnlich aufgebaut. Die Qualitätsleitlinien sind in den entsprechenden Normen und Regelwerken (Anhang) festgeschrieben.

Bauteile aus bandbeschichtetem Blech ermöglichen eine Leichtbaukonstruktion, die sich schnell montieren lässt. Sie sind mit der entsprechenden Beschichtung lange haltbar, wobei die Beschichtung auch den geographischen Gegebenheiten Rechnung tragen muss. Die Lebenserwartung liegt bei angemessener Wartung bei mehreren Jahrzehnten. Die bandbeschichteten Profile haben zudem den Vorteil, dass sie komplett recycelbar sind [3].

Die Beschichtungssysteme haben einen hohen Qualitätsstandard und sind so abgestimmt, dass die Basisanforderungen der Bauindustrie hinsichtlich dekorativer und funktioneller Eigenschaften erfüllt werden. Je nach Anwendungsfall werden unterschiedliche Anforderungen an die Oberfläche gestellt. Bei der Verarbeitung sind vor allem Umformbarkeit, Haftung, Härte, Überlackierbarkeit und Beschäumbarkeit als maßgebliche Eigenschaften zu nennen. Dem gegenüber sind für das Gebrauchsverhalten Schichtdicke, Beständigkeit gegenüber Einflüssen wie Wärme, Bewitterung und Korrosion, chemische Beständigkeit, Abrieb- und Kratzfestigkeit, Reinigungs- und Ausbesserungsmöglichkeiten, ggf. Brandverhalten oder physiologische Unbedenklichkeit von Bedeutung. Da das Umformen zum einsatzfähigen Bauteil am bereits fertig beschichteten Band erfolgt, muss ein Optimum zwischen Umformverhalten, Härte der Beschichtung und guter Lackhaftung gefunden werden (s. Kapitel 3 und 6).

Durch die geeignete Auswahl der Beschichtungssysteme ist das Eigenschaftsprofil für die Anwendung spezifisch erweiterbar. Es können eine große Farbpalette und unterschiedliche Glanzgrade realisiert und auch verschiedene Strukturen dargestellt werden. Mit Dekorfolien wird ein breites Spektrum an Farben, Prägungen und Dessins erzielt. Bei der Planung größerer Objekte sollte möglichst nur Material aus einer Produktionscharge an einem Objekt verbaut werden, um mögliche Farbabweichungen zu vermeiden.

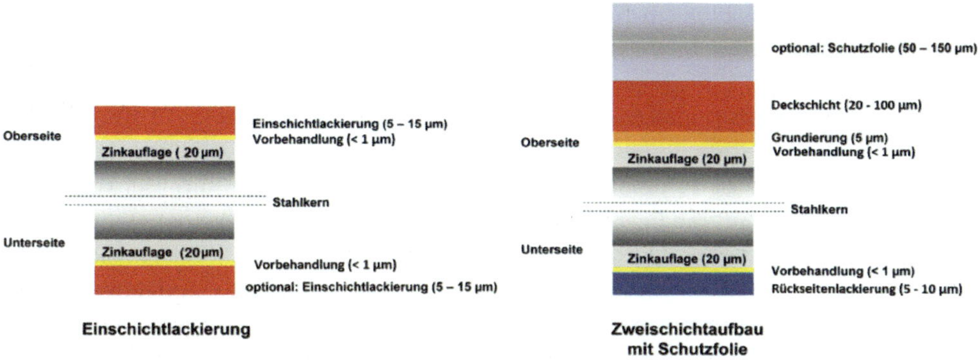

Bild 2.7a Typischer Ein- und Zweischichtaufbau auf schmelztauchverzinktem Stahl [2]. (Quelle: Stahl-Informations-Zentrum, Düsseldorf)

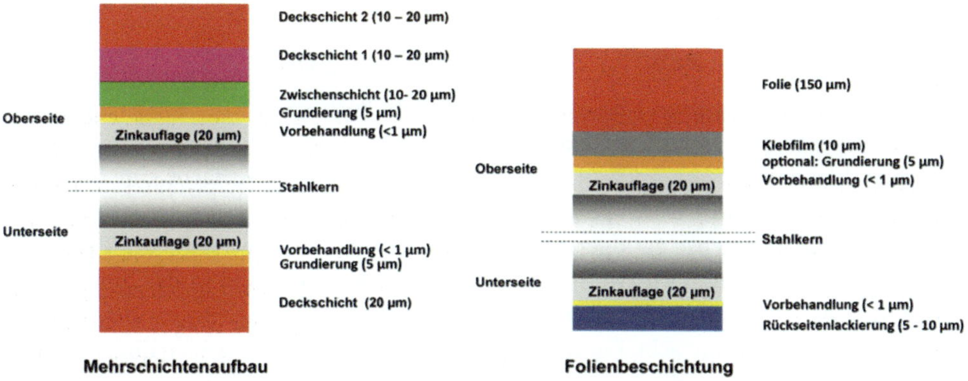

Bild 2.7b Beispiel für einen Mehrschichtaufbau und eine Folienbeschichtung auf schmelztauchverzinktem Stahl [2]. (Quelle: Stahl-Informations-Zentrum, Düsseldorf)

Die wichtigsten Beschichtungsstoffe für Bauteile sind Polyester-Decklacke. Sie zeigen ein ausgewogenes Eigenschaftsniveau. Mit Polyesterlacken beschichtete Fassadenoberflächen können über viele Jahre funktionstüchtig bleiben. Jedoch kann es im Laufe der Jahre zu Farbton- und Glanzgradveränderungen kommen. Wesentliche Einsatzgebiete sind der Innenausbau von Decken und der Fassaden- und Dachbereich von Gebäuden.

In einigen Fällen stellen Polyurethan-Decklacke eine Alternative dar. Ihre Eigenschaften sind denen der Polyester sehr ähnlich. Auf Grund ihrer besonderen chemischen Struktur sind sie etwas elastischer und können noch besser umgeformt werden. Polyurethan-Lacke sind aber nicht so kostengünstig wie Polyester. Trotzdem werden sie mehr und mehr auch als hochverformbare und besonders temperaturbeständige Grundierungen oder Decklacke verwendet.

Besonders abriebfeste, witterungsbeständige und gut umformbare Lackoberflächen werden durch einen Zusatz von Polyamiden erzeugt. Anwendungsgebiete dieser Lacksysteme sind Beschichtungen für Sonnenschutzsysteme, Rollläden, Hohlkammerstäbe, Sidings, Unterkonstruktionen für Deckenpaneele und hochwertige Dachfenstereindeckrahmen.

Das im Baubereich eingesetzte Blech muss sehr langlebig sein, wenig korrosionsanfällig, farbstabil und witterungsbeständig. Eine sehr gute Farbtonkonstanz über lange Zeit zeigen die als HDP (High Durable Polymer) bezeichneten Decklacke. Ihre Herstellung ist aber schon deutlich aufwendiger und der Preis entsprechend höher.

Die besten Bewitterungseigenschaften werden jedoch mit PVDF (Polyvinylidenfluorid)-Decklacken erreicht. Die in die organischen Molekülketten eingebauten Fluor-Atome – die C-F Bindung ist besonders stabil – bieten einen optimalen Widerstand gegenüber UV-Strahlung. Zudem zeigen PVDF-Beschichtungen eine sehr gute Umformbarkeit, hohe Farbton- und Glanzbeständigkeit. Sie werden überwiegend für Beschichtungen im Außeneinsatz für hochwertige Fassaden- und Dacheindeckungen verwendet. In der Außenarchitektur wird dieses Lacksystem seit mehr als 30 Jahren eingesetzt. Allerdings hat diese aufwendige Spezialchemie – vergleichbar den Polyvinylfluorid-(PVF)-Folien – den höchsten Preis.

Einen ebenfalls sehr langlebigen Schutz bieten aufgrund der vergleichsweise hohen Schichtdicken PVC-Plastisole. Sie haben besonders in korrosiven Atmosphären bei moderaten Temperaturen ihre Einsatzbereiche.

Neben dem Farbton kommt dem Glanz einer beschichteten Oberfläche eine hohe Bedeutung zu. Um unerwünschte Spiegelungen und Reflexionen zu vermeiden, wird in der Architektur ein möglichst geringer Glanz gefordert. Im Außenbereich, bei Fassaden, Dächern, Rollladen, sind Glanzwerte von 20 bis 40 Einheiten üblich; in der Innenarchitektur, z. B. bei Deckenpaneelen, werden deutlich mattere Oberflächen gewünscht. Hier sind Glanzgrade von nur acht Einheiten, teilweise von nur zwei bis vier Einheiten gefragt. Insbesondere unter einem flachen Blickwinkel und bei Gegenlicht stören Reflexionen den dekorativen Eindruck. Hier ist es sehr wichtig, den Glanz des Deckenpaneels sehr konstant über die ganze Fläche zu halten, da bereits zwei Einheiten Glanzdifferenz in einer Deckenfläche unter ungünstigen Bedingungen das dekorative Aussehen stören können [4].

Bandbeschichtetes Blech hat im Architekturbereich viele Anwendungsfelder

im Bau-Außeneinsatz als:

- Dachprofile wie Trapez-, Well-, Stehfalzdachprofile
- Wandprofile aller Art, einschließlich Sidings und Kassetten
- Dachdeckungsprofile wie Pfannenblech und Stahldachpfanne
- Sandwichelemente aller Art
- spezielle Verbundplatten
- Wand-/Fassadenelemente, hinterlüftete, auch körperschallgedämpfte Außenwandbekleidungen
- Rollläden, Raffstores

- Formteile bzw. Kaltprofile, passend zu den jeweiligen Wand- und Dachelementen bzw. Sandwichelementen wie Pfetten, Wandriegel, Lichtbandzargen, Längsträger, Distanzprofile, Attikaabdeckungen, Eckprofile, Randwinkel
- Rohrleitungsisolierungen
- Spenglereiprodukte

als Baunebenprodukte:
- Metalltüren
- Garagen- und Industrietore
- Fensterrahmen
- Gartenhäuser
- Schwimmbeckenverkleidungen
- Garagen
- Balkonbrüstungen

im Bau-Inneneinsatz als:
- Trennwände
- Decken- und Rasterpaneele
- spezielle Verbundplatten
- Kühlraum-Sandwichelemente
- Kaltprofile aller Art, Führungsschienen, Kappen für abgehängte Decken
- Innenverkleidungen von Aufzügen und im
- Schiffsinnenausbau.

2.2.1 Bauelemente

Einfache Wellprofile – sie haben eine sinusförmige Profilierung – kamen bereits im 19. Jahrhundert in England auf den Markt. Die industrielle Fertigung großflächiger Bauteile für Dach und Wand durch das kontinuierliche Walzprofilieren und die ebenfalls kontinuierliche Fertigung von Sandwichelementen setzte sich Mitte des 20. Jahrhunderts durch. Die Systeme wurden immer weiter entwickelt und erhielten tragende und/oder raumabschließende Funktionen. Neue und verbesserte Substrate, Beschichtungen, Oberflächeneffekte und Sandwichaufbauten haben zu einer umfangreichen Angebotspalette geführt. Sie ermöglichen eine ästhetisch und funktionell anspruchsvolle Auswahl an Bauelementen für die moderne Architektur des industriellen Hochbaus oder des gewerblichen Baus und auch für den Wohnbereich. Es lässt sich kreativ mit Farben, Kontrasten und Akzenten in Flächen und Formen, mit horizontaler, vertikaler oder diagonaler Verlegung spielen. Die Profile und Sandwichelemente werden in den konzerneigenen Bauteilwerken der Stahl- und Aluminiumindustrie oder von unabhängigen mittelständischen Unternehmen hergestellt. Sie werden von der Bauaufsicht zugelassen.

2.2.1.1 Stahltrapez-, Kassettenprofile und Sandwich-Elemente

Zu den weitest verbreiteten Dach- und Wandelementen zählen die Trapez- und Kassettenprofile (Bild 2.8) als tragende und/oder raumabschließende Bauelemente.

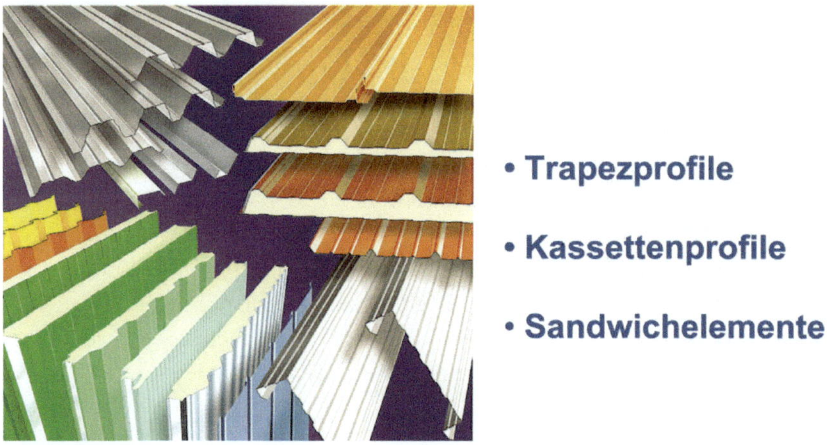

Bild 2.8 Beispiele von Bauteilen in bandbeschichteter Ausführung. (Quelle: Stahl-Informations-Zentrum, Düsseldorf)

Die unterschiedlichen Profilformen und Profilierungen werden nach der Bandbeschichtung durch Kaltumformen hergestellt. Stahltrapezprofile haben im Querschnitt nebeneinander liegende trapezförmige Teilquerschnitte. Die Nennblechdicken (Stahlkern mit Verzinkung) liegen zwischen 0,50–1,50 mm für Stahltrapezprofile bzw. 0,75–1,50 mm für Kassettenprofile [5].

Der ursprüngliche Herstellungsprozess der Trapez-, Well- und Pfannenbleche fand in Pressen statt. Durch diese Art der Herstellung war die Profillänge abhängig von der Größe der Presse und damit begrenzt. Heutzutage werden die Profiltafeln im Walzprofilierverfahren gefertigt. Die schon bandbeschichteten Rollen werden in mehreren Stufen ständig umgeformt und automatisch zu bis zu 24 m langen Tafeln abgelängt, gestapelt und verpackt. Dieses ökonomische Verfahren zeichnet sich durch eine hohe Maßgenauigkeit aus.

Bei der Weiterentwicklung von Trapez- und Kassettenprofilen spielen nicht nur statische Überlegungen eine Rolle [5]. Ein weiterer Entwicklungsweg zielt auf das äußere Erscheinungsbild des Materials ab. Schwerpunkte sind hier, die farblichen und unterschiedlich strukturierten Oberflächenbeschichtungen auf den späteren Verwendungszweck des Materials abzustimmen. Durch die Kombination von Trapezprofilen und Kassetten, die die Möglichkeit der integrierten Wärmedämmung bieten, lassen sich auch bauphysikalische Anforderungen des Wärme- und Schallschutzes erfüllen.

Bei den klassischen Sandwichelementen handelt es sich um zwei Metalldeckbleche, die entweder einen Kern aus geschlossenzelligem Polyurethan-Hartschaum mit einer

Dicke bis zu 200 mm [6] oder einen Kern aus Mineralwolle umhüllen, der bis zu 160 mm dick ist und eine senkrechte Faserstruktur hat. Der Schmelzpunkt der Mineralwolle liegt bei über 1000 °C. Deshalb sind diese letzteren Sandwichelemente schwer entflammbar oder sogar unbrennbar. Die Deckbleche können glatt oder leicht profiliert sein. Bild 2.9 zeigt schematisch eine kontinuierliche Fertigungsanlage.

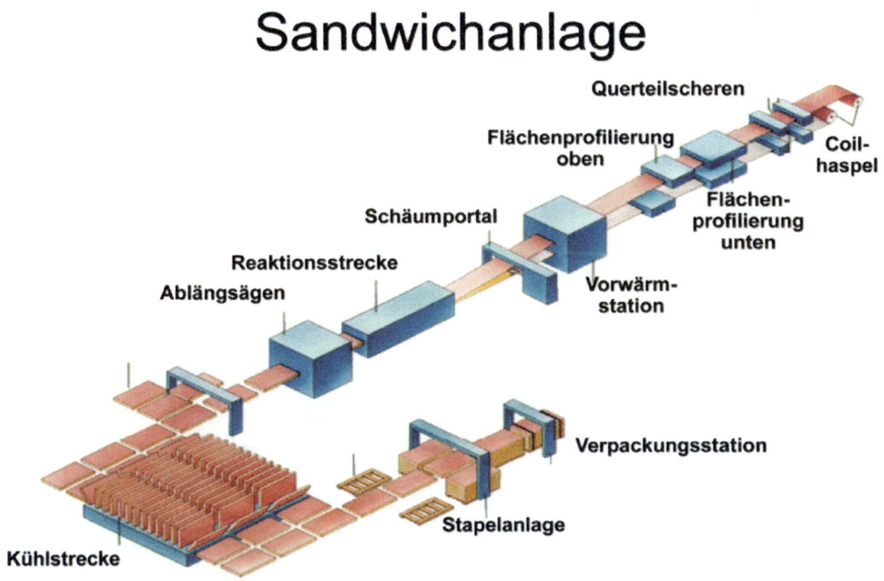

Bild 2.9 Schematische Darstellung einer Anlage zur kontinuierlichen Herstellung von bandbeschichteten Sandwichelementen. (Quelle: GALILEO, Deggendorf)

Polyurethan-Sandwichelemente werden beispielsweise für Sektionaltore eingesetzt [7, 8, 9]. Variationen der Elemente sind gelochte Unterschalen, sogenannte Akustikprofile, aber auch in Längsrichtung gebogene Elemente.

Stahltrapezprofile und Kassetten können in ein- und zweischaligen Dach- und Wandsystemen als tragende Bauteile bzw. bei Deckensystemen als verlorene Schalung oder als tragende Elemente eingesetzt werden [5]. In Deutschland werden pro Jahr mehr als 31 Millionen Quadratmeter Trapezprofile und Kassetten verarbeitet. Hinzu kommen noch die ausgeschäumten Elemente. Sie finden ihre Anwendung hauptsächlich im Industriebau. Rund 90 % aller Industriebauten werden im Dachbereich mit Stahltrapezprofilen eingedeckt.

Bei Dachsystemen unterscheidet man das einschalige, oberseitig wärmegedämmte Dach, allgemein als Warmdach bezeichnet und das zweischalige wärmegedämmte nichtbelüftete Dach [6]. Das Warmdach besteht aus einem Trapezprofil, einer oberseitigen Wärmedämmung und der Dichtungsbahn. Es ist die häufigste Variante eines Dachaufbaus.

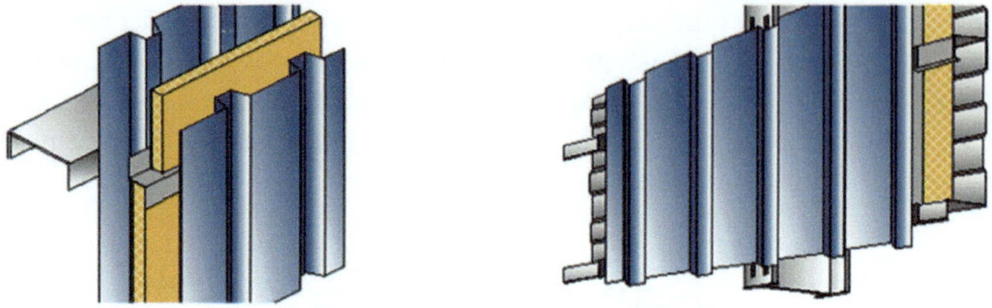

Zweischalig wärmegedämmte Trapezprofilwand **Zweischalig gedämmte Kassettenwand**

Bild 2.10 Schematische Darstellung einer Wandverkleidung mit bandbeschichtetem Blech [5]. (Quelle: Salzgitter Flachstahl GmbH, Salzgitter)

Das zweischalige Dach wird aus zwei Profilen und einem Kern als Wärmedämmung hergestellt. Das tragende Trapezprofilblech ist auf der Unterseite sichtbar. Darauf wird eine Dampfsperre aufgebaut. Dann folgt eine Distanzkonstruktion mit thermischer Trennlage, die Wärmedämmung und schließlich die Abdeckung durch ein Well-, Trapez- oder Stehfalzprofil [6].

Neben den Dächern werden sowohl Wandbekleidungen als auch Wände hergestellt (Bild 2.10). Je nachdem, ob beim Wandaufbau ein oder mehrere Flachblechelemente hintereinander geschaltet sind, spricht man von ein- bzw. zweischaligen Wandaufbauten. Bei der einschaligen wärmegedämmten Wand ist eine standsichere Dämmung erforderlich. Wände ohne Dämmung werden in untergeordneten Lagerhallen oder Fertigungshallen in Warmbetrieb eingebaut.

Bei der Verwendung von Trapezprofilen in Deckenkonstruktionen, denen eine Tragwirkung zukommt, werden Verbundprofile eingesetzt. Ist die Tragwirkung sekundär, so kommen die verlorenen Schalungen zum Einsatz.

Das Korrosionsverhalten der bandbeschichteten Bleche wird vor allem durch die optimale Abstimmung zwischen Vorbehandlung und Primer bestimmt. Die Decklacke verstärken die Barrierewirkung zusätzlich. Um die richtige Systemauswahl für ein Gebäude zu treffen, muss klar definiert sein, in welcher Umgebung es stehen wird [6]. Die in DIN 55928-8 aufgeführten Korrosionsschutzsysteme [10] und die erforderlichen Korrosionsschutzklassen, die sich nach dem Einsatz im oder am Gebäude richten, sind in DIN 18807-1 [11] festgelegt.

Für Wandsysteme wird nach Außen- und Innenseite einerseits und nach der Art des Bauteiles unterschieden:

- einschalig: ungedämmt oder wärmegedämmt
- zweischalig: hinterlüftet mit zwischenliegender Wärmedämmung – Außenschale, Zwischenriegel oder Innenschale
- Außenwandbekleidung.

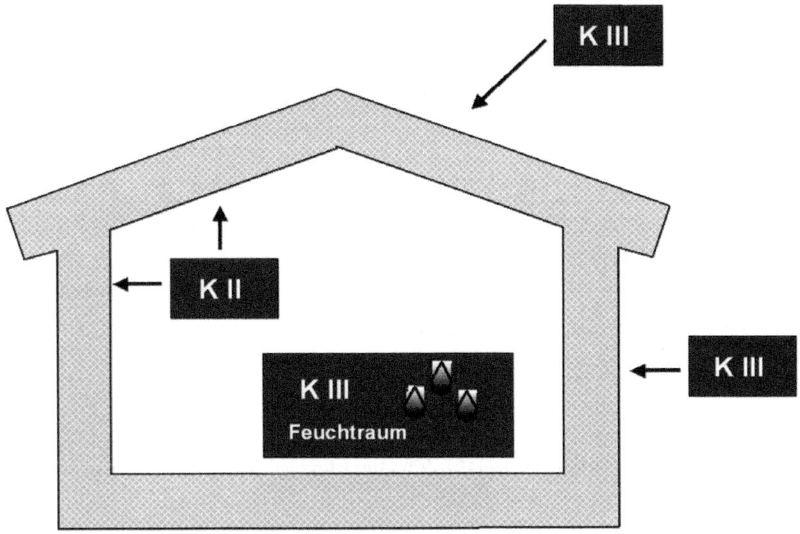

Bild 2.11 Vereinfachte Darstellung der Korrosionsschutzklassen [6]. (Quelle: Verlag für Architektur und technische Wissenschaften, Berlin)

Dachsysteme werden nach Ober- und Unterseite sowie nach der Art des Bauteiles eingeteilt. Je nach der Atmosphäre im Innern des Gebäudes

- trocken
- mit hoher Feuchtebelastung oder
- überwiegend geschlossene Räume

werden die Klassen II oder III spezifiziert (Bild 2.11).

2.2.1.2 Aluminium-Bauteile

Bauteile aus Aluminium sind den Stahlbauteilen ähnlich. Sie werden als Kassettenprofile für hinterlüftete Fassaden verarbeitet, die eingehängt werden. Für Dächer werden Tafeln erzeugt, die von den Dachdeckern gefalzt werden. Dachelemente werden in Ziegelform gefertigt. Elemente für Dach und Wand werden sowohl trapez- als auch wellprofiliert. Seit vielen Jahren sind spezielle Verbundplatten auf der Basis von bandlackiertem Aluminium im Markt eingeführt. Sie zeichnen sich besonders durch hohe Biegesteifigkeit und vergleichsweise geringes Gewicht aus und unterscheiden sich im Wesentlichen durch ihren Kern.

Zu den wichtigsten Systemen gehören:

- Verbundplatten mit Deckschalen je 0,5 mm dick. Der Kern besteht aus (thermoplastischem) Kunststoff mit einer Dicke von 2 bis 5 mm. Er wird kontinuierlich durch Extrusion aufgebracht. Alternativ wird ein mineralischer Kern mit einer Dicke von 2 bis 3 mm aufgebracht. Die Lieferbreite reicht bis 1500 mm [13].

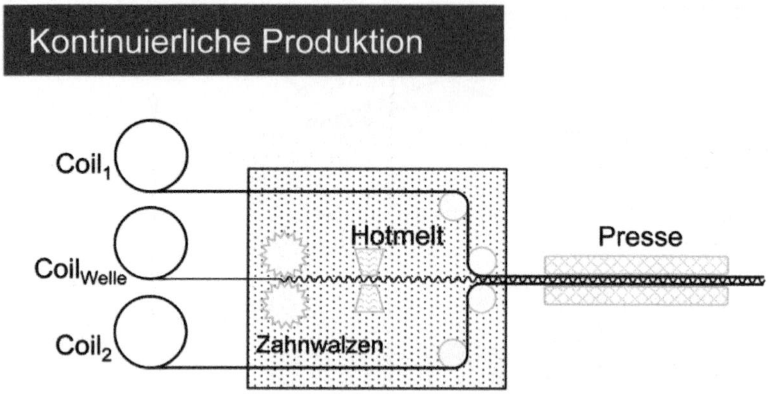

Bild 2.12 Schematische Darstellung einer Anlage zur Herstellung von speziellen Sandwichelementen aus bandlackiertem Aluminium [12]. (Quelle: Metawell GmbH, Neuburg)

- Verbundplatten ähnlich den erst genannten mit einem verklebten Kern aus Polyethylen mit Lieferbreiten bis 2080 mm.
- Verbundplatten aus einem Flachblech und einem Wellprofil (Einfachplatte) oder zwei Deckschalen mit einem Kern aus einem Wellprofil (Zweifachplatte) ebenfalls bandlackiert. In einem kontinuierlichen Prozess werden die beschichteten Bänder miteinander verklebt (Bild 2.12). Ihre typische Gesamtdicke 5 mm, Lieferbreite 1500 mm.
- Verbundplatten mit einem Wabenkern aus Aluminium

2.2.1.3 Das Coil-Coating-Dach

Das Metalldach hat sich im privaten Baubereich bisher nur in den nord- und osteuropäischen Ländern, in Australien und Japan durchgesetzt. Nach Angaben der National Coil Coating Association (NCCA) in USA liegt der Marktanteil in Nordeuropa bei rund 40, in Australien bei 30 und in Japan bei 15 % [14]. In Australien haben Wohnhäuser mit Metalldächern, insbesondere auf dem Land, eine lange Tradition [15]. Allerdings verloren sie an Ansehen, als die zum Teil mehr als 100 Jahre alten Dächer zu rosten begannen. Seitdem werden in den Städten Ziegel bevorzugt, auch weil sie 20 % preiswerter sind. In Europa gibt es einen Markt für bandbeschichtete Dächer bei Wohnhäusern bisher nur in Nordeuropa. In Schweden, Finnland und Norwegen sind bandbeschichtete Wohnhausdächer ein alltäglicher Anblick. Dachziegelähnliche Elemente, Regenabflussrohre, Dachrinnen und flache, lange Dachelemente aus Coil-Coating-Material kommen dort zum Einsatz. Zwischen 30 und 50 % aller Stahldächer hat eine Ziegelstruktur. In einer Marktstudie 2004 ermittelte die ECCA ein Marktpotenzial für Metalldächer von rund 14.000 km^2 in Deutschland, 12.000 km^2 in Frankreich und 10.000 km^2 in Großbritannien [16]. Seit 2004 hat sich der Markt nur unwesentlich verändert, so dass dieses Potenzial auch heute noch vorhanden ist.

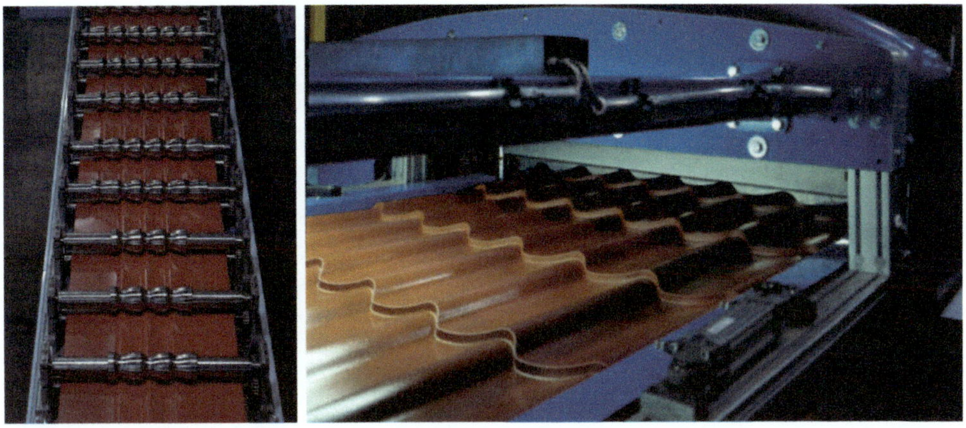

Bild 2.13 Durch Walzprofilieren und Tiefziehen erhält das bandbeschichtete Blech die Ziegelstruktur [17]. (Quelle: Plannja/SSAB, Schweden)

Schon bei der Einführung in den 70er Jahren sollten die Dachelemente den glasierten Ziegeln ähnlich sein [17]. Deshalb erhielten die Coils eine hochglänzende Polyester-Beschichtung. Heute gibt es auch matte Oberflächen. Zudem wurden 50 µm dicke Beschichtungen eingeführt, die eine bessere Kratzfestigkeit aufweisen als die Standardpolyesterbeschichtungen. Bei den flachen Dachelementen werden überwiegend Plastisol-Beschichtungen eingesetzt, bei Anforderungen an besonders gute Farbstabilität auch PVDF. Diese Oberfläche ist jedoch empfindlich gegenüber mechanischer Beanspruchung. Zudem gibt es Dachelemente, die eine sandige Struktur haben wie Betonziegel.

Um die dachziegelähnliche Struktur auf dem beschichteten Metallband zu erzielen, wird das Blech durch eine Kombination von Walzprofilierungs- und Tiefziehprozess geführt (Bild 2.13). Zunächst wird die Breite des Ziegels und anschließend die Länge ausgeformt. Im letzten Schritt wird das Dachelement auf seine vorgegebene Länge zugeschnitten.

Die Dachelemente werden mit dem kompletten Zubehör montagefertig angeliefert. Sie sind schnell und einfach zu montieren und zudem kostengünstig, weil weniger Arbeit in das Dachdecken investiert werden muss. Die Vorteile des Metalldachs liegen vor allem in seinem geringen Gewicht. Das Metalldach eines Einfamilienhauses wiegt mit 1.000 kg nur noch ein Zehntel eines Betonziegeldaches. Ein weiterer großer Vorteil ist, dass es zu 100 % recycelbar ist.

Betrachtet man die Hausdächer unter dem Aspekt der Nachhaltigkeit, insbesondere unter dem Aspekt der Energie, so kommt dem Material besondere Bedeutung zu. Die zunehmende Urbanisierung führt dazu, dass sich Stadtregionen zu Wärmeinseln mit einem eignen Mikroklima und eigener Luftqualität entwickeln, die sich von der ländlichen Umgebung deutlich unterscheiden (Heat-Island-Effekt). Um die Folgen dieser Erwärmung zu reduzieren, wurden speziell lackierte Metalldächer entwickelt, so genannte Cool Roofs, die die Solarstrahlung reflektieren und nicht absorbieren.

Bild 2.14 In Schweden sind 95 % aller Dachrinnen aus vorbeschichtetem Material [17]. (Quelle: Plannja/SSAB, Schweden)

Die Vorteile eines solchen Metalldachs, das mit einer wärmereflektierenden Beschichtung versehen ist, zeigen sich im geringeren Energieverbrauch, geringeren CO_2-Emissionen, geringeren Energiespitzen und einem schwächeren Heat-Island-Effekt. Hat ein normales Dach eine Reflektion von etwa 12 %, so reflektiert das Cool Roof 29 % der Sonnenstrahlung [18].

Der Effekt der kühlen Dächer wird durch die Beschichtung erzielt. Sie reflektiert die Sonnenstrahlung insbesondere im Nahen Infrarot-Bereich, so dass die Oberflächentemperatur je nach Farbe des Daches um 5 bis 20 Grad niedriger ist als mit einer konventionellen Beschichtung. Damit wird der Wärmefluss ins Innere erheblich geringer und es ist weniger Kühlung notwendig.

Neben den Dächern sind in Schweden auch 95 % aller Dachrinnen und Fallrohre aus bandbeschichtetem Material (Bild 2.14). Als Standardlackierung gilt eine 100 µm dicke Plastisolbeschichtung, die beidseitig aufgetragen wird. Die Produktion der Dachrinnen wurde mit der Umstellung der Fertigungsprozesse auf vorbeschichtetes Blech erheblich effizienter und preiswerter. Anstelle der zeitintensiven Schweißoperationen, des Verzinkens und Lackierens tritt das Walzprofilieren, Tiefziehen und Abkanten.

Eine Besonderheit ist das Photovoltaik-Dach- und Fassadensystem für den Industrie- und Wohnungsbau (Bild 2.15). Es handelt sich dabei um einschalige, ggf. auch wärmegedämmte Polyurethan-Sandwichelemente, die circa drei bis sechs Meter lang und mit einem Solarmodul auf Basis nanokristalliner Dünnschichten verklebt sind.

Die Symbiose aus Metallblech für die Bauweise und Coil-Coating-Beschichtung für Aussehen und Korrosionsschutz hat zum Erfolg dieser Bauelemente beigetragen. Die Weiterentwicklungen zielen auf verbesserte Beständigkeiten hin. Ein höherer Widerstand gegenüber der Verschmutzung von Fassadenoberflächen ist ein wichtiger Aspekt, ebenso eine bessere Widerstandsfähigkeit gegenüber Beschädigungen beim mechanischen Handling der bandbeschichteten Bleche [19].

Bild 2.15 Verkleidung eines Heizkraftwerkes mit Solarpaneelen.
(Quelle: ThyssenKrupp Steel Europe AG, Duisburg)

2.3 Bandbeschichtetes Blech für Hausgeräte, Leuchten, Teletronics

Die Hausgeräte-, Leuchten-, Unterhaltungselektronik- und Computerindustrie sind neben dem Bau- und Architekturbereich ein weiterer wichtiger Markt für bandbeschichtetes Blech. Kühlschränke, Gefriergeräte, Waschmaschinen, Wäschetrockner, Geschirrspülmaschinen, Mikrowellenöfen oder Dunstabzugshauben sowie Lampen und Leuchten werden im Allgemeinen unter dem Begriff „Weiße Ware", Geräte der Unterhaltungselektronik und Computer als Teletronics oder auch „Braune Ware" zusammengefasst. Die bandbeschichteten Bleche, die in diesen Branchen verarbeitet werden, müssen insbesondere gut umformbar sein und eine gute Oberflächenhärte und Korrosionsfestigkeit aufweisen. Trägermaterial und Beschichtung sind so flexibel, dass die Oberfläche bei den notwendigen extremen Umformprozessen, wie Schwenkbiegen, Walzprofilieren und Tiefziehen, und den Fügetechniken, wie Durchsetzfügen oder Nieten, keinen Schaden nimmt. Beschichtet wird mit Lack, aber auch mit Folie (Tabelle 2.1).

Tab. 2.1 Typische Merkmale der Beschichtungen für Hausgeräte, Leuchten und Teletronics [2]

	Hausgeräte	**Leuchten**	**Teletronics**
Beschichtungsstoff	Lack: Polyurethan, Polyester Folie: PVC Lack/Folie (Colaminat): Polyester, Polyurethan/PET, PP-PET	Lack: Polyester	Lack: Polyurethan Polyester, Polyamid modifizierte Polyester und Polyurethane Folie: PVC
Schichtdicke	Lack: 25–30 µm Folie: 80–120 µm Lack/Folie (Colaminat): 50–70 µm	Lack: 15–35 µm	Lack: 20–30 µm Folie: 100–150 µm
Farbe	überwiegend Weiß, metallisch	Weiß	Schwarz, Silber, Beige
Glanz	hochglänzend	glänzend	matt
Substrat	Z, ZA, ZE, nicht oberflächenveredelt	nicht oberflächenveredelt, Z, ZA,	ZE, ZA, Z

2.3.1 Hausgeräte

Bei den elektrischen Hausgeräten unterscheidet man heute prinzipiell zwischen zwei verschiedenen Oberflächen: der glatten und der strukturierten. Bei glattem Aussehen erfolgt der Beschichtungsaufbau wie bei den Bauteilen zweischichtig. Für Kühlgeräte kommt eine Kombination aus chromatfreiem Primer mit einem Polyester-Decklack oder mit einem Polyurethan-Decklack zum Einsatz. Für die Nassgeräte, Waschmaschinen, Trockner und Geschirrspüler, müssen häufig Spezialprimer eingesetzt werden, die besonders gegenüber Waschlaugen eine erhöhte Beständigkeit aufweisen. Da die Hausgeräte unter das Gesetz über das Inverkehrbringen, die Rücknahme und die umweltverträgliche Entsorgung von Elektro- und Elektronikgeräten (Elektro- und Elektronikgerätegesetz) fallen, das seit dem 1. Juli 2006 ein Verbot für Schwermetalle und Chromate in Elektro- und Elektronikgeräten vorsieht, dürfen für diese Produkte nur noch chromatfreie Vorbehandlungen und Primer eingesetzt werden.

Bild 2.16 Ein wichtiges Einsatzgebiet für bandbeschichtetes Blech ist die Weiße Ware. (Quelle: Bosch Siemens Hausgeräte, München)

Häufig erhalten Hausgeräte eine strukturierte Oberfläche, die der im konventionellen Spritzverfahren lackierten ähnlich sieht. Diese ermöglicht den Hausgeräteherstellern, bei der Montage spritzlackierte Bauteile mit vorlackierten Blechen zu kombinieren. Die Strukturoberflächen werden mit Hilfe eines strukturierten Primers erzeugt, über den anschließend ein glatter Decklack aufgetragen wird. Diese Oberfläche hat in der Hausgeräteherstellung noch weiter gehende Vorteile: Sie sind weniger kratzempfindlich als die glatten. Dadurch wird das System robuster und die Produktivität wird verbessert [20].

Die Struktur gebenden Primer für Weiße Ware werden auf Polyurethanbasis gefertigt, wenn sie hohe Ansprüche erfüllen sollen. Für geringere Anforderungen werden Polyester verwendet. Als Decklacke werden hochelastische, hochglänzende Polyester-Lacke oder Polyurethan-Lacke eingesetzt. Dabei stellen die Polyurethane die höchste Beständigkeitsklasse dar. Sie sind besonders elastisch und weisen eine besonders hohe Resistenz gegenüber Waschlaugen und Lebensmittelflecken auf.

Grundsätzlich sind die Anforderungen für die unterschiedlichen Hausgeräte auf die spätere Verwendung abgestimmt (Tabelle 2.2). Die gewünschten Eigenschaften für die bandbeschichteten Bleche haben die unterschiedlichen Hausgerätehersteller in ihren Spezifikationen definiert. Zusammen mit den Normen für Coil Coating stellen sie die Basis für die Qualität des Erzeugnisses und des Fertigungsablaufs dar.

Ein Kriterium, das insbesondere bei Kühlschränken erfüllt sein muss, ist die Fleckenbeständigkeit gegenüber verschiedenen Lebensmitteln, wie Senf, Ketchup, Rotwein oder auch gegenüber Putzmitteln wie Schuhcreme. Als Wärmeisolation für Kühl- oder Gefrierschränke wird Poly-urethanschaum verwendet, der im Fertigungsprozess auch auf die äußere Oberfläche geraten kann. Damit dieser keine Spuren hinterlässt, muss die Oberfläche so beschaffen sein, dass er sich leicht davon entfernen lässt. Die Bleche, die zu Waschmaschinengehäuse verarbeitet werden, müssen besonders beständig gegenüber Waschlauge sein. Hierfür eignen sich insbesondere Polyurethan-Systeme. Die Anforderungen für Geschirrspülmaschinen und Wäschetrockner sind denen der Waschmaschine ähnlich, während Mikrowellenöfen und Dunstabzugshauben in ihren Spezifikationen eine nicht so hohe Chemikalienbeständigkeit erfordern. Voraussetzung, um die Anforderungen an die lackierte Oberfläche hinsichtlich der Umformbarkeit und Chemikalien- und Lebensmittelbeständigkeit zu erfüllen, ist die optimale Abstimmung des Primers auf das jeweilige Substrat. Dafür kommen gut umformbare kaltgewalzte, feuerverzinkte sowie elektrolytisch verzinkte Oberflächen in Frage.

Tab. 2.2 Anforderungen an das bandbeschichtete Material für Hausgeräte [2]

Anforderungen							
Verarbeitung	**Kalt**	**Warm**	**Nass**	**Gebrauch**	**Kalt**	**Warm**	**Nass**
Haftung der Beschichtung	X	X	X	Haftung der Beschichtung	X	X	X
Umformbarkeit	X	X	X	Glanz und Farbe	X	X	X
Fügefähigkeit	X	X	X	Oberflächenstruktur	X	X	X
Schaumhaftung auf der Rückseite	X			Korrosionsbeständigkeit	X	X	X
				Oberflächenhärte	X	X	X
				Wärmebeständigkeit	X	X	X
				Fleckenbeständigkeit	X	X	
				Laugenbeständigkeit			X
				UV Beständigkeit	X	X	X
				Schadstofffreiheit (Chromatfrei)	X	X	X

Hausgeräte waren bis auf wenige Ausnahmen schon immer weiß. Auch heute wird der überwiegende Anteil in diesem Farbton produziert, wobei jeder Hausgerätekonzern seinen eigenen weißen Farbton kreiert hat. Seit einiger Zeit wird jedoch eine Vielzahl bunter Farbtöne angeboten, insbesondere auch Aluminium-metallic Töne. Mit einigen dieser Metallic-Farbtöne soll der Eindruck einer Edelstahl-Oberfläche nachgestellt werden.

Neben den Lacken werden auch Folien beschichtet. Die Dekorfolien, in erster Linie PVC-Folien, sind sehr verschleißfest. Durch Konterdrucken der Folie, aber auch durch das zusätzliche Aufbringen einer hochglänzenden thermoplastischen Folie können spezielle Effekte erzielt werden. Im zweiten Fall wird eine klare Folie in der Coil-Coating-Anlage auf die heiße Decklackoberfläche kaschiert. Dieses Lack-Folie-Colaminat liefert neben der ansprechenden Optik eine robustere Oberfläche, als mit Lacken erreicht werden kann. So werden durch eine klare Deckfolie auf farbgebenden Lackschichten hohe Brillanz, ausgezeichnete Chemikalienbeständigkeit und Kratzfestigkeit erreicht.

2.3.2 Leuchten

Langfeldleuchten weisen sehr komplizierte und enge Biegeradien auf. Um die extreme Umformung mitmachen zu können, werden als Lacksystem, neben Aufbauten aus Primer und Decklack, auch spezielle Schichtsysteme eingesetzt. Das Besondere an diesem sehr weißen System ist, dass der Lack gleichzeitig Primer und Decklack ist. Die Gesamtschicht ist 2 x 13 µm dick. Der hohe Weißgrad und der hohe Glanz ermöglichen Reflexionsgrade von bis zu 90 Einheiten. Die Lacke auf Polyesterbasis sind nicht nur sehr elastisch, sondern auch wärme- und UV-lichtbeständig. Dies garantiert, dass nur geringe Farb- und Glanzänderungen am Leuchtkörper auftreten. Die Rückseite des Leuchtenblechs wird mit einer Rückseitenlackierung oder dem Lacksystem der Oberseite versehen.

2.3.3 Teletronics

Zu den Teletronics zählen Gehäuse für Geräte der Unterhaltungselektronik und Computer (Bild 2.17).

Bild 2.17 Computergehäuse in bunter Metallic-Beschichtung. (Quelle: ThyssenKrupp Steel Europe AG, Duisburg)

Die Gehäuse werden mit Lacken oder Folien beschichtet. Lackbeschichtungen haben in den letzten Jahren zugenommen. Im Gegensatz zu den Leuchten werden bei den Gehäusen für Unterhaltungselektronik zum Teil sehr niedrige Glanzgrade eingestellt, um Spiegelungen und Reflektionen zu vermeiden. Auch die Farbtonpalette ist begrenzt. Zurzeit reicht sie von schwarzen über silber- bis zu goldfarbenen Tönen. Die Lacksysteme ermöglichen eine gegenüber Markierungen unempfindliche Oberfläche und zeigen gute Antifingerprint-Eigenschaften. Bei den Computern sind inzwischen auch bunte Metallic-Beschichtungen möglich. Die Rückseite des Materials ist in der Regel wegen der notwendigen elektromagnetischen Abschirmung unbeschichtet, kann aber auch mit einem leitfähigen Rückseitenschutzlack versehen werden [21].

2.4 Bandbeschichtetes Blech für die Automobilindustrie

2.4.1 Nutzfahrzeuge und Caravans

Bandbeschichtetes Material wird seit vielen Jahren im Fahrzeugbau zu verschiedenen Bauteilen für PKW, Busse, LKW, Caravans und Schienenfahrzeuge verarbeitet. Der Einsatz reicht vom vorgrundierten bis zum „endlackierten" Flacherzeugnis. Typisch sind die vielfältigen Mehrschichtsysteme. Für LKW-Aufbauten aus bandbeschichtetem Blech variiert der Aufbau vom klassischen Zweischichtenaufbau, z. B. Primer und Decklack dickschichtig mit insgesamt 35 bis 50 µm Schichtdicke auf verzinktem Stahl, über Mehrschichtensysteme bis zu Lack-Folie-Lack-Kombinationen. Die komplexen Beschichtungen erfüllen die hohen Ansprüche an Korrosions- und Bewitterungsbeständigkeit, Verschleißfestigkeit und Verschmutzungsunempfindlichkeit. Aus diesem Grund werden sie auch für die Sandwichwände von Kühltransportern (Bild 2.18) bevorzugt. Für die Innenschale der Sandwichs werden mit PVC laminierte Feinbleche eingesetzt. Diese Beschichtungen sind für den Lebensmittelbereich nach dem Lebensmittel- und Bedarfsgegenständegesetz geeignet.

Im Wohnwagen- und Campingwagenbau wird aus Gewichtsgründen bandbeschichtetes Aluminium als Trägermaterial eingesetzt. Typische Lackaufbauten sind elastische, hochglänzende Polyester-Decklacke, die auf einen Universalprimer appliziert werden.

Seit über 25 Jahren werden Polyurethane mit großem Erfolg für LKW-Kofferaufbauten eingesetzt. Sie sind mit Spritzlacken zur Beschriftung und Dekoration mit Werbeschriften universell überlackierbar. Der Polyurethanlack ist zudem mit den im Fahrzeugbau verwendeten Kleb- und Dichtstoffen sehr verträglich.

Die Witterungs- und Chemikalienbeständigkeit dieser Decklacke machen es möglich, dass die LKW-Kofferaufbauten eine Gebrauchsdauer von 15 bis 20 Jahren erreichen. Während dieser Zeit werden die Fahrgestelle bis zu viermal ausgetauscht und der Kofferaufbau immer wieder auf ein neues Fahrgestell gesetzt. Die bei LKW-Material üblichen Lackschichtdicken bestehen bei einem Zweischichten-Lackaufbau aus einem 4 µm dicken Epoxid-Primer und einem 18 bis 20 µm dicken Polyurethan-Decklack.

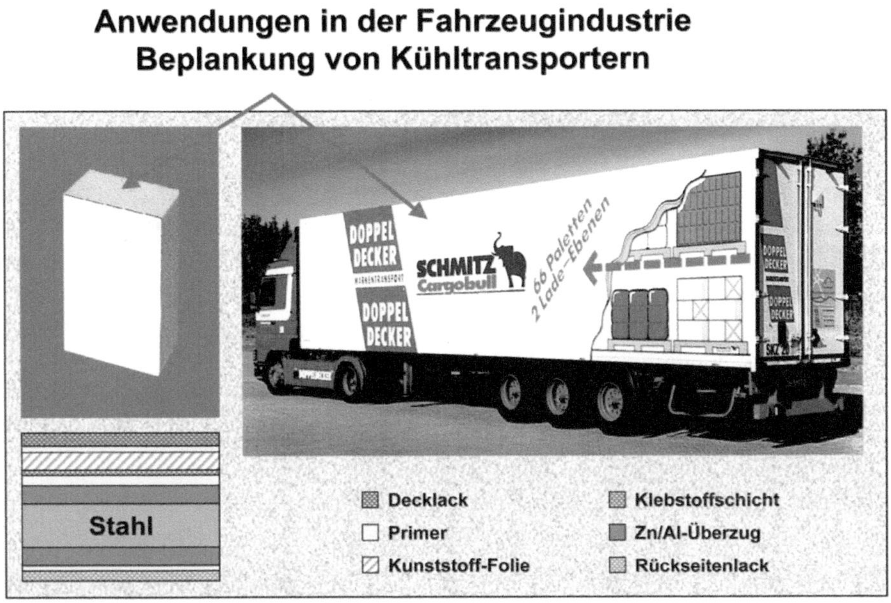

Bild 2.18 LKW Aufbauten (Kühltransporte) werden mit Mehrschichtsystemen beschichtet. (Quelle: Urheberrecht beim Autor)

Die typische Farbe für die Fahrzeugaufbauten und -bauteile ist weiß. Zusätzlich zu den im Fahrzeugbau üblichen Beständigkeiten gegen Kraftstoffe, Bremsflüssigkeiten, Vogelkot oder Baumharz und ähnliches muss das beschichtete Blech für den LKW-Aufbau auch für Werbezwecke beschriftbar oder beklebbar sein. Vielfach werden die Bleche auch noch mit farbigen Streifen überlackiert. Die Glanzgrade liegen im hohen und mittleren Bereich. Bei LKW-Aufbauten, beim Motorcaravan und beim Caravan sind Hochglanzoberflächen mit mehr als 80 Einheiten Glanz gefragt. Im Anschluss an die Lackierung werden die Bleche geprägt, um die Stabilität zu erhöhen. Dann erfolgt die Montage.

Bei der Auswahl der Systeme Metall – Beschichtung müssen die in diesem Marktsegment typischen Fertigungstechniken besonders berücksichtigt werden. Zum Fügen der Teile werden hier überwiegend mechanische Fügetechniken und das Kleben eingesetzt.

2.4.2 Korrosionsschutzprimer für den PKW

In der Vergangenheit gab es immer wieder Versuche, Coil-Coating-Material im Automobilbau zu verarbeiten. Eines der Ziele dieser Aktionen war es, den Korrosionsschutz zu verbessern und damit die Lebensdauer der Fahrzeuge zu verlängern. Ein erster Schritt war Ende der 1970er Jahre die zinkstaubhaltige Grundierung, die den Korrosionsschutz von kaltgewalztem Stahl verbesserte. Diese unter dem Namen Zincrometal sowie Inmozinc/Bonazinc bekannt gewordene Technologie trat dann in den Hintergrund, als elektrolytisch verzinktes Band zur Verfügung stand, das ein besseres und konstanteres

Korrosionsschutzniveau sicher stellte. Heute sind die Korrosionsschutzanforderungen hoch. Da insbesondere einige Hohlräume und Flanschbereiche für die konventionelle Lackierung nicht erreichbar sind, müssen sie durch aufwendige Hohlraumschutz- und Abdichtmaßnahmen geschützt werden.

Zur Lösung dieser Probleme wurde Mitte der 1990er Jahren eine dünne organische Beschichtung, ein sogenannter schweißgeeigneter Korrosionsschutzprimer, eingeführt [22], der vorwiegend für PKW-Karosserieblech Anwendung findet. Die Korrosionsschutzprimer wirken im Verbund mit den metallischen Überzügen und den speziell angepassten Vorbehandlungen. Die kathodische Schutzwirkung der Zinküberzüge wird mit der Barrierewirkung, der Abriebfestigkeit, Elastizität und den Gleiteigenschaften der organischen Beschichtung kombiniert. Der Korrosionsschutz in Karosseriehohlräumen, Falzen und Flanschen wird durch die Korrosionsschutzprimer erheblich verbessert, wodurch wiederum die Werterhaltung der Fahrzeuge gesichert ist. Die Gebrauchsdauer und die Recyclingintervalle verlängern sich deutlich. Die Fahrzeugsicherheit bleibt bei Crash-relevanten Baugruppen über die gesamte Gebrauchsdauer erhalten. Dies ist umso wichtiger, je geringer die eingesetzten Blechdicken, z. B. bei höherfesten Stahlsorten, sind.

Basiswerkstoffe sind ein- oder zweiseitig elektrolytisch verzinkte Feinbleche (ZE) oder feuerverzinkte Feinbleche (Z) mit Zinkauflagen von 5 bis 7,5 μm pro Seite. Sie werden ein- oder zweiseitig vorbehandelt und mit Korrosionsschutzprimer beschichtet. Das Blech, das dann in korrosionskritischen verbauten Bereichen, insbesondere in Überlappungen und schwer zugänglichen Hohlräumen, verbaut wird, erhält eine 3 bis 5 μm dicke, vor Korrosion schützende Lackschicht. Da diese vorlackierten Bleche aber noch die gesamte mechanische Fertigung im Rohbau durchlaufen müssen, ist die Schweißbarkeit eine unabdingbare Voraussetzung [23]. Die Leitfähigkeit der Primer wird durch den Zusatz von z. B. Zinkpulver soweit eingestellt, dass die Punktschweißfähigkeit des vorlackierten Stahlbleches sichergestellt wird.

Die Korrosionsschutzprimer unterscheiden sich in ihrer Zusammensetzung, insbesondere bezüglich der verwendeten Leitfähigkeitspigmente und der erzielbaren Schichtdicken. Aus Prüfungen des Korrosionsverhaltens am Fahrzeug in Überlappungsbereichen (Flanschen) und an stark umgeformten Bauteilen (Näpfchen) gegenüber rein metallischen Beschichtungen ist eine drei- bis vierfache Verbesserung der Barrierewirkung gegenüber einem Korrosionsangriff ersichtlich. Mit den Korrosionsschutzprimern der 2. Generation wird die Barrierewirkung auf das sechs- bis achtfache verdoppelt [24]. Durch die Entwicklung neuer Stähle nimmt heute der Einsatz dieser Materialien in der Automobilindustrie ab.

2.5 Bandbeschichtetes Blech für Technische Verpackungen, Möbel und Schilder

2.5.1 Technische Verpackungen

Bandbeschichtetes Blech wird auch im technischen Verpackungssektor eingesetzt. Dies reicht von Fassdeckeln bis zur industriellen Großverpackung. Entsprechend ihrer Verwendung werden verschiedenen Substrate, kaltgewalztes oder oberflächenveredeltes Feinblech, ausgewählt.

Tab. 2.3 Typische Beispiele für bandbeschichtetes Blech im Bereich technischer Verpackungen [2]

Verwendungszweck	**Trägermaterial**		**Beschichtung**	
	Art	**Dicke** (mm)	**Art**	**Nenndicke** (µm)
Fassdeckel/ Fassböden	Nicht oberflächenveredelt, Z	1,0	Spezial-Epoxid	20
			Polyester	20
			Polyester plus PE-Folie	120
Paket-Winkel	Z	≥ 1,0	Polyester	15

Die Dicken des Trägermaterials liegen in der Regel zwischen 0,2 und 1,5 mm. Die Anwendung bestimmt die Anforderungen an die Beständigkeit gegenüber Chemikalien und anderen Füllgütern. Sie werden durch die speziellen Beschichtungen erfüllt.

2.5.2 Haustechnik

In der Haustechnik wird bandbeschichtetes Stahlblech hauptsächlich für Heizkesselverkleidungen sowie für Heiz- und Klimageräte verarbeitet. Weitere Anwendungen sind unter anderem Kabelkanäle oder Schaltschrankgehäuse. Als Beschichtungsstoffe kommen Polyester und auch Folie zum Einsatz. Bei den Heizkesseln ist die Wärmebeständigkeit einer der wichtigen Parameter. Bei höheren Anforderungen werden spezielle Lackbeschichtungen auf feueraluminiertem Blech eingesetzt.

2.5.3 Möbel sowie Raum- und Büroausstattung

Stahlmöbel, Stahlregale, Gardinenleisten und Kleiderstangen, aber auch Markerboards werden aus bandbeschichtetem Blech hergestellt. Die Lacke oder Folien werden auf die Anforderungen aus dem täglichen Gebrauch hin ausgerichtet. Sie sind nicht nur funktionell, sondern genügen auch ästhetischen Ansprüchen. Als Beschichtung werden spezielle Polyesterlacke und PVC- und Verbundfolien eingesetzt. Die Folien sind beispielsweise einfarbig oder haben eine Holzdekor-Optik, die üblicherweise dekorativ geprägt ist.

2.5.4 Schilder

Da Coil-Coating-Material mit unterschiedlichen Techniken bedruckt oder auch beklebt werden kann, z. B. mit reflektierenden Folien, und zudem auch gut überlackierbar ist, wird es für Schilder genutzt (Bild 2.19). Die Einsatzfelder reichen von Hinweisschildern bis zu Reklametafeln. Als Substrat wird vorzugsweise Aluminium in den verschiedensten Varianten gewählt. Der typische Beschichtungsstoff ist Polyurethan.

Bild 2.19 Coil-Coating-Material lässt sich mit unterschiedlichen Techniken bedrucken oder bekleben und ist so auch für Schilder geeignet. (Quelle: 3A Composites GmbH, Singen)

2.6 Bandbeschichtetes Blech für spezielle Produkte

2.6.1 Schwingungsdämpfendes Stahl-Verbundblech [25]

Ein Produkt, das auf entsprechend modifizierten Bandbeschichtungsanlagen hergestellt wird, ist das Stahl/Kunststoff/Stahl-Verbundblech. Hier werden von verschiedenen Unternehmen ähnliche Produkte auf dem Markt angeboten.

Da der Werkstoff Stahl keine nennenswerte innere Dämpfung hat, breitet sich der Körperschall in Stahlkonstruktionen fast ungehindert aus und macht sich durch großflächige und lang nachhallende Abstrahlung von Luftschall störend bemerkbar. Um die Dämpfung von Stahlblech zu erhöhen, sind zwei Methoden gebräuchlich:

- das einseitige Aufbringen dämpfender Kunststoffbeläge auf das Stahlblech. Man erhält so ein zweischichtiges Verbundblech oder
- das Einbringen einer dämpfenden Kunststoffschicht zwischen zwei Stahldeckbleche, womit man dann ein dreischichtiges Verbundblech erhält (Bild 2.20).

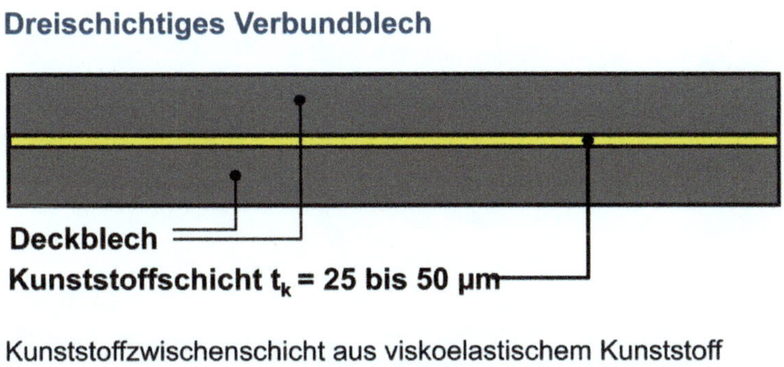

Bild 2.20 Schema eines dreischichtigen Verbundblechs [23].
(Quelle: ThyssenKrupp Steel Europe AG, Duisburg)

Die Dämpfungswirkung solcher Verbundbleche besteht darin, dass der dämpfenden Kunststoffschicht bei Biegeschwingungen des Bleches pulsierende Verformungen aufgezwungen werden, wodurch dort infolge innerer Reibung Schwingungsenergie „verzehrt", d. h. in Wärme umgewandelt wird. Dabei ist der Wirkungsmechanismus beider Verbundblechtypen durchaus unterschiedlich: Bei zweischichtigen Verbundblechen wird der Kunststoffbelag periodisch gedehnt und gestaucht. Bei dreischichtigen Verbundblechen dagegen wird die Kunststoff-Zwischenschicht überwiegend periodisch schubverformt.

Der Nachteil zweischichtiger Verbundbleche besteht darin, dass der Auftrag des Dämpfungsbelages einen zusätzlichen, oftmals lohnintensiven Arbeitsgang erfordert. Die Oberfläche ist je nach Temperatur klebrig und weich oder auch spröde. Darüber hinaus ist sie beschädigungsanfällig und abplatzgefährdet. Die Schichtdicke muss ein Mehrfaches der Stahlblechdicke betragen (2 bis 4 mm), wenn eine Dämpfwirkung in gleicher Höhe wie bei einem dreischichtigen Verbundblech erzielt werden soll. Dadurch steigt das Gewicht erheblich an. Außerdem muss die Verarbeitung des Stahlbleches zum fertigen Bauteil, also das Trennen, Umformen und Fügen, vollständig abgeschlossen sein, bevor mit dem Auftrag des Dämpfungsbelages begonnen werden kann. Wegen des hohen Kunststoffanteils können zudem Probleme beim Recycling des Stahlschrotts entstehen. Diese Nachteile haben dreischichtige Verbundbleche nicht. Sie weisen eine beidseitig metallische Oberfläche auf, die auch lackierbar ist, und lassen sich ähnlich problemlos verarbeiten wie gleichdickes Vollblech. Die nachfolgenden Ausführungen befassen sich deshalb auch ausschließlich mit den dreischichtigen Verbundblechen.

Haupteinsatzgebiete von körperschalldämpfendem Verbundblech sind neben dem Maschinen-, Anlagen- und Apparatebau, die Elektroindustrie, das Bauwesen und vor allem der Automobilbau (Bild 2.21).

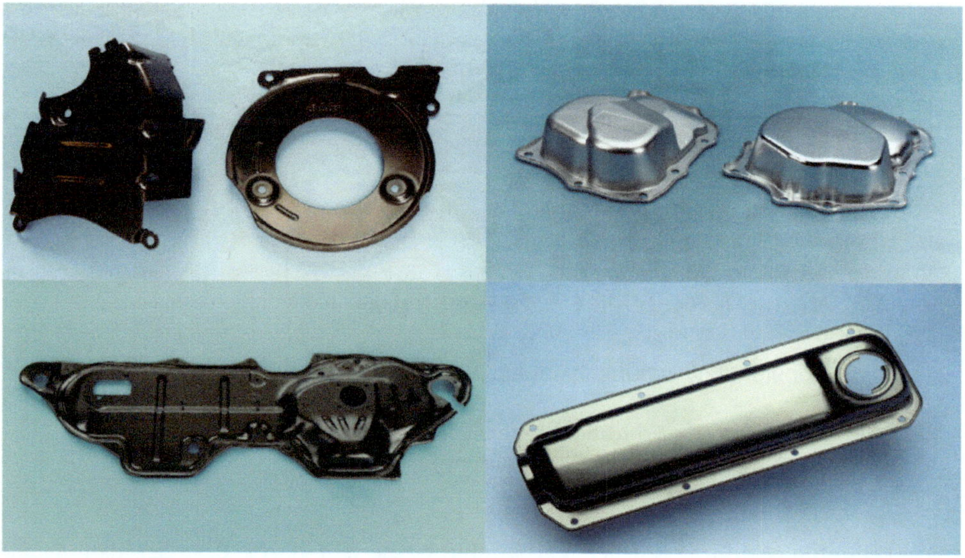

Bild 2.21 Beispiele für körperschalldämpfendes Verbundblech: Zahnriemenabdeckung (oben links), Getriebedeckel (oben rechts), PKW Stirnwand (unten links), Ventilhaube (unten rechts). (Quelle: ThyssenKrupp Steel Europe AG, Duisburg)

Hier sind insbesondere Getriebeabschlussdeckel, Ölwannen, Zylinderkopfhauben, Zahnriemenabdeckungen, Polgehäuse für Servomotoren und Ventildeckel zu nennen. Weitere Beispiele sind:

- Karosserieteile wie Bodenblech, Stirnwand und Radhäuser
- Fahrerhäuser, Motortrennwände und Grundplatten von Nutzfahrzeugen
- Ummantelungen, Lärmkapselungen von Shredderanlagen, Turbinen, Maschinen, Motoren
- Müll- und Glascontainer
- Schallisolierung von Rohrleitungen
- Schwingförderer, Vibrationsrinnen und Rutschen
- Schallschutztüren, Garagentore und Rolltreppenverkleidungen.

Aufbau der Verbundbleche

Schwingungsdämpfende und damit auch körperschalldämpfende, dreischichtige Verbundbleche bestehen aus zwei metallischen Deckblechen in Dicken von 0,3 bis 2,5 mm und einer nur 0,025 bis 0,05 mm dicken Kernschicht aus viskoelastischem Kunststoff, der ein niedriges Schubmodul (GK' = 0,20 bis 20 N/mm2) und einen großen Verlustfaktor (dK = 0,2 bis 1,3) aufweist. Als Deckblech kommt unbeschichtetes und verzinktes Stahlblech aller Güten, aber je nach Verwendungszweck auch Edelstahlblech und Aluminiumblech in Betracht. Der Aufbau kann sowohl symmetrisch (0,75 /0,05/0,75 mm) als auch unsymmetrisch (1,0/0,05/0,5 mm) sein. Beide Deckbleche können aus dem gleichen oder unterschiedlichen Werkstoffen bestehen, z. B. die Sichtseite aus Edelstahl, die Nichtsichtseite aus Feinblech. Das Verbundblech wird in Tafelform oder auch als Verbundband in Coilform mit einer Gesamtdicke bis 3 mm geliefert.

Die Viskoelastizität der Kunststoffe, die für Verbundblech infrage kommen, ist je nach Kunststofftyp auf eine relativ enge Temperaturspanne von 40 bis 85 °C beschränkt. Es ist daher notwendig, zwei oder drei Typen körperschalldämpfender Verbundwerkstoffe für verschiedene Temperaturanwendungsbereiche zur Verfügung zu haben. Sie unterscheiden sich vor allem durch die Lage des Hauptdämpfungsbereichs in Bezug auf die Temperatur. Für den Automobilbereich werden Varianten angeboten, die sehr gute Dämpfungseigenschaften im niedrigen Frequenzbereich < 200 Hz aufweisen.

Die Herstellung von Verbundblech

Zur Herstellung von Verbundblech (Bild 2.22) wird das gereinigte und ggf. chemisch vorbehandelte Stahlband auf der Bandunterseite im Walzverfahren mit dem Kernschichtkunststoff vollflächig beschichtet. Dieser wird im Ofen getrocknet. Hinter dem Ofen, an der Dublierstation, wird das Band mit dem zweiten Band, welches von einem separaten Haspel abläuft, zusammengefügt. Das Verbundband wird, nachdem es abgekühlt ist, wieder aufgewickelt und kann als Band, Spaltband oder in Tafelform ausgeliefert werden.

Verarbeitung

Verbundblech muss wegen der viskoelastischen Kunststoff-Zwischenschicht bei der Verarbeitung, beim Trennen, Umformen, Fügen und Beschichten zum Teil anders behandelt werden als Vollblech. Beim Lackieren gibt es wenige Einschränkungen. Bei nahezu allen in der Stückbeschichtung üblichen Lackeinbrenntemperaturen bleibt die Kernschicht an Schnittkanten, Stanzungen und Bohrungen stabil. Sie läuft noch nicht aus.

Als Trennverfahren für Verbundblech kommen mechanisches Schneiden, Stanzen und Bohren in Betracht. Hierbei ist auf scharfe Werkzeuge zu achten, um eine Gratbildung an dünnen Deckblechen zu vermeiden. Bei unsymmetrischen Verbundblechen muss die dünnere Deckschicht oben liegen.

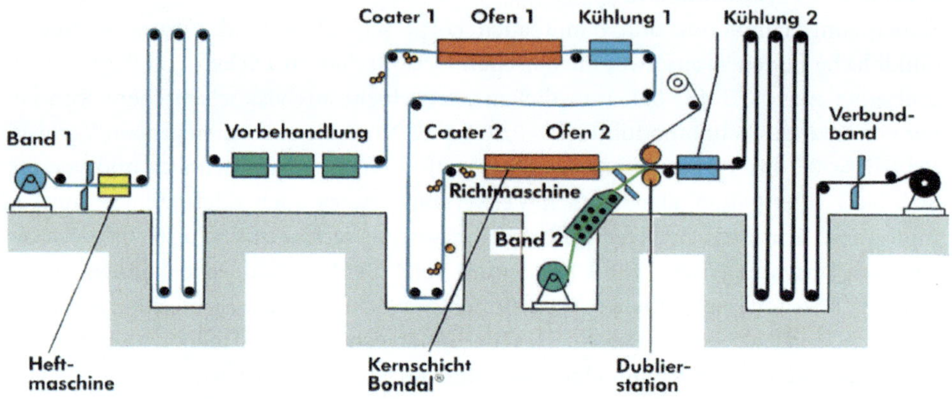

Bild 2.22 Schematische Darstellung der Produktion von Verbundblech. (Quelle: ThyssenKrupp Steel Europe AG, Duisburg)

Als Umformverfahren für Verbundblech kommen Schwenkbiegen, Sicken, Walzprofilieren, Tiefziehen und Streckziehen in Betracht. Beim Umformen bei Raumtemperatur gleiten bei Verbundblech für niedrige Arbeitstemperaturen die beiden Deckbleche wegen der viskoelastischen Kunststoff-Zwischenschicht geringfügig aufeinander. Dieses Verhalten ist für derartige Verbundbleche normal und muss bei umformtechnischen Arbeitsabläufen berücksichtigt werden. Es wäre falsch, dieses Gleiten durch Schweißpunkte, die vor der Umformung gesetzt werden, zu behindern. Bei langen Biegeschenkeln kann es von Vorteil sein, das Verbundblech vor dem Abkanten auf 40 bis 50 °C zu erwärmen, um so das Gleiten zu fördern und damit ein Verziehen der Schenkel zu vermeiden.

Soll das Blech mehrwinklig abgekantet werden, ist mit dem Abkanten in Verbundblechmitte zu beginnen und nach außen hin fortzuschreiten, um das Gleiten zu ermöglichen und eventuelle Klaffungen zu vermeiden (Bild 2.23).

Beim Tiefziehen muss in der Regel der Niederhalterdruck höher sein als bei gleichdickem Feinblech. Gegebenenfalls ist eine geeignete Schmierung vorzusehen und der Ziehspalt so einzustellen, dass er die Kernschichtdicke nur zur Hälfte berücksichtigt. Die Deckbleche müssen Tiefziehgüte haben. Bei Beachtung dieser Regeln ist ein annähernd gutes Grenzziehverhältnis wie bei Vollblech zu erreichen. Starke Unsymmetrie des Verbundquerschnittes verschlechtert die Tiefziehbarkeit.

Aufgrund der geringeren einzelnen Blechdicken ist die Streckziehfähigkeit von Verbundblech nicht ganz so hoch wie bei Vollmaterial gleicher Gesamtdicke. Bei Verwendung geeigneter Ziehhilfsmittel ergeben sich in der Praxis jedoch nur geringe Einschränkungen bei der Formgebung.

Für Verbundblech kommen mechanische Fügeverfahren wie Schrauben, Nieten, Falzen, Durchsetzfügen, das Löten, Kleben und Schweißen, hier vor allem das Widerstands- und Bolzenschweißen, aber auch das Schutzgas- und Elektrodenhandschweißen, in Betracht.

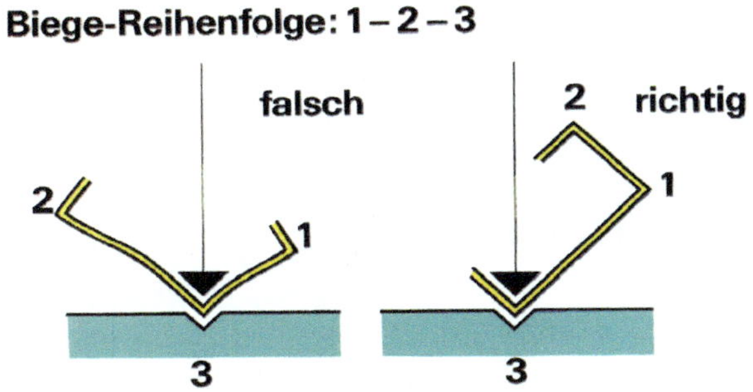

Bild 2.23 Beim Biegen von Verbundblech musst die richtige Reihenfolge eingehalten werden. (Quelle: Thyssenkrupp Steel Europe AG, Duisburg)

Die mechanischen Verbindungstechniken sind meist ohne nennenswerte Veränderungen der Werkzeuge von Vollblech auf Verbundblech übertragbar. Die aufnehmbaren Scherzugkräfte liegen in ähnlicher Größenordnung. Verbindungen mit vorgespannten Schrauben sind für Verbundblech allerdings weniger geeignet, weil wegen des Kunststoff-Kriechens die Vorspannkraft allmählich abfällt. Teilweise kann man diesem durch eine geringere Kernschichtdicke entgegen wirken. Beim Durchsetzfügen (Clinchen) sind gewisse Änderungen der Fügeparameter gegenüber gleichdickem Vollblech erforderlich. Das Kleben von Verbundblech unterscheidet sich nicht grundsätzlich vom Kleben von Stahlblech und ergibt keine verbundblechspezifischen Probleme.

Eine der wichtigsten Fügetechniken für Stahlverbundbleche ist das elektrische Widerstandsschweißen (Punkt-, Buckel- und Rollennahtschweißen). Um dieses Verfahren trotz der elektrisch isolierenden Kunststoff-Zwischenschicht auch für Verbundbleche anwenden zu können, muss vor der ersten Schweißung eine Strombrücke in der Nähe des beabsichtigten Schweißpunktes erzeugt werden (Bild 2.24). Der durch sie fließende Nebenstrom erwärmt die Bleche, womit auch die Kernschicht örtlich warm und somit weich wird. Die Elektrodendruckkraft reicht nunmehr aus, die Kunststoffschicht örtlich wegzudrücken und den Hauptstrom zur Verschweißung durch die Verbundbleche hindurch auszulösen. Ab dem zweiten Schweißpunkt wirkt der jeweils vorangehende als Nebenstrombrücke. Sowohl zweiseitiges, direktes Punktschweißen als auch einseitiges, indirektes Punktschweißen von Verbundblech sind nach diesem Verfahren möglich.

Als Bolzenschweißverfahren für Verbundblech kommen das Widerstandsbolzenschweißen (eine Art des Buckelschweißens) und das Lichtbogenbolzenschweißen mit Hub- oder Spitzenzündung in Betracht. Mit diesen Verfahren können Gewindebolzen auf einem Deckblech befestigt werden. Manuell geführtes Schutzgasschweißen von Verbundblech (MAG- und MIG-Schweißen) ist ebenfalls möglich, wenn die Schweißanordnung so gewählt wird, dass Lichtbogen und Kernschicht nicht oder nur wenig in Berührung kommen. Das Laserschweißen von Verbundblech ist nur eingeschränkt möglich. Ungeeignet für Verbundblech ist wegen der großen Wärmezufuhr das Gasschmelzschweißen (autogenes Schweißen).

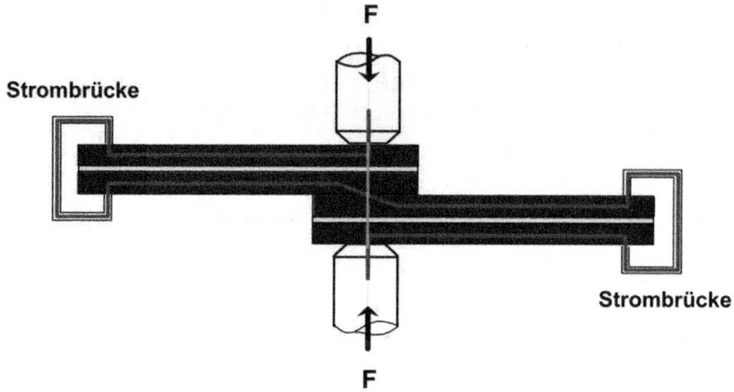

Bild 2.24 Eine der wichtigsten Fügetechniken ist das Widerstandspunktschweißen. (Quelle: ThyssenKrupp Steel Europa AG, Duisburg)

2.7 Literatur zu Kapitel 2

[1] European Coil Coating Association (Veranst.): 46. Hauptversammlung (Palma 2012). Brüssel: ECCA, 2012. – Hauchard, E.: ECCA Statistics 2011

[2] Stahl-Informations-Zentrum (Hrsg.): Charakteristische Merkmale 093: Organisch bandbeschichtete Flacherzeugnisse aus Stahl – Anwendung – Eigenschaften – Verarbeitung. Düsseldorf: Stahl-Informations-Zentrum (SIZ), 2006

[3] European Coil Coating Association (Veranst.): 39. Hauptversammlung (Warschau 2005). Brüssel: ECCA, 2005. – Ranta-Eskola, A.: Maximizing the Performance of Roofing Solutions Based on Coil Coated Steel Sheet

[4] Weitsch, H.-E.: Technologie der Bandbeschichtung. Göttingen, Novelis Deutschland GmbH, 2005

[5] Jandel, A.-S.; Alsmann, M.; Weichert, Ch.: Bauelemente aus der Bandbeschichtung. In: metalloberfläche 56 (2002), Heft 2, S. 28–30

[6] Koschade, R.: Die Sandwichbauweise – Systembau mit industriell vorgefertigten Sandwichelementen aus metallischen Deckschichten und Polyurethan-Hartschaumkern. Berlin: Verlag für Architektur und technische Wissenschaften, 2003

[7] Haus der Technik Essen e. V. (Veranst.): Bandbeschichtete Metalle – Eine umweltfreundliche Alternative für die blechbearbeitende Industrie, Essen, 2005. – Höfling, S.: Einsatzmöglichkeiten von bandbeschichtetem Feinblech am Beispiel der Fertigung von Sektionaltoren der Novoferm GmbH (Tagungsband)

[8] European Coil Coating Association (Veranst.): 40. Hauptversammlung (Maastricht 2006). Brüssel: ECCA, 2006. – Meuthen, B.; Höfling, S.: The manufacture of sectional door elements constructed from pre-painted steel sheet

[9] Meuthen, B.; Höfling, S.: The manufacture of sectional door elements constructed from prepainted steel sheet. In: STEEL GRIPS 4 (2006) No. 5/6, S. 347–350

[10] DIN 55928-8:1994, Korrosionsschutz von Stahlbauten durch Beschichtungen und Überzüge – Teil 8: Korrosionsschutz von tragenden dünnwandigen Bauteilen (wird ersetzt durch E DIN 55634)

[11] DIN 18807-1:1987/A1:2001: Trapezprofile im Hochbau – Teil 1: Stahltrapezprofile; allgemeine Anforderungen, Ermittlung der Tragfähigkeitswerte durch Berechnung

[12] Haus der Technik Essen e. V. (Veranst.): Bandbeschichtete Metalle – Eine umweltfreundliche Alternative für die blechbearbeitende Industrie, Essen, 2005. – Wesolowski, K.: Bandbeschichtetes Aluminium in der Sandwich-Technik – Herstellung, Verarbeitung und Anwendungen (Tagungsband) und
European Coil Coating Association (Veranst.): 39. Herbstkongress (Brüssel 2005). Brüssel: ECCA, 2005. – Wesolowski, K.: The Use of Pre-painted Aluminium in Sandwich Technique – Production, Fabrication and Applications

[13] FHTE – Hochschule Technik Esslingen (Veranst.): Württemberger Lacksymposien – Coil Coating (Esslingen 2006). – Katzwinkel, H.: Aluminium-Verbundplatten mit bandlackierter Oberfläche (Tagungsband)

[14] European Coil Coating Association (Veranst.): 34. Herbstkongress (Brüssel 2000). Brüssel: ECCA, 2000. – Kriner, S.: Residential metal roofing: from myth to reality

[15] European Coil Coating Association (Veranst.): 34. Herbstkongress (Brüssel 2000). Brüssel: ECCA, 2000. – Perry, C.: Market development in residential applications – an australian experience

[16] European Coil Coating Association (Veranst.): 39. Hauptversammlung (Warschau 2005). Brüssel: ECCA, 2005. – Etzenbach, Ch.: Non Industrial/Residential Roofing – Final report

[17] European Coil Coating Association (Veranst.): 34. Herbstkongress (Brüssel 2000). Brüssel: ECCA, 2000. – Hagström, M.: The use of prepainted sheet in residential houses

[18] European Coil Coating Association (Veranst.): 44. Herbstkongress (Brüssel 2010). Brüssel: ECCA, 2010. – Johnson, M. A.: Der coole Trend bei Coil Coatings

[19] European Coil Coating Association (Veranst.): 38. Hauptversammlung (Salzburg 2004). Brüssel: ECCA, 2004. – Jandel, L.: Coil Coating Technologies leading into the Future

[20] European Coil Coating Association (Veranst.): 33. Herbstkongress (Brüssel 1999). Brüssel: ECCA, 1999. – Jandel, L.: Coil Coatings with Profile: Systems for the Appliance Industry

[21] Haus der Technik Essen e. V. (Veranst.): Bandbeschichtete Metalle – Eine umweltfreundliche Alternative für die blechbearbeitende Industrie, Essen, 2005. – In der Au, R.-P.: Umformung von vorbeschichteten Blechen mit den Farbtönen Silber und Schwarz für Gehäuse der IT-Industrie (Tagungsband)

[22] European Coil Coating Association (Veranst.): 32. Herbstkongress (Brüssel 1998). Brüssel: ECCA, 1998. – Androsch, F. M.; Kösters, K.; Fuchs, W.: Prepainted steel sheet for the automotive industry

[23] Technik und Kommunikationsverlag GmbH (Veranst.): Automotive Circle International Conference, 1st European Status Conference "Precoated materials in automobile manufacturing" (Bad Nauheim 2000). Berlin, Technik und Kommunikationsverlag GmbH, 2000 – Schnell, A.: Schweißbare organische Beschichtungen im Automobilbau

[24] Stahl-Informations-Zentrum (Hrsg.): Merkblatt 122: Stahlfeinbleche mit schweißgeeignetem Korrosionsschutzprimer für den Einsatz in der Automobilindustrie. Düsseldorf: Stahl-Informations-Zentrum (SIZ), 2004, ISSN 0175-2006

[25] Haus der Technik (Veranst.): (Essen 1999). Essen, Haus der Technik, 1999 – Filthaut, C.: Schwingungsdämpfung mittels Verbundblechen aus Stahl und Kunststoff

Weitere Literatur

Cremer, L.; Heckel M.: Körperschall; Berlin–Heidelberg–New York: Springer Verlag, 1982
Kurtze, G.; Schmidt, H.; Westphal, W.: Physik und Technik der Lärmbekämpfung. Karlsruhe: Verlag G. Braun, 1975
Stamm, K.; Witte H.: Sandwichkonstruktionen – Berechnung, Fertigung, Ausführung. Wien–New York: Springer Verlag, 1974 (insbesondere die Seiten 257–282)
Stamm, K.; Schmitz A.: Eigenschaften, Herstellung und Anwendung von schwingungsdämpfendem Verbundband. In: Stahl und Eisen, 112 (1992), Heft 3, S. 73–78
Filthaut, C.; Müller R.: Schwingungsdämpfendes Verbundblech – Schalldämpfung ab Werk. In: JOT 40 (2000), Heft 4, S. 42–45
Stahl-Informations-Zentrum (Hrsg.): Charakteristische Merkmale 090: Schwingungsdämpfendes Verbundband und Verbundblech. Düsseldorf: Stahl-Informations-Zentrum (SIZ), 1996
Swiss Bonding 03 – 17. Internationales Symposium (Rapperswill 2003). Heckmann. G.: Akustisch wirksame Klebstoffe, Tagungsband, S. 177–191
DVS – Deutscher Verband für Schweißen und verwandte Fügeverfahren (Hrsg.): Merkblatt DVS 2929:2006, Widerstandspunkt-, Buckel- und Rollennahtschweißen von Stahl-Kunststoff-Stahl-Verbundwerkstoffen. Düsseldorf: DVS – Deutscher Verband für Schweißen und verwandte Fügeverfahren e. V
Stahl-Sandwich gegen Schall: BONDAL CB – Körperschalldämpfender Verbundwerkstoff für den Karossereriebau. In: STAHL, 1, (2007), S. 17–18
European Coil Coating Association (Veranst.): 30. Hauptversammlung (Barcelona 1996). Brüssel: ECCA, 1996. – Mathieu, S.: Vibrating damping sheets
Noise reduction steels Sollight® AC (Information G20). Luxemburg: Arcelor FCS Commercial, 2005

Substrate und Beschichtungen 3

3.1 Substrate

Die metallischen Grundwerkstoffe, die Substrate, für die in der Norm als bandbeschichtete Flacherzeugnisse definierten Produkte sind Aluminium und Stahl. Stahl ist mit mehr als 90 % der bedeutendere Werkstoff. Aluminium hat weltweit nur einen Anteil von etwa 7 % an der Gesamtproduktion [1]. Als ein Kriterium für die richtige Auswahl des Substrats, das bandbeschichtet werden soll, dienen die späteren mechanischen Bearbeitungsschritte. Walzprofilieren, Biegen, Tiefziehen usw. erfordern bestimmte Güten und Festigkeiten, die über die entsprechenden Stahl- oder Aluminiumlegierungen sichergestellt werden. Als weiteres Auswahlkriterium ist das spätere Einsatzgebiet von Bedeutung.

Um den unterschiedlichen Anforderungen an die Endprodukte gerecht zu werden, muss aus der Vielzahl an Stahlqualitäten, von kaltgewalztem, schmelztauchveredeltem oder elektrolytisch verzinktem Blech [2-5] das passende Substrat ausgewählt werden. So wird für Produkte, die im Innenbereich angewendet werden und nur in geringem Maße oder gar nicht von Korrosion bedroht sind, wie Leuchten und einige Hausgeräte, ggf. nur kaltgewalztes Blech beschichtet. Sind die Endprodukte höherer Feuchte und klimatischer Belastung ausgesetzt, wie Fassaden oder Dächer, wird schmelztauchveredeltes Material eingesetzt. Andere Stahlsubstrate für das Bandbeschichten sind Feinstblech z. B. für die Emballagenlackierung, nicht rostender Stahl (Edelstahl) oder Elektroblech mit besonderen magnetischen Eigenschaften. Nicht selten werden diese auf denselben Anlagen beschichtet. Bei Aluminium ist die Auswahl weniger komplex. Allerdings ist auch hier eine gezielte Selektion der Legierungen notwendig, um das gesamte Eigenschaftsspektrum der vorlackierten Bänder abdecken zu können. Aluminium wird in Form von Reinaluminium und Knetlegierungen eingesetzt.

A.-S. Jandel, B. Meuthen, *Coil Coating*,
DOI 10.1007/978-3-8348-2354-0_3, © Springer Fachmedien Wiesbaden 2013

Tab. 3.1 Übersicht über die gebräuchlichsten Substrate im Coil Coating. (Quelle: Urheberrecht beim Autor)

Substrate				**Einsatzgebiete**		
Werkstoff	Grundzustand	Metallische Vorveredelung	Schichtdichte Vorveredelung µm	Bauanwendungen	Hausgeräte	Transport
Stahl (verschiedene Güten für Festigkeit und Umformen)	kaltgewalzt	keine		innen	x	
	kaltgewalzt	elektrolytisch verzinkt (ZE)	3–7,5		x	x
	kaltgewalzt	schmelztauchverzinkt „normal" (Z)	7–30	innen und außen	x	x
	kaltgewalzt	Zink-Magnesium-Überzug (ZM)	7–10	innen und außen		
	kaltgewalzt	schmelztauchveredelt Galfan (ZA)	7–30	innen und außen	x	x
	kaltgewalzt	schmelztauchveredelt Galvalume (AZ)	15–30	außen		
Aluminium	kaltgewalzt			innen und außen	x	x

Die mechanischen und technologischen Eigenschaften dieser Grundwerkstoffe sowie die entsprechenden Auflagen der metallischen Überzüge sind in den DIN-Normen festgelegt [Anhang]. In dem Überblick über die für die Bandbeschichtung wichtigsten Substrate (Tabelle 3.1) wird deutlich, dass bei den Stahlsubstraten eine erste Vorveredlung durch die Verzinkung erfolgt. Der metallische Überzug stellt eine Barriere gegen die Korrosion dar. An seiner Oberfläche bildet sich unter Einfluss von Kohlendioxid und Luftfeuchtigkeit eine Deckschicht aus, die im Verwitterungsprozess langsam abgetragen wird. Die Deckschicht erneuert sich aus dem Überzug, bis dieser verbraucht ist. Die Schutzdauer des Überzugs hängt im Wesentlichen von seiner Dicke ab und von den Umgebungsbedingungen, denen das Blech ausgesetzt ist. Bild 3.1 zeigt plakativ in einem Vergleich wie die Schichtdicken von Zink und Eisen, die einer normalen Stadtatmosphäre ausgesetzt sind, abnehmen [6].

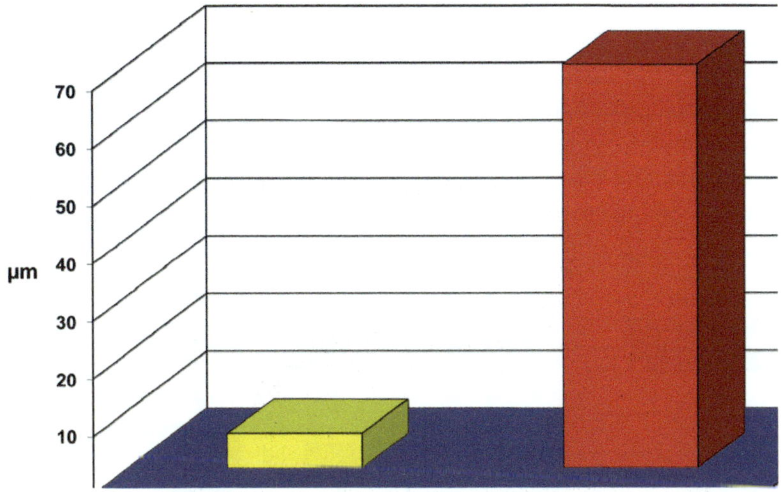

Bild 3.1 Vergleich der Schichtdickenabnahme von Zink und Eisen [6]. (Quelle: Stahl-Informations-Zentrum, Düsseldorf)

Die Zinküberzüge werden im Schmelztauchveredelungsverfahren oder elektrolytisch in schnell laufenden Bandanlagen kontinuierlich auf den kaltgewalzten Stahl aufgebracht. Beim Schmelztauchveredeln wird das kaltgewalzte, ungeglühte Stahlbreitband unter Schutzgasatmosphäre rekristallisierend geglüht. Dabei wird das Band gereinigt und die gewünschten technologischen Eigenschaften eingestellt. Anschließend läuft das Band in das schmelzflüssige Bad des Überzugmetalls. Dieses kann Zink, Zink-Magnesium-, Zink-Aluminium- oder eine Aluminium-Zink-Legierung sein. Nach dem Bad wird das Band im Düsenabstreifverfahren abgekühlt, um eine gleichmäßigen Metallauflage zu erhalten. Durch das Abblasen wird die gewünschte Schichtdicke eingestellt. Sie kann auf jeder der beiden Bandseiten unterschiedlich sein. Über die Verfahrensparameter, z. B. durch beschleunigte Erstarrung oder durch Legierungszusätze, wird die gewünschte Oberfläche eingestellt. Üblich ist heute eine zinkblumenfreie, feinkristalline Oberfläche, die gut beschicht- und umformbar ist. Zur Verbesserung der Oberfläche und der Planlage wird auch dressiert. Im Falle einer späteren Bandbeschichtung erfolgt keine weitere Nachbehandlung.

In Deutschland wurde erstmalig 1959 eine kontinuierliche Breitband-Schmelztauchverzinkung bei der damaligen August-Thyssen-Hütte AG in Duisburg gestartet. Die Legierungsvarianten wurden später eingeführt, wobei einzelne Mehrzweckanlagen dafür entsprechend modifiziert wurden.

Beim elektrolytischen Verzinken wird das kaltgewalzte, geglühte und dressierte Band gereinigt und gebeizt [7]. In einem typisch galvanotechnischen Vorgang wird aus einer wässerigen Lösung ein Überzug aus Reinzink (Kennzeichen ZE) oder aus einer Zink-Nickel-Legierung (Kennzeichen ZN) gebildet. Über die Abscheidungsparameter werden die Auflagen auf jeder Seite eingestellt. Es kann auch nur eine einseitige Auflage abgeschieden werden. Eine weitere Nachbehandlung erfolgt nicht, wenn das Blech später bandlackiert wird.

Die elektrolytische Breitbandverzinkung wurde in Deutschland 1963 auch in Duisburg bei der damaligen August-Thyssen-Hütte AG und bei der damaligen Trierer Walzwerk AG in Wuppertal eingeführt. Später wurde die Legierungsvariante auf ausgewählten, entsprechend angepassten Mehrzweckanlagen hergestellt. Die einzelnen Veredelungsschritte für Stahlband bis zur organischen Beschichtung zeigt Bild 3.2.

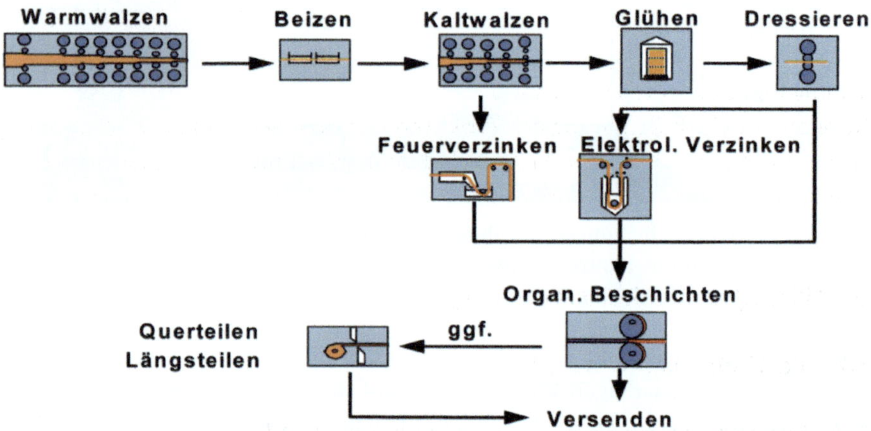

Bild 3.2 Schema des Walzwerk-Produktionsablaufes bis zur Band-Oberflächenveredelung und zum Versand [7]. (Quelle: Stahl-Informations-Zentrum, Düsseldorf)

Man unterscheidet beim Schmelztauchen je nach Legierungsbestandteilen verschiedene Varianten (Tabelle 3.2). Blech mit einem Überzug aus mindestens 99 % Zink wird als feuerverzinkt bezeichnet (Kennzeichen Z). Bei der Ausführung „galvannealed" (Kennzeichen ZF) wird durch eine unmittelbare Wärmenachbehandlung des frisch verzinkten Bandes ein grauer Überzug aus einer Legierung von Zink mit rund 11 % Eisen gebildet. Bei einem Überzug aus einer Legierung von Zink mit rund 5 % Aluminium spricht man von Galfan® (Kennzeichen ZA) und bei einem Überzug aus einer Legierung von 55 % Aluminium, 43,4 % Zink und 1,6 % Silizium von Galvalume® (Kennzeichen AZ). Identische Erzeugnisse sind auch unter anderen Markennamen bekannt. Beim Schmelztauchen mit einer Aluminium-Silizium-Legierung wird das Produkt als „feueraluminiert" (Kennzeichen AS) bezeichnet. Der Überzug besteht aus Aluminium mit rund 10 % Silizium. Eine neue Legierung, die seit Kurzem in der Bandbeschichtung für Material für den Baubereich eingesetzt wird, ist eine Zink-Magnesium-Legierung. Dieser Überzug besteht aus einer Zinklegierung mit 1 bis 3,5 % Magnesium und 0,5 bis 3,5 % Aluminium [8].

Tab. 3.2 Kennzeichnung des oberflächenveredelten Stahlfeinblechs

Überzug	Kennzeichnung
Schmelztauchveredelt	
Zink	Z
Zink /11 % Eisen	ZF
Zink/5 % Aluminium	ZA
Zink/1–3,5% Magnesium/0,5–3,5 % Aluminium	ZM
55 % Aluminium/43,5 % Zink /Silizium	AZ
Aluminium/10% Silizium	AS
Elektrolytisch verzinkt	
Zink	ZE
Zink/12 % Nickel	ZN

Die Auswahl der unterschiedlich legierten Stähle erfolgt je nach Einsatzzweck:

Kaltgewalzter Stahl

Kaltgewalzter Bandstahl, der unbeschichtet sehr schnell korrodiert, erhält durch die organische Beschichtung einen guten Korrosionsschutz, so dass er ein geeignetes Substrat für Hausgeräte, Büromöbel und Gebrauchsgüter ist. Kaltwalzblech ist kostengünstig und in vielen Güten erhältlich. Die besonders gut umformbaren Sorten sind für anspruchsvolle Zieh- und andere Umformverfahren geeignet.

Feuerverzinkter Stahl (Z)

Bisher war feuerverzinkter Stahl der vorherrschende Werkstoff für bandbeschichtete Dach- und Wandverkleidungen. Die Zinkschicht liefert einen guten Korrosionsschutz. Zink reagiert an der Luft zu Zinkcarbonat, das im Laufe der Zeit durch Wind und Wetter abgetragen wird, sich jedoch aus der Zinkschicht immer erneuert. Die Korrosionsgeschwindigkeit der Zinkschicht beträgt nur etwa 3 bis 10 % der Korrosionsgeschwindigkeit des unverzinkten Stahls. Für den Einsatz im Baubereich erhält der Stahl eine Zinkauflage von etwa 275 g/m^2. Dies entspricht etwa einer Schichtdicke von 20 µm.

Stahl mit Zink-Magnesium-Überzug (ZM)

Seit 2009 wird das verzinkte Stahlblech, insbesondere für den Baubereich, durch Material mit einer Zink-Magnesium-Legierung verdrängt. Neben 1 bis 3,5 % Magnesium enthält der Überzug auch 0,5 bis 3,5 % Aluminium. Der Überzug wird aus einer Zinkschmelze hergestellt, in der bei einer schnellen Abkühlung eine metastabile eutektische Struktur aus Zn-Mischkristallen und $MgZn_2$ entsteht.

Der Zink-Magnesium-Überzug ist gut geeignet für organische Beschichtungen und zeigt einen besseren Korrosionsschutz als herkömmliche Zinkauflagen (Bild 3.3). Auch werden die Schnittkanten und Schnittflächen besser geschützt. Im Zusammenspiel von Magnesium, Aluminium und Zink bildet sich eine oxidische Schutzschicht mit hoher Barrierewirkung, die den Korrosionsprozess an der Grenzschicht deutlich verlangsamt. Durch die Magnesiumionen wird die Schutzschicht kompakter, geordneter, weniger porös und somit dichter als bei den Zink-Überzügen. Damit erhöht sich der kathodische Schutz erheblich [9, 10]. Das Schichtgewicht für das im Coil-Coating eingesetzte Material liegt in der Regel bei 100 bis 140 g/m².

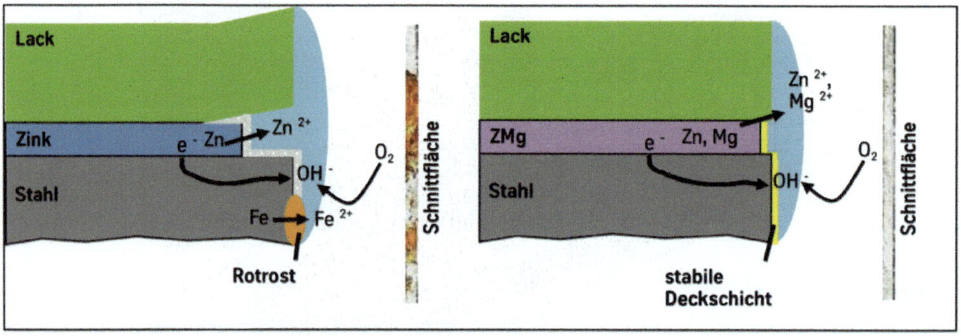

Bild 3.3 Die Zink-Magnesium-Beschichtung zeigt eine gegenüber den etablierten Produkten mindestens vergleichbare Schutzwirkung – Schema der Korrosionsreaktionen organisch beschichteter Zinküberzüge (links konventioneller Überzug, rechts Zink-Magnesium).
(Quelle: ThyssenKrupp Steel Europe AG, Duisburg)

Elektrolytische Verzinkung (ZE)

Die elektrolytische Verzinkung liefert eine sehr gleichmäßige Oberfläche. Sie wird eingesetzt, wenn besonders gleichmäßige Oberflächen z. B. für Hausgeräte, Gehäuse im Elektronikbereich und für Langfeldleuchten gefordert sind.

Aluminium-Zink- Legierungsüberzug (AZ)

Diese Legierung, die 55 Gew.-% Aluminium, 1,6 Gew.-% Silicium und Zink enthält – bekannt als Galvalume® –, zeigt eine glatte, matte, feine Zinkblume, die durch die Produktion bedingt ist. Der gute Korrosionsschutz wird durch den hohen Anteil an Aluminiumoxid an der Oberfläche der Beschichtung erzielt. Galvalume wird überwiegend außerhalb Europas als Werkstoff für die Bandbeschichtung eingesetzt. In Europa ist es nicht so verbreitet, da hier im feuerverzinktem Stahlblech die höheren Zinkgehalte an den Schnittkanten günstiger sind.

Zink-Aluminium-Legierungsüberzug (ZA)

Dieser als Galfan® bekannt gewordene Überzug wurde zu Beginn der 1980er Jahre entwickelt. Die Legierung aus 95 % Zink und etwa 5 % Aluminium weist aufgrund des Aluminiumgehalts nicht die charakteristische Zinkblume auf. Im Vergleich zu herkömmlichen feuerverzinkten Produkten bieten diese Stähle einen besseren Korrosionsschutz an den Schnittkanten und eignen sich besonders für den Baubereich.

Aluminierter Stahl und Edelstahl sind als Substrate für die Bandbeschichtung von untergeordneter Bedeutung.

Aluminium

Auch bei Aluminium gibt es eine Vielzahl an Legierungen, die in internationalen Klassifizierungssystemen eingeordnet sind. Die Auswahl der Legierung, die Dicke und der Werkstoffzustand, erfolgt entsprechend des Anwendungszwecks. Für die Bandbeschichtung werden in der Regel Legierungen der Gruppen 3XXX und 5XXX verwendet. Die Gruppe 3 ist durch Mangan als bedeutender Legierungsbestandteil, die Gruppe 5 durch Magnesium gekennzeichnet. Die Legierungen der Gruppe 3 sind gut umformbar und korrosionsbeständig. Legierungen der Gruppe 5 werden für Fassadenbleche verwendet. Sie zeichnen sich durch hohe Festigkeit aus. Für Aluminium gilt ein ähnlicher Fertigungsablauf, jedoch ohne die für Stahl typische metallische Oberflächenveredelung.

Es sei erwähnt, dass neben Stahl- und Aluminiumsubstraten auch Nichtmetalle wie beispielsweise Zink und Kupfer eingesetzt werden können, die in beschichteter Form spezielle Märkte bedienen.

3.2 Beschichtungen

Die Beschichtung von Metallbändern erfolgt im Wesentlichen, um

- das Blech vor Korrosion zu schützen
- ihm ein dekoratives Aussehen oder
- der Oberfläche spezielle funktionelle technologische Eigenschaften zu geben.

Dazu gehören z. B. Elastizität, Härte oder Kratzfestigkeit. Die Beschichtungsstoffe müssen den unterschiedlichsten Anforderungen genügen, die sich bei der Applikation auf der Bandbeschichtungsanlage, bei der Verarbeitung des Blechs und dann beim Einsatz ergeben. So wurde für die vielfältigen Anwendungen von bandbeschichtetem Blech eine Reihe von Beschichtungssystemen entwickelt:

- Lacke – z. B. Polyester-, Polyurethan-, Epoxid-, PVDF-Systeme und PVC-Plastisole
- Folien – z. B. Polyvinylchlorid (PVC)-, Polyethylenterephthalat (PET)-, Polyvinylfluorid (PVF)-, Polyvinylidenfluorid (PVDF)- und Polyolefinfolien

- spezielle Haftgrundierungssysteme für den Verbund von Metall mit Kunststoff, Gummi und ähnlichen nichtmetallischen Werkstoffen.

Die Haftfestigkeit einer Beschichtung ist in hohem Maße vom Substrat und von der abgestimmten Reinigung und Vorbehandlung des Blechs abhängig. Die Oberflächen werden aufbereitet, um einen über den metallischen Korrosionsschutz hinausgehenden Schutz zu erzielen, der auf die Lebensdauer des aus dem Blech zu formenden Produktes ausgelegt ist. Dazu wird das Metallband auf der Beschichtungsanlage zuerst gereinigt, dann wird die Oberfläche chemisch vorbehandelt. Als nächster Schritt folgt der Auftrag eines Primers (Grundierung). Vorbehandlung und Primer verhindern oder verringern die Unterwanderung der organischen Beschichtung, wenn diese einmal verletzt wird. Ihre eigentliche Funktion ist der Korrosionsschutz. Der Primer ist zudem der Haftvermittler zwischen vorbehandelter Metalloberfläche und Decklack. Er gewährleistet eine feste Bindung zwischen der organischen dekorativen Beschichtung und der Metalloberfläche. Dies ist wichtig, da die vorbeschichteten Bleche noch bearbeitet und zum Endprodukt umgeformt werden müssen.

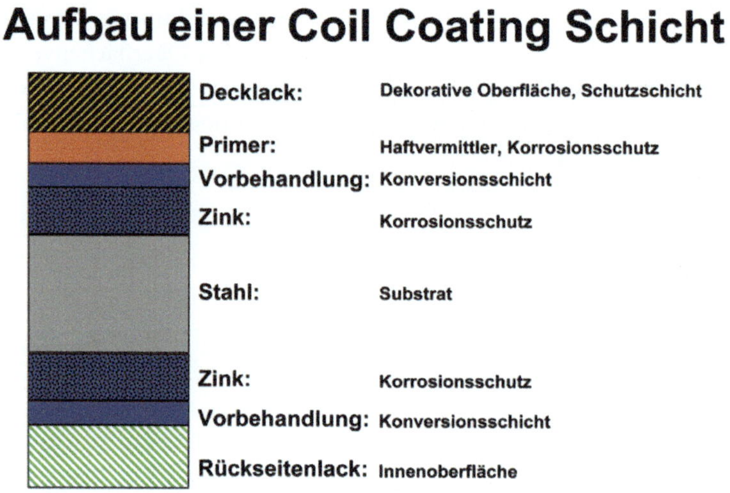

Bild 3.4 Schematischer Aufbau eines bandbeschichteten, verzinkten Stahlblechs. (Quelle: Urheberrecht beim Autor)

Als oberste Schicht wird der Decklack, auch Top Coat genannt, mit einer Schichtdicke von z. B. 20 µm aufgebracht. Er muss sowohl die durch den Einsatzzweck geforderten technologischen Eigenschaften als auch die dekorativen wie Farbe, Glanz und Struktur erfüllen. Bild 3.4 zeigt den schematischen Aufbau eines bandbeschichtetem Stahlblechs. Bei Aluminium ist der Schichtaufbau bis auf den Zinküberzug vergleichbar. Die komplette Beschichtung muss auf den Einsatzweck des Blechs ausgerichtet sein und als eine der wichtigsten Voraussetzungen Haftung zum Substrat besitzen. Neben der Topographie der Metalloberfläche spielen hier die Wechselwirkungen an der Grenzfläche Substrat – Beschichtung, wie chemische Bindung, Adhäsion, Dipol-Dipol-Wechselwirkungen oder Dispersionskräfte (ungleiche Ladungsverteilung), eine ganz wesentliche Rolle. Wasserstoffbrückenbindungen und echte chemische Bindungen setzen reaktive Gruppen an der Oberfläche voraus.

Um die Haftung zwischen Substrat und Beschichtung zu verbessern, können Haftvermittler in den Beschichtungsstoff eingebracht oder haftvermittelnde Schichten auf das Blech aufgebracht werden. Da die Haftung bei bandbeschichtetem Blech auch beim Umformen gewährleistet sein muss, muss die Beschichtung entsprechend flexibel sein. Sie darf nicht reißen oder sich gar vom Untergrund ablösen. Dabei kommt neben den guten mechanischen Eigenschaften der Beschichtung der Vorbehandlung des Substrats eine besondere Bedeutung zu. Der komplette Beschichtungsprozess besteht im Wesentlichen aus den folgenden Schritten (Bild 3.5):

Reinigen	**Vor-behandeln**	**Trocknen**	**Primer-Auftrag**	**Trocknen**	**Decklackieren**	**Trocknen**	**Schutzfolien-laminieren**

Bild 3.5 Schematischer Verfahrensablauf der Bandbeschichtung. (Quelle: Urheberrecht beim Autor)

3.2.1 Reinigen

Öl, Fette, Staub, Metallspäne, insbesondere Oxide, die sich auf der Oberfläche gebildet haben, müssen von der Metalloberfläche entfernt werden, denn sie behindern die Haftung zwischen Metall und Beschichtung. Die Reinigung muss außerdem eine gleichmäßige Oberfläche liefern und diese für die nachfolgende Vorbehandlung aktivieren. Dazu werden bei Stahlsubstraten alkalische und für Aluminium alkalische und saure Reiniger eingesetzt. Die Behandlung (Bild 3.6) erfolgt im Spritz- oder Tauchverfahren und kann durch Bürsten unterstützt werden.

Alkalisch Reinigen	**Bürsten**	**Alkalisch Reinigen**	**Spülen**	**Alkalisch/ sauer Reinigen**	**Spülen (VE)**	**Konversion**	**Trocknen**

Bild 3.6 Verfahrensschritte bei der Reinigung. (Quelle: Urheberrecht beim Autor)

Verzinkte Stahloberflächen werden in der Regel einer alkalischen Reinigung bei pH-Wert = 12 unterzogen. In diesem stark basischen Milieu wird die Oberfläche leicht angeätzt, d. h. Oxide, die auf der Oberfläche liegen, werden abgelöst.

$$ZnO + 2\,OH^- + H_2O \rightarrow Zn[(OH)_4]^{2-} \tag{3.1}$$

$$Zn(OH)_2 + 2\,OH^- \rightarrow Zn[(OH)_4]^{2-} \tag{3.2}$$

$$Zn_5(OH)_6(CO_3)_2 + 14\,OH^- \rightarrow 5\,Zn[(OH)_4]^{2-} + 2\,CO_3{}^{2-} \tag{3.3}$$

Zudem wird metallisches Zink aufgelöst und es bildet sich eine definierte Zinkoxid- oder Zinkhydroxidschicht.

$$Zn + 4\,OH^- \rightarrow Zn[(OH)_4]^{2-} + 2e^- \quad \text{(anodische Reaktion)} \tag{3.4}$$

$$O_2 + 2\,H_2O + 4\,e^- \rightarrow 4\,(OH)^- \quad \text{(kathodische Reaktion)} \tag{3.5}$$

Während die erste Reaktion von den Prozessbedingungen überwiegend unbeeinflusst bleibt, wird die zweite maßgeblich von der Sauerstoffsättigung, der Alkalinität, dem Alter der Lösung und von kinetischen Effekten beeinflusst, wobei das Altern der Lösung als Anreicherung von Zinkionen und der Umsetzung mit Kohlendioxid aus der Luft interpretiert werden kann [11].

Neben den chemischen Reaktionen unterstützen noch weitere Substanzen die Reinigung. Alkalihydroxide entfernen Schmutz, Metallspäne und Ablagerungen. Sie reagieren mit Ölen und Fetten zu wasserlöslichen Seifen. Phosphate senken die Wasserhärte und sorgen so für eine gute Benetzbarkeit, damit die Oberfläche gleichmäßig abgespült wird. Sie suspendieren zudem die Schmutzpartikel, so dass diese in der Lösung verbleiben und sich nicht wieder auf das Band setzen. Komplexbildner minimieren die Verschlammung der Reinigungslösung. Sie verhindern ein Ausfällen der Metalle in dem stark alkalischen Milieu und senken die Wasserhärte. Oberflächenaktive Stoffe helfen, das Öl zu entfernen, indem sie es emulgieren. Die Temperatur liegt bei der Reinigung üblicherweise zwischen 50 und 70 °C. Je höher die Temperatur, desto aggressiver die Reinigung.

Die typische Prozessfolge einer Vorbehandlung für Aluminiumbänder umfasst neben der alkalischen auch saure Reinigungsschritte [12]. Die Reiniger entfernen Korrosionsprodukte und Trennmittelreste von der Oberfläche und sorgen dafür, dass die Oberfläche benetzbar wird. Nach zwei Spülschritten folgt dann eine saure Beize, häufig auf der Basis von Schwefelsäure und Fluoriden. In diesem Schritt werden die Oxidschicht und Anreicherungen an Legierungsbestandteilen wie Silizium, Mangan oder Magnesium, die alkalisch nicht lösbar sind, entfernt. Die Stärke des Beizangriffs wird über die Fluoridkonzentration geregelt. Der bei dieser Reaktion entstehende Wasserstoff sprengt zudem auch noch Verschmutzungen ab. In geeigneten Fällen können zur Reinigung auch saure Produkte eingesetzt werden. Die separate saure Beize kann dann entfallen.

$$AlOOH + 3\,H^+ \rightarrow Al^{3+} + 2\,H_2O \tag{3.6}$$

$$Al + 6\,H^+ \rightarrow 2\,Al^{3+} + 3\,H_2 \tag{3.7}$$

Im letzten Schritt der Reinigung wird der überschüssige Reiniger mit Hilfe von Quetschwalzen entfernt und mit Wasser, das in einigen Anlagen angewärmt wird, in mehreren Stufen gründlich gespült. Der Spülvorgang ist besonders wichtig, da Rückstände der Reinigerlösung die Haftung des Lacks beeinträchtigen und eventuell auch eine Korrosionsreaktion induzieren können. Der letzte Spülschritt wird bevorzugt mit entsalztem oder deionisiertem Wasser vorgenommen.

3.2.2 Vorbehandeln

Nachdem im ersten Prozessschritt eine saubere, benetzbare Oberfläche erzeugt wurde, dient die Vorbehandlung nun dazu, die reaktive, metallische Oberfläche vor Korrosion zu schützen. Sie soll zudem die Haftung für die nachfolgenden organischen Schichten sicherstellen und die Umformeigenschaften und die Beständigkeit der Lackschicht verbessern.

Tab. 3.3 Konversionsverfahren

Prozess	**Substrat**	**Nachbehandlung**
Alkalische Passivierung	Z, ZM, AZ, ZA, ZE	Chromathaltige Nachspülung
Gelbchromatierung	AZ, ZA, ZE, Al	Chromathaltige Nachspülung (nur bei Stahl-, nicht bei Aluminiumsubstraten)
Grünchromatierung	Al	
Eisen-/Zinkphosphatierung	ST	Chromathaltige Nachspülung
Chromatfrei	Z, ZM, Al	

Abkürzungen: Z: feuerverzinkt (schmelztauchveredelt), ZM: Zink-Magnesium, AZ: Galvalum, ZA: Galfan, ZE: elektrolytisch verzinkt, ST: kalt gewalzter Stahl, Al: Aluminium

Der entscheidende Schritt in diesem Prozess ist die Konversion, bei der eine überwiegend nicht-metallische, amorphe Schicht anorganischen Materials auf der Metallbandoberfläche erzeugt wird. Diese so genannten Konversionsschichten sind mit weniger als einem Mikrometer sehr dünn und weisen ein Schichtgewicht von 0,05 bis 0,5 g/m^2 auf. Sie werden im Tauch-, Sprüh- oder No-rinse-Prozess aufgetragen [13]. In der Bandbeschichtung werden vier Konzepte verfolgt (Tabelle 3.3).

3.2.2.1 Alkalische Passivierung

Bei der alkalischen Passivierung wird eine sehr dünne Schicht komplexer Metalloxide auf der Oberfläche gebildet. Die Hauptkomponenten sind: Natronlauge (NaOH), Kobalt- und Eisenkomplexe und Komplexierungsmittel. Natronlauge ist der Garant für eine alkalische Umgebung. Die Kobalt- und Eisenkomplexe bilden Kobalt/Eisen Spinelle (Mischkristalle), die den Korrosionsschutz liefern. Komplexierungsmittel sorgen dafür, dass die Metallionen in Lösung bleiben. Für die Passivierung gilt als schematischer Reaktionsablauf [14]:

Konversion:

$$2\,Fe^{3+} + CO_2^{+} + 8\,OH^- \rightarrow CoFe_2O_4 + 4\,H_2O \quad (3.8)$$

$$2\,Co(OH)_2 + ½\,O_2 \rightarrow 2\,CoO(OH) + H_2O \quad (3.9)$$

$$2\,Co(OH)_2 + Zn(OH)_2 \rightarrow ZnCo_2O_4 + 2\,H_2O \quad \text{(Spinell)} \quad (3.10)$$

Nachspüle:

$$Zn^{2+} + CrO_4^{2-} \rightarrow ZnCrO_4 \quad (3.11)$$

$$[Cr(H_2O)_6]^{3+} + CrO_4^{2-} \rightarrow Cr(OH)CrO_4 + 4\,H_2O + H_3O^+ \quad (3.12)$$

3.2.2.2 Chromatierung

Über viele Jahrzehnte hinweg war die Chromatierung das Verfahren der Wahl, wenn es um optimalen Korrosionsschutz und Haftung für verzinkte Oberflächen ging. Die Schutzwirkung lässt sich zum einen auf die „selbstheilende" Funktion der Chrom(VI)-Verbindungen (sie wandern an der verletzten Stelle in die Poren des Substrats und verhindern eine Auflösung der Zinkoberfläche an dieser Stelle) und zum anderen auf die Sperrschicht zurückführen, die durch das Chromatieren entstanden ist.

Bei der Chromatierung wird eine sehr dünne, aber sehr haltbare, flexible Schicht erzielt, die vor Korrosion schützt. Das Verfahren ist preiswert, da der Verbrauch an Chromsäure gering ist und es im Tauch- oder Sprühverfahren zu handhaben ist. Die Zinkoberfläche wird mit einer sauren Chrom-, Salpeter- und Flusssäure enthaltenden Lösung behandelt. Die Flusssäure dient im Wesentlichen dazu, die Reaktion des Aluminiums auf der Oberfläche zu initiieren. Die Lösung enthält zusätzlich weitere Metallionen, die die Reaktion beschleunigen. Start der Konversionsreaktion ist der Angriff auf das Zink in der sauren Lösung bzw. auf die Aluminiumhydroxide, wobei Zink und Aluminiumoxide von der Oberfläche gelöst werden [14,15]:

$$AlOOH + 3\,HF \rightarrow Al^{3+} + 3\,F^- + 2\,H_2O \quad (3.13)$$

$$2\,Al + 14\,H_3O^+ + (Cr_2O_7)^{2-} \rightarrow 2\,Al^{3+} + 2\,Cr^{3+} + 21\,H_2O \quad (3.14)$$

$$Zn + 14\,H_3O^+ + (Cr_2O_7)^{2-} \rightarrow Zn^{2+} + 2\,Cr^{3+} + 21\,H_2O \quad (3.15)$$

Es folgt eine Komplexbildung mit Flusssäure:

$$Al(H_2O)_6]^{3+} + 6\,HF \rightarrow [AlF_6]^{3-} + 6\,H_3O^+ \quad (3.16)$$

$$[Cr(H_2O)_6]^{3+} + 6\,HF \rightarrow [CrF_6]^{3-} + 6\,H_3O^+ \quad (3.17)$$

und anschließend die Bildung der Chromatschicht:

$$[Al(H_2O)_6]^{3+} \rightarrow AlOOH + 3\,H_3O^+ + H_2O \quad (3.18)$$

$$[Cr(H_2O)_6]^{3+} \rightarrow CrOOH + 3\,H_3O^+ + H_2O \quad (3.19)$$

$$2\,Cr^{3+} + (Cr_2O_7)^{2-} + Al^{3+} + 15\,H_2O \rightarrow$$
$$2\,Cr(OH)_2HCrO_4 + Al(OH)_3 + 7\,H_3O^+ \quad (3.20)$$

Bei der Vorbehandlung von Aluminium werden bei der Gelbchromatierung Oxide und Oxydhydrate des Chroms und des Aluminiums gebildet [12]:

$$2\,Al + 3\,CrO_3 + 5\,H_2O \rightarrow 2\,Al(OH)_3 + Cr(OH)_3 + Cr(OH)CrO_4 \quad (3.21)$$

bei der Grünchromatierung Aluminium- und Chromphosphate:

$$2\,Al + 6\,H_3PO_4 + 4\,CrO_3 \rightarrow 2\,AlPO_4 + 4\,CrPO_4 + 12\,H_2O \quad (3.22)$$

3.2.2.3 Eisen- und Zinkphosphatierung

Die Phosphatierung hat in Europa für die Bandbeschichtung nur noch für kaltgewalzten Stahl Bedeutung, jedoch nicht mehr für die veredelten Oberflächen. In den USA und Ostasien ist sie hingegen weiterhin verbreitet. Bei der Eisenphosphatierung wird das Eisen in einer sauren Natriumhydrogenphosphatlösung an der Oberfläche unter Bildung von Wasserstoff in Eisendihydrogenphosphat überführt, das mit Sauerstoff zu unlöslichem Eisenphosphat reagiert [16].

$$Fe + 4\,NaH_2PO_4 \rightarrow Fe(H_2PO_4)_2 + 2\,Na_2HPO_4 + H_2\uparrow \quad (3.23)$$

$$2\,Fe(H_2PO_4)_2 + 2\,NaHPO_4 + ½\,O_2 \rightarrow 2\,FePO_4\downarrow + 2\,NaH_2PO_4 + H_2O \quad (3.24)$$

Bei der Zinkphosphatierung besteht die Reaktionslösung aus Phosphorsäure, sauren Zinkphosphaten und speziellen Zusätzen. Bei dieser Konversion schlägt sich Zinkphosphat auf der Oberfläche nieder.

$$3\,Zn^{2+} + 6\,H_2PO_4^- \rightarrow Zn_3(PO_4)_2\downarrow + 4\,H_3PO_4 \quad (3.25)$$

Der im ersten Reaktionsschritt entstehende Wasserstoff (3.23) inhibiert die Ausbildung der Phosphatschicht und wird deshalb mit Hilfe von Chloraten, Nitraten, Wasserstoffperoxid oder Hydroxylamin entfernt. Diese Oxidationsmittel wirken hier als Beschleuniger der Reaktion.

$$3\,Fe + NaClO_3 + 6\,H^+ \rightarrow 3\,Fe^{2+} + NaCl + 3\,H_2O \quad (3.26)$$

$$6\,Fe^{2+} + NaClO_3 + 6\,H^+ \rightarrow 6\,Fe^{3+} + NaCl + 3\,H_2O \quad (3.27)$$

Allen Vorbehandlungen gemeinsam ist das Nachspülen mit chromhaltigen Nachspüllösungen. Sie sind geringer konzentriert als die Chromatierungslösungen. Mit diesem Schritt werden Korrosionsschutz und Haftung noch weiter verbessert. Stellen, die zuvor nur eine geringe Schicht erhalten haben, werden ausgeglichen, Poren und „Verletzungen“ abgedeckt [17]. Nach dem Nachspülen muss die überschüssige Vorbehandlungslösung komplett entfernt werden, da Reste die Haftung nachfolgender Schichten beeinträchtigen, zu Blasenbildung oder auch zum Stopp der Beschichtungsreaktion führen können. Das vorbehandelte Band muss vollkommen trocken sein, wenn es die erste Beschichtungsstation erreicht.

3.2.2.4 Chromatfrei Vorbehandeln

Wurden früher generell chromhaltige Lösungen für Vorbehandlung und Deckschicht eingesetzt, um einen ausreichenden Korrosionsschutz zu gewährleisten, so verlieren sie heute in Europa zunehmend an Bedeutung. Die Chromate werden wegen ihrer kanzerogenen Eigenschaften größtenteils aus den Prozessen eliminiert. Gesetzliche Vorgaben in der Altauto- oder in der Elektro-/Elekronikschrott-Verordnung beschränken oder verbieten den Einsatz von Chrom(VI)-Verbindungen. Auf diese Weise sollen Arbeits- und Gesundheitsschutz verbessert werden. Die Restriktionen im Umwelt- und Gesundheitsschutz haben dazu geführt, dass chromfreie Alternativen auf den Markt kamen. Die Coil-

Coating-Branche in Deutschland und Österreich hat schon sehr früh auf diese Problematik reagiert und seit Mitte der 1990er Jahre chromfreie Vorbehandlungen und chromfreie organische Beschichtungssysteme eingeführt. Diese zeigen gleiche Effizienz und Qualität wie die chromhaltigen, so dass sie diese gleichwertig ersetzen können.

Es sind alternative, chromfreie Vorbehandlungsverfahren (Tabelle 3.4) auf dem Markt, unter denen den chromfreien No-rinse-Verfahren besondere Bedeutung zukommt.

Tab. 3.4 Chromatfreie Vorbehandlungen [18]

Prozess	**Substrat**	**Nachbehandlung**
Alkalische Passivierung	Z, ZM, AZ, ZA, ZE	chromfreie Nachspülung
Chromfreie Vorbehandlung	Z, ZA, ZM,Al	Spritzen und tauchen, eventuell chromfreie Nachspülung
No-rinse-Prozess	Z, ZA, ZM, AZ, ZE, Al, St	chromfrei
Eisenphosphatierung	St	chromfreie Nachspülung

Abkürzungen: Z: feuerverzinkt (schmelztauchveredelt), ZM: Zink-Magnesium, AZ: Galvalum, ZA: Galfan, ZE: elektrolytisch verzinkt, ST: kalt gewalzter Stahl, Al: Aluminium

Die chromfreien Vorbehandlungen basieren auf wässrigen nicht giftigen Übergangsmetallkomplexen und speziellen wasserlöslichen Polymeren. Für die Reaktion wurde folgendes Modell entwickelt [19]. Im ersten Reaktionsschritt greifen die sauren Chemikalien die Oberfläche an und erzeugen dabei an der Grenzfläche eine Metalloxidschicht. In diese werden Phosphor und kristalline Gitter-Kationen, z. B. Metallionen eingebaut, die im Substrat und in der Vorbehandlungschemikalie vorhanden sind. Die Metalloxidschicht sorgt für Haftung und Korrosionsschutz. Sie wird dann durch eine organische Schicht bedeckt. Die Polymere bewirken die Fixierung der anorganischen Bestandteile durch Komplexbildung und formen zum anderen eine Barriereschicht.

Für die Vorbehandlung einer Aluminiumoberfläche sieht das Reaktionsschema folgendermaßen aus [12,19]: In einer sauren Lösung sind Zirkon- bzw. Titankomplexe gelöst und weitere anorganische und/oder organische Additive enthalten. Als Komplexierungsmittel wird meist Fluorid eingesetzt. Für den Aufbau der Konversionsschicht im Behandlungsbad wird ein dreistufiger Mechanismus angenommen, der mit einer Beizreaktion beginnt. Dabei werden Aluminium und Aluminiumoxid aufgelöst.

$$AlOOH + 3\,H^+ \rightarrow Al^{3+} + 2\,H_2O \quad \text{Beizreaktion} \tag{3.28}$$

$$Al + 6\,H^+ \rightarrow 2\,Al^{3+} + 3\,H_2 \tag{3.29}$$

$$Al^{3+} + ZrF_6^{2-} \rightarrow AlF^{2+} + (ZrF_5)^- \quad \text{Komplexierung} \tag{3.30a}$$

$$Al^{3+} + TiF_6^{2-} \rightarrow AlF^{2+} + TiF_5)^- \tag{3.30b}$$

$$Al^{3+} + Zr^{4+} + F^{-} + 4\,H_2O \rightarrow Al(OOH)Zr(OOH)F + 6\,H^{+} \text{ Schichtbildung} \quad (3.31a)$$

$$Al^{3+} + Ti^{4+} + F^{-} + 4\,H_2O \rightarrow Al(OOH)Ti(OOH)F + 6\,H^{+} \quad (3.31b)$$

Die freigesetzten Aluminium-Ionen reagieren sowohl mit Wasser als auch mit dem Übergangsmetall-Komplex. Schließlich kommt es an der Oberfläche zur Ausfällung von hydratisierten Oxidschichten des Aluminiums und des Übergangsmetalls, die zudem noch Komplexbildner und andere Lösungsbestandteile enthalten können. Die Titan- bzw. Zirkonauflagen liegen im Bereich von wenigen mg/m^2 bis zu 20 bis 30 mg/m^2

Neben den Verfahren auf der Basis der Übergangsmetallkomplexe wurden verschiedene Systeme entwickelt, die auf organischen Bausteinen beruhen, deren gute Haftungseigenschaften bekannt waren [20]. So sind Silane als Haftvermittler in organisch-basierten Systemen seit vielen Jahren bekannt. Sie können mit folgender Formel dargestellt werden:

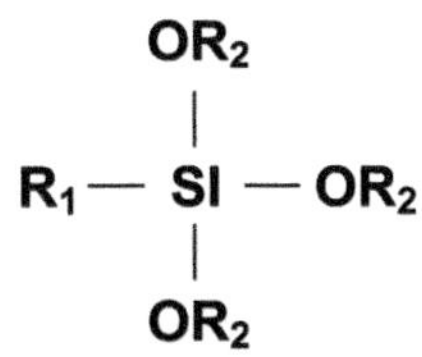

Bild 3.7 Strukturformel der Silane. (Quelle: Urheberrecht beim Autor)

Die Molekülgruppe R_1 ist meistens eine Methyl- oder Ethylgruppe. R_2 repräsentiert eine Alkylkette, die eine funktionelle Gruppe, z. B. eine Amino-Gruppe, tragen kann oder eine weitere Alkoxy-Silyl-Gruppe. Typische Vertreter solcher Silane, wie sie in der Oberflächenbehandlung zum Einsatz kommen, sind:

γ-APS: $H_2N - CH_2CH_2CH_2 - Si(OC_2H_5)_3$ oder

BTSE: $(C_2H_5O)_3Si - CH_2CH_2 - Si(OC_2H_5)_3$

Die Silane werden in einer wasserbasierten Lösung zunächst hydrolysiert, so dass sich Si(OH)-Gruppen bilden, die eine gute Haftung herstellen können. Die Behandlung der Oberfläche setzt eine wasserbenetzbare, hydratisierte Oxidschicht voraus, die in der Regel durch eine alkalische Reinigung mit anschließender Spülung erreicht wird.

Für die Applikation der Silane wurde ein Zwei-Stufen-Prozess entwickelt: Hierbei wird zunächst ein nicht-funktionelles Silan auf die Oberfläche aufgebracht, wobei starke Metall – Sauerstoff – Silizium Bindungen aufgebaut werden. An diese Gruppe wird ein funktionelles Silan über Silizium – Sauerstoff – Silizium Bindungen angekoppelt. Die funktionelle Gruppe des zweiten Silans ermöglicht die Haftung zu Lacken und Klebstoffen.

Inzwischen gibt es geeignete Mischungen von Silanen, die in einem einzigen Schritt aufgebracht werden. Auch werden hier beim anschließenden Trocknen der Silan-Schicht restliche Si – OH-Gruppen kondensiert, was zu einer mehr oder weniger starken Vernetzung der Schicht führt. Üblicherweise werden für den Korrosionsschutz Schichtdicken von 50 bis 100 nm angestrebt. Entscheidend für die Schichtdicke ist in der Regel die Konzentration der Silane in der Behandlungslösung, während Behandlungszeit, Temperatur und pH-Wert nur eine untergeordnete Rolle spielen.

Chromfreie Vorbehandlungschemikalien liefern heute den chromathaltigen Vorbehandlungen vergleichbaren Korrosionsschutz und Haftung für nachfolgende Beschichtungen. Es zeigt sich, dass der Primer im chromfreien Prozess einen deutlichen höheren Einfluss auf die Produkteigenschaften hat, als bei chromathaltigen Beschichtungen. Obwohl sie aus technischer Sicht akzeptiert sind, setzen sich die chromfreien Vorbehandlungen langsam im europäischen Coil-Coating-Markt durch.

3.2.3 Bausteine der organischen Beschichtungsstoffe

Ein Beschichtungsstoff für die Bandbeschichtung ist ein schützender organischer Überzug, der aus Kunstharzen oder Kunststoffen besteht, denen im Allgemeinen Pigmente, Additive und, sofern erforderlich, Lösemittel zugesetzt werden. Er schützt die Oberfläche vor Korrosion, verleiht ihr technologische Eigenschaften und liefert das Dekor.

Man unterscheidet beim Einsatz im Wesentlichen drei Technologien: die Verarbeitung von lösemittelhaltigen Systemen, die Verarbeitung von Plastisolen und Organosolen und das Laminieren von Folien. Hinzu kommt in geringem Maße der Einsatz von wasserverdünnbaren Systemen und Pulverlacken. Die Verarbeitung von strahlenhärtenden Lacken auf der Bandbeschichtungsanlage ist aus dem Entwicklungsstadium noch nicht herausgekommen.

Die speziellen Anforderungen an die Applikation und an die beschichtete Oberfläche wie Wärmebeständigkeit, Härte, Umformbarkeit, Haftfestigkeit oder Korrosionsschutz lassen nur einen geringen Spielraum bei der Auswahl der Harze. Zum Einsatz kommen hauptsächlich Polyester, Epoxidharze, Melamin-Formaldehydharze, blockierte Polyisocyanate, PVC- und PVDF-Systeme.

Der Produktionsprozess der organischen Beschichtungsstoffe ist ein reiner Mischvorgang. In einem Batch-Prozess werden die einzelnen Bestandteile der Rezeptur, die gezielt für die Endanwendung des beschichteten Blechs entwickelt wurde, miteinander vermischt. Die Reaktion der Komponenten zu einem Film erfolgt erst nach dem Auftrag auf das Blech bei höheren Temperaturen im Trockner der Bandbeschichtungsanlage.

Der wichtigste Baustein des Beschichtungsstoffes ist das Harz oder der Filmbildner, der im allgemeinen Sprachgebrauch auch als Bindemittel bezeichnet wird. Dies führt manchmal zu Verwirrung, da die DIN 55690 als Bindemittel den nicht flüchtigen Anteil eines Beschichtungsstoffes ohne Pigment und Füllstoffe, aber einschließlich Weichmacher und nichtflüchtiger Additive definiert.

Unter den Beschichtungsstoffen nehmen die Polyester eine herausragende Rolle ein. Weit über 60 % aller Beschichtungssysteme basieren auf diesen Filmbildnern (Bild 3.8).

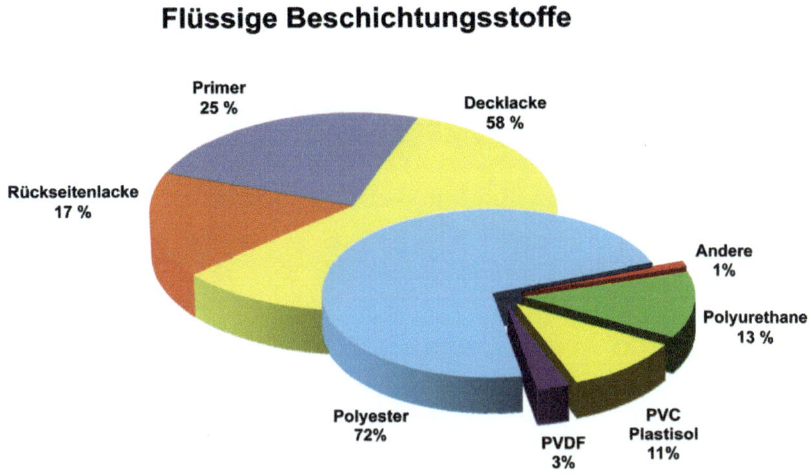

Bild 3.8 Überblick über die Anteile der unterschiedlichen Lacksysteme. (Quelle: ECCA)

3.2.3.1 Filmbildner

Der Filmbildner ist der essenzielle Bestandteil eines Beschichtungsstoffes. Den vielfältigen Anforderungen, die an die organischen Beschichtungsstoffe gestellt werden, können in der Regel nur oligomere oder polymere Verbindungen gerecht werden. Die wichtigsten und am häufigsten eingesetzten Harze für Coil-Coating-Beschichtungsstoffe sind Polyesterharze.

Polyester

Die Grundbausteine der Polyester sind Diole und Dicarbonsäuren. Sie werden nach folgendem Reaktionsschema gebildet.

$$\text{Carbonsäure} + \text{Alkohol} \leftrightarrows \text{Ester} + \text{Wasser}$$

$$R-COOH + R^1-OH \leftrightarrows R-COO-R^1 + H_2O \qquad (3.32)$$

Die Reste R und R^1 enthalten in der Regel weitere funktionelle (reaktive) Gruppen, so dass die Polymerisierung zu einem Makromolekül führt. Die Variabilität der Polyesterharze ist groß. Sie reicht von nieder- bis zu hochmolekularen Strukturen und umfasst sowohl lineare als auch verzweigte Moleküle.

Je nach dem Verhältnis von Polyol-(OH-) zu Carboxyl-(COOH-)-Gruppen spricht man von Polyester-Polyolen (hydroxyfunktionell) oder sauren Polyestern (carboxyfunktionell). Die Anzahl der der OH- bzw. COOH-Gruppen pro Monomer entscheidet darüber, ob das Polymer linear oder verzweigt aufgebaut wird. Die chemische Zusammensetzung und Funktionalität (Anzahl und Art der funktionellen Gruppen), aber auch die Molmasse, die Molmassenverteilung und der Verzweigungsgrad beeinflussen dann wiederum die mechanischen Eigenschaften der Beschichtung wie Härte, Flexibilität oder die Beständigkeit gegenüber Chemikalien oder Licht.

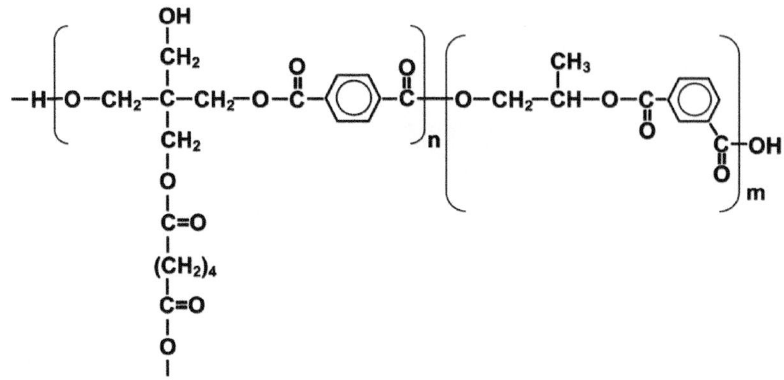

Bild 3.9 Beispiel für eine Struktureinheit eines Polyesterharzes [16].
(Quelle: Urheberrecht beim Autor)

Für die Bandbeschichtung werden lineare und verzweigte, hydroxyfunktionelle, gesättigte Polyesterharze mit Molekulargewichten von 1.000 bis 30.000 g/mol eingesetzt. Dabei handelt es sich sowohl um aromatische als auch gemischte und rein aliphatische Typen. Sie lösen sich in vielen Lösemitteln sehr gut. Zur Ausbildung des Films auf der Metalloberfläche werden die Polyesterharze mit Melamin-Formaldehydharzen (Aminoharzen) oder blockierten Polyisocyanaten vernetzt. Im ersten Fall spricht man von Polyester-Systemen, im zweiten von Polyurethan-Systemen. Die Reaktivität der Vernetzer mit den OH-Gruppen der Polyester ist sehr hoch und so kann sich ein gutes Netzwerk ausbilden.

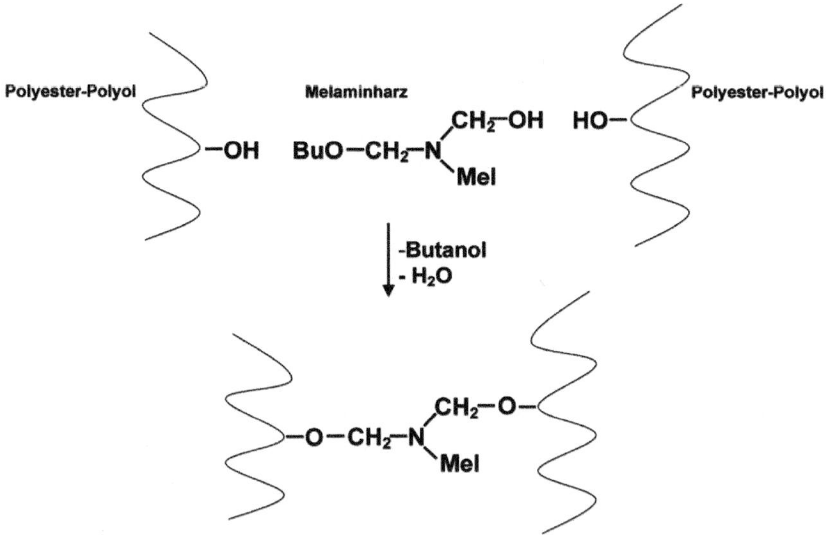

Bild 3.10 Beispiel für eine Vernetzung mit Melaminharzen.
(Quelle: Urheberrecht beim Autor)

Polyurethane

Für den Einsatz als Einkomponenten-Einbrennlacke werden die Polyisocyanate an den Isocyanatgruppen mit wasserstoffabspaltenden Verbindungen blockiert. Zu den hier häufig verwendeten Blockierungsmitteln zählen Phenole, Alkohole, Lactame, Oxime, Heterocyclen, Amine und β-Dicarbonylverbindungen. Während des Einbrenn-Prozesses reagiert das blockierte Polyisocyanat mit dem OH-funktionellen Polyesterharz. Unter Abspaltung des Blockierungsmittels wird die Polyurethanbeschichtung mit einem hochmolekularen Netzwerk ausgebildet.

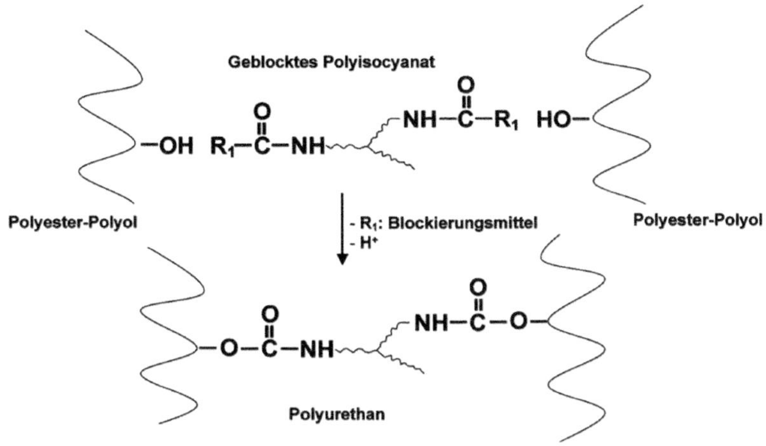

Bild 3.11 Beispiel für eine Vernetzung mit Polyisocyanat zu Polyurethan. (Quelle: Urheberrecht beim Autor)

Silikon-modifizierte Polyester

Silikon-modifizierte Polyester haben in Europa keine Bedeutung mehr für die Bandbeschichtung. Sie wurden wegen ihrer hohen Beständigkeit gegenüber Chemikalien und Witterungseinflüssen geschätzt, jedoch wegen ihrer Unverträglichkeit mit vielen anderen Polymeren durch neuere, ebenso beständige Polyestertypen und PVDF-Beschichtungsstoffe verdrängt.

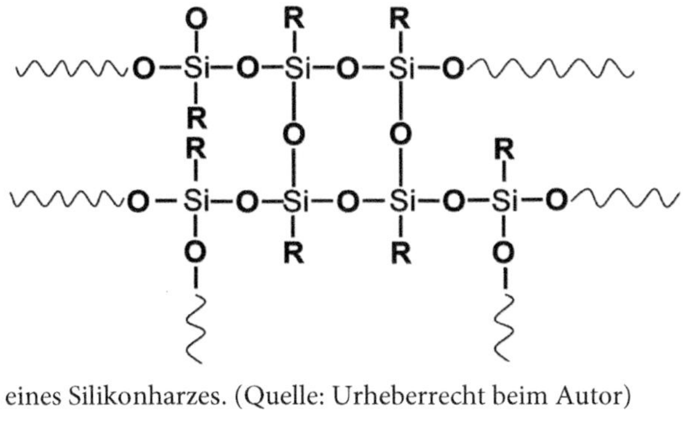

Bild 3.12 Schema eines Silikonharzes. (Quelle: Urheberrecht beim Autor)

Grundbausteine dieser Beschichtungsstoffe sind Polysiloxane, für die Si–O–Si-Ketten (Silizium–Sauerstoff–Silizium) charakteristisch sind. Eingesetzt wurden stark verzweigte, niedermolekulare Polysiloxane, die mit Polyestern als zweiter Komponente zu einem Film vernetzen.

Epoxide

Der wichtigste Epoxidharztyp wird aus den Grundbausteinen Bisphenol A und Epichlorhydrin aufgebaut:

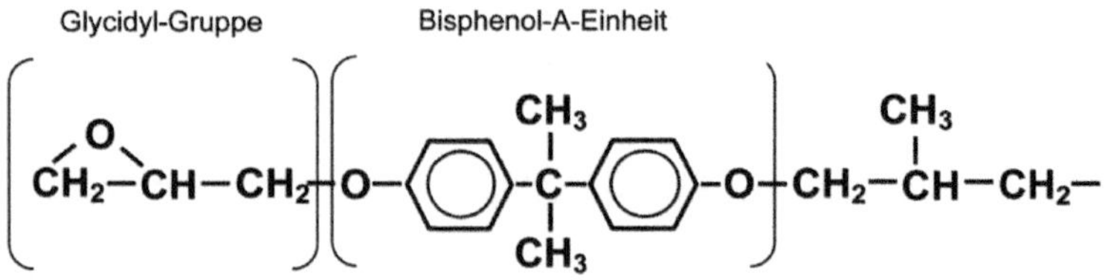

Bild 3.13 Beispiel für ein Epoxidharz.
(Quelle: Urheberrecht beim Autor)

Eingesetzt werden höhermolekulare Harze mit Molgewichten um 5.000 g/Mol. Die Vernetzung erfolgt mit Aminoharzen oder blockierten Polyisocyanaten, überwiegend über die Epoxidgruppe. Die Amino- oder Carboxylgruppen können aber auch mit den Hydroxylgruppen reagieren. Das im Lackfilm ausgebildete Netzwerk ist sehr dicht. Dieses erweist sich für die Bandbeschichtung häufig als nachteilig, denn die Umformbarkeit ist dadurch begrenzt. Zudem sind Epoxide nur in eingeschränktem Maße UV-beständig.

Acrylate

Acrylharze werden als Basisharze für die Polyvinylidenfluorid (PVDF)-Beschichtungsstoffe genutzt. Ihre Molekulargewichte liegen zwischen 1.000 und 25.000 g/mol. Die Acrylate können chemisch reaktiv über die Carbonyl- und Hydroxylgruppen mit den anderen Komponenten vernetzen oder physikalisch trocknen und thermoplastische Beschichtungsstoffe ausbilden.

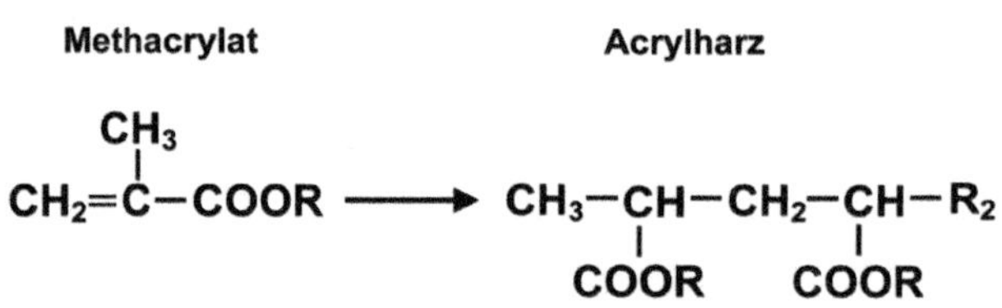

Bild 3.14 Bausteine eines mit sich selbst vernetzten Acrylharzes.
(Quelle: Urheberrecht beim Autor)

Polyvinylidenfluoride (PVDF)

Grundbaustein für diese Klasse von physikalisch trocknenden Beschichtungsstoffen ist das Vinylidenfluorid, das in vielen Fällen einziger Baustein für die Polymerisation ist.

$$\left[-CH_2-CF_2-\right]_n$$

Bild 3.15 Strukturformel für ein Polyvinylidenfluorid. (Quelle: Urheberrecht beim Autor)

Für einige Anwendungen werden Copolymere mit Hexafluorpropylen und/oder Tetrafluorethylen als Filmbildner eingesetzt. Die besondere Wetterbeständigkeit und UV-Resistenz der PVDF-Beschichtungsstoffe lässt sich auf die starke C–F Bindung zurückführen. Die kristallinen oder teilkristallinen PVDF-Komponenten werden mit Acrylaten gemischt, wobei das Verhältnis PVDF zu Acrylat für viele Eigenschaften des Beschichtungsstoffes entscheidend ist. Der PVDF-Gehalt in den Mischungen liegt zwischen 50 und 80 %.

Polyvinylchlorid (PVC)

PVC wird durch radikalische Polymerisation von Vinylchlorid (Chlorethen) gewonnen. Der Aufbau eines Polymernetzwerkes wird durch die polare Kohlenstoff - Chlor - Bindung möglich.

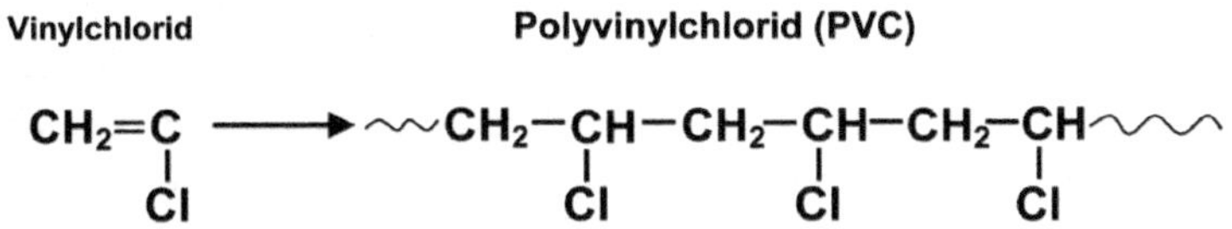

Bild 3.16 Die Vinylpolymerisation ist eine Radikal-Reaktion. (Quelle: Urheberrecht beim Autor)

Reines Polyvinylchlorid ist ein weißes hartes Pulver. Die Härte und Sprödigkeit des Materials ist durch die van der Waals Kräfte bedingt, die in diesem Netzwerk durch die Chlor-Kohlenstoffbindung stark ausgeprägt ist. Damit PVC trotzdem zu einem Beschichtungsstoff verarbeitet werden kann, muss es mit so genannten Weichmachern versetzt werden. Diese Stoffe werden nicht in die Polymerketten eingebaut, sondern schieben sich zwischen die einzelnen Ketten. Sie bewirken, dass das PVC elastischer wird. Für die in der Bandbeschichtung eingesetzten PVC-Plastisole wird das PVC-Pulver in Weichmachern gelöst. Nach dem Aufwalzen auf das Band bildet sich unter Wärmeeinwirkung ein Film aus, der zu einem mechanisch festen Gel erstarrt. Die Eigenschaften des Films hängen vom Verhältnis PVC zu Weichmacher und vom Weichmachertyp ab.

Während die Filmbildner für die eigentliche Schutzwirkung des Beschichtungsstoffes verantwortlich sind, geben Weichmacher und Additive dem Film spezielle Eigenschaften.

3.2.3.2 Weichmacher

Weichmacher werden harten Kunststoffen, z. B. PVC, zugegeben, um sie für die Verarbeitung und den Gebrauch dehnbar, weich und biegsam zu machen. Sie können in nennenswerten Mengen, bis zu 55 %, in der Rezeptur enthalten sein. Weichmacher gehen keine chemische Reaktion mit dem Polymer ein, sondern verändern es nur physikalisch. Für sie charakteristisch sind die polaren und unpolaren Molekülteile. Diese Struktur ermöglicht es ihnen, sich zwischen die PVC-Ketten zu schieben und den Abstand aufzuweiten [16]. Mit der polaren Gruppe treten sie in Wechselwirkung mit dem polaren Teil des PVC-Polymers und dringen in das Netzwerk ein. Die unpolare Gruppe behindert die intermolekulare Annäherung der Polymerketten. Dadurch wird deren Beweglichkeit gefördert und der sich bildende Film erhält eine größere Elastizität.

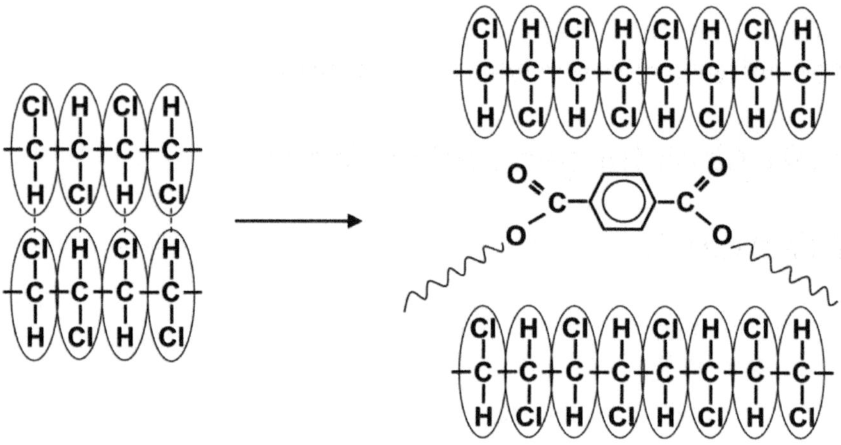

Bild 3.17 Schematische Darstellung des Mechanismus eines Weichmachers. (Quelle: A. Goldschmidt, H.-J. Streitberger [16])

Früher wurden Weichmacher aus der Stoffgruppe der Phthalsäurediester, der Phthalate, verwendeten, wie Di-2-(ethylhexyl)-phthalat (DEHP), Di-n-Butylphthalat (DBP), Butylbenzylphthalat (BBP) oder Diethylphthalat. Nachdem sich jedoch herausgestellt hat, dass vor allem niedermolekulare Phthalate gesundheitsschädlich sind, werden diese heute nicht mehr genutzt. Alternativen sind:

- DINP Diisononylphthalat
- DIDP Diisodecylphthalat
- Hexamoll®: 1,2 Cyclohexadicarbonsäurediisononylester
- Mesamoll®: Alkansulfonsäurephenylester
- Ester der Zitronensäure

3.2.3.3 Additive

Additive werden den Beschichtungsstoffen in kleinen Mengen zugesetzt, um bestimmte Eigenschaften, z. B. Kratzfestigkeit oder Lichtbeständigkeit, zu erzeugen, zu verstärken oder auch zu unterdrücken. Häufig wirken sie auch multifunktionell und beeinflussen gleich mehrere Eigenschaften der Beschichtung. Additive werden benötigt, um sowohl die Produktion und Lagerung der Beschichtungsstoffe positiv zu beeinflussen als auch die Verarbeitbarkeit und die Filmeigenschaften. So beeinflussen Katalysatoren die Geschwindigkeit der Aushärtung, Gleitmittel verringern die Oberflächenreibung oder Verlaufmittel verbessern die Oberflächenglätte eines Lacks [16].

Katalysatoren steuern beim Einbrennen der Lacke im Trockner die Geschwindigkeit der Reaktion von Harz und Vernetzer zum eigentlichen Lackfilm auf der Metalloberfläche. Sie sind an der Reaktion beteiligt, werden aber nicht zu anderen Produkten umgesetzt. Über die Katalysatoren werden Einbrenntemperatur und Einbrennzeit gesteuert. Eingesetzt werden Säurekatalysatoren, z. B. Sulfonsäurederivate wie p-Toluolsulfonsäure für die Polykondensationsreaktion (Polyesterpolymerisation) oder tertiäre Amine und organische Zinnverbindungen, z. B. Dibutylzinndilaurat (BBTL) für die Umsetzung von Polyesterpolyolen mit blockierten Polyisocyanaten.

Die Vernetzung der Beschichtungsstoffe sollte auf dem Blech stattfinden und nicht schon vorzeitig während der Produktion oder während der Lagerung. Um hier eine unerwünschte Reaktion zu unterbinden, können dem Beschichtungsstoff **Inhibitoren** zugesetzt werden. Sie unterdrücken entweder die Bildung von Startradikalen und Reaktionen mit Sauerstoff oder sie halten das Reaktionsgleichgewicht auf der Seite der Ausgangsstoffe.

Tenside sorgen als Netzmittel oder Antiausschwimmmittel dafür, dass Pigmentagglomerate mit Harzlösung benetzt werden und Luft und Wasser aus den Aggregaten entweichen können. Sie sollen verhindern, dass bei der Lagerung der Beschichtungsstoffe die Pigmentteilchen reagglomerieren oder sich am Boden absetzen.

Luftblasen, die im Herstellprozess beim Mischen der Komponenten in den Beschichtungsstoff eingetragen werden, können bei niedrigviskosen Lacken relativ schnell entweichen. In höher viskosen Lacken ist das Aufsteigen behindert. Dies kann zu Lufteinschlüssen oder zu Blasen an der Lackoberfläche führen, die dann feine Krater im ausgehärteten Film ausbilden. Deshalb werden **Entschäumer** der Rezeptur zugesetzt. Sie bewirken, dass sich Einzelblasen zu größeren zusammenzuschließen, die dann schneller aufsteigen und die Oberfläche verlassen, bevor diese sich während des Trocknungsvorgangs schließt. Als Entschäumer dienen unter anderem Polyacrylsäureester, modifizierte Siloxane oder Polysiloxane.

Ein gut haftender, porenfreier Lackfilm sorgt für den langlebigen Schutz der Oberfläche. Voraussetzung dafür ist aber, dass das Substrat vollständig benetzt wird. Zu diesem Zweck werden tensidähnliche Substanzen als **Benetzungsmittel** eingesetzt.

Verlaufmittel hingegen helfen, die Oberflächenstrukturen zu glätten, die sich bei der Applikation ergeben und nicht durch eine Abstimmung von Lösemittelzusammensetzung und Reaktivität ausgeglichen werden können. Ein guter Verlauf ist durch eine vollständige und gleichmäßige Benetzung der Substratoberfläche gekennzeichnet, ein effektives Spreiten des Beschichtungsstoffes und eine über die Fläche gleichmäßige Verdunstung des Lösemittels. Um zu verhindern, dass sich der Lack an den Kanten auf Grund der Oberflächenspannung zurückzieht, werden hochsiedende Lösemittel zugesetzt wie Polyether, Ester oder Ketone, die die Viskosität erniedrigen.

Da Oberflächeneffekte häufig auf das Zusammenspiel mehrerer Phänomene zurückzuführen sind, müssen die Additive sorgfältig aufeinander abgestimmt werden.

Krater in der Lackoberfläche sind durch lokale Inhomogenitäten der Oberflächenspannung bedingt (Bild 3.18). Sie können durch Kontaminationen wie Staub oder Öl hervorgerufen werden, durch Gelteilchen aus dem Beschichtungsstoff oder Anreicherung von unpolaren Komponenten. Im Kraterbereich ist die Oberflächenspannung niedriger als in den anderen Bereichen. Der Lackfilm zieht sich dort zurück und reichert sich in der Umgebung an. Dadurch kann der Oberflächenschutz im Krater erheblich gestört werden. Abhilfe kann man hier zum einen durch das Abfiltrieren der Gelteilchen schaffen oder durch die Zugabe von geeigneten Tensiden. Zudem sollte natürlich auch die Kontaminationsquelle beseitigt werden.

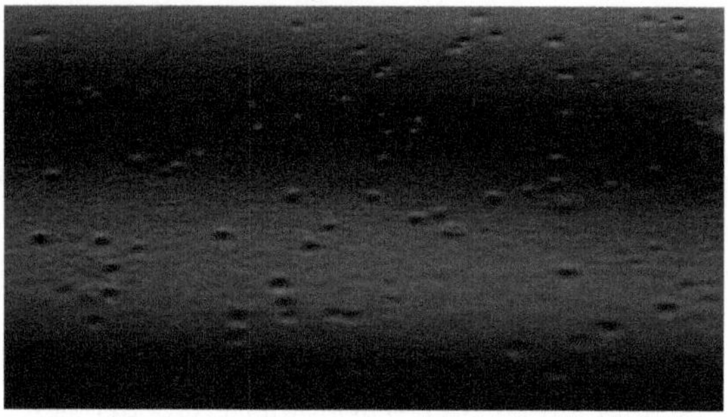

Bild 3.18 Lokale Inhomogenitäten der Oberflächenspannung führen zu Kratern.
(Quelle: Urheberrecht beim Autor)

Ist die Vernetzungsreaktion und damit auch die Filmbildung sehr schnell, kann das Lösemittel nicht vollständig verdampfen, bevor sich die Oberfläche schließt. Es staut sich unter dem schon ausgebildeten Film oder bricht die frische Oberfläche auf. An diesen Stellen bilden sich geschlossene oder offene Blasen aus, die so genannten Kocher. Sie lassen sich vermeiden, wenn die Lösemittel während des Filmbildungsprozesses relativ gut aus der Beschichtung verdampfen können. Dies kann durch den Zusatz von schwerflüchtigen Lösemitteln oder durch das Herabsetzen der Reaktivität des Systems, z. B. durch eine geringere Katalysatorkonzentration, erzielt werden.

Additive werden auch eingesetzt, um die mechanisch-technologischen Filmeigenschaften sowie Glanz und Farbe zu beeinflussen. So müssen Additive, die den Glanz verbessern sollen, die Oberfläche glätten. Dies wird zum einen durch das Verlaufmittel erreicht, aber auch durch eine homogene Dispergierung von Filmbildner und Pigmenten. Soll die Oberfläche matter werden, so werden als **Mattierungsmittel** vor allem feinteilige Kieselsäuren zugegeben. Sie haben eine Teilchengrößenverteilung, die im Schichtdickenbereich des ausgehärteten Lackfilms liegt. Dadurch stören sie die Oberflächenglätte. Die Oberfläche wird vergrößert und einfallendes Licht an der so erzeugten Mikrostruktur unregelmäßig reflektiert. Auf diese Weise ergibt sich die matte Oberfläche, die mit einem niedrigen Glanzgrad beschrieben wird.

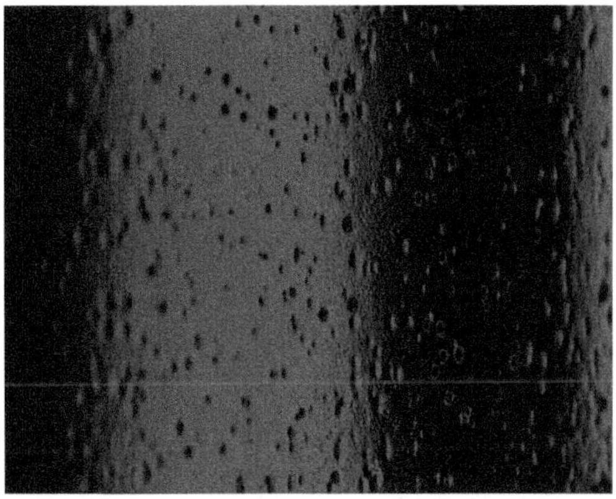

Bild 3.19 Kann das Lösemittel bei der Trocknung nicht vollständig verdampfen, bilden sich Blasen in der Lackoberfläche. (Quelle: Urheberrecht beim Autor)

Als **optische Aufheller** können Stilbenderivate, Benzimidazole, Pyrazolinderivate oder spezielle fluoreszierende Pigmente dem Lack zugemischt werden. Sie überführen UV-Licht durch Fluoreszenz in längerwelliges, sichtbares Licht, wodurch die Oberfläche heller wirkt.

Bromierte cycloaliphatische und aromatische Kohlenwasserstoffe wirken als **Flammschutzmittel**. Den gleichen Zweck erfüllen Mischungen aus organischen und anorganischen Füllstoffen, z. B. aus Aluminiumoxidhydraten und Verbindungen, die Stickstoff und Kohlendioxid bilden, wie Harnstoff, Melamin oder Ammoniumhydrogencarbonat.

UV-Licht kann aufgrund seines hohen Energieinhaltes in organischen Beschichtungen Radikale erzeugen, die die Polymerketten zerstören. Dadurch kommt es zu einer Vermattung der Oberfläche, die eine Farbtonänderung nach sich zieht. Im Extremfall wird der Film im äußeren Randbereich so weit zerstört, dass einzelne Pigmentteilchen freigelegt werden. Es kommt zu Versprödungen und Farbtonveränderungen. **UV-Absorber**, mikronisierte Eisenoxide, organische Nickelkomplexe oder Aromaten wie Hydroxybenzophenon, Oxalanilide oder Triazine, absorbieren ultraviolette Strahlung und beugen damit der Radikalbildung vor. Sie müssen allerdings durch Radikalfänger unterstützt werden. Als solche kommen sterisch gehinderte Amine, sogenannte HALS (hindered amine light stabilizers), zum Einsatz.

Ihre organische Natur macht die Beschichtungsstoffe zu einem bevorzugten Substrat für Mikroorganismen wie Bakterien, Pilze und Algen. Diese können sich auf der Oberfläche ansiedeln. Dabei kann die Lackoberfläche angegriffen und teilweise abgebaut werden. Dies verhindern **Konservierungsmittel** wie Bakterizide, Fungizide oder Algizide.

3.2.3.4 Pigmente

Pigmente sind aus feinen Partikeln bestehende Substanzen, die im Filmbildner praktisch unlöslich sind und dem Oberflächenfilm die gewünschte Farbe geben. Sie können zusätzlich vor Korrosion schützen oder der Beschichtung magnetische, elektrische oder elektromagnetische Eigenschaften verleihen. Sie werden an Hand ihrer chemischen Zusammensetzung und ihrer optischen und technischen Eigenschaften beschrieben, beispielsweise als anorganische oder organische Pigmente, als Buntpigmente, Korrosionsschutzpigmente oder Magnetpigmente.

Farbigkeit, Farbeffekte und Deckvermögen eines Beschichtungsstoffes sind abhängig vom eingesetzten Pigmenttyp, seiner Teilchengröße und Teilchengrößenverteilung. Die Farbigkeit wird durch Wechselwirkungen des Lichts mit dem Pigment hervorgerufen, indem ein Teil des Wellenspektrums dem Licht durch Absorption oder Interferenzen entzogen wird. Die Farbstärke wird mit Hilfe des Absorptionskoeffizienten beschrieben. Das Deckvermögen ergibt sich aus der Lichtstreuung an den Pigmenten. – Dies gilt nicht für Schwarzpigmente. Sie absorbieren alles Licht. – Als Deckvermögen wird nach DIN 55 943 [21] das Vermögen bezeichnet, die Farbe oder den Farbunterschied des Untergrundes zu verdecken. Es wird durch den Brechungsindex (Brechzahl) charakterisiert. Neben dem Streuvermögen sind auch Dispersionsgrad, Brechungsindex des Bindemittels, die Schichtdicke der Beschichtung und der Absorptionskoeffizient für das Deckvermögen verantwortlich.

Glanz entsteht, wenn das Licht mit einer Vorzugsrichtung an einer Oberfläche reflektiert wird. Er wird von der Konzentration und dem Dispersionsgrad der Pigmente beeinflusst, wobei nur die Teilchen, die sich direkt an der Oberfläche befinden, wirksam sind. Der Glanzgrad ist umso geringer, je höher die Pigmentkonzentration ist.

Farbigkeit und Effekte der Pigmente werden nur ausgebildet, wenn das Pigment in der Matrix unlöslich, aber dispergierbar ist und vom Filmbildner gut benetzt wird, d. h. problemlos mit stabilen Harzmolekülen umhüllt werden kann. Es muss licht-, wetter-, wärme- und chemikalienbeständig sein. Diese Eigenschaften sind nicht nur von der chemischen Zusammensetzung des Pigments abhängig, sondern auch von den physikalischen Größen wie Kristallstruktur sowie Form und Größe der Kristalle. Das Streuvermögen differiert an den unterschiedlichen Kristallachsen. Die Wirkung des Pigments ist außerdem vom Verteilungszustand im Medium und von der Wechselwirkung mit den anderen Bestandteilen abhängig.

Die Pigmente können in Anlehnung an die DIN 55944 [22] in drei Gruppen eingeteilt werden:

- unbunte Pigmente
- Buntpigmente
- Korrosionsschutzpigmente/funktionelle Pigmente

Unbunte Pigmente – Weißpigmente

Die optische Wirkung von Weißpigmenten lässt sich auf ihre sehr geringe Lichtabsorption und ihre starke nicht selektive Lichtstreuung zurückführen. Der wichtigste Vertreter diese Gruppe ist das Titandioxid, das unter den Pigmenten, die in der Lackindustrie eingesetzt werden, den größten Marktanteil hat. Es ist sehr beständig und löst sich nicht in Wasser und organischen Lösemitteln. Titandioxid liegt in drei Kristallmodifikationen als Rutil, Anatas und Brookit vor, wobei Rutil mit einem Anteil von 90 % bezogen auf alle in der Lackindustrie eingesetzten Pigmente das bedeutendste ist, während Anatas nur eine geringe und Brookit in der Lackindustrie keine Rolle spielt. Rutil ist licht- und wetterbeständig, physiologisch unbedenklich und weist ein hohes Deckvermögen auf. Um seine Eigenschaften hinsichtlich Beständigkeiten noch zu verbessern, muss eine stabilisierende Nachbehandlung der Pigmentoberfläche erfolgen. Die Dotierung des Kristalls mit Aluminium oder Zink fördert die Stabilität gegenüber UV-Licht. Die Dispergiereigenschaften werden verbessert, indem die Pigmentoberfläche mit Aluminiumoxid, Siliziumoxid oder organischen Schichten belegt wird [16].

Unbunte Pigmente – Schwarzpigmente

Die optische Qualität bei den Schwarzpigmenten wird durch den Absorptionskoeffizienten bestimmt. Maßgeblich für Farbstärke und Deckvermögen sind auch die Teilchengröße bzw. die Teilchengrößenverteilung. Die für die Beschichtungsstoffe bedeutendsten Schwarzpigmente sind: Pigmentruße, Eisenoxidschwarz und oxidische Mischphasenpigmente wie Spinellschwarz.

Buntpigmente

Buntpigmente zeichnen sich durch Absorptions- und Streukoeffizienten aus, die von der Lichtwellenlänge abhängig sind und deren Absolutwerte stark schwanken können. Buntpigmente sind nach Titandioxid die mengenmäßig wichtigste Pigmentgruppe, zu der sowohl anorganische als auch organische Pigmente gehören. Die bedeutendsten Vertreter der anorganischen Pigmente sind die Eisenoxidpigmente. Sie repräsentieren die Farben gelb, orange, rot und braun. Die synthetisch hergestellten Produkte sind licht-, wetter-, und alkalibeständig. Sie sind unlöslich in Wasser und organischen Löse- und Bindemitteln und besitzen Farbstärke und hohes Deckvermögen, das von der Teilchengröße abhängig ist.

Tab. 3.5 Beispiele für oxidische Mischphasenpigmente [16]

Name	Farbton	Strukturformel
Nickeltitangelb	Zitronengelb	$(Ti, Ni, Sb)O_2$
Chromtitangelb	Ockergelb	$(Ti, Cr, Sb)O_2$
Kobaltgrün	Smaragdgrün	$(Co, Ni, Zn)_2TiAlO_4$
Kobaltblau	rotstichiges Blau	$(Co(Al_2Cr)_2O_4$

Die oxidischen Mischphasenpigmente weisen eine den Oxidpigmenten ähnliche Kristallstruktur auf. Jedoch ist ein Teil der Metallionen durch andere Metalle ersetzt. So kann z. B. das Titan im Titandioxidkristall zum Teil durch Nickel oder Antimon ersetzt sein. Diese Pigmente sind lichtecht, wetter-, säure-, alkali- sowie temperaturbeständig und auch resistent gegenüber den meisten Chemikalien [16].

Aus den USA kommt eine Pigmentklasse, die Keramikpigmente, die ein hohes Reflexionsvermögen aufweisen [23]. Diese anorganischen Farbpigmente werden synthetisch hergestellt und sind speziell für den Einsatz im Baubereich, für das „kalte Dach", konzipiert. Sie reflektieren insbesondere die Wärmestrahlung und verhindern dadurch die schnelle Aufheizung von Gebäuden. Sie haben außerdem den Vorteil, dass sie das hohe Reflexionsvermögen auch in dunklen Farbtönen beibehalten und sich ihr Farbton unter Sonnenlichteinfluss über Jahre hinweg nicht verändert (Bild 3.20). Das Wärme-Reflexionsvermögen dieser Pigmente ist im Durchschnitt mehr als ein Drittel (41,3 %) höher als das konventioneller (26,6 %). Mit jeder Erhöhung des Reflexionsvermögens um ein Prozent verringert sich die Metalltemperatur um 0,5 °C [24].

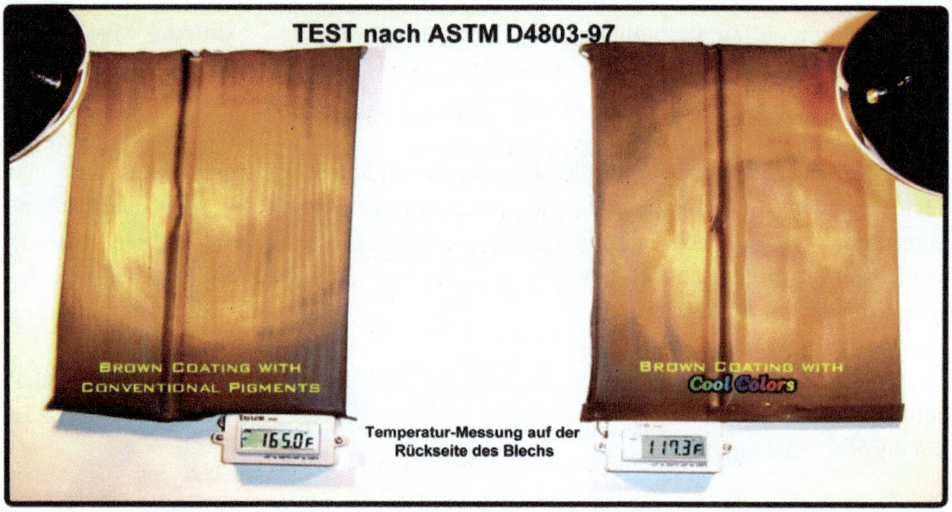

Bild 3.20 Höhere Reflektion im Infrarot-Bereich sorgt für niedrigere Oberflächentemperatur und geringere Wärmeabsorption [24]. (Quelle: BASF Coatings GmbH)

Viele Farbtöne, insbesondere rote und gelbe, werden bisher durch bleihaltige Pigmente wie Chromgelb (Bleichromat-/Bleisulfat-Mischkristalle) oder Molybdänorange-Pigmente (Bleichromat-/Bleisulfat-/Bleimolybdat-Mischkristalle) dargestellt. Diese Pigmente haben viele Vorteile wie gute Deckkraft, hohe Wetter- und Hitzebeständigkeit oder gute Haltbarkeit. Zudem lassen sie sich einfach dispergieren. Mit der REACH-Verordnung geht jetzt allerdings die Ära dieser Pigmente zu Ende. Voraussichtlich ab Mitte 2015 dürfen bleihaltige Pigmente in Europa nicht mehr produziert werden.

Seitdem diese Entwicklung abzusehen war, haben die organischen Pigmente an Bedeutung gewonnen. Sie sind hydrophob und feinteiliger als anorganische. Sie verfügen über ein hohes, selektives Absorptionsvermögen, welches sich in sehr reinen Farbtönen in vielfältigen Farbnuancen zeigt. Ihr Streu- und Deckvermögen ist jedoch geringer als das der anorganischen Pigmente. Deshalb müssen sie, insbesondere für rote und gelbe Farbtöne, mit anorganischen Pigmenten kombiniert werden, um den Untergrund abzudecken. Die für das Coil-Coating in Frage kommenden organischen Pigmente müssen aber neben der Lichtechtheit und der Wetterbeständigkeit auch temperaturstabil den Trocknungsprozess bis 250 °C überstehen. Dies schränkt die Auswahl zusätzlich stark ein. Zurzeit gibt es auch noch keine Kombination an Pigmenten, mit der richtig brillante Farbtöne erzeugt werden können. [25].

Die organischen Pigmente lassen sich grob in zwei Klassen einteilen [16], in die Azo-Pigmente und die Nicht-Azo-Pigmente, wobei die Azo-Pigmente mengenmäßig die bedeutendste Gruppe bilden (Tabelle 3.6).

Tab. 3.6 Übersicht über organische Pigmente [16]

Azo-Pigmente	**Nicht-Azo-Pigmente**
Monoazopigmente	Metallkomplexpigmente
Diazopigmente	Indigoide Pigmente
Azokondensationspigmente	Triphenylmethanfarbstoffe Isoindolinon, Isoindolin Anthrachinon-Derivate Chinacridon Perylene, Perinon
	Dioxazine Chinaphthalone, Pyrazolochinazolon Diketo-pyrroplopyrrol (DPP)

Das verbindende Element in der Azo-Pigmentgruppe ist die Azo-Gruppe

$$R^1 - N = N - R^2$$

Die Pigmente decken den roten bis gelben Farbtonbereich ab. Ihr Schwachpunkt, die geringe Beständigkeit gegenüber Licht, Wärme oder Lösemittel, lässt sich durch eine entsprechende Modifizierung ausgleichen.

Weitaus beständiger sind die Metallkomplexpigmente. Sie decken den Blau-Grün-Bereich ab, sind wetterfest, beständig gegenüber Licht, Chemikalien, Säuren, Alkalien. Der wichtigster Vertreter das Kupfer-Phthalocyanin, das mit dem Hämoglobin und dem Chlorophyll verwandt ist, gab dieser Gruppe ihren Namen.

Die Grundbausteine der Nicht-Azo-Pigmente sind polyzyklische Aromaten und funktionelle Gruppen, die auf Grund ihrer chemischen Struktur verschiedene Farben erzeugen.

Seit einigen Jahren haben in der Coil-Coating-Industrie anorganische Glanzpigmente an Bedeutung gewonnen. Die DIN 55944 unterscheidet zwischen Metalleffekt-, Perlglanz- und Interferenzpigmenten. Metalleffektpigmente enthalten bis zu 20 µm große und bis zu 1 µm dicke Metallteilchen, meistens aus Aluminium, die sich an der Oberfläche oder in der Schicht planparallel anordnen. Sie reflektieren, je nach Oberflächenbehandlung, eine vom Betrachtungswinkel abhängige Helligkeit.

Interferenzpigmente und Perlglanzpigmente erzeugen eine vom Betrachtungswinkel abhängige Farbtonverschiebung. Die Ursache für dieses Phänomen ist die Doppelreflexion an der Unter- und Oberseite der Metallplättchen, wodurch Anteile des sichtbaren Lichts selektiv ausgelöscht werden. Die Interferenzpigmente und Perlglanzpigmente bestehen aus plättchenförmigen, reflektierenden Trägern, auf die eine dünne Oxidschicht aufgebracht ist, die einen anderen Brechungsindex als der Träger aufweist. Bei geringen Schichtdicken werden dann die um eine halbe Wellenlänge verschobenen Lichtstrahlen ausgelöscht und die um eine ganze Wellenlänge verschobenen verstärkt. Die Farbtöne des reflektierten und transmittierten Lichtes sind dann komplementär und bei unterschiedlichen Einfallswinkeln vom Betrachtungswinkel abhängig. Als Trägermaterial werden Glimmer, Aluminium, Aluminiumoxid, Siliziumoxid oder auch Eisenoxid verwendet [16].

Korrosionsschutzpigmente/funktionelle Pigmente

Korrosionsschutzpigmente werden nicht wegen ihrer farbgebenden Wirkung, sondern wegen ihrer speziellen Eigenschaften hinsichtlich des Korrosionsschutzes eingesetzt. Ihre Wirkung erzielen sie auf zwei Wegen, physikalisch und chemisch: So verlängern sie den Diffusionsweg von Wasser und aggressiven Stoffen von der Beschichtungsoberfläche bis zum Metallsubstrat. Sie können für eine gute Haftung des Beschichtungsstoffes auf dem Untergrund sorgen oder auch durch Reflexion oder Absorption von UV-Strahlung verhindern, dass der Filmbildner zerstört wird. Dieser passive Korrosionsschutz lässt sich u. a. mit Hilfe von Aluminiumsilikaten oder Glimmer erzielen.

Eine chemische Wirkung rufen einige Korrosionsschutzpigmente durch Reaktionen an der Grenzfläche zwischen Substrat und Beschichtung hervor. Sie erzeugen an der Substratoberfläche ein alkalisches Milieu, in dem saure Verbindungen neutralisiert und andere zu schwerlöslichen Verbindungen umgewandelt werden. Dadurch wird eine Schutzschicht auf der Metalloberfläche aufgebaut. Pigmente mit einem hohen Oxidationspotenzial verzögern die Korrosion [26]. Gebräuchliche Korrosionsschutzpigmente sind Zinkphosphat, Zinkstaub, Zink-Aluminiumphosphat. Neuerdings werden auch Wolframate, Zirkonate oder Vanadate eingesetzt.

Leitfähigkeit wird durch Rußpigmente erzielt oder bei hellen Beschichtungen durch Glimmerpigmente, die mit Antimon oder Zinnoxid beschichtetet sind. Pigmentruße mit spezifischen Oberflächen bis 1.000 m^2/g sind chemisch beständig, licht- und wetterstabil und weisen hohe Farbtiefe und Farbstärke auf.

3.2.3.5 Füllstoffe

Füllstoffe bauen eine stabile, kompakte Gerüststruktur und füllen die Beschichtung räumlich auf. Ihre Wirkung ist direkt abhängig von ihrer Korngrößenverteilung. Sie muss so eingestellt sein, dass eine möglichst hohe Packungsdichte erreicht wird. Füllstoffe nehmen Einfluss auf die mechanischen Eigenschaften des Beschichtungsstoffes, haben aber im Gegensatz zu den Pigmenten kein nennenswertes Streu- oder Deckvermögen. Sie beeinflussen Schlagzähigkeit, Wasserdampfdurchlässigkeit und Quellverhalten, Abriebfestigkeit und Schleifverhalten. Ihre Wirkung erstreckt sich auch auf die Mattierung bzw. den Glanz. Als Füllstoffe werden Silikate, wie Kaolin (Chinaclay), Talkum oder Glimmer eingesetzt, Carbonate wie Kreide oder Sulfate wie Bariumsulfat, das auch die Chemikalienbeständigkeit verbessert.

3.2.3.6 Lösemittel

Für die Bandbeschichtungsstoffe werden als Lösemittel aromatische und aliphatische Kohlenwasserstoffe, Ester, Ketone, Glykole, Ether und Alkohole eingesetzt. Sie wirken sich auf die technologischen Parameter wie Rheologie, Flüchtigkeit, Oberflächenspannung, Brennbarkeit, Giftigkeit, auf Umweltverträglichkeit und auch auf die Kosten der Beschichtung aus. Ihre Aufgabe ist es, die Bindemittel physikalisch zu lösen, mit denen Pigmente und Füllstoffe gleichmäßig benetzt werden sollen.

Beim Lösevorgang dringen die Lösemittelmoleküle in das Gefüge des Filmbildners ein. Sie führen, abhängig von Filmbildner und Verträglichkeit des Lösemittels, zu einer bestimmten Anordnung der Filmbildnermoleküle und damit zu einer definierten Verknäulung der Polymerketten bei der Filmbildung. Aus dieser Anordnung resultieren die unterschiedlichen Oberflächeneigenschaften wie Rissbeständigkeit und Schlagzähigkeit. In den Rezepturen der Bandbeschichtungsstoffe sind in der Regel Lösemittelgemische enthalten, die dazu beitragen, dass sich eine krater- und kocherfreie Oberfläche ausbildet. Sie verdunsten entsprechend ihren Siedepunkten nacheinander und transportieren dabei Reaktionsprodukte an die Oberfläche.

Um Kocher zu vermeiden, werden keine Niedrigsieder, sondern höhersiedende Lösemittel eingesetzt. Lösemittel nehmen nicht an der chemischen Vernetzungsreaktion teil. Sie verdunsten beim Einbrennvorgang komplett. Sie beeinflussen auf Grund ihrer Oberflächenspannung und Viskosität nicht nur die Benetzung und den Verlauf, sondern auch die Verarbeitung des Beschichtungsstoffes. Über die Lösemittel wird die Viskosität der Beschichtungsstoffe eingestellt und damit die Verarbeitbarkeit auf der Bandbeschichtungsanlage sichergestellt. Einfluss haben die Lösemittel auch auf Glanz und Verlauf. Bei Metallic und Perlglanzpigmenten fördern sie die Effektausbildung.

Tab. 3.7 In der Bandbeschichtung eingesetzte Lösemittelklassen

Lösemittelklasse	Vertreter	Eigenschaften
Aliphatische Kohlen-wasserstoffe	Benzin	Gutes Lösevermögen für unpolare und wenig polare Bindemittel, beständig
Aromatische Kohlen-wasserstoffe	Xylol	gutes Lösevermögen für ein breites Spektrum an Polyestern
Alkohole	n-Butanol	niedere Alkohole sind gute Löser für Phenol-Aminoharze, bilden Wasserstoff-Brücken aus
Ketone	Isophoron	niedrige Ketone sind gute Löser für polare Harze, höhere Ketone sind gute Löser für unpolare Harze
Ester	Ethylglykolacetat	neutral, beständig, verlaufsfördernd, Vermeidung von Blasen
Glykolether	Butyldiglykol Diethylether	Löser für polare Harze, verbessern Benetzung, Verlauf, bilden starke Wasserstoff-Brücken
Glykole	Ethylenglykol	bilden starke Wasserstoff-Brücken

3.2.4 Beschichtungsstoffe

Die organische Beschichtung erfolgt im Anschluss an die anorganische Vorbehandlung des Blechs. Hier werden gewöhnlich auf der Sichtseite des Blechs zuerst ein Primer (Grundierung) und anschließend ein Decklack aufgetragen (Bild 3.21).

Bild 3.21 Skizze eines Schichtaufbaus eines bandbeschichteten Blechs. (Quelle: Urheberrecht beim Autor)

Die Beschichtung muss auf den Einsatzzweck des Blechs abgestimmt sein. So muss beispielsweise die beschichtete Oberfläche von Blechen, die zu Kühlschrankgehäusen verarbeitet werden, flexibel sein, um die Verformung auszuhalten. Sie muss hart sein, um bei der Bearbeitung durch Werkzeuge keinen Schaden zu nehmen, aber auch beständig gegenüber Lebensmitteln, wie Ketchup, Senf, Mayonnaise oder Orangensaft. Parallel zur Sichtseitenbeschichtung wird auch die Rückseite mitlackiert. Auch hier wird je nach Einsatzzweck zunächst ein Primer aufgebracht und im zweiten Schritt ein funktionaler Rückseitenlack. Häufig wird jedoch ein Rückseitenlack einschichtig appliziert. Zum Schutz der Oberfläche bei der Weiterverarbeitung wird häufig zum Abschluss eine Folie laminiert, die nach der Bearbeitung wieder entfernt wird. Als Alternative zum Decklack werden in geringen Mengen auch Folien laminiert.

Lösemittelhaltige Beschichtungsstoffe enthalten als Grundbausteine Filmbildner, Additive, Pigmente, Füllstoffe und Lösemittel. Der Filmbildner verleiht dem Beschichtungsstoff seine systembestimmenden Grundeigenschaften wie Haftung, Elastizität, Härte, Haltbarkeit und Korrosionsbeständigkeit. Additive, Füllstoffe und Pigmente liefern spezielle Eigenschaften wie Farbigkeit, Deckvermögen, Schweißbarkeit, und die Lösemittel garantieren die Verarbeitbarkeit des Beschichtungsstoffes. Lösemittelhaltige Beschichtungsstoffe weisen normalerweise einen Festkörpergehalt von 40 bis 70 % auf und sind in der Regel wärmehärtende Systeme. Während des Einbrennvorgangs verdunstet das Lösemittel, und in einer chemischen Reaktion vernetzen die Polymere, die auf der Oberfläche einen Film ausbilden. Die Reaktion wird meistens durch Katalysatoren beschleunigt.

Plastisol-Beschichtungen haben einen Festkörpergehalt von nahezu 100 %. Als Plastisol wird ein pastöses Gemische aus Polymeren und Weichmachern bezeichnet. So wird für die PVC-Plastisole PVC im Weichmacher dispergiert und mit den notwendigen Additiven, Pigmenten und Füllstoffen versetzt. Die Plastisole gelieren unter Wärmeeinwirkung und bilden einen dicken Oberflächenfilm aus. Als Organosol wird ein Gemisch aus Polymer und Weichmacher bezeichnet, das auch organische Lösemittel enthält. So wird das in der Bandbeschichtung eingesetzte PVDF-Polymer als Organosol verarbeitet. Die Organosole gehören zu den physikalisch trocknenden Filmbildnern, die sich durch Abgabe der Lösemittel ohne chemische Reaktion verfestigen.

Pulverlacke und **strahlenhärtende Lacke** sind lösemittelfrei. Hier erfolgt eine thermisch bzw. durch Strahlung induzierte Vernetzung der Grundbausteine.

Folien werden als Fertigprodukte direkt auf das vorbehandelte oder auf das schon fertig lackierte Metallband laminiert. Die Verbindung mit dem Metall wird mit Hilfe eines Klebstoffs hergestellt oder indem die Folie heiß laminiert wird.

Die Tabelle 3.8 gibt eine Übersicht über die gängigsten Beschichtungsstoffe.

Tab. 3.8 Übersicht über die gebräuchlichsten Beschichtungsstoffe in der Bandbeschichtung

Beschichtungsstoff	**Grundbausteine**	**Typ**	**Abkürzung**	**Schichtdicke** in μm
Polyester	Polyester/Melamin-Formaldehyd-Harze	Lack	SP	5–60
Polyamidmodifizierte Polyester	Polyester/Melamin-Formaldehyd-Harze	Lack	SP-PA	15–50
HDP (High-durable-polymer)	Polyester/Melamin-Formaldehyd-Harze Polyester/blockierte Polyisocyanate	Lack	HDP	25–60
Polyurethan	Polyester/blockierte Polyisocyanate	Lack	PUR	10–60
Polyamid-modifiziertes Polyurethan	Polyester/blockierte Polyisocyanate	Lack	PUR-PA	10–60
PVC-Plastisol	Polyvinylchlorid	Lack	PVC(P)	80–200
PVDF	Polyvinylidenfluorid/Acrylate	Lack	PVDF	20–60
Epoxidharz	Epoxidharze	Lack	EP	3–20
Spezialhaftvermittler	Verschiedene Systeme	Primer	SA	5–15
Schweißfähige Zinkstaubgrundierung	Verschiedene Systeme	Primer	ZP	2–7
Schweißfähige Grundierung mit leitenden Pigmenten außer Zink	Verschiedene Systeme	Primer	CP	1–15
Wärmebeständiges Antihaftsystem		Primer	HRNS	5–15
Polyvinylchlorid	Polyvinylchlorid	Folie	PVC(F)	50–800
Polyvinylfluorid	Polyvinylfluorid	Folie	PVF(F)	38
Polyethylen	Polyethylen	Folie	PE(F)	50–300
Polypropylen	Polypropylen	Folie	PP(F)	30–300
Polyethylenterephthalat	Polyethylenterephthalat	Folie	PET (F)	15–150
Polyvinylidenfluorid	Polyvinylidenfluorid	Folie	PVDF (F)	30–50

3.2.4.1 Primer

Ein Primer wird als flexibler organischer, lösemittelhaltiger Beschichtungsstoff rezeptiert, der relativ dünn mit einer Schichtdicke zwischen 5 und 10 μm aufgetragen und bei 205 bis 230 °C eingebrannt wird. Er hat die Aufgabe einerseits eine sehr gute Verbundhaftung zum Substrat herzustellen und andererseits auch die Haftung zum nachfolgenden Decklack zu gewährleisten. Die richtige Kombination dieser Haftungseigenschaften ist für die Qualität und den Korrosionsschutz der fertig lackierten Materialien verantwortlich. Grundbausteine für die Primer sind:

- Polyester, die eine gute Metallhaftung und guten Korrosionsschutz gewährleisten
- Polyurethane wegen ihrer hohen Flexibilität und universellen Einsatzmöglichkeiten
- mit abnehmender Bedeutung auf Grund ihrer geringen Flexibilität Epoxide und
- Acrylate als Untergrund für PVC-Plastisol-Decklacke.

Außerdem enthalten sie Additive, Füllstoffe, Korrosionsschutzpigmente und Lösemittel. Die Grundierung ist nicht die eigentlich farbgebende Schicht, aber sie beeinflusst die Farbgestaltung mit. So sollten Primer für Bleche, die zu weißer Ware, also Kühlschränken, Waschmaschinen etc. verarbeitet werden, auch bereits weiß pigmentiert sein. Sie unterstützen die Decklacke, um sehr helle Weißfarbtöne zu erzielen.

Die Primer müssen nicht nur zur Haftung, sondern auch zum Korrosionsschutz beitragen. Deshalb enthielten sie früher immer Chromate. Chrom in den Oxidationsstufen VI+ und III+ schützt als Redox-System vor Korrosionsangriffen. Heute sind wegen des kanzerogenen Potenzials der staubförmigen, chromathaltigen Korrosionsschutzpigmente aufwendige Arbeitsschutz- und Umweltschutzvorrichtungen notwendig, um eine sichere Handhabung dieser Einsatzstoffe zu gewährleisten. Zudem reglementieren oder verbieten Umweltgesetze und Auflagen den Einsatz von Schwermetallen. Dies hat dazu geführt, dass die Nachfrage nach chromat- bzw. chromfreien Alternativen angestiegen ist. Mit der Einführung von chromatfreien Korrosionsschutzpigmenten Ende der 1980er Jahre wurde es möglich, für die Bandbeschichtungsindustrie chromatfreie Primer auf der Basis der konventionellen Filmbildner zu formulieren [27]. Heute werden in Deutschland und Österreich überwiegend chromatfreie Primer eingesetzt und nur für wenige Spezialanwendungen, z. B. in maritimen Bereichen, werden noch chromathaltige produziert.

Über viele Jahre hinweg wurde zu jedem Decklack ein passender Primer entwickelt. Anfang der achtziger Jahre kamen dann aber die so genannten **Universalprimer** auf den Markt [28]. Diese Beschichtungsstoffe können auf nahezu alle Substrate, kaltgewalzten Stahl, elektrolytisch- und feuerverzinkten Stahl, Galfan, Galvalume und Aluminium, aufgetragen und mit einer Vielzahl von Decklacken unterschiedlicher chemischer Basis beschichtet werden (Bild 3.22). So kann beispielsweise ein Universalprimer, der auf verzinktem Stahl und auf Aluminium gute Haftungs- und Korrosionsschutzeigenschaften zeigt, mit Polyester-, Polyurethan-, PVDF-Decklacken unterschiedlicher Hersteller beschichtet werden. Die aufgetragenen Schichtdicken liegen für die meisten Anwendungen im Baubereich bei circa 5 μm, in Einzelfällen auch bis 20 μm. Für „Weiße Ware" werden standardmäßig 5 bis 12 μm dicke Primerschichten erzeugt.

Neben dem Vorteil, dass die Vielfalt der Einsatzstoffe verringert wird, wird auch die Logistik einfacher. Es muss nur ein Primer für die unterschiedlichen Anwendungen herangeschafft werden. Der Lackwechsel auf dem Primer-Coater entfällt weitgehend und die Reinigungszeiten werden kürzer. Dies bedeutet kürzere Produktionszeiten, bessere Anlagennutzungszeit und eine höhere Effektivität.

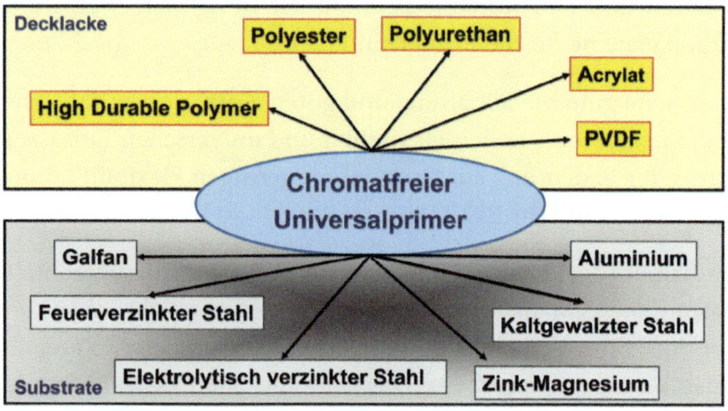

Bild 3.22 Universalprimer reduzieren die Vielfalt der Einsatzstoffe und vereinfachen die Logistik. (Quelle: BASF Coatings GmbH)

Als Universalprimer werden heute überwiegend chromatfreie Produkte eingesetzt. Sie liefern einen ebenso guten Korrosionsschutz wie die chromathaltigen Vorgänger. Für besonders hohe Korrosionsschutzanforderungen sind spezielle Dickschichtprimer auf dem Markt. Sie werden mit einer Schichtdicke von 15 bis 30 µm aufgetragen und können die Optik bei sehr weiße Farbtönen unterstützen.

3.2.4.2 Korrosionsschutzprimer

Als Folge neuer Korrosionsschutzkonzepte in der Automobilindustrie kamen Ende der 1990er Jahre dünne, schweißbare, organische Beschichtungen auf den Markt. Die neuen Konzepte fordern Schutz vor Durchrostung, die von Karosseriehohlräumen ausgeht, vor Korrosionsangriffen an sicherheitsrelevanten Strukturteilen und Schutz vor kosmetischer Korrosion im Sichtbereich der Karosserie. Sie sollen zum einen der Verlängerung der Gewährleistungszeiten Rechnung tragen und zum anderen die Fertigungskosten des Fahrzeugherstellers vermindern, indem Produktionsschritte vereinfacht werden oder völlig entfallen. Korrosionsprobleme treten an der Automobilkarosserie besonders in kritischen Bereichen wie Nähten, Hohlräumen oder Flanschen auf, in denen die Vorbehandlung und die Grundierung nur unzureichend abgeschieden werden und bei denen es schwierig ist, Korrosionsschutz sichernde Behandlungen nachträglich aufzubringen. Auf dem mit schweißbaren Korrosionsschutzprimer vorbeschichteten Blech wird in diesen kritischen Bereichen ein besserer Korrosionsschutz erzielt, wobei kostenintensive und zum Teil unzureichende Maßnahmen wie Hohlraumversiegelung und Nahtabdichtung weitgehend überflüssig werden. Mit den schweißbaren Korrosionsschutzprimern, auch organische Dünnfilmbeschichtungen genannt, wird die kathodische Schutzwirkung der Zinküberzüge mit der Barrierewirkung, Abriebfestigkeit, Elastizität und den Gleiteigenschaften organischer Beschichtungen kombiniert. Außerdem wirken Dünnfilmbeschichtungen auch als Schmierfilm beim Umformen, so dass der Schmieröleinsatz im Presswerk erheblich reduziert werden kann [29,30]. Die Basis für die schweißbaren Korrosionsschutzprimer sind Polyester, Epoxide oder Polyurethane. Neben Korrosionsschutzpigmenten enthält die organische Beschichtung leitfähige Pigmente wie Zinkstaub oder Graphit. Heute werden Dünnfilmbeschichtungen der so genannten ersten und zweiten Generation von den Automobilherstellern in Serie eingesetzt (Bild 3.23), die einen hohen Gehalt an Zinkstaub (60 bis 70 %) aufweisen und etwa die gleiche Schweißeignung wie phosphatiertes elektrolytisch verzinktes Stahlblech besitzen [31].

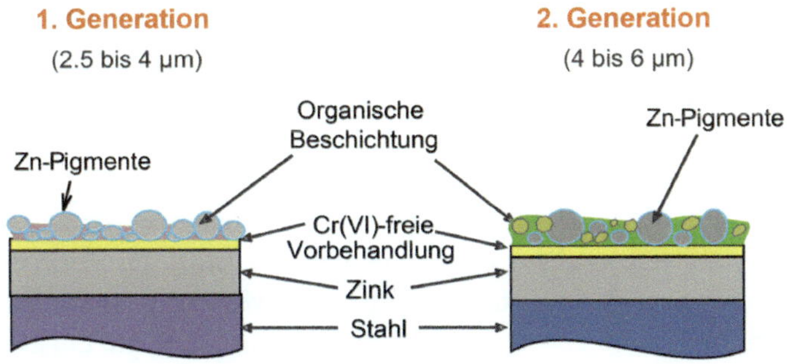

Bild 3.23 Schematische Darstellung der Korrosionsschutzprimer der ersten und zweiten Generation. (Quelle: Stahl-Informations-Zentrum)

Dünnfilmbeschichtungen der ersten Generation werden mit einer Schichtdicke von ca. 2,5 bis 4,5 µm auf einer chromathaltigen oder auch chromatfreien Vorbehandlung aufgetragen. Gegenüber dem Barriereschutz der Verzinkung ist der Korrosionsschutz dieser Beschichtung um das Drei- bis Vierfache gesteigert [32, 33]. Bei den Dünnfilmbeschichtungen der so genannten zweiten Generation wird generell eine chromatfreie Vorbehandlung auf dem elektrolytisch oder feuerverzinkten Blech eingesetzt. Diese Beschichtungen mit Schichtdicken zwischen 4 und 6 µm liefern einen etwa doppelt so guten Korrosionsschutz wie die der ersten Generation und im Vergleich zur reinen Zinkauflage eine Verbesserung um das 8- bis 10-fache. Sie lassen sich auch bei niedrigerer Temperatur einbrennen. Dieses ist für die immer häufiger in der Automobilindustrie eingesetzten Bake-Hardening-Stähle (BH-Stähle), die als hochfeste Stähle mit geringer Blechdicke sehr gut umformbar sind notwendig, damit das Bake-Hardening-Potenzial erst beim Lackiereinbrennprozess in der Automobilproduktion wirksam werden kann.

Die mit Korrosionsschutzprimer beschichteten verzinkten Karosseriebleche bieten eine Reihe von ökologischen und ökonomischen Vorteilen [34]:

- Die Korrosionsschutzwirkung wird vor allem dort erhöht, wo die Phosphatierung und die kathodische Tauchlackierung die Oberfläche nicht oder nur unvollständig abdecken. Sekundäre Korrosionsschutzmaßnahmen wie Hohlraumkonservierung oder Nahtabdichtung entfallen. Der beständige Korrosionsschutz ermöglicht einen weltweiten Versand von Pressteilen ohne zusätzliche Korrosionsschutzmaßnahmen. Die Kontaktkorrosion bei Kombinationen mit anderen metallischen Werkstoffen wird vermieden.

- Korrosionsschutzprimer werden bei Außenhautteilen üblicherweise nur auf der Karosserieinnenseite aufgebracht. Muss die Außenhautseite, bedingt durch die Konstruktion, ebenfalls mit Korrosionsschutzprimer beschichtet werden, erfüllt die Sichtseite den üblichen Qualitätsstandard einer besten Oberfläche für Außenhautanwendungen. Die beim Dressieren erzeugte Feinblechoberfläche wird durch den Lackfilm nicht eingeebnet.
- Rohbaukarossen werden vor der Lackierung alkalisch gereinigt. Deshalb weisen die Dünnfilmprimer eine gute Alkalibeständigkeit auf, auch bei pH-Werten um 13, so dass in den Entfettungsbädern der Automobilhersteller keine Veränderungen erforderlich sind.
- Infolge ihrer Mikrostruktur ist die organische Beschichtung ein sehr guter Schmiermittelträger. Dadurch ergeben sich beim Umformen im Vergleich zu nur verzinktem Feinblech verbesserte Reibungs- und Abriebverhältnisse, denn der direkte Kontakt zwischen Zinküberzug und Werkzeugwerkstoff wird durch die organische Matrix vermieden. (Zink neigt zur Kaltverschweißung mit dem Werkzeug). Durch zusätzliche Beölung mit konventionellem Korrosionsschutzöl kann das Formänderungsvermögen des Blechwerkstoffes vollständig ausgenutzt werden. Beim Tiefziehen ist der Arbeitsbereich, in dem sich ein Pressteil fehlerfrei, d. h. ohne die Entstehung von Falten oder Reißern tiefziehen lässt, im Vergleich zu Zinkoberflächen deutlich erweitert.
- Der hohe Anteil leitfähiger Pigmente im Korrosionsschutzprimer ermöglicht zum einen die KT-Lackierung (kathodische Tauchlackierung) mit voller Lackfilmdicke und zum anderen alle gängigen Schweißverfahren wie Widerstandspunktschweißen, Bolzen- und Buckelschweißen, Metall-Aktiv-Gasschweißen und Laserstrahlschweißen.
- Die Oberflächenstruktur und die gute Benetzbarkeit der Dünnfilmbeschichtungen tragen dazu bei, dass die beschichteten Bleche mit den in der Automobilindustrie gängigen Kleb- und Dichtstoffen gut verklebbar sind. Die bessere Verklebbarkeit, die mit der Dünnfilmbeschichtung einhergeht, zeigt positive Auswirkung auf das Crashverhalten und die Fahrzeugsicherheit.

Die Entwicklungen in der Automobilindustrie gehen heute in Richtung nachhaltiger Zukunft. Aus diesem Grund wurden Dünnstfilmsysteme mit Schichtdicken von 1,5 μm bis 2,5 μm kreiert. Die Prüfungen zeigen, dass ihre Korrosionsbeständigkeit im Flansch und ihre Trocknungstemperatur mit den Parametern der 2. Generation vergleichbar sind und sie ebenso ohne Probleme auf BH-Stählen appliziert werden können. Die Vorteile liegen in der dünneren Lackschicht. Zum einen wird der Schweißrauch bei thermischen Fügeverfahren reduziert, zum anderen sind sie kostengünstiger. Wird eine entsprechende Vorbehandlung angewendet, verringert sich die Unterwanderung an den Schnittflächen. Zudem wird die Haftung auf dem Blech besser. Beim Einsatz von Graphit- anstelle von Zinkpigmenten lässt sich die Ölmenge, die beim Pressen der Teile benötigt wird, verringern [35].

3.2.4.3 Decklacke

Die dekorative und eigentlich schützende Schicht wird durch den Decklack erreicht. Bei der Konzeption des Lackes für Coil-Coating-Anwendungen müssen vier Aspekte berücksichtigt werden, die optimal aufeinander abgestimmt werden müssen:

- Der Lack muss sich einwandfrei herstellen lassen.
- Bei der Verarbeitung auf der Bandbeschichtungsanlage muss er den hohen mechanischen Beanspruchungen im Lackierprozess selbst standhalten. So darf er beispielsweise nicht stark schäumen. Die Scherbedingungen auf den Walzen dürfen nicht dazu führen, dass die Pigmente noch stärker benetzt werden, denn die stärkere Benetzung hätte unerwünschte Farbtonverschiebungen zur Folge. Der Lack muss so konzipiert sein, dass beim Aushärten zuerst das Lösemittel innerhalb von etwa 10 s aus der Oberfläche entweichen kann, bevor sich die Oberfläche schließt. Eine zu schnelle Aushärtung führt zu Unebenheiten auf der Oberfläche.
- Der Lack muss sowohl elastisch, als auch hart sein, damit die Lackoberfläche bei der weiteren Verarbeitung durch Schneiden, Biegen, Kanten, Tiefziehen, Zusammenbauen und Befestigen nicht beschädigt wird.
- Der Lack muss auch auf den Endeinsatz hin optimiert sein. So müssen Dach- und Fassadenelemente gegen Witterungseinflüsse resistent sein und gleichzeitig über Jahre hinweg den ästhetischen Anforderungen hinsichtlich Glanz und Farbton genügen. Die Oberflächen von Kühlschränken und Waschmaschinen sollen ebenfalls über viele Jahre im Haushalt gut aussehen und dürfen nicht durch Essig, Kaffee oder Ketchup bleibend verfärbt werden.

Die Auswahl des Beschichtungsstoffes erfolgt an Hand des Anforderungsprofils, das durch die Bearbeitung und den Einsatz der bandbeschichteten Bleche vorgegeben wird.

Polyester-Lacke

Polyester-Lacke, die durch die Vernetzung von Polyesterharzen mit Aminoharzen erzeugt werden, zeigen ein ausgewogenes Eigenschaftsprofil. Sie können für die unterschiedlichsten Endprodukte eingesetzt werden. Sie können einerseits elastisch sein und Umformprozesse mitmachen, ohne dass sich Risse bilden. Sie können aber auch sehr hart und widerstandsfähig eingestellt werden. Polyester zeichnen sich durch eine gute Metallhaftung aus und sind chemikalien- und witterungsbeständig. Sie sind wenig schmutzanfällig. Werden sie als Beschichtung für Bauelemente verwendet, so liegt die Lebensdauer der Außenfassade in gemäßigtem Klima im mittleren Bereich zwischen 12 bis 15 Jahren. Polyester-Lacke lassen sich vielfältig modifizieren, so dass sie als Primer, Decklacke und auch als Rückseitenlacke in allen Bereichen ihre Anwendung haben, für die Coil-Coating-Produkte eingesetzt werden (Tabelle 3.10/3.11). Weil sie so vielfältig anwendbar und auch preiswert sind, sind die Polyester-Lacke mit einem Marktanteil von über 70 % die am häufigsten eingesetzten Beschichtungsstoffe.

Polyurethan-Decklacke

In der Bandbeschichtung stellen Polyurethan (PUR)-Decklacke nach den Polyestern mengenmäßig die zweitgrößte Gruppe bei den Decklacksystemen. Durch die gezielte Auswahl des Polyesterharzes kann man Beständigkeit, Haftfestigkeit, Elastizität und Korrosionsbeständigkeit im Vergleich zu Melamin-vernetzten Polyester-Beschichtungen beträchtlich verbessern. So lässt sich mit PUR-Lacken die beste Balance von Härte und Flexibilität erzielen [36]. In der Biegeprüfung wird der Wert „0 T" mit etlichen PUR-Vernetzungen erreicht. Der Grund für die hohe Flexibilität ist die homogene Filmstruktur, die sich aus Polyester-Polymerketten und Polyisocyanat-Vernetzer bildet. Bei der Melamin-Vernetzung hingegen entstehen „Cluster" von selbstvernetzendem Melaminharz, die sich ungünstig auf die Flexibilität des Netzwerkes auswirken können. Zu den hervorzuhebenden Eigenschaften zählt zudem die gute Beständigkeit gegenüber Chemikalien und Witterungseinflüssen. Polyurethane werden in fast allen Anwendungsbereichen, nicht nur als Decklacke, sondern auch als Primer, Rückseitenlacke und Klebstoffe, für Coil-Coating-Produkte eingesetzt (Tabellen 3.10, 3.11).

Hochbeständige Decklacke (HDP)

UV-absorptionsarme, cycloaliphatische Polyesterharze sind die Grundbausteine hochbeständiger Polyester- oder Polyurethan-Beschichtungen mit besonders guter Witterungsbeständigkeit, der so genannten High Durable Polyester (HDP). Die HDP Decklacke erreichen annähernd das Schutzniveau von PVDF-Beschichtungen. Sie werden auch als Dickschichtmaterial mit einer typischen Trockenschichtdicke bis zu 60 µm formuliert. Die Beschichtungen können in allen Glanzgraden, mit glatter Oberfläche, mit Polyamid-Modifizierung oder mit speziellen Oberflächeneffekten, wie Struktur-, Wrinkle-, Anti-Rutsch- oder Perlglanzeffekt, verarbeitet werden. Sie werden, teilweise als Alternative zu PVC-Beschichtungen, für Material eingesetzt, das im Baubereich und im Transportwesen verarbeitet wird.

Tab. 3.9 Vergleich einiger Eigenschaften von HDP-Decklacken mit denen von Standardbeschichtungen

Technologische Eigenschaften	HDP Polymer	Standard-Polyester	Polyurethan	PVDF	PVC
Elastizität	++	+	++	++	+++
UV-Beständigkeit	++	+	+	+++	+
Glanzbereich	+++	+++	+++	0	+
Farbtonvielfalt	++	+++	+++	+	+
Kreidungswiderstand	++	0	0	+++	+
Preisniveau	++	+++	++	0	+

Bewertung: 0 = ausreichend, + = befriedigend, ++ = gut, +++= sehr gut

Polyamidmodifizierte Polyester- und Polyurethanlacke

Polyamide sind besonders verschleißfeste Polymere und werden Polyester- und Polyurethan-Beschichtungsstoffen zugemischt, um die Oberfläche abriebbeständig, schmutzabweisend oder leicht strukturiert zu gestalten. Polyamid wird als feines Pulver mit einer Korngröße von 20 bis 80 µm eingesetzt und bleibt je nach zugesetzter Menge als separate Phase oder als durchgängige Phase im Lackfilm erhalten. Die Struktur auf der Oberfläche hängt von der Korngröße der Polyamidpartikel ab, die aus der Oberfläche leicht hervorstehen. Schwachpunkte dieser Beschichtungsstoffe sind UV- und Witterungsbeständigkeit.

Polyamidmodifizierte Beschichtungen werden für Geräteverkleidungen insbesondere im Innenbereich und trotz ihrer eingeschränkten Witterungsbeständigkeit auf Grund ihrer schmutzabweisenden und abriebbeständigen Eigenschaften auch im Außenbereich, z. B. für Rollläden, eingesetzt.

Acrylathaltige Lacke

Acrylate werden in der Bandbeschichtung als Reaktionskomponenten für die PVDF-Beschichtungen eingesetzt. Sie sind sehr variabel hinsichtlich ihrer Zusammensetzung und tragen zur Metallhaftung und Wetterbeständigkeit bei. Auf der Basis von Acrylaten werden Primer für PVC-Plastisole hergestellt. Sie werden speziell auf das Plastisol zugeschnitten.

Epoxidhaltige Lacke

Die Epoxidharze, die für Coil-Coating-Lacke eingesetzt werden, zeichnen sich durch die besondere chemische Struktur der Epoxygruppen und eine hohe Anzahl an reaktionsfähigen Hydroxylgruppen aus [37]. Beide zusammen bewirken eine sehr enge und dichte Vernetzung des Oberflächenfilms, die zwar einen hohen Sperreffekt gegenüber Wasser, Sauerstoff oder Säuren erzeugt, sich aber nachteilig in Bezug auf Flexibilität und Verformbarkeit erweist. Ebenso ist die Wetterbeständigkeit nicht gut. Sie zeigen aber eine gute Haftung zur Metalloberfläche und auch zu verschiedenen Isolierschäumen. So ist ihr Einsatzgebiet hauptsächlich auf Rückseitenlacke, Primer und auf die Dosen-Innenlackierung beschränkt.

PVDF-Lacke

Die auf Polyvinylidenfluoridharzen basierenden PVDF-Beschichtungen wurden vor über dreißig Jahren eingeführt. Charakteristisch für dieses System ist die durch die Fluorpolymere bedingte sehr hohe Beständigkeit gegenüber UV-Strahlung, Chemikalien und Korrosion und seine gute Verformbarkeit [38–40]. Es zeigt ein ausgewogenes Verhältnis von Härte und Flexibilität. Mit der UV-Stabilität gekoppelt ist eine hohe Farbtonbeständigkeit; die Beschichtungsstoffe kreiden kaum. Eine geringe Oberflächenspannung führt dazu, dass sich die PVDF beschichteten Flächen gut von Verschmutzungen und Graffitis reinigen lassen. Mit diesen Eigenschaften sind PVDF Beschichtungen für einen dauerhaften Außeneinsatz sehr gut geeignet. Sie werden unter anderem für Jalousien, Wände und Decken eingesetzt oder für Fassaden bei architektonisch anspruchsvollen Gebäuden, von denen eine lange Lebensdauer mit einem beständigen Äußeren erwartet wird.

PVC-Plastisol-Beschichtungen

Die auf Polyvinylchlorid-Plastisolen basierenden Beschichtungen werden bereits seit Jahrzehnten für Wand- und Dachelemente eingesetzt. Mit einer Schichtdicke von 150 bis 200 µm sind sie äußerst witterungs- und langzeitbeständig und bieten sehr guten Korrosionsschutz insbesondere bei extremen Witterungsbedingungen und in aggressiver Atmosphäre, z. B. im Seeklima oder in hochbelasteter Industrieumgebung. Sie sind sehr elastisch und erlauben starke Umformungen. Ihr Schwachpunkt war immer ihre eingeschränkte UV- und Temperaturbeständigkeit. Diese ist jedoch bei den heute eingesetzten Plastisole durch neue Formulierungen der Rezeptur wesentlich verbessert worden. Die neuen phthalatfreien Beschichtungen sind erheblich UV-beständiger. Der Farbton ändert sich innerhalb einer längeren Zeitspanne (8 bis 10 Jahre) kaum, während die alten phthalathaltigen Systeme sich nach dieser Zeit schon erheblich verändert hatten. Auch sind nach 8 Jahren noch 85 % des Glanzes erhalten gegenüber 25 % bei den alten Systemen. Im Rahmen der REACH Forderungen wurden auch die bleihaltigen Stabilisatoren durch Kalzium/Zink- und Barium/Zink-Verbindungen ersetzt [41].

PVC-Plastisol-Beschichtungen sind mengenmäßig nach den Polyesterbeschichtungen mit einem Anteil von rund 11 % die drittgrößte Produktgruppe unter den Decklacken. Wichtigster Einsatzbereich ist der Baubereich, insbesondere die Außenarchitektur mit Dach- und Wandelementen, Türen und Toren sowie die Innenarchitektur mit Bauelementen für Feuchträume.

Strahlenhärtende Lacke

Seit einiger Zeit wird verstärkt der Einsatz strahlenhärtender Lacke in der Bandbeschichtung untersucht. Die Einführung dieser Technologie bedeutet eine komplette Abkehr von lang eingesetzten Harzen, Vernetzern und Lösemitteln. Strahlenhärtende Lacke enthalten spezielle Polymere und Photoinitiatoren, die initiiert durch UV- oder Elektronenstrahlen, in einer radikalischen Polymerisation vernetzen. Die Vorteile dieser Technologie zeigen sich vor allem im Beschichtungsprozess. Es wird kein Lösemittel emittiert und keine Wärme benötigt. Der Energiebedarf liegt etwa bei der Hälfte des Bedarfs, der für die thermische Aushärtung erforderlich ist. Zudem kann die Bandgeschwindigkeit erheblich erhöht werden. [42, 43].

3.2.4.4 Folien

Folien werden optional als temporäre Schutzfolien auf eine fertige Beschichtung aufgebracht. Sie können auch anstelle einer Lackierung als permanente Dekorfolie (Nutzfolien, ggf. auch mit besonderen funktionellen Eigenschaften) auf das mit einem Klebfilm und/oder einer Grundierung versehene Blech laminiert werden. In einigen Fällen wird eine transparente Folie auf eine Lackschicht aufgebracht. Diese Kombination wird dann als Colaminat bezeichnet. Folienbeschichtungen können im Bandbeschichtungsverfahren nur einseitig aufgebracht werden.

Dekorfolien

Als Dekorfolien werden überwiegend thermoplastische PVC-, seltener Polyvinylfluorid (PVF)-Folien und zu einem geringeren Anteil auch Polyolefin (PE und PP)- und Polyethylenterephthalat (PET)-Folien eingesetzt. Sie haben Foliendicken von üblicherweise bis zu 250 µm. – Für Schwimmbadverkleidungen werde jedoch auch Folien aus PVC (weich) mit bis zu 1.200 µm Dicke aufgebracht. – Allein aus der Folienstärke ergibt sich schon eine hohe Barrierewirkung gegenüber oberflächenschädigenden Einwirkungen. Zu den neueren Entwicklungen für die Bandbeschichtung zählen mehrschichtige Polyvinylidenfolien (PVDF). Sie werden jedoch noch nicht sehr nachgefragt.

Die Folien sind aufgrund ihrer Struktur und Zusammensetzung sehr widerstandsfähig gegenüber Chemikalien, Lösemitteln, Säuren oder Laugen. Sie sind elastisch, so dass die Bleche bei der Bearbeitung auch enge Biegeradien erlauben. Folienbeschichtetes Material im Lebensmittelbereich oder im Schiffsinnenausbau sind Beispiele für die vielfältigen Einsatzmöglichkeiten. Besondere Eigenschaften lassen sich mit Hilfe von Colaminaten, den Lack-Folie-Kombinationen, einstellen. So kann eine transparente Deckfolie auf einer farbgebenden Lackschicht die Chemikalienbeständigkeit, die Kratzfestigkeit und auch die Brillanz des Systems noch erhöhen.

Beim Bandbeschichten werden überwiegend einschichtig aufgebaute, aber auch mehrschichtige Folien verarbeitet. Die Mehrschichtfolien werden in einer Coextrusion aus unterschiedlichen Kunststoffmischungen produziert. Dabei können spezielle Eigenschaften durch einen entsprechenden Aufbau der Folie realisiert werden.

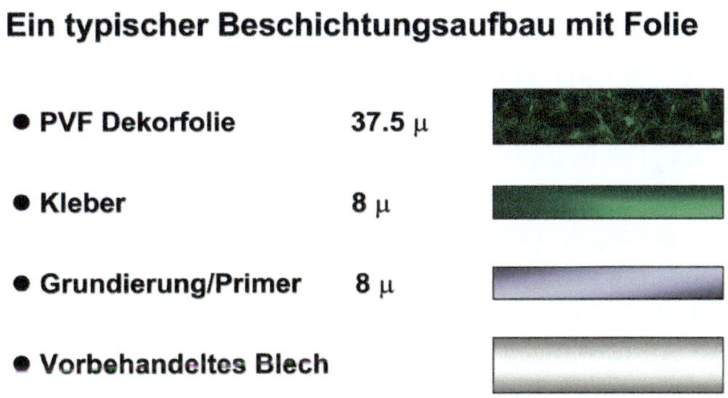

Bild 3.24 Schematischer Aufbau einer Coil-Coating-Beschichtung mit einer PVF-Folie als Beschichtungsstoff [44]. (Quelle: E.I. Dupont de Nemours &Co. Inc.)

So kann eine Folie z. B. aus drei Schichten koextrudiert werden (Bild 3.24): die erste Schicht stellt die Haftung zum Untergrund her. Dies kann ein Klebfilm sein. Der Kunststoff der zweiten Schicht wird so eingestellt, dass er die mechanischen Eigenschaften wie Kratzempfindlichkeit oder Verformbarkeit mitbringt, und mit der dritten Schicht wird die UV-Stabilität erhöht. Sie enthält die benötigten UV-Absorber. Bei einem solchen Aufbau kann jede Schicht auf ein Optimum eingestellt werden. Eigenschaften, die nicht so gut miteinander kombinierbar sind, werden in der nächsten Schicht eingestellt. Dies kann ähnlich wie bei den Colaminaten ein Vorteil gegenüber einer Lackbeschichtung sein, bei der alle Eigenschaften innerhalb einer Schicht in einem Aufbau vereint werden müssen (Bild 3.25).

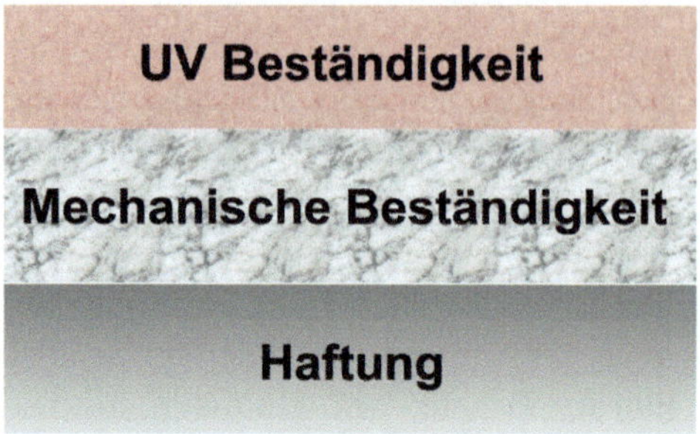

Bild 3.25 Schematischer Aufbau einer mehrschichtigen Folie, in der unterschiedliche Eigenschaften optimiert werden [45]. (Quelle: Nordenia International AG)

Bleche mit Dekorfolien werden in allen Bereichen eingesetzt, wo das Preis-/Leistungsverhältnis eine Rolle spielt. Besonders hohe Ansprüche hinsichtlich Korrosionswiderstand, Witterungsbeständigkeit, Verschleißfestigkeit und Verschmutzungsunempfindlichkeit können Lack-Folie-Mehrschichten oder sogar Lack-Folie-Lack-Kombinationen erfüllen. Sie werden unter anderem für die Sandwichwände von Kühltransporter-Aufbauten bevorzugt eingesetzt.

Die PVC-Folien in harter (weichmacherfreier), halbharter oder weicher Ausführung weisen überwiegend eine Dicke von 100 bis 250 µm auf. Neben der glatten, einfarbig pigmentierten Ausführung werden besondere Effekte durch das zusätzliche ein- oder mehrfarbige Bedrucken und dekorative Prägen erreicht. Bedruckte Systeme sind z. B. als „Pfeffer- und Salz"-Dekor und Holzimitation (Nussbaum, Walnuss, Teak usw.) bekannt. Die Druckschicht wird noch mit einem transparentem Lack oder einer transparenter PVC-Folie dünn versiegelt. Für den Schiffsinnenausbau müssen die Folien, die maximal 150 µm dick sind, schwerentflammbar sein und zugelassen werden. Lebensmittelecht müssen die 120 bis 150 µm dicken PVC Hart-Folien für Kühlhäuser und Kühltheken sein. Besondere Ausführungen gibt es für den Einsatz in Schwimmbädern. Die PVC Weich-Folie ist 900 bis 1.500 µm dick und geeignet für die Heißverschweißung mit benachbarten PVC-Folien.

Polyvinylfluorid-Folien (Tedlar®) sind seit Anfang der 1960er Jahre auf dem Markt, als von den USA ausgehend die Fluorchemie (heute in der Coil-Coating-Industrie bekannt durch PVF, PVDF und PTFE) entwickelt wurde. Sie werden in einer Dicke von 38 µm (US: 1,5 mil) auf einen Klebfilm von circa 8 µm Dicke aufgetragen. Bei Einsatz einer zusätzlichen Grundierung ist der Aufbau circa 15 µm dick. Die bi-axial orientierte Folie ist besonders UV- und wärmestabil und damit als ein besonders beständiges System für den Außeneinsatz geeignet [44]. Inzwischen gibt es eine weite Farb- und Glanzpalette einschließlich metallic-Ausführungen.

Transparente PET-Folien sind insbesondere bei Colaminaten bekannt. Außerdem gibt es sie als Konterdruckfolien, rückseitig bedruckt oder bedampft mit dünnen Metallschichten z. B. mit hochglänzendem Aluminium. Das Kondenswasser aufnehmende System, ein Faservlies aus Polyester-Zellulose, ist als Rückseitenbeschichtung für Bauteile interessant.

Schutzfolien

Eine transparente oder pigmentierte Schutzfolie als optionaler Bestandteil des bandbeschichteten Blechs wird immer dann aufgebracht, wenn besondere Beanspruchungen bei Transport, Lagerung, Verarbeitung oder Montage zu erwarten sind. Sie verhindert, dass die Lack- oder Folienoberfläche bei der Bearbeitung durch Werkzeuge beschädigt wird. Das gilt besonders bei schwierigen Umformvorgängen. Zudem wird die Standzeit der Werkzeuge durch die Schmierwirkung der Folie verlängert. Sie wird vor Gebrauch des Fertigteils oder nach der Montage an der Baustelle vom fertigen Bauteil abgezogen und muss entsorgt werden. Die Schutzfolien aus Polyethylen (PE) und Polypropylen (PP) sind bis auf spezielle Ausnahmen nicht für eine Außenbewitterung geeignet. Sie müssen daher nach den Empfehlungen der Bandbeschichter fristgemäß entfernt werden. Die Folie und ihre Klebkraft, d. h. die Haftung zur Beschichtung, wird auch auf die Lager- und Verarbeitungsbedingungen abgestimmt. Hierbei müssen die temporäre Haftfestigkeit (abhängig von Natur und Beschaffenheit der Oberfläche), das Umformverhalten, die Abziehbarkeit/Zerreißfestigkeit und eine gewisse Lichtbeständigkeit berücksichtigt werden. Man unterscheidet zwischen zwei Schutzfolienarten:

- Die abziehbare „heißkaschierbare“ Folie wird ohne Klebfilm direkt im Anschluss an die Beschichtung nach Verlassen des Trockners unter Druck auf das noch heiße Band laminiert. Die Temperatur wird durch die Einbrenntemperatur der organischen Beschichtung vorgegeben. Sie liegt im Allgemeinen zwischen 200 und 240 °C. Die Folien, hauptsächlich auf Polyethylenbasis, sind zwischen 35 und 150 µm dick. Es werden aber auch co-extrudierte Verbundfolien mit PET, Polypropylen oder Polyvinylacetat eingesetzt. Die Heißkaschierung ist das zurzeit am häufigsten angewendete Verfahren.
- Die abziehbare geklebte Folie benötigt zum Verbund mit der Blechoberfläche einen vom Folienhersteller rückseitig aufgebrachten dünnen Klebfilm. Die Folien sind im Allgemeinen zwischen 60 bis 120 µm dick. Sie werden im kalten Zustand am Ende der Beschichtungsanlage laminiert.

3.2.4.5 Spezialbeschichtungen

Pulverlacke

Die Applikation von Pulverlacken auf ein mit hoher Geschwindigkeit transportiertes flaches Metallband ist technologisch schwierig. Deshalb wird Pulverlack in der Bandbeschichtung nur in sehr geringem Umfang bei geringen Bandgeschwindigkeiten appliziert. Der Pulverlackauftrag erfolgt hier wie in der Industrielackierung mit Hilfe von

Pistolen. Neue Applikationsmethoden wie der Einsatz von rotierenden oder elektromagnetischen Bürsten [46,47,48] haben sich bisher nicht durchgesetzt. Pulverlacke werden auf Polyester- oder auch Polyurethanbasis hergestellt. Sie enthalten keine Lösemittel und werden in einem herkömmlichen oder einem Infrarot-Trockner thermisch ausgehärtet. Beim Einbrennen schmelzen zunächst die Pulverpartikel auf und verbinden sich dann zu einem glatten Lackfilm. Im zweiten Schritt, der Vernetzungsreaktion, werden die physikalischen Eigenschaften des Lackfilms ausgebildet. Der Einsatz von Pulverlacken für die Bandbeschichtung ist im Hinblick auf die Schichtdicke interessant, denn mit dieser Technologie lassen sich Schichten bis zu 100 µm erzielen, die mit Flüssiglacken und dem Rollenauftrag in der Bandbeschichtung nur mit PVC-Plastisol zu erreichen sind. Die höheren Schichtdicken sind für Anwendungen in stark korrosiver Umgebung interessant.

Klebstoffe

Klebstoffe werden in erster Linie als wärmeaktivierte Haftvermittler für das Laminieren mit Folien aus PVC, PVF, PE, PP, PET usw. appliziert [49]. Als Klebstoffe kommen hauptsächlich lösemittelhaltige 1-Komponentensysteme auf Basis verschiedener Bindemittel wie Polyester, Polyurethane, Acrylate oder Epoxide zum Einsatz, nur gelegentlich auch 2-Komponentensysteme [50]. Im Trockner wird das Metallband auf etwa 180 bis 230 °C, abhängig vom Folien- und Klebstofftyp, erwärmt, damit das Lösemittel entfernt und der Klebfilm aktiviert wird. Dessen Trockenfilmdicke liegt üblicherweise bei 7 µm. Die Folie wird dann nach Austritt des fertig beschichteten Bandes aus dem Trockner mit Walzen glatt auf das heiße Band laminiert. Es gibt aber auch Klebstoffe, die bei niedrigeren Temperaturen, bei ca. 160 °C, verarbeitet werden, so dass auch wärmeempfindlichere Folien eingesetzt werden können. Klebstoffe können dazu beitragen, die Flexibilität zu verbessern, insbesondere an Biegungen, die Alterung und Luftfeuchtigkeit widerstehen müssen.

In einigen Anwendungen werden wärmeaktivierbare Klebstoffe in der Coil-Coating-Anlage appliziert, die erst in weiterführenden Verarbeitungsschritten, z. B. für den Verbund mit anderen Werkstoffen wie Holz oder Kunststoff, zum Einsatz kommen [51]. Diese Beschichtung gibt dem Blech eine zusätzliche Funktionalität. Beschichtet wird mit den gleichen Beschichtungsparametern wie bei den üblichen Decklacken. Die Reaktivierungstemperatur der Klebstoffe liegt in der Regel unterhalb der Einbrenntemperatur des Coil-Coating-Prozesses und ist von dem zu verklebenden Kunststoff und der jeweiligen Klebstoffrezeptierung abhängig.

Weitere Produkte für Nischenmärkte

Für einige Marktnischen werden Spezialsysteme wie Fluorethylen-Vinylether-Copolymer (FEVE)-Lacke angeboten. Diese lösemittelhaltigen Erzeugnisse sind wärmehärtend und werden vor allem in Japan nachgefragt, aber auch in Europa eingesetzt [52, 53].

Spezielle Klebstoffe werden für die visco-elastischen Kernschichten (Schichtdicke 25 bis 50 µm) von (Stahl)-Sandwichblechen mit körperschalldämpfenden Eigenschaften mit einem je nach Einsatzgebiet modifiziertem Temperaturbereich eingesetzt [49]. Die Bleche werden für geräuscharme Garagentore oder Altglascontainer, bei Schienen-Fahrzeugen als Bodenbleche, Abtrennungen von Motoren, PKW-Stirnwand sowie Getriebe- und Ventildeckel oder Ölwannen eingesetzt. Diese Werkstoffe werden kontinuierlich auf einigen wenigen Coil-Coating-Anlagen in der Welt hergestellt.

Für metallverstärkte Profile für Auto-Dichtungen und Stanzteile werden Stahl, Edelstahl und Aluminium mit einer Gummi/Metall-Haftgrundierung aus einem Zweischichten-System bandbeschichtet, das aus einem Primer mit einer Schichtdicke von 2,5 bis 5 µm und einem Deck-„Lack" mit einer Schichtdicke von 5 bis 8 µm besteht. Das System wird bei maximal 170 °C nicht voll ausgehärtet, um eine bessere Haftung zu erzielen. Auf das haftgrundierte, vorgewärmte Band wird dann das Elastomer, insbesondere Ethylen-Propylen-Dien (EPDM), extrudiert und anschließend vulkanisiert [54].

Es gibt auch Klebstoffe für das Laminieren von besonderen Kunststoff-Folien oder das Co-Extrudieren mit PVC, ABS, Polycarbonat oder PP bzw. die Wabenversiegelung von Al/Al-Verbundwerkstoffen [49]. Blockfeste, während der Lagerung in ihren Eigenschaften unveränderte, physiologisch unbedenkliche, mit einem Klebfilm im Ein- oder Zweischichtenaufbau beschichtete Bänder lassen sich vom Verarbeiter bei Temperaturen von 80 bis 160 °C reaktivieren [51]. In einer Presse werden aus den Blechen unter Druck und Wärme ebene Verbundwerkstoffe mit Holz, Holzfaser, Holzfurnier, Mineralwolle, Spezialpapier und dgl. hergestellt. Einsatzgebiete sind z. B. verklebte Rollladenstäbe, Sandwichelemente und PKW-Zierteile.

Für Back- und Kochformen (bakeware) wurden vor allem mit Metallic-Pigmenten versehene Beschichtungsstoffe auf Basis von Polyethersulfon (PES)/Polytetrafluorethylen (PTFE) entwickelt, die wärmebeständig bis ca. 260 °C sind. Der PTFE-Gehalt ist bei diesen Produkten maßgebend für Abriebfestigkeit und Antihaft-Eigenschaften. Die als HNRS (Heat resistant non stick) bezeichneten Systeme werden einschichtig (6 µm) und zweischichtig mit einer Grundierung (circa 15 µm) aufgetragen. Ein dreischichtiger Aufbau (circa 22 µm) ist besonders abriebfest, aber auch sehr teuer, weil dafür ein zweimaliger Durchlauf durch die Beschichtungsanlage notwendig ist. Die Beschichtung wird bei 370 °C eingebrannt, wobei das PTFE (Schmelztemperatur um 320 °C) sintert. Als Substrat werden spezialverchromtes Feinstblech (ECCS), schmelztauchaluminiertes Stahlblech (AS), nichtrostender Stahl oder Aluminium eingesetzt. Gelegentlich werden auch PTFE-arme gefärbte oder dekorative PES-Systeme eingesetzt.

Es gibt auch reine PTFE-Beschichtungen auf Nichteisenmetallen wie Messing, Titan. Sie werden auf Schmalband appliziert, das entweder als fertiges Erzeugnis oder als sogenanntes ¾-Zeug in den Handel kommt [55,56].

Als Verarbeitungshilfe, um das Umformen zu erleichtern, wurden so genannte Drylubes entwickelt. Sie werden als Zwischenbeschichtung mit geringen Schichtdicken (1 bis 2 µm), die nach der Verarbeitung mittels mild-alkalischer Medien wieder entfernt wird oder als permanente Beschichtungen aufgetragen und bei maximal 120 °C eingebrannt. Die Behandlung dient als Korrosionsschutz bei Lagerung und Transport und gestattet eine spätere Lackierung [57].

3.2.5 Beschichtungsstoffe und ihre Einsatzgebiete

Die Charakteristika der Beschichtungsstoffe, die überwiegend in der chemischen Zusammensetzung des Filmbildners begründet sind, bestimmen die Bandbreite ihrer Einsatzmöglichkeiten im Außen- oder Innenbereich, als Beschichtungsstoff für weiße Ware oder für Bauelemente. Die Tabellen 3.10 und 3.11 geben einen Überblick, welche Beschichtungsstoffe für die unterschiedlichen Anwendungsbereiche geeignet sind.

Tab. 3.10 Übersicht über die Beschichtungsstoffe für die Bauindustrie [3]

Beschichtungsstoffe	**Baubereich (Außen)**					**Baubereich (Innen)**			
	Dach	Wand	Tore Fenster	Rückseite	Rollladen	Deckenpaneele	Kühlraumelemente Trennwände	Profile Regale	Schiffsinnenausbau
Polyester	◆	◆	◆	◆	◆	◆	◆	◆	◆
Polyurethan	◆	◆	◆	◆	◆			◆	◆
HDP Polyester	◆	◆	◆						
Polyamid-modifizierte Polyester/ Polyurethane	◆	◆	◆		◆				◆
Epoxide				◆					
PVDF	◆	◆	◆						
PVC	◆	◆	◆				◆		
PVC (Folie)	◆	◆					◆		◆
SP-PET (Folie)							◆		◆
Substrate	Z, ZM, ZA, AZ, Al				Al	Z, ZM, ZA, ZE, N, Al			

SP-PET = Polyester-PET-Folie, N = nicht oberflächenveredelter Stahl

Tab. 3.11 Übersicht über die Beschichtungsstoffe für Weiße, Braune Ware und Leuchten

Beschichtungsstoffe	**Weiße Ware**		**Leuchten**	**Braune Ware**			**Rückseite**
	Kühl-/Gefriergeräte Herde	Waschmaschinen, Trockner, Geschirrspüler		Teletronics Computergehäuse	Büromöbel, Haustechnik	Verpackungen	
Polyester	◆		◆	◆	◆	◆	◆
Polyurethan	◆	◆		◆			◆
Polyamid-modifizierte Polyester Polyurethane				◆	◆		
Epoxide						◆	◆
PVDF							
PVC-Folie	◆			◆	◆		
PE- Folie						◆	
Colaminate	◆	◆					
Substrat	Z, ZA, ZE, N		Z, ZA, N	Z, ZA, ZE	Z	Z	Z, ZA, ZE, N, Al

N = nicht oberflächenveredelter Stahl

3.2.5.1 Schichtaufbau

Der Aufbau einer Beschichtung ist vom Einsatzzweck des bandbeschichteten Materials abhängig. So erhält das Blech, das zu einer Wandpaneele verarbeitet wird, typischerweise auf beiden Seiten eine chemische Vorbehandlung und auf der Rückseite eine einschichtigen Rückseitenlack. Auf der Sichtseite werden ein Primer und ein Decklack aufgetragen. Die Oberseite ist in der Regel auch die bei der Beschichtung oben liegende Seite, an die die höchsten Anforderungen gestellt werden.

Rückseitenlackierung

Die Anforderungen an die Rückseite eines bandbeschichteten Blechs sind meistens erheblich geringer als bei der Sichtseite, da sie der inneren, nicht sichtbaren und wenig beanspruchten Seite des Bauteils zugewandt ist. Deshalb wird sie häufig nur einschichtig lackiert. Sie muss aber trotzdem einen langlebigen Korrosionsschutz bieten.

Bei der großen Coil-Coating-Produktgruppe der Sandwichelemente – sie bestehen aus zwei dünnen Blechen und einem Dämmstoff – dient die Rückseitenlackierung als Haftvermittler. Sie muss kompatibel zu dem Polyurethan-Schaum sein, der als Dämmstoff eingesetzt wird, oder zu einem Klebstoff, mit dem Steinwolle oder Polystyrol-Hartschäume mit der Rückseitenschicht verklebt werden.

Ein einschichtiger Auftrag erfordert einen Kompromiss in der Lackzusammensetzung zwischen der Haftungs- und Korrosionsschutz-Funktion, eventuell auch zwischen dem Farbton und der für das Beschäumen mit Isolierschaum notwendigen Funktionalität. Eine Alternative hierzu ist eine zweischichtige Beschichtung. Ein Primer übernimmt dann, genau wie auf der Oberseite, die Funktion des Korrosionsschutzes und der Haftung zum Substrat. Die Farbgebung sowie die Verbundhaftung zum Dämmstoff werden auf die speziellen Rückseitenlacke übertragen.

Als Rückseitenlacke werden Polyester, Polyurethane oder Epoxide eingesetzt.

Einschichtlackierung

Einschichtlackierungen werden vorgenommen, wenn die Anforderungen an die Oberfläche nicht so hoch sind oder das Blech durch weitere Behandlungen geschützt wird. So werden schweißbare Korrosionsschutzprimer nur einschichtig aufgetragen. Blech für den Bauinnenbereich kann einschichtig lackiert werden, aber auch Außenbleche, die keinen großen Anforderungen genügen müssen. Bei Aluminium, das beispielsweise zu Rollläden oder Jalousien verarbeitet wird, kann mit einer Schicht bereits die volle Funktionalität erzielt werden (Bild 3.26).

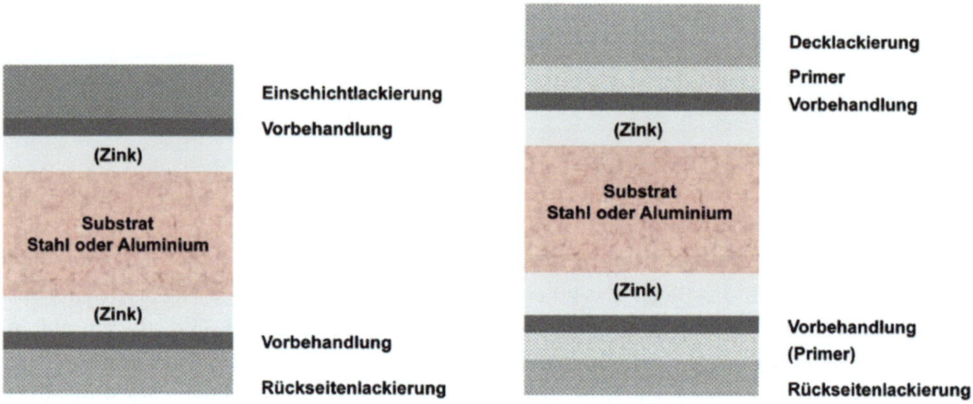

Bild 3.26 Schematische Darstellung eines ein- und eines zweischichtigen Aufbaus einer Coil-Coating-Lackierung mit Rückseitenlackierung. (Quelle: Urheberrecht beim Autor)

Zweischichtenaufbau

Zweischichtige Lackierungen werden aus einem Primer und einer Deckschicht aufgebaut (Bild 3.26). Der komplette Aufbau muss die technologischen und dekorativen Anforderungen, die sich aus der Anwendung der Bleche ergeben, erfüllen. Der Zweischichtaufbau ist die Regel für die Sichtseite des bandbeschichteten Materials. Einige Beschichtungsstoffe können nur im Zweischichtenaufbau aufgebracht werden. Als zweite Schicht kann nicht nur ein Lack, sondern auch eine Folie appliziert werden.

Mehrschichtenaufbau

Bei besonderen Anforderungen an Korrosionsbeständigkeit, Kratzfestigkeit der Oberfläche oder Aussehen wird ein Mehrschichtenaufbau aufgebracht. Er umfasst den Primer, eine Zwischenbeschichtung und die Deckbeschichtung (Bild 3.27). Mehrschichtenaufbauten können auch beidseitig aufgebracht werden. Dann wird das Material allerdings zweimal durch die Anlage gefahren.

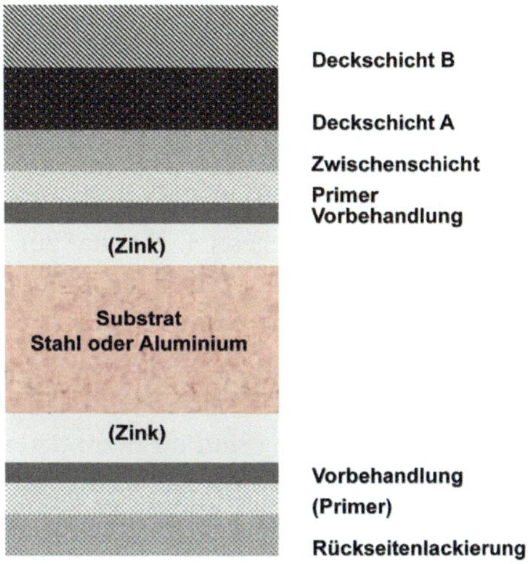

Bild 3.27 Schema eines mehrschichtigen Aufbaus.
(Quelle: Urheberrecht beim Autor)

Folienbeschichtung

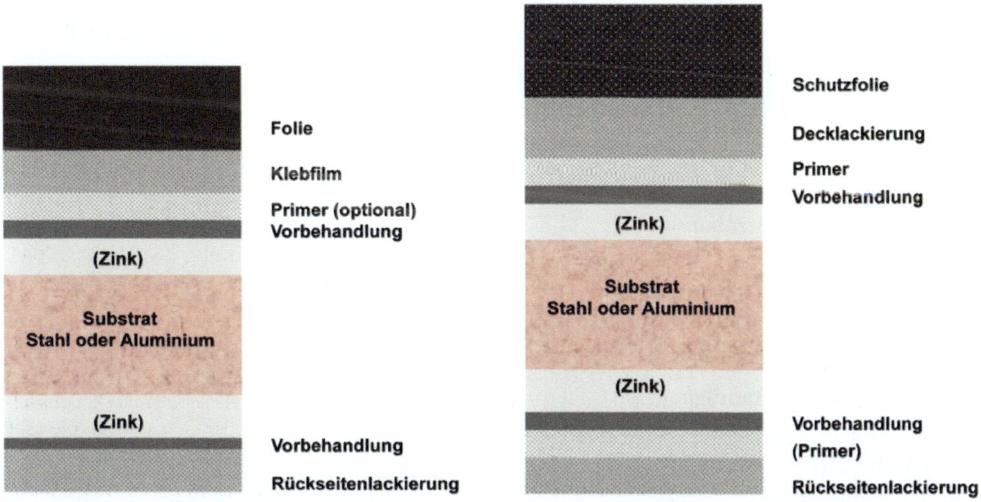

Bild 3.28 Schematischer Aufbau einer Coil-Coating-Beschichtung mit einer Folie anstelle eines Decklacks (links) und rechts mit einem Decklack und Schutzfolie.
(Quelle: Urheberrecht beim Autor)

Bei der Folienbeschichtung unterscheidet man zwischen dem Aufbringen einer Permanentfolie und einer Schutzfolie, die nur dem Schutz der Oberfläche während der Weiterverarbeitung des Blechs dient. Die meisten Schutzfolien werden nach der Lackierung in einer weiteren Bearbeitungsstation ohne Klebstoff direkt auf den Decklack des warmen Bands laminiert.

Bei Folien, die einen Klebstoff benötigen, um auf dem Blech haften zu bleiben, wird zuerst ein wärmeaktivierbarer Klebfilm oder ein Primer und dann der Klebstoff auf den Trägerwerkstoff aufgetragen. Darauf wird dann die Folie laminiert. Folienbeschichtungen können im Coil-Coating-Verfahren nur einseitig aufgebracht werden (Bild 3.28).

3.2.6 Oberflächeneigenschaften und Farbgestaltung

Bandbeschichtetes Blech wird in den verschiedensten Bereichen, vom Fassadenelement bis zur Leuchte, eingesetzt. Das hat zur Folge, dass auch die Anforderungen an die Eigenschaften des fertig lackierten Produktes sehr vielfältig sind. Im Architekturbereich sind die bandbeschichteten Elemente Witterungseinflüssen ausgesetzt und damit ist der Korrosionsschutz eines der wichtigsten Qualitätsmerkmale. Die Oberfläche der Hausgeräte hingegen muss chemikalienbeständig und lebens- sowie waschmittelresistent sein. Bei der Verarbeitung sind im Besonderen Umformbarkeit, Haftung, Härte, Überlackierbarkeit und Beschäumbarkeit als maßgebliche Eigenschaften zu nennen. Dem gegenüber sind für das Gebrauchsverhalten Schichtdicke, Beständigkeit gegen Einflüsse wie Wärme, Bewitterung, Korrosion, Abrieb oder auch physiologische Unbedenklichkeit von Bedeutung. Die Eigenschaften werden in erster Linie durch den Filmbildner bestimmt. Jedoch können auch mit den Additiven, Füllstoffen und Pigmenten spezielle Eigenschaften beeinflusst werden. Durch eine geeignete Auswahl der Beschichtung und durch das Einstellen der Schichtdicke wird sichergestellt, dass die organisch bandbeschichteten Bleche die gewünschten Gebrauchseigenschaften aufweisen. Die Eigenschaften haben je nach Einsatzzweck des beschichteten Materials eine eigene Gewichtung.

- Korrosionsschutz
- Haftung
- Elastizität/Umformbarkeit
- Härte
- Abriebbeständigkeit
- Kratzfestigkeit
- UV-Beständigkeit
- Chemikalienbeständigkeit
- Wärmebeständigkeit
- Fleckresistenz
- Schmutzresistenz
- Farbe/Glanz/Struktur

Korrosionsschutz

Die Werterhaltung bei langlebigen Wirtschaftsgütern aus Stahl und Aluminium wird maßgeblich durch den Schutz vor Korrosion geprägt. Dieser ist die treibende Kraft für jegliche Oberflächenbehandlungen.

Korrosion, im Allgemeinen als Oxidation von Metallen durch Umgebungseinflüsse beschrieben, ist von den Eigenschaften der betreffenden Metalle und von der Art des Mediums, mit dem das Metall in Kontakt steht, abhängig. Eine wesentliche Rolle für die Korrosion von bandbeschichtetem Blech spielt die Feuchtigkeit. Eisen und einfache Stähle rosten an feuchter Luft, ohne dass weitere Reaktionspartner vorliegen müssen. Unter dem Einfluss von Feuchtigkeit ist Korrosion ein elektrochemischer Prozess, der durch zwei parallel verlaufende Teilreaktionen beschrieben werden kann [17]. Im anodischen Prozess wird ein Metall aufgelöst:

$$M \leftrightarrow M^{Z+} + z\,e^- \tag{3.33}$$

$$Fe \leftrightarrow Fe^{2+} + 2\,e^- \tag{3.34}$$

$$Zn \leftrightarrow Zn^{2+} + 2\,e^- \tag{3.35}$$

$$Al \leftrightarrow Al^{3+} + 3\,e^- \tag{3.36}$$

An der Kathode wird das Oxidationsmittel reduziert:

$$O_2 + 2\,H_2O + 4\,e^- \leftrightarrow 4\,OH^- \tag{3.37}$$

$$2\,H^+ + 2\,e^- \leftrightarrow H_2 \tag{3.38}$$

In neutralem Milieu läuft die Reaktion nach Gleichung (3.37) ab, in saurem nach Gleichung (3.38).

Beim Aluminium wird der Korrosionsschutz durch eine Aluminiumoxidschicht erzeugt, die sich spontan an der Luft bildet. Beim verzinkten Feinblech tragen zwei Phänomene zum Korrosionsschutz bei: So bildet sich an der Oberfläche eine Zinkoxidschicht, die unter dem Einfluss von Feuchtigkeit und Kohlendioxid zu Zinkhydroxid bzw. Zinkcarbonat reagiert. Diese Deckschicht ist kaum wasserlöslich und verzögert die Auflösung der Zinkschicht (Bild 3.29).

Die Oxid- bzw. Carbonatschichten sind den Einflüssen aus der Umgebung ausgesetzt. Der Wind fördert die Abrasion durch Sand und Staub. Temperatur, Feuchtigkeit und die Luftverunreinigungen, wie Schwefeloxide oder Chloride, führen zu chemischen und physikalischen Oberflächenreaktionen, die mit einer Auflösung der Oberfläche einhergehen. Die im Verwitterungsprozess vom Stahl abgelösten Zinkhydroxid und Zinkcarbonate werden aus der Zinkschicht ständig nachgebildet. Der Stahl wird auf diese Weise geschützt, bis die Zinkschicht verbraucht ist.

Das zweite Phänomen, das zum Korrosionsschutz des Stahls beiträgt, ist die sogenannte kathodische Schutzwirkung. Sie tritt auf, wenn die Zinkschicht und der Stahl durch einen Elektrolyten leitend verbunden sind. In der Praxis reicht die Luftfeuchtigkeit aus, als Elektrolyt zu fungieren. Zwischen dem Zink und dem Stahl bildet sich auf Grund von Feuchtigkeit ein galvanisches Element aus. In der elektrochemischen Reaktion „opfert“ sich die Zinkschicht. Das Zink geht in Lösung bis die Stahloberfläche frei liegt. Dabei findet aber eine Wanderung der Elektronen vom Zink zum Stahl statt. Sie bilden so lange eine weitere Schutzschicht für die freie Stahloberfläche bis das Zink in der Umgebung aufgelöst ist (Bild 3.30). Diese Schutzwirkung ist umso größer, je höher die Leitfähigkeit ist [58].

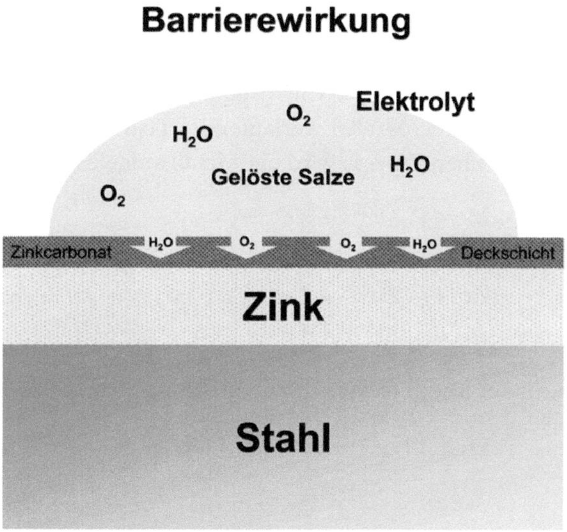

Bild 3.29 Die dichte Deckschicht bildet eine Barriere gegenüber einem Korrosionsangriff [6]. (Quelle: Stahl-Informations-Zentrum, Düsseldorf)

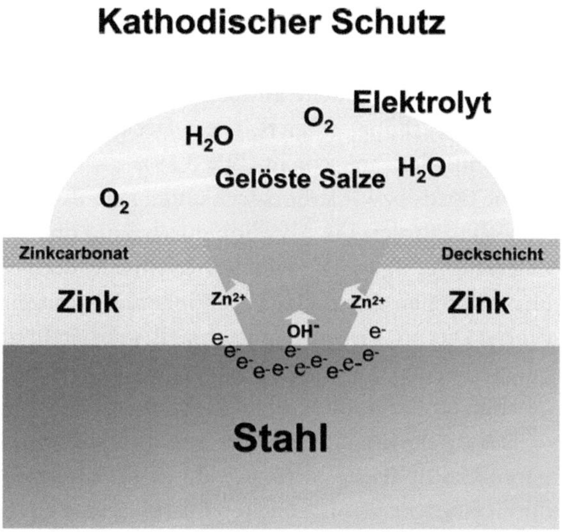

Bild 3.30 Bei Verletzungen des Zinküberzugs und an den Schnittkanten greift der kathodische Korrosionsschutz [6]. (Quelle: Stahl-Informations-Zentrum, Düsseldorf)

Der Korrosionsschutz wird bei Aluminium in ähnlicher Weise erzeugt wie bei der Zinkschicht. Die Aluminiumoberfläche bildet spontan eine Oxidhaut, die das Grundmetall schützt. Bei Verletzungen, auch bedingt durch Umwelteinflüsse, wird die Oxidschicht von dem Metall immer wieder nachgebildet, bis das Grundmaterial verbraucht ist.

Bandbeschichtetes Material ist also durch mehrere Barrieren gut vor Korrosion geschützt. Die Schutzwirkung ist im Wesentlichen abhängig von [6]:

- der Art und der Dicke des metallischen und des organischen Überzugs
- der Oberflächenvorbehandlung
- den Applikationsbedingungen
- den Belastungen bei der Weiterverarbeitung, beim Transport, Lagerung, Montage und
- schließlich ganz besonders von der korrosiven und mechanischen Beanspruchung während der Nutzung

Die wichtigste Barriere für organisch beschichtetes Blech ist der Primer. Voraussetzung für einen optimalen Korrosionsschutz ist, dass der Primer gut auf dem Substrat haftet. Deshalb muss das Blech auch sorgfältig gereinigt sein, alle Oxide, Salze und Verunreinigungen müssen restlos entfernt werden. Die Haftung beruht zum einen auf der mechanischen Verankerung des Primers auf der mikroskopisch rauen Oberfläche des Substrats und zum anderen auf chemischen und physikalischen Bindungen. Ist die Haftung nicht optimal ausgebildet, kann Feuchtigkeit an Fehlstellen bis auf das Blech gelangen und den Korrosionsprozess in Gang setzen. Der Decklack, als äußere Schicht, liefert eine zusätzliche Barriere.

Die Barrierewirkungen werden gestört, wenn die Oberfläche verletzt wird. Wird nur die Decklackschicht verletzt, so ist die Schutzwirkung des Primers noch vorhanden. Geht die Verletzung tiefer, so setzen beim Stahl die oben beschriebenen Oberflächenreaktionen in der Zinkschicht ein. Bei fortschreitender Korrosion wird diese Schicht aufgelöst und es kommt zur Grundmetallkorrosion, der Rotrostbildung. Geht beim Aluminium die Verletzung der organischen Beschichtung bis auf das Grundmetall, so bildet sich spontan an der Aluminiumoberfläche Aluminiumoxid. Bei fortschreitender Beanspruchung der Oberfläche wird ständig Oxid nachgebildet bis zum kompletten Abbau des Grundmetalls.

Beim Stahlsubstrat stellen die Schnittflächen einen Problembereich für den Korrosionsschutz dar. Aber der Korrosionsschutz ist an diesen Stellen nicht völlig aufgehoben, denn hier greift die kathodische Schutzwirkung. Der metallische Zinküberzug wird beim Schneiden des Bleches teilweise über die Schnittfläche gezogen. So bleibt der Schutz weiterhin erhalten, ist aber lokal begrenzt. Er hängt von der Dicke des metallischen Überzugs, vom Schneidverfahren (glatte Schnittfläche) und von der Leitfähigkeit des Korrosionsmediums ab. Diese Fernwirkung reicht bis zu zwei Millimeter weit, so dass bei Blechdicken bis zu zwei Millimeter das Blech auch an den Schnittflächen geschützt ist (Bild 3.31).

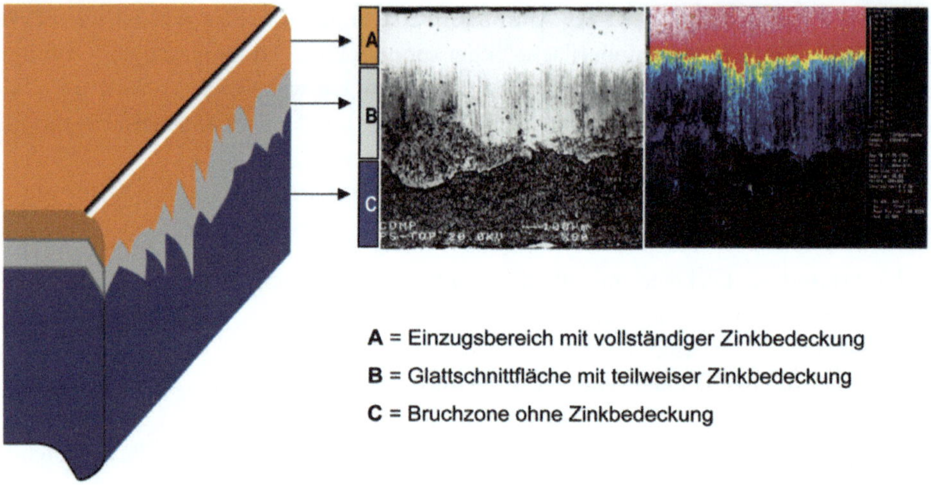

Bild 3.31 Das Schema und die mikroskopischen Aufnahmen der Schnittfläche zeigen den Zinküberzug, der teilweise über die Schnittfläche gezogen wird [59]. (Quelle: VDEh, Düsseldorf)

Da eine organische Beschichtung nicht zu 100 % dicht ist, können Wasser, Luftsauerstoff und Salze im Laufe der Zeit in die Schicht diffundieren. Dieser Prozess hängt davon ab, wie dicht das polymere Netzwerk des Beschichtungsstoffes ausgebildet ist. Außerdem spielt die Alterung der Polymere eine wesentliche Rolle. In diesem Prozess verändern sich ihre Eigenschaften und schließlich setzt ihr Abbau ein. Erste Anzeichen für diesen Alterungsprozess sind Glanzverlust, Kreidung, Farbveränderungen. Deshalb muss die Auswahl der Beschichtungsstoffe auf die Korrosionsschutzdauer abgestimmt werden.

Die Korrosionsschutzdauer wird als Zeitspanne definiert [60], in der ein Korrosionsschutzsystem seine Funktion erfüllt. Wenn mehr als 5 % der Blechoberfläche Merkmale zeigen, die auf einen Abbau des Grundwerkstoffs hinweisen, ist die Schutzdauer überschritten. Dieses zeigt sich in Rotrost, Unterwanderung der Beschichtung an Schnittflächen und Beschädigungen oder an Rissen, an denen sich die Beschichtung ablöst.

Für den Korrosionswiderstand sind in den Normen [61,62] fünf Klassen definiert worden (Tabelle 3.12). In einer ländlichen Atmosphäre sind die geringsten Korrosionsangriffe zu erwarten. Im städtischen Bereich verursachen Luftverunreinigungen ein aggressiveres Klima. Die Belastung steigt im Bereich von emittierenden Industrieanlagen noch höher. Latente Feuchtigkeit sowie der in den Aerosolen permanent vorhandene Salzgehalt erhöhen in Meeresnähe die Korrosionsbelastung. In die oberste Kategorie werden Industriegebiete am Meer eingestuft, in denen mit der höchsten Belastung durch eine korrosive Atmosphäre zu rechnen ist.

Tab. 3.12 Korrosionswiderstand in unterschiedlichen Umgebungen in einem moderaten Klima [61]

Korrosionswiderstand	**Korrosivität**	**Umgebung**					
		Ländlich	**Städtisch**	**Industriell**	**Meeresnähe**	**Luftverschmutzung und Feuchtigkeit**	**Küste**
Kategorie:	**Kategorie:**						
RC1	C1 – sehr niedrig (keine Anforderungen)						
RC2	C2 – gering						
RC3	C3 – medium			geringe SO_2-Konz.	geringer Salzgehalt		
RC4	C4 – hoch			moderate SO_2-Konz.	moderater Salzgehalt		
RC5	C5-I – sehr hoch			hohe SO_2-Konz.			
	C5-M – sehr hoch				hoher Salzgehalt		

Um den stetig steigenden Anforderungen hinsichtlich des Korrosionsschutzes nachzukommen, wurden aktive Korrosionsschutzpigmente für die Primer eingeführt, die auf Grund ihrer elektrochemischen Potenziale den Korrosionsschutz weiter verbessern. Traditionell wurden hierfür Chromate eingesetzt. Diese werden aber für viele Anwendungen entsprechend der Gesetzgebung (EU-Altauto Verordnung, EU-Elektronik- und Elektroschrott Verordnung) immer weiter ausgeschlossen, da sie als krebserzeugend eingestuft sind. In der Bandbeschichtung werden deshalb in Deutschland und Österreich schon seit einigen Jahren überwiegend chromatfreie Primer mit gleicher Korrosionsschutzwirkung eingesetzt. Bei den Decklackbeschichtungsstoffen weisen Plastisolbeschichtungen die beste Korrosionsbeständigkeit auf. Ihr Einsatz ist jedoch geographisch auf Bereiche mit nicht zu hoher UV-Strahlung eingeschränkt. Abhängig von der Schichtdicke bieten aber auch andere Dickschichtprodukte einen erhöhten Korrosionsschutz, z. B. Polyester-, Polyurethan- oder PVDF-Systeme.

Um verlässliche Aussagen über die Korrosionsbeständigkeit von Beschichtungen zu bekommen, werden die Systeme über verschieden Zeiträume in Salzsprühnebelprüfungen (DIN 50 021), im Feuchteklima (DIN 50017), im Kesternich-Tests (DIN 50 018), in Klimawechseltests und in der Freibewitterung untersucht.

Eine besondere Form der Korrosion ist die Filiformkorrosion, eine Risskorrosion, die bei bandbeschichtetem Aluminium auftritt, aber auch bei beschichtetem Stahl, der in sehr feuchter Umgebung eingesetzt wird. Filiformkorrosion tritt in den meisten Fällen unter dem Film auf und zeigt sich in einem feinen Netzwerk, das aus den Spuren von

Korrosionsprodukten gebildet wird. Hierbei wird weniger das Metall angegriffen; es ist vor allem das Erscheinungsbild, das durch diese Form der Korrosion beeinträchtigt wird [63]. Die Hauptursache für die Filiformkorrosion ist die Luftfeuchtigkeit. Liegt sie oberhalb von 65 %, so sind die Bleche gefährdet. In trockenerer Umgebung wird Filiformkorrosion nicht beobachtet. Eine wenig wasserdampfdurchlässige Lackschicht kann dazu beitragen, Filiformkorrosion zu verhindern.

Haftung

Die Beschichtung eines Kühlschrankes oder eines Deckenelementes soll über die gesamte Lebensdauer des Bauteils erhalten bleiben, denn sie soll ja das Blech vor dem Eindringen von Wasser, Sauerstoff oder Chemikalien schützen. Dies setzt voraus, dass eine gute Haftung zwischen Substrat und Beschichtungsstoffen vorhanden ist. Der Lackfilm muss auf der Substratoberfläche gut verankert sein. Die Haftung ist abhängig von sehr vielen Parametern. Der Untergrund muss entsprechend vorbereitet sein. Er muss gereinigt und meistens mit einer schichtbildenden Vorbehandlung versehen sein, die auf die Beschichtung abgestimmt ist.

Die genauen Mechanismen für die Haftung sind noch nicht vollständig aufgeklärt. Sie tritt auf Grund unterschiedlicher Wechselwirkungen ein. Hier spielen sowohl mechanische Verankerung auf der mikro-rauen Oberfläche, Ladungs-, Dipol- und Wasserstoffbrückenbindungen, aber auch chemische Reaktionen eine Rolle. Den Hauptanteil der Bindung liefern in der Regel die Van-der-Waals-Kräfte, die im Nanometerbereich wirken. Diese erfordern wiederum eine gute Benetzbarkeit der Oberfläche, d. h., dass die Oberflächenspannung des Substrats größer sein muss als die der Beschichtung. Dies ist bei der Beschichtung von Metallen in der Regel gegeben, denn die Oberflächenspannung lässt sich über die Viskosität einstellen. Die Bedeutung der Haftung wird bereits beim Schneiden und Stanzen der vorlackierten Bleche deutlich. Der Lack muss an der Schnittfläche gut haften und darf von dort nicht abblättern.

Zur Bestimmung der Haftung werden verschiedene Methoden angewandt. Dazu gehören unter anderem: die Gitterschnittmethode, Kratzproben, Erichsen-Tiefung oder Klebeband-Abriss.

Elastizität

Die Elastizität ist im Hinblick auf die Verarbeitung von bandbeschichtetem Blech eine besonders wichtige Eigenschaft. Die Umformoperationen wie Profilieren, Kanten, Stanzen, Biegen bis zu 0T (bis zu 180°) oder Tiefziehen müssen ohne Verletzung der Lackschicht durchgeführt werden können. Gerade für bandbeschichtetes Blech, das für Hausgeräte oder Rollläden umgeformt wird, ist eine Verformungsbeständigkeit beim Biegen bis zu T0 notwendig. Für viele Bauanwendungen hingegen reicht eine Biegebeständigkeit von 3T nach ECCA (bzw. 6T nach NCCA) aus. Aber auch unter dem Aspekt der Wärmeausdehnung ist die Elastizität der Beschichtung wichtig. Wird bandbeschichtetes Blech erwärmt, z. B. ein Dach, das durch Sonneneinstrahlung erhitzt wird, so kommt es zu unterschiedlichen Volumenausdehnungen von Substrat und Beschichtung. Diese

Ausdehnung führt zu inneren Spannungen in der Beschichtung, die aber nicht soweit gehen dürfen, dass dort Risse entstehen.

Deformationen, die durch Stauchen, Dehnen, Scheren, Biegen oder Torsion (Verdrehen) entstehen, sind abhängig von der Krafteinwirkung, der Zeit und der Temperatur [16]. In diesem Deformationsprozess werden intermolekulare Wechselwirkungen getrennt, wobei die Polymerketten beweglicher werden. Die Deformationen in organischen Beschichtungen sind bis zu einem gewissen Grad reversibel. Charakteristisch für diese Beweglichkeit ist die Glasübergangstemperatur. Sie definiert den Temperaturbereich, in dem die Beweglichkeit der Polymerketten zunimmt und eine harte spröde Beschichtung elastisch wird. Bei Einbrennlacken liegt dieser Bereich zwischen 20 und 60 °C. Das ist der Bereich, in dem die Umformungen bevorzugt stattfinden sollten.

Eine sehr gute Umformbarkeit zeigen Polyester- und Polyurethanbeschichtungen im Gegensatz zu Epoxiden, die schlecht verformbar und spröde sind. Elastisch und damit gut verformbar sind auch PVDF- und polyamidmodifizierte Polyurethan-Polyester Lacke. Die besten Umformeigenschaften selbst bei niedrigen Temperaturen zeigen aber PVC Plastisole.

Geprüft wird die Elastizität mit Hilfe des T-Bend-Tests, des Dornbiegetests, der Erichsen-Tiefung oder des Impact-Tests (Bild 3.32).

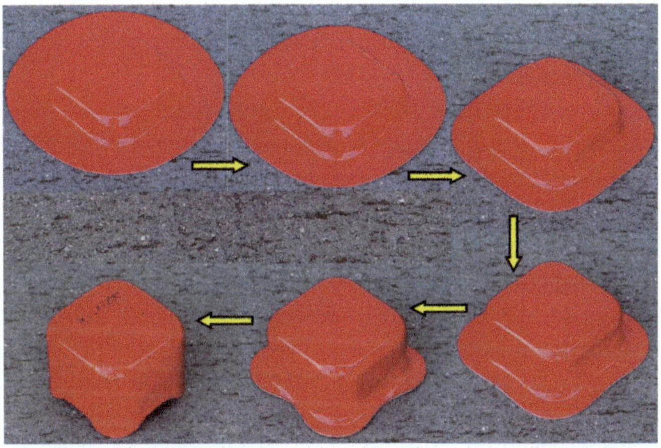

Bild 3.32 An den Näpfchen wird deutlich, dass Lacke elastisch sein müssen. (Quelle: BASF Coatings GmbH, Münster)

Härte

Die Härte ist neben der Haftung und der Elastizität eine weitere wichtige Eigenschaft, die Coil-Coating-Beschichtungen mitbringen müssen. Gerade im Hinblick auf die mechanischen Einwirkungen, die beim Verarbeiten auftreten, ist die Härte der Oberfläche von großer Bedeutung. Als Härte wird der Widerstand definiert, den die Beschichtung einer mechanischen Einwirkung entgegensetzt und das Verhalten gegenüber dem Einfluss von Druck, Reibung und Ritzen. Hier wird von der Lackentwicklung ein Spagat erwartet, denn die Beschichtung muss sowohl für den Verarbeitungsprozess elastisch sein als auch Umformungen bis zu 180 ° zulassen. Sie muss andererseits aber hart genug sein, damit die Verarbeitungswerkzeuge auf der Oberfläche keine Spuren hinterlassen. Hier muss über die Formulierung der Rezeptur des Beschichtungsstoffes eine Lösung gefunden werden. Bis zu einem gewissen Grad lässt sich die Härte über die Vernetzung der Polymere steuern. Eine andere Möglichkeit ist, den Beschichtungsstoffe durch harte Pigmente zu modifizieren.

Polyester- und Polyurethanbeschichtungen sind für viele Anwendungen nicht hart genug. Dieses lässt sich zum Teil ausgleichen, indem ihnen Polyamide zugesetzt werden. Epoxide sind von Natur aus härter, weil sie höher vernetzt sind. PVC und PVDF sind hingegen relativ weiche Beschichtungen.

Bestimmt wird die Härte einer Beschichtung als Bleistifthärte, Buchholzhärte oder Ritzhärte.

Abriebbeständigkeit

Oberflächen wie Wandpaneele, Dächer oder auch LKW-Aufbauten sind der Abrasion durch Sand, Schmutz, Splitt etc. ausgesetzt. Hier muss die Beschichtung so eingestellt sein, dass diese mechanischen Einwirkungen keine Spuren auf der Oberfläche hinterlassen. Auch die Abriebbeständigkeit ist mit der Elastizität und der Härte gekoppelt und ebenso durch Filmbildner, Vernetzungsgrad, Pigmente oder Additive zu beeinflussen. Sie muss auf die Anwendung hin optimiert werden. Häufig helfen Wachse als Gleitmittel, den Abrieb zu eliminieren.

Besonders gute Abriebresistenz bei der Weiterverarbeitung und Anwendung werden mit Lack-Aufbauten erzielt, die als obere Schicht einen Strukturlack haben. Durch die spezielle Topographie innerhalb der Lackoberfläche ergibt sich eine besonders hohe Abriebbeständigkeit. Dies wird für spezielle Beschichtungen, z. B. für Dächer, Jalousien und Rollläden, realisiert.

Der Widerstandsfähigkeit gegen Abrieb wird z. B. im Taber-Abraser-Test (DIN EN 13523-16:2003) geprüft. Aber auch die in den oben erwähnten Härteprüfungen erhaltenen Ergebnisse werden zur Beurteilung der Abriebbeständigkeit herangezogen.

Kratzbeständigkeit

Jede mechanische Bearbeitung kann zu Kratzern auf der Oberfläche führen, die nicht nur das ästhetische Design stören, sondern auch die Funktionalität beeinträchtigen können (Bild 3.33). Bei Kratzern kann man zwei Varianten unterscheiden. Im einfachsten Fall ist der Lack nur etwas zur Seite gedrückt. Es wird kein Lack entfernt. Da organische Überzüge unter Wärmeeinwirkung fließen, kann diese Verformung in einem gewissen Maß wieder ausgeglichen werden. Sie ist reversibel.

Bei einer irreversiblen Beschädigung wird zusätzlich zur Verformung der Lack abgetragen und die Oberfläche kann nicht durch das Fließen der Beschichtung wiederhergestellt werden. Betrachtet man diese Vorgänge auf der molekularen Ebene, so führt die reversible Beschädigung lediglich zu einer Verformung des Netzwerkes. Bei Abrieb und Lochfraß wird das Netzwerk jedoch zerstört und es entsteht ein bleibender Schaden.

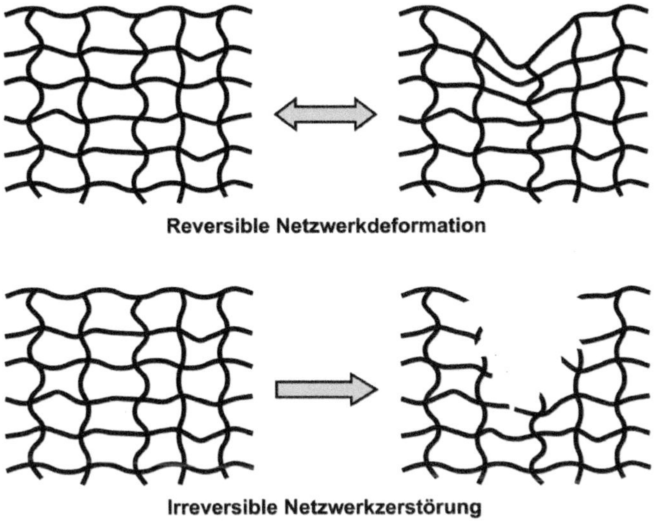

Bild 3.33 Bei kleinen Kratzern wird die Lackoberfläche nicht zerstört. Die Verformung ist reversibel (oben). Bei einer irreversiblen Beschädigung wird das Netzwerk zerstört (unten). (Quelle: Urheberrecht beim Autor)

Eine höhere Vernetzungsdichte verbessert die Kratzfestigkeit. Damit verliert die Oberfläche aber an Flexibilität. Neue Entwicklungen haben inzwischen Lacksysteme hervorgebracht, die eine hohe Kratzfestigkeit und zudem auch eine hohe Flexibilität aufweisen [64]. Um hier ein Optimum der Eigenschaften zu erzielen, müssen die Filmbildner, Additive und Lösemittel auf einander abgestimmt werden. Die Alternative ist eine temporäre Schutzfolie auf dem Blech, um mechanische Schäden beim Umformen, Schneiden oder Prägen zu verhindern.

Prüfmethoden, um die Kratzfestigkeit von organisch beschichteten Oberflächen zu untersuchen, sind die Bleistift-, die Buchholz-Härtebestimmung, der Nadelkratztest, das Taber-Abraser-Verfahren oder der Münzkratztest.

UV-Beständigkeit/Wetterbeständigkeit

Neben den mechanischen Einwirkungen wird die beschichtete Oberfläche physikalisch und chemisch durch UV-Strahlung, Wärme, Kälte, Feuchtigkeit, salzhaltige Niederschläge, Schwefeldioxid-Emissionen oder andere aggressive Gase belastet. Für den Außeneinsatz von bandbeschichtetem Blech ist die UV-Beständigkeit deshalb eine relevante Größe.

In Polymeren, insbesondere mit Doppel- oder Mehrfachbindungen oder funktionelle Gruppen, lösen UV-Strahlen sehr leicht chemische Reaktionen aus. Sie führen dazu, dass die Polymerketten auseinander brechen und/oder dass es zu einer Nachvernetzung kommt. Beides führt zu einer Abnahme der Elastizität und zu inneren Spannungen in der Beschichtung. Ist die Oberfläche dann weiteren Klimaeinflüssen, wie Feuchtigkeit, Temperaturwechsel, ausgesetzt, kann diese Belastung zuerst zu einem Glanzverlust führen. Geht der Abbau der Bindemittelkomponenten soweit, dass Pigment frei gelegt wird, spricht man von Kreidung. Diese Oberflächenveränderungen, die das optische Aussehen beeinflussen, spielen sich zunächst nur an der alleräußersten Lackoberfläche ab. Bei einer noch tiefer reichenden Schädigung durch UV-Licht kann es schließlich auch zu einer Rissbildung kommen. Im Extremfall platzt die Beschichtung ab. In diesem Prozess beschleunigen weitere chemische Reaktionen wie Oxidation, Hydrolyse oder Thermolyse den Abbau der Polymere. Im Allgemeinen spricht man hier auch vom Alterungsprozess der Beschichtung. UV-Licht induziert aber nicht nur einen Abbau der Filmbildner, auch Pigmente, Additive und Füllstoffe altern, welches ebenfalls zu Farbtonveränderungen und Kreidung führt.

PVC-Beschichtungen sind äußerst anfällig für den lichtinduzierten Abbau. Die energiereichen UV-Strahlen initiieren eine Abspaltung von Chlorradikalen. Luftsauerstoff unterstützt die weiteren chemischen Reaktionen, die dann zu neuen Quervernetzungen der Polymere und zur Verkürzung der Kettenlänge führen. Dies macht sich in einer Versprödung der Beschichtung bemerkbar. Die Endprodukte des kompletten Abbaus sind Salzsäure und Kohlendioxid. Um den Abbau zu verhindern, können die PVC-Beschichtungsstoffe heute in einem gewissen Maße durch Stabilisatoren geschützt werden.

PVDF-Beschichtungen weisen die besten Eigenschaften in Bezug auf UV-Beständigkeit auf. Früher wurden in Gegenden mit hoher UV-Strahlung bevorzugt silikonmodifizierte Polyester eingesetzt. Diese Produkte wurden jedoch durch die hochbeständigen HDP-Decklacke ersetzt. Aber auch Standardpolyester bieten heute eine gute UV-Beständigkeit.

Die Beständigkeit einer Beschichtung gegenüber Klimaeinflüssen wie UV-Strahlung, Feuchtigkeit, Temperatur, salzhaltige Niederschläge oder Gase, z. B. Schwefeldioxid oder Ruß, wird als Witterungsbeständigkeit zusammengefasst und kann am besten in der Freibewitterung, aber auch im Labor z. B. in einem UVCON, im Weatherometer, im Klimawechseltest, in Salzsprühnebelprüfungen etc. ermittelt werden.

Chemikalienbeständigkeit

Bandbeschichtete Oberflächen sind in den meisten Anwendungen dem Einfluss diverser Chemikalien ausgesetzt. Diese können sowohl die sichtbaren Eigenschaften einer Oberfläche verändern, aber auch in die Schutzfunktionen eingreifen. Im Außeneinsatz wirken vor allem im Regen gelöste Gase wie Schwefel- oder Stickoxide auf die Beschichtungen ein. Hausgeräte sind anderen Agenzien ausgesetzt. Von der Beschichtung für Hausgeräte wird besondere Beständigkeit gegenüber den gängigen im Haushalt verwendeten Putz- und Lebensmitteln verlangt. Während bei Kühl- und Gefrierschrankschränken ein besonderes Augenmerk auf die Fleckenbeständigkeit gegenüber Lebensmitteln wie Senf, Ketchup, Orangensaft oder Schuhcreme gelegt wird, erfordert die Beschichtung einer Waschmaschinenoberfläche eine besonders gute Beständigkeit gegenüber Waschlauge.

Für Kühlgeräte, Mikrowellenöfen und Dunstabzugshauben eignen sich sowohl Polyester basierte Systeme als auch Polyurethane, während die hohe Chemikalienbeständigkeit, z. B. für die Waschlaugenresistenz, nur bei Polyurethan-Systemen gegeben ist. In diesem Bereich ist die Palette an Stoffen sehr groß, die geprüft werden muss. Deshalb kann kein übergeordneter Parameter festgelegt werden, der eine eindeutige Beständigkeit garantiert. Hier wird von Fall zu Fall entschieden, welche Eigenschaften Priorität haben. Dementsprechend werden die Beschichtungen angepasst und die Prüfungen darauf ausgelegt.

Wärmebeständigkeit

Wärme hat einen großen Einfluss auf die oxidativen, hydrolytischen und photochemischen Abbaureaktionen in den Beschichtungsstoffen, indem sie die Reaktionen beschleunigt. Aber auch die unbeschädigte Oberfläche ist, bedingt durch Filmbildner, Additive und Pigmente, nur bis zu einer durch die Beschichtung vorgegebenen Temperatur beständig. Je nach Beschichtungsstoff liegt der Temperaturbereich, in dem die Beschichtungen stabil sind, zwischen 80 bis 110 °C. Höhere Temperaturen lösen Vergilbungsreaktionen oder den Abbau der Filmbildner aus.

Schmutzresistenz/easy-to-clean

Mit den Entwicklungen und Veränderungen in Technik und Gesellschaft werden auch immer wieder neue Funktionalitäten von beschichteten Oberflächen erwartet. Die Entdeckung des Lotuseffektes brachte neue Erkenntnisse über Oberflächenstrukturen und die Beziehungen zwischen Struktur und Eigenschaften. Nicht alle Eigenschaften lassen sich auf dem bandbeschichtetem Blech realisieren, aber es wurden unter anderem Konzepte hergeleitet, beschichtete Oberflächen so zu gestalten, dass sie leicht von Schmutz oder Graffiti-Malereien zu reinigen sind. Den Lotuseffekt kann man beim Coil-Coating unter anderem aufgrund der Auftragstechnik nicht nutzen. Ebenso sind transparente Nanopartikel enthaltende Schichten, wie sie heute schon auf Sonnenbrillen oder Sanitäreinrichtungen zu finden sind, noch nicht für die Bandbeschichtung geeignet. Hier ist noch weitere Entwicklungsarbeit zu leisten.

Aus dem Baubereich kam insbesondere die Anforderung, wartungsarme, schmutzabweisende oder Anti-Graffiti-Effekt-Oberflächen zu entwickeln. Die großen Flächen der Industriebauten ziehen Staub und Schmutz an, die der Regen nicht abwäscht. Die Oberflächenenergie, die Oberflächeneigenschaften, -morphologie und -leitfähigkeit sind die Ursachen für die Anhaftung von Staub und Schmutz [65]. Hier setzen nun die Entwicklungen an, die Oberfläche so zu gestalten, dass der Schmutz entweder nicht mehr fest anhaftet und leicht abgewaschen wird oder dass die Oberfläche komplett benetzbar wird und der Schmutz gut abgewaschen werden kann. Diese beiden Konzepte gehen von unterschiedlichen Modifikationen der Oberfläche aus (Bild 3.34). Im ersten Fall handelt es sich um eine hydrophobe Oberfläche, an der kein Staub anhaftet und das Wasser sofort abperlt. Dadurch können auch keine Reststoffe aus dem Wasser beim Verdunsten zurück bleiben. Eine hydrophobe Oberfläche wird durch Additive wie ionische Benetzungsmittel, quartäre Amine oder Alkylsulfonate erzielt.

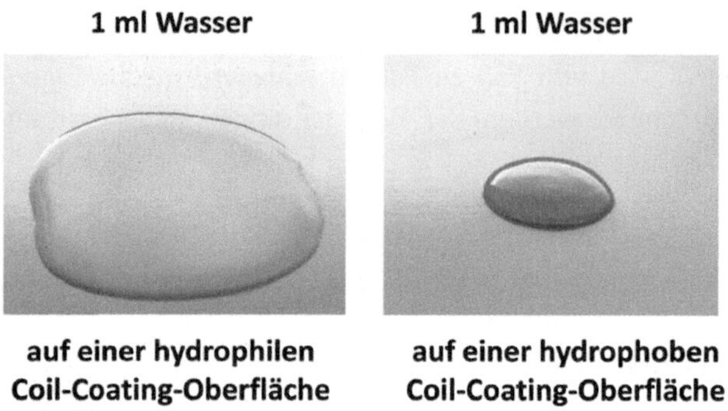

Bild 3.34 Auf der hydrophilen Oberfläche wird ein Wassertropfen gespreitet, auf einer hydrophoben Oberfläche bleibt er als Tropfen erhalten [64]. (Quelle: BASF Coatings GmbH)

Auf diesem Prinzip beruhen prinzipiell Anti-Graffiti-Beschichtungen, die beispielsweise auf Copolymeren von Acrylharzen und Silikon-Oligomeren basieren können.

Der zweite Weg, eine schmutzabweisende Oberfläche zu erzeugen, ist die hydrophile Modifikation [64]. Während das Wasser auf der hydrophilen Oberfläche ausgespreitet wird, bleibt ein Wassertropfen auf einer hydrophoben Oberfläche als Tropfen erhalten. Durch diese Spreitung deckt das Wasser die organische beschichtete Oberfläche komplett ab und wäscht den anhaftenden Schmutz ab (Bild 3.35). Für die hydrophile organische Beschichtung wurden neue Harzsysteme, sogenannte HCT-Harze (HCT: hypercross-linked technology) eingeführt, die die hydrophile Wirkung durch eine entsprechend hohe Vernetzung unterstützen.

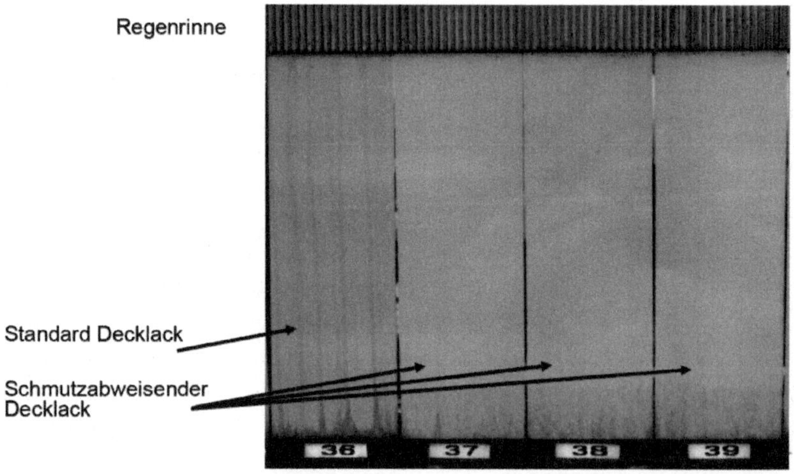

Bild 3.35 Während die Polyesterstandardbeschichtung nach ein paar Monaten Streifen zeigt, ist die hydrophile Oberfläche streifenfrei. (Quelle: BASF Coatings GmbH)

Antimikrobielle Oberflächen

Interesse an antimikrobiellen Oberflächen haben neben der Medizin insbesondere die Lebensmittel verarbeitende Industrie und die Haustechnik. Bakterien, Pilze und Algen lagern sich in feuchter Umgebung leicht auf Wänden von Vorrats- und Kühlhäusern, in Hausgeräten, Klimaanlagen, Raumluftgeräten oder auch auf Badezimmerauskleidungen ab. Da sie die Ursache für Infektionskrankheiten sein können, werden sie mit aggressiven Reinigern bekämpft. In der Medizintechnik sind vielfach antibakteriell ausgestattete Materialien im Einsatz. Auch für die Bandbeschichtung gibt es solche Materialien. Hier werden beispielsweise Silberionen eingesetzt, die durch eine Enzymhemmung in den Stoffwechsel der Mikroorganismen eingreifen [66]. Die Silberionen werden in Glas oder Zeolithe eingebettet [67]. Das Trägermaterial ermöglicht, insbesondere in feuchter Umgebung, eine konstante Freisetzung der Silberionen, die bis zu 30 Jahre gewährleistet sein soll. Außer Silberionen werden organische Bakterizide und Fungizide verwendet.

Farbe/Glanz/Struktur

Farbe und Glanz sind subjektive Sinneseindrücke, die sich aus der Wechselwirkung des Lichts mit der Lackierung ergeben. Farbe wirkt auf das Unterbewusstsein und kann Launen und Stimmungen entscheiden. Farbtrends werden in der Architektur und im Hausgerätebereich – nicht so stark wie in der Automobilindustrie – durch Phänomene wie Mode oder die allgemeine wirtschaftliche Lage beeinflusst. So spiegeln helle und bunte Farben Optimismus wider. Grüne Farben, beige und braun sind Symbole der Entspannung. Silber, weiße und Metallic-Farbtöne stellen die Zukunft dar und Energie und Feuer werden durch gelbe, orange Farben ausgedrückt [68].

Insbesondere im Architekturbereich wird das Zusammenspiel von Funktionalität, Ästhetik und Harmonie gewünscht. Da sich im Coil-Coating-Verfahren nahezu alle Farbtöne produzieren lassen, kann man auch besondere architektonische Akzente mit Hilfe der Farben realisieren. So lassen sich Werkshallen oder Lagerhäuser, die häufig die Umgebung dominieren, farblich attraktiv gestalten, wie die ThyssenKrupp Steel AG mit mehreren Produktionsgebäuden demonstriert. Die Fassadenelemente stammen aus einer Farbkollektion, die bei ThyssenKrupp in Zusammenarbeit mit dem Farbdesigner Friederich Ernst von Garnier entwickelt wurde. Sie umfasst 21 Farbreihungen mit insgesamt 94 Farbtönen, die eine Gestaltung der Fassaden ermöglichen, bei der die Farben harmonisch aufeinander abgestuft und auf die Umgebung abgestimmt sind [69].

Metallic- und Effekt-Pigmente geben die Möglichkeit, bei der Bandbeschichtung neue Akzente zu setzen. Die Verwendung von Effektpigmenten, die eine Autolackierung je nach Sichtwinkel in einer anderen Farbe zeigen, ist bei Fassaden allerdings verschwendet, da diese sich in der Regel nicht bewegen. Der Trend in der Architektur geht aber dahin, Fremdbeleuchtung zu nutzen, um Gebäude sogar nachts besonders hervorzuheben. Deswegen suchen Architekten Farben, die sowohl bei Tageslicht, als auch bei Kunstlicht gut aussehen. Außerdem übt der Trend zu silberfarbenen Kraftfahrzeugen derzeit Druck aus, auch Metallic-Lacke für die Bandbeschichtung einzusetzen, so dass auch die Fassaden von Prestigegebäuden wie Autoausstellungsräumen metallisch glänzen, um auch von außen die aktuellen Farbtöne der Wagen widerzuspiegeln. So wurden Farbtöne kreiert, die natürliche Metalle widerspiegeln [68]:

- Graues und glänzendes Silber wie Aluminium, Titan, Quecksilber, Zinn oder Chrom
- Rot wie verwitterter Stahl, Eisenoxid, Rost
- Blau wie die Temper-Farben von Hitze behandeltem Stahl
- Gelb und Braun, um Gold, Bronze, Messing, Kupfer, mit Patina überzogenes Kupfer darzustellen.

Ein **Farbton** ergibt sich für das Auge aus der Reflexion des Lichtes an der Beschichtung und aus der Wechselwirkung zwischen dem Licht und den Komponenten der Beschichtung, vorzugsweise den Pigmenten. Hierbei werden durch Absorption und Interferenzen Wellenlängen aus dem Spektrum entfernt, so dass sich aus den Reflexionsspektren der Farbeindruck ergibt [16]. Der Eindruck, den das Auge von diesem Spektrum erhält, ist subjektiv, nicht nur bei unterschiedlichen Betrachtern, sondern auch zeit- und umgebungsabhängig.

Um mit einem objektiven Beurteilungsverfahren arbeiten zu können, wurde das CIELab-System eingeführt. In diesem System wird ein Farbraum mit den Koordinaten a*, b* und L* festgelegt. Auf der a-Achse liegen die Grün/Rot-Werte, auf der b-Achse die Blau/Gelb-Werte und auf der senkrecht auf der a/b-Ebene stehenden Achse die Helligkeit, die durch den L-Wert dargestellt wird (Bild 3.36). Mit Hilfe von Spektrophotometern lassen sich Farbtöne in diesem mathematisch aufgebauten System reproduzierbar bestimmen.

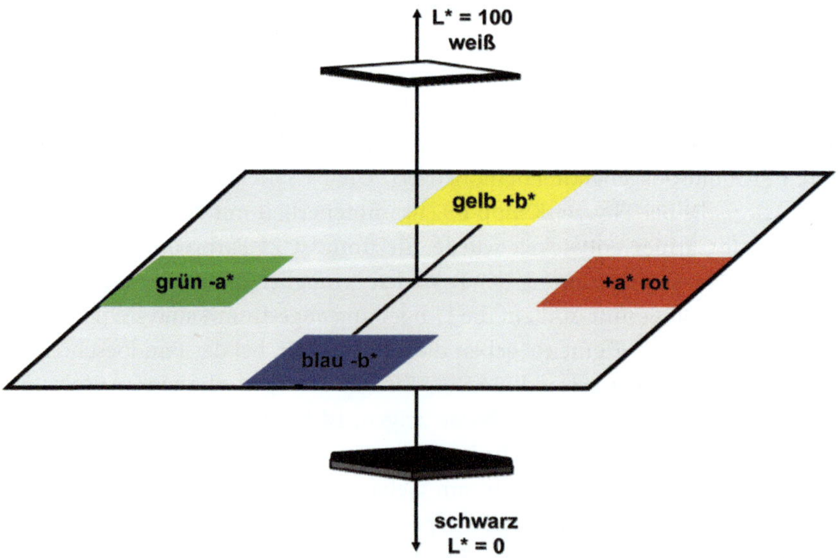

Bild 3.36 Das CIELab Farbsystem. (Quelle: Urheberrecht beim Autor)

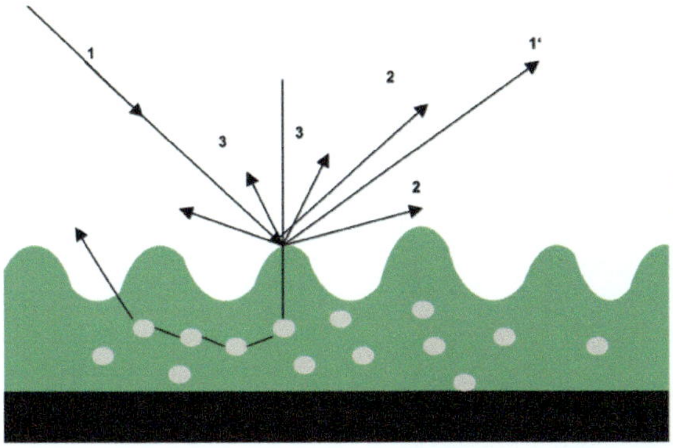

Bild 3.37 Schematische Darstellung des Reflexionsverhaltens. (Quelle: Urheberrecht beim Autor)

Bei der Farbtonspezifikation wird ein Punkt in diesem Farbraum definiert. Bei der Prüfung des Farbtons wird dann das Muster aus der Produktion messtechnisch und optisch mit der Farbtonvorlage verglichen. Wird dabei beispielsweise festgestellt, dass er zu grün, zu blau und zu hell ist, dann muss entsprechend komplementär, d. h. roter, gelber und dunkler getönt werden. Da die Pigmente ganz spezifische Farbtoneigenschaften haben, muss immer eine ausgewogene Kombination verschiedener Pigmente eingesetzt werden, um den Farbton in die richtige Richtung zu bringen. Die Abweichung des Farbtons von der Vorlage wird durch die Formel beschrieben:

$$\Delta E_{AB} = ((\Delta L)^2 + (\Delta a)^2 + (\Delta b)^2)^2$$

Auch der **Glanzgrad** der Lackoberfläche beeinflusst den Farbton. Er muss immer mit berücksichtigt werden. Der Glanz wird allein durch die Reflexion des Lichtes an der Oberfläche bestimmt (Bild 3.37).

Organische Beschichtungen sind in der Regel glänzend. Um den Glanz zu brechen und eine mattere Oberfläche zu bekommen, müssen Mattierungsmittel zugesetzt werden. Die Korngröße der Mattierungsmittel liegt in einem Bereich, der für das Auge nicht sichtbar ist. Werden die Teilchen größer, so wirkt sich dies sichtbar auf die Struktur der Oberfläche aus und damit auch auf die Eigenschaften der Beschichtung.

Strukturen werden erzeugt, um bestimmte optische Eigenschaften zu erhalten. So wird beispielsweise eine „Orangenhaut“ erzeugt, wenn die Bleche für ein Hausgerät zusammen mit pulverlackierten an einem Bauteil verbaut werden. Aber auch wenn der Abrieb minimiert oder die Oberfläche weniger verletzungsanfällig werden soll, ergibt sich durch die zugesetzten Additive eine Struktur. Als Additive werden Polyamide, Polyethylene, Silikate oder auch Wachse verwendet.

Tab. 3.13 Beurteilung ausgewählter Eigenschaften der verschiedenen Beschichtungsstoffe [3]. (Quelle: Stahl-Informations-Zentrum)

Eigenschaften	Beschichtung									
	EP	SP	PUR	PUR-PA	HDP	HDP-PA	PVDF	PVC(P)	PVC(F)	SP-PET(F)
Übliche Schichtdicke (µm)	10	25	25	25	25	25	35	100 - 200	100 - 200	35 - 65
Glanz	10 - 50	10 - 80	10 - 80	10 - 40	20 - 80	10 - 40	20 - 40	45 - 70	5 - 15	20 - 80
Wärmebeständigkeit bis max. °C	80	80	80	80	80	80	110	60	60	80
Oberflächenhärte	ausgezeichnet	sehr gut	gut	ausgezeichnet	sehr gut	ausgezeichnet	gut	ausreichend	befriedigend	ausgezeichnet
Umformbarkeit/Biegen (T-Bend)	ausreichend	gut	sehr gut	gut	sehr gut	gut	ausgezeichnet	ausgezeichnet	ausgezeichnet	ausgezeichnet
Umformbarkeit/Walzprofilieren	befriedigend	sehr gut	sehr gut	sehr gut	sehr gut	sehr gut	ausgezeichnet	ausgezeichnet	ausgezeichnet	ausgezeichnet
Umformbarkeit/Tiefziehen	nicht anwendbar bzw. nicht geeignet	gut	ausgezeichnet	sehr gut	sehr gut	sehr gut	ausgezeichnet	sehr gut	sehr gut	sehr gut
Abriebbeständigkeit	befriedigend	befriedigend	ausreichend	sehr gut	befriedigend	sehr gut	gut	ausgezeichnet	ausgezeichnet	ausgezeichnet
Witterungsbeständigkeit, UV-Beständigkeit	nicht anwendbar bzw. nicht geeignet	befriedigend	befriedigend	befriedigend	gut	gut	ausgezeichnet	ausreichend	ausreichend	nicht anwendbar bzw. nicht geeignet
Witterungsbeständigkeit, Korrosionswiderstand	nicht anwendbar bzw. nicht geeignet	gut	gut	gut	gut	gut	sehr gut	ausgezeichnet	befriedigend	nicht anwendbar bzw. nicht geeignet

EP:Epoxid Polyester, SP: Polyester, PUR: Polyurethan, PUR-PA: Polyamid modifiziertes Polyurethan, HDP: High-durable Polymer, HDP-PA: Polyamid modifiziertes high-durable Polymer, PVDF: Polyvinylidenfluorid, PVC (P): PVC Plastisol, PVC (F): PVC Folie, SP-PET (F): Colaminat

- ausgezeichnet
- sehr gut
- gut
- befriedigend
- ausreichend
- nicht anwendbar bzw. nicht geeignet

Voraussetzung für die richtige Beurteilung von Glanzgrad und Farbton ist die Messung der Schichtdicke. Mit Hilfe einer Reflexionsmessung wird der Glanzgrad ermittelt. Zur Farbtonbeurteilung wird mit Hilfe eines Farbmessgerätes das Remissionsspektrum in Abhängigkeit von der Wellenlänge des Lichtes aufgenommen. Die Beurteilung wird darüber hinaus über eine visuelle Kontrolle ergänzt.

Bei der Auswahl eines Beschichtungsstoffes für Coil-Coating-Material, das einen speziellen Einsatzzweck, z. B. als Wandelement oder Waschmaschinengehäuse, erfüllen soll, müssen alle gewünschten bzw. benötigten Eigenschaften ermittelt und aus den unterschiedlichen Beschichtungsstoffen derjenige ausgewählt werden, der die Anforderungen am besten erfüllt. Häufig müssen dabei Kompromisse eingegangen werden. Zum einen können oft nicht alle technischen Anforderungen zugleich erfüllt werden, da sich einige gegenseitig ausschließen, wie beispielsweise Härte und Elastizität. Zum anderen müssen neben den technologischen Eigenschaften auch noch die Kosten der Beschichtungen berücksichtigt werden. Die Tabelle 3.13 zeigt im Überblick einige Eigenschaften der verschiedenen Beschichtungsstoffe.

3.3 Literatur zu Kapitel 3

[1] European Coil Coating Association (Veranst.): 38. Herbstkongress (Brüssel 2004). Brüssel: ECCA, 2004. – Franck, P. J.: Coil coating world statistics 2003
[2] Stahl-Informations-Zentrum (Hrsg.): Charakteristische Merkmale 092: Elektrolytisch veredeltes Band und Blech. Düsseldorf: Stahl-Informations-Zentrum (SIZ), 2002
[3] Stahl-Informations-Zentrum (Hrsg.): Charakteristische Merkmale 093: Organisch bandbeschichtete Flacherzeugnisse aus Stahl – Anwendung – Eigenschaften – Verarbeitung. Düsseldorf: Stahl-Informations-Zentrum (SIZ), 2012
[4] Stahl-Informations-Zentrum (Hrsg.): Charakteristische Merkmale 095: Schmelztauchveredeltes Band und Blech. Düsseldorf: Stahl-Informations-Zentrum (SIZ), 2001
[5] Stahl-Informations-Zentrum (Hrsg.): Merkblatt 109 : Stahlsorten für oberflächenveredeltes Feinblech. Düsseldorf: Stahl-Informations-Zentrum (SIZ), 1999
[6] Stahl-Informations-Zentrum (Hrsg.): Dokumentation 558: Bausysteme aus Stahl für Dach und Fassade. Düsseldorf: Stahl-Informations-Zentrum (SIZ), 2010
[7] Stahl-Informations-Zentrum (Hrsg.): Dokumentation 535: Weiterverarbeitung von verzinktem und beschichtetem Stahlblech. Düsseldorf: Stahl-Informations-Zentrum (SIZ), 1997
[8] Verein Deutscher Eisenhüttenleute (VDEh) (Hrsg.) Stahl-Eisen-Werkstoffblatt 022: Kontinuierlich schmelztauchveredelte Flacherzeugnisse aus Stahl Zink-Magnesium-Überzüge, techn. Lieferbedingungen (08.10). Düsseldorf: Verlag Stahleisen GmbH, 2010
[9] Nabbefeld-Arnold, E.: Zink-Magnesium-Überzüge für Stahlfeinblech – Hoher Korrosionsschutz und bessere Verarbeitbarkeit, In: JOT 48 (2008), Heft 12, S. 34–37
[10] ThyssenKrupp Steel Europe AG (Hrsg): Zink-Magnesium-beschichtetes Feinblech – ZM EcoProtect®: Produktblatt. Duisburg: ThyssenKrupp Steel Europe AG
[11] European Coil Coating Association (Veranst.): 33. Hauptversammlung (Monte Carlo 1999). Brüssel: ECCA, 1999. – Sander, J. et al.: Chromatefree Coil Coating and one year of production experience

[12] Deutsche Forschungsgesellschaft für Oberflächenbehandlung e. V., Deutsche Gesellschaft für Galvano- und Oberflächentechnik e. V. (Veranst.): Leichtmetall-Anwendungen (Düsseldorf 2004). Düsseldorf: DFO, 2004 – Berichtsband Nr. 57 – Wendel, T.: Vorbehandlung von Aluminiumoberflächenwerkstoffen vor dem Fügen im Automobilbau
[13] Sander, J.: Chromatfreie Systeme für Coil Coating – Stand der Erfahrungen. Arbeitskreis ECCA Deutschland, 2002
[14] Bonder-Technik 24 Chemische Oberflächenbehandlung von Metallband und Metallgetränkedosen. Frankfurt: Chemetall GmbH, 1996
[15] Androsch, F. M.; Stellnberger, K.-H.: Chromatefree Coil Coating – the future is now. Linz: Voest Alpine Stahl, 2002
[16] Goldschmidt, A.; Streitberger, H.-J.: BASF Handbuch Lackiertechnik. Hannover: Vincentz Verlag, 2002
[17] Stellnberger, K.-H.: Chromatierung von verzinkten Feinblechen im Hinblick auf Cr(VI)-Ersatz. Erlangen: Universität Erlangen-Nürnberg, Technische Fakultät, Dissertation, 1998
[18] European Coil Coating Association (Veranst.): 40. Herbstversammlung (Brüssel 2006). Brüssel: ECCA, 2006. – Schinzel, M.: Chrome-free systems for Coil Coating
[19] Schubach, P.: Chromatfreie Vorbehandlungsverfahren für Aluminiumwerkstoffe. In: Galvanotechnik 92 (2001), Heft 7, S. 1825–1834
[20] Schubach, P.: Aluminiumwerkstoffe chromfrei vorbehandeln. In: Jot 40 (2000), Heft 7, S. 46–49
[21] DIN 55 943 (2001): Farbmittel – Begriffe
[22] DIN 55944 (1990): Einteilung von Farbmitteln
[23] European Coil Coating Association (Veranst.): 38. Hauptversammlung (Salzburg 2004). Brüssel: ECCA, 2004. – Nixon, J.: Passive mitigation of solar-induced heat build-up: keeping things cool with infrared-reflecting pigment technology
[24] Institute of Materials, Minerals and Mining (Veranst.): Galvanised Steel Sheet Forum – Construction (London 2003). London: Institute of Materials, Minerals and Mining, 2003. – Jandel, L. T.: Systematic Research and Development for New Coil Coating Systems for Construction
[25] European Coil Coating Association (Veranst.): 44. Hauptversammlung (Brüssel 2010). Brüssel: ECCA, 2010. – Korona, E.: Lead free pigments for coil coating
[26] Brock, T.; Groetcklaes, M.; Mischke, P.: Lehrbuch der Lacktechnologie. Hannover: Vincentz Verlag, 1998
[27] European Coil Coating Association (Veranst.): 33. Hauptversammlung (Monte Carlo 1999). Brüssel: ECCA, 1999. – Jandel, L. et al.: Chromatefree Coil Coating and one year of production experience
[28] Jandel, L.: Chromatefree universal primer. Münster: BASF Coatings AG, 2003
[29] Alsmann, M.; Höwer, K.H.; Kösters, K.; Müschenborn, W.: Innovative oberflächenveredelte Feinblechprodukte für den Fahrzeugbau. In: stahl und eisen, 121 (2001), Nr. 6
[30] Filthaut, C.; Wolfhardt, D.: Herausforderung. In: metalloberfläche,57 (2003), Heft 4, S. 35–37
[31] FHTE Esslingen (Veranst.): Coil Coating Seminar (Esslingen 2006). Esslingen: FHTE, 2006. – Stellnberger, K.-H.: Flanschkorrosion – Die gefährlichste Korrosionsart am Automobil
[32] Steinbeck, G.: Organische Dünnfilmbeschichtung auf dem Prüfstand. In: Jot 41 (2001), Heft 9, S. 66–69
[33] Lewandowski, J.: Korrosionsschutzprimer für Automobilbleche. In: JOT 43 (2003), Heft 9, S. 52–55
[34] Stahl-Informations-Zentrum (Hrsg.): Merkblatt 122: Stahlfeinbleche mit schweißgeeignetem Korrosionsschutzprimer für den Einsatz in der Automobilindustrie. Düsseldorf: Stahl-Informations-Zentrum (SIZ), 2004, ISSN 0175-2006

[35] Stellnberger, K.-H.: Die gefährlichste Korrosionsart am Automobil? In: JOT 46 (2006), Heft 5, S. 60–63
[36] Gesellschaft Deutscher Chemiker (Veranst.): 68. Jahrestagung der GDCh-Fachgruppe „Anstrichstoffe und Pigmente" (APi) (Warnemünde 2003). Frankfurt: Gesellschaft Deutscher Chemiker, 2003 - Meuthen, B.: 1K-Polyurethansysteme für Coil Coating
[37] Schmitthenner, M.: Basisharze für Coil-Coating-Lacke. In: Farbe & Lack 104 (1998), Heft 5, S. 50–65
[38] Kynar 5000 - Resin-based metal coatings. Düsseldorf: Arkema, 2002
[39] Hylar 5000 - PVDF Coatings. Thorofare: Solvay Solexis, 2002 und European Coil Coating Association (Veranst.): 38. Herbstkongress (Brüssel 2004). Brüssel: ECCA, 2004. - Ritz, K.: PVDF - Resin for high performance architectural coatings
[40] European Coil Coating Association (Veranst.): 37. Herbstkongress (Brüssel 2003). Brüssel: ECCA, 2003. - Duc, S.: PVDF Films: New opportunities of design for coated metal
[41] European Coil Coating Association (Veranst.): 43. Hauptversammlung (Brüssel 2009). Brüssel: ECCA, 2009. - Davies.P.: PVC Plastisols: Meeting today's demands and looking into the future
[42] European Coil Coating Association (Veranst.): 38. Hauptversammlung (Salzburg 2004). Brüssel: ECCA, 2004. - Mallegol, J.: New UV-irradiation reactor for in-situ infrared analysis of curing kinetics of organic coatings deposited onto industrial steel substrates
[43] European Coil Coating Association (Veranst.): 38. Herbstkongress (Brüssel 2004). Brüssel: ECCA, 2004. - Jandel, L.: Coil coating technologies leading into the future
[44] European Coil Coating Association (Veranst.): 35. Hauptversammlung (Budapest 2001). Brüssel: ECCA, 2001. - Bratcher; J. F.: Advances in polyvinyl fluoride (PVF) films for coil coating
[45] Internet: <http://www.nordenia.com/product, product_categoriy_id_rrc_lang,35-26-de.html>.<30.06.2004>
[46] European Coil Coating Association (Veranst.): 31. Herbstkongress (Brüssel 1997). Brüssel: ECCA, 1997. - Michaelis, R.: Powder coil coating - an alternative to liquid coil coating
[47] European Coil Coating Association (Veranst.): 33. Hauptversammlung (Monte Carlo 1999). Brüssel: ECCA, 1999. - Binda, P, H, G.: Update on powder coatings for coil coating
[48] European Coil Coating Association (Veranst.): 37. Hauptversammlung (Malta 2003). Brüssel: ECCA, 2003. - Binda, P.: Electro-magnetic brush technology: A novel powder coating application process for coil coating
[49] Produktinformationen. Pirmasens: Kömmerling, 2002
[50] Tedlar Adhesive and Lamination Guide for Tedlar® PVF Film. Le Grand-Saconnex: DuPont de Nemours Int'l SA, 1995
[51] EMS-Griltech (Veranst.): EMS-Griltech Tagung (Flims-Waldhaus 2004). Flims-Waldhaus: EMS-Griltech, 2004 - Schneider, C.: Coil Coating, ein neues Verfahren zur Herstellung von Hotmelt-vorbeschichteten Aluminiumbändern
[52] Vincentz Verlag, Messe Nürnberg: European Coatings Show - 7th Nürnberg Congress. (Nürnberg 2003). Nürnberg: Vincentz Verlag, 2003 - Congress Papers, Vol. II, S. 205–215, Asakawa, A.: Performance of high durable fluorpolymer coatings
[53] Asia Coat (Veranst.): 21th National Coatings Industry Annual Conference (Beijing 2004). Beijing: Asia Coat, 2004. - Ballway, T. E.: Thermoset fluorocarbon coil coatings, Conference Proceedings, S. 30-32
[54] European Coil Coating Association (Veranst.): 29. Herbstkongress (Brüssel 1995). Brüssel: ECCA, 1995. - Bell, A, T.; Zellner, A.: Bonding agents fort the coil coating industry
[55] Siemens, P.; Droege, M.: PTFE-Beschichtungen auf dem Prüfstand. In: metalloberfläche 58 (2004), Heft 9, S. 36–39

[56] Meywald, V. H.: Chancen nutzen – vor- und vollbeschichtetes Schmalband bietet Möglichkeiten zur Einsparung von Zeit und Geld in der Verarbeitung. In: MM Das IndustrieMagazin 24 (2003), S. 36–37
[57] European Coil Coating Association (Veranst.): 33. Hauptversammlung (Monte Carlo 1999). Brüssel: ECCA, 1999. – Van Schendel, E.; Verberg, H.: Lubricating conversion coatings applied at the coil coating line
[58] Stahl-Informations-Zentrum (Hrsg.): Merkblatt 110: Schnittflächenschutz und kathodische Schutzwirkung von bandverzinktem und bandbeschichtetem Feinblech. Düsseldorf: Stahl-Informations-Zentrum (SIZ), 1996
[59] Studiengesellschaft Stahlanwendung; Werkstoffausschuss des Stahlinstituts VDEh (Veranst.): 3. Stahl-Symposium – Werkstoffe, Anwendung, Forschung – Stahlblech mit funktionsgerechten Oberflächen (Düsseldorf 2003). Düsseldorf: Studiengesellschaft Stahlanwendung e. V., 2003. – Beier, F.; Maronna, I.; Stellnberger, K.-H.: Neuartige Beschichtungsmethoden zum Schnittflächenschutz an oberflächenveredeltem Stahlblech
[60] DIN 55928-8:1994, Korrosionsschutz von Stahlbauten durch Beschichtungen und Überzüge – Teil 8: Korrosionsschutz von tragenden dünnwandigen Bauteilen
[61] prEN 10169-2:2005 Kontinuierlich organisch beschichtete (bandbeschichtete) Flacherzeugnisse aus Stahl – Teil 2: Erzeugnisse für den Bauaußeneinsatz
[62] EN ISO 12944-2:1998 (ISO 12944-2:1998): Paints and varnishes – Corrosion protection of steel structures by protective paint systems – Part 2: Classification of environments
[63] Iezzi, R, A.: Fundamentals of corrosion and their application to coil coated metal. King of Prussia: ATOFINA Chemicals, Inc., 2003
[64] European Coil Coating Association (Veranst.): 36. Herbstkongress (Brüssel 2002). Brüssel: ECCA, 2002. – Jandel, L.: Systematic research & development for new coating properties
[65] Verkholantsev, V, V.: Chemically active coatings. In: European Coatings Journal (2003), Heft 10, S. 32–37
[66] Zeren, S.; Preuss, A.; König, B.: Schachmatt für Mikroben. In: Farbe & Lack 110 (2004), Heft 7, S. 20
[67] European Coil Coating Association (Veranst.): 37. Hauptversammlung (Malta 2003). Brüssel: ECCA, 2003. – Case, E.; Myers, F. A.; Price, L. R.: AK coatings AgIONTM antimicrobial-coated steel
[68] European Coil Coating Association (Veranst.): 38. Hauptversammlung (Salzburg 2004). Brüssel: ECCA, 2004. – Brown, N.: Putting colour into coil coating
[69] Jandel, A.-S.: Farbigkeit – Ein attraktives Element im Industriebau. In: JOT 44 (2004), Heft 3, S. 44–48

4 Der Beschichtungsprozess

Die Bandbeschichtung ist ein komplexer industrieller Prozess, in dem Stahl- oder Aluminiumband kontinuierlich ein- oder beidseitig beschichtet wird. Die Bandbreite reicht bis zu 1900 mm bei Stahlbändern und geht bei den Aluminiumbändern über 2000 mm hinaus. Die Banddicken liegen im Allgemeinen zwischen 0,2 und 3 mm. Der Unterschied zu anderen industriellen Lackierverfahren zeigt sich vor allem beim Durchsatz. Die Geschwindigkeit, mit der die Bänder durch die Anlage gefahren werden, liegt zwischen 10 und 200 m/min. Bei der Aluminiumlackierung werden in einzelnen Fällen auch 200 m/min deutlich überschritten [1]. Spezielle Anlagen, auf denen z. B. Pulverlacke verarbeitet werden, laufen nur mit Geschwindigkeiten von 10 bis 20 m/min.

Ein weiterer Vorteil gegenüber alternativen Verfahren ist der Walzenauftrag, der eine sehr gleichmäßige Beschichtung über Bandbreite und Bandlänge ermöglicht. Dabei wird der Lack praktisch zu 100 % ausgenutzt, die Lackverluste sind gering. Lediglich beim Reinigen der Walzen und Lackwannen werden Lackreste mit Lösemitteln entfernt und verworfen. Die Flexibilität bezüglich der eingesetzten Beschichtungsstoffe ist sehr hoch. Zudem können auf beiden Seiten unterschiedliche Beschichtungsstoffe aufgetragen werden. All dieses trägt zu einer hohen Wirtschaftlichkeit des Auftrags bei. Der Bandbeschichtungsprozess lässt sich in verschiedene Verfahrensschritte mit den entsprechenden Anlagenkomponenten unterteilen (Bild 4.1).

Die an die Anlage angelieferten, aufgewickelten Coils werden vom Haspel in die Lackieranlage eingefädelt und an das Ende des derzeit laufenden Bandes angeheftet. Im ersten Abschnitt wird das Metallband gereinigt und chemisch vorbehandelt. In diesem Schritt wird die Oberfläche für die eigentliche Lackierung vorbereitet. Beim üblichen Zwei-Schicht-Aufbau wird anschließend ein Primer appliziert, der als Haftvermittler dient und maßgebenden Korrosionsschutz liefert. Die dekorative und eigentlich schützende Schicht wird durch den Decklack erreicht, der in der zweiten Beschichtungsstation aufgetragen wird.

A.-S. Jandel, B. Meuthen, *Coil Coating*,
DOI 10.1007/978-3-8348-2354-0_4, © Springer Fachmedien Wiesbaden 2013

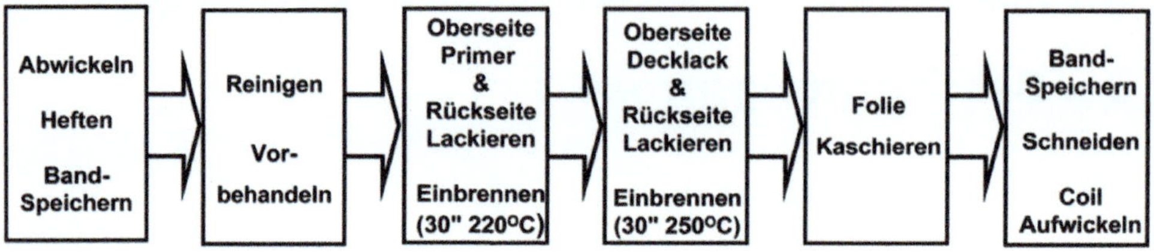

Bild 4.1 Die wichtigsten Verfahrensschritte einer Bandbeschichtungsanlage.
(Quelle: Urheberrecht beim Autor)

Die Alternative ist eine Folienbeschichtung. Die Haftung wird in diesem Fall durch einen wärmeaktivierten Klebefilm erzielt, der zuvor aufgetragen wird. Die Rückseite der Stahl- und Aluminiumbänder wird häufig mit einer einfachen Lackschicht versehen, wenn keine besonderen Anforderungen an die Oberfläche gestellt werden, sonst wird auch ein zweischichtiger Aufbau oder ein komplettes System aufgetragen.

Der Auftrag der verschiedenen Lackmaterialien auf das Band erfolgt über Walzen. Getrocknet und ausgehärtet werden die Beschichtungsstoffe durch Wärmebehandlung, überwiegend in Umluft-Trocknern mit hoher Energieleistung. Nach der Lackierung wird das Metallband wieder aufgewickelt und vom Aufwickelhaspel abgenommen. Das Schema in Bild 4.2 zeigt die Komplexität einer Coil-Coating-Anlage noch genauer. Die Lackierung ist ein kontinuierlicher Prozess und setzt voraus, dass das Band mit einer konstanten Geschwindigkeit durch die Anlage gefahren wird.

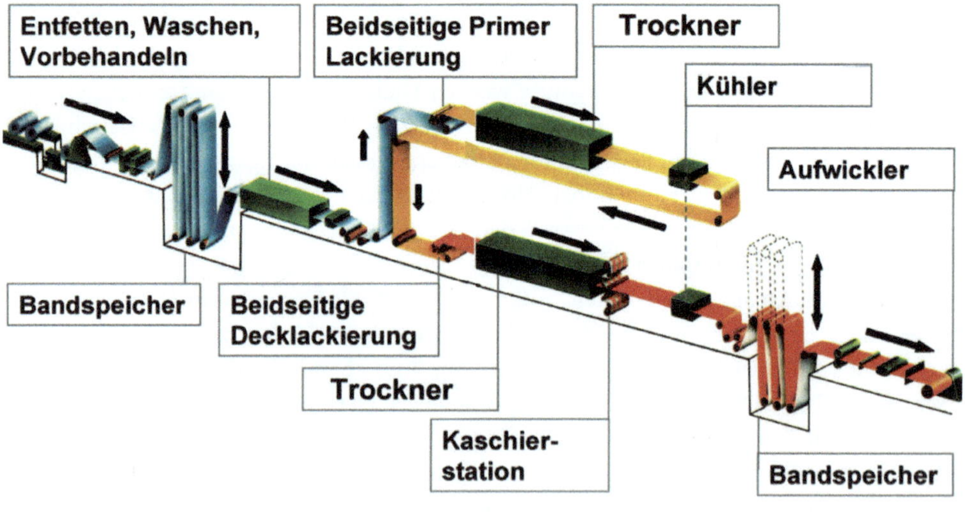

Bild 4.2 Schema einer Bandbeschichtungsanlage.
(Quelle: National Coil Coating Association, Cleveland, Ohio)

4.1 Die Eingangsstation

Der eigentliche Lackierprozess von der Reinigung bis zum Trocknen des Decklackes muss kontinuierlich mit einer konstanten Geschwindigkeit gefahren werden. Das Aufsetzen, Einfädeln und Anheften eines neuen Coils und das Abschneiden und Abnehmen des beschichteten am Auslauf der Anlage sind diskontinuierliche Verfahrensschritte. Aus diesem Grund sind am Einlauf und am Auslauf des kontinuierliche Anlagenbereiches jeweils Bandspeicher (Bild 4.3) installiert, die bei Maximalgeschwindigkeit der Anlage für circa 2 Minuten einen Materialpuffer garantieren. In dieser Zeit muss das neue Coil eingefädelt, angeheftet und das fertig beschichtete abgeschnitten und abgenommen sein.

Bild 4.3 Die Bandspeicher am Eingang und Ausgang garantieren den kontinuierlichen Betrieb. (Quelle: Siemens VAI Metals Technologies GmbH & Co, Linz)

Um diese Prozedur möglichst reibungslos durchzuführen, sind bei vielen Coil-Coating-Anlagen am Anfang zwei Haspel vorhanden, die die zu beschichtenden Coils aufnehmen. Während ein Coil bereits durch die Anlage gezogen wird, kann das nächste schon auf den anderen Haspel geschoben werden. Der Anfang dieses Bandes wird dann mechanisch an das Ende des bereits abgewickelten ersten Coils angeheftet. Für diese Operation muss das Band still stehen. Der hinter der Heftmaschine angeordnete Bandspeicher fährt leer und sorgt dafür, dass das Beschichten ohne Einschränkung fortgeführt werden kann.

4.2 Reinigung und Vorbehandlung

Die ersten Stationen im kontinuierlichen Anlagenteil nach dem Bandspeicher sind die Reinigung und das Vorbehandeln. Hier wird das Metallband zunächst gesäubert, dann gespült und anschließend vorbehandelt. In Bild 4.4 sind die einzelnen Zonen dargestellt.

Reinigen	**Bürsten**	**Reinigen**	**Spülen**	**Reinigen**	**Vorbehandeln (Konversion)**	**Trocknen**

Bild 4.4 Arbeitsschritte der Coil-Coating-Reinigung und Vorbehandlung. (Quelle: Urheberrecht beim Autor)

Die Reinigung ist notwendig, um den Stahl oder das Aluminium von Metallspänen, Öl, Schmutz und Oxidschichten zu befreien. In diesem Verfahrensschritt werden überwiegend wässrige Medien eingesetzt. Bei Stahlsubstraten werden alkalische und für Aluminium alkalische und saure Reiniger eingesetzt. Die Behandlung erfolgt im Spritz- oder Tauchverfahren und wird durch Bürsten unterstützt (Bild 4.5).

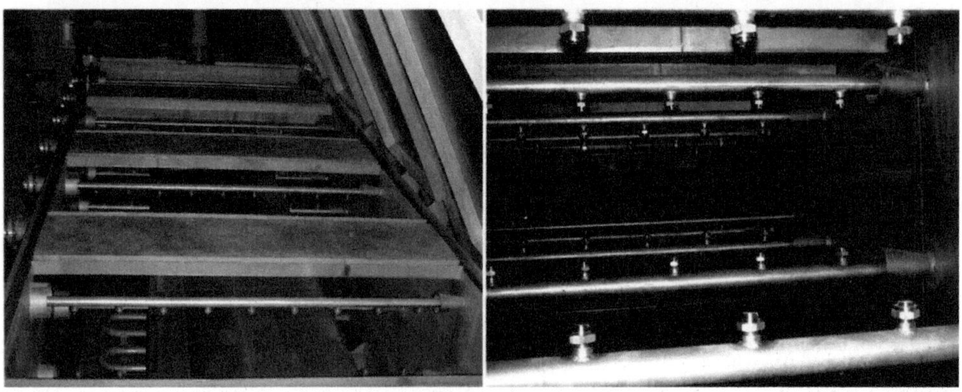

Bild 4.5 Blick in eine Vorreinigungskammer(links) und Einblick in einen Spritzbalken (rechts). (Quelle: Siemens VAI Metals Technologies GmbH & Co, Linz)

Gelegentlich wird eine Vorreinigungsstufe schon vor dem Bandspeicher installiert, um grobe Verschmutzungen zu entfernen. Diese sollten nicht in den Prozess eingeschleppt werden, um Beschädigungen an den Transportrollen und Walzen zu verhindern. Das Spülwasser wird üblicherweise in Kaskaden geführt (Bild 4.6). Abquetschrollen oder Air-Knives verringern die Verschleppung von Kontaminationen in die nächste Stufe.

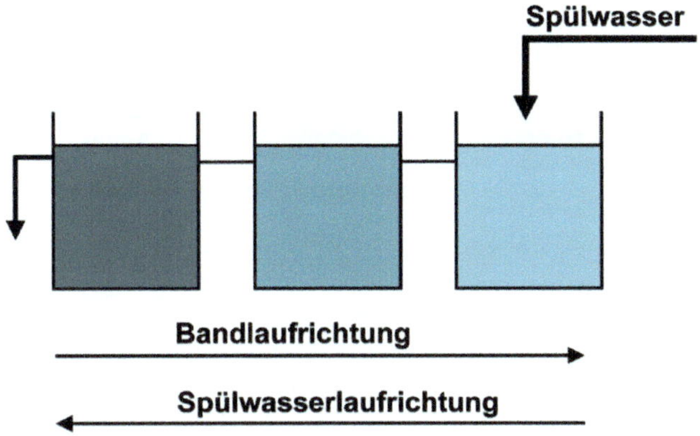

Bild 4.6 Schema einer dreistufigen Spülkaskade. (Quelle: Urheberrecht beim Autor)

Mit einer Mehrfachkaskade, bei der das Spülwasser im Gegenstrom geführt wird, kann man mit geringen Wassermengen einen sehr großen Spüleffekt erzielen. Zur Charakterisierung des Spülprozesses wird ein dimensionsloses Spülkriterium (SK) eingeführt [2]. Es ist definiert als Quotient aus Wirkstoffkonzentration (hier: Reinigungs- oder Vorbehandlungslösung) c_W und der gewünschten Endkonzentration c_E, die im Idealfall = 0 ist.

$$SK = c_W/c_E \tag{4.1}$$

Die erforderliche Wassermenge (Q) für eine einstufige Spüle ist das Produkt aus Warendurchsatz D – er entspricht bei der Bandbeschichtung der Oberfläche in m^2 – aus verschleppter Prozesslösung (V/D) in l/m^2 und Spülkriterium (SK). Werden die Parameter auf die Zeit bezogen, so ergeben sich daraus die entsprechenden Durchlaufmengen.

$$Q/t = SK \cdot D \cdot (V/D)/t \tag{4.2}$$

Für eine Spülwasserkaskade ergibt sich die erforderliche Wassermenge aus der n-ten Wurzel des Produktes (4.2), wobei n die Anzahl der Stufen darstellt [2].

$$Q/t = (SK \cdot D \cdot (V/D)/t)^{1/n} \tag{4.3}$$

Nach dem Stand der Technik wird mit drei Schritten eine effiziente Spülung erzielt. Je höher die Anzahl der Kaskaden, desto weniger Frischwasser muss zugeführt werden. Allerdings wird der größte Erfolg in der ersten Spülstufe erzielt (Tabelle 4.1). Der Wasserspareffekt wird mit der Anzahl der Stufen kleiner.

Das Spülkriterium wird mit Hilfe von Leitfähigkeitsmessungen festgelegt. Die Leitfähigkeit ist proportional der Konzentration des Wirkstoffes und sollte zwischen 10 und 100 µS (T = 20 °C) liegen. In der Bandbeschichtungsanlage wird das Spülwasser im Gegenstrom gefahren. Frischwasser wird in der letzten Stufe der Kaskade zugeführt und der Überlauf aus der ersten Stufe der Abwasserbehandlung zugeführt.

Tab. 4.1 Spezifische Spülwassermenge (Liter Spülwasser pro Liter ausgeschlepptem Reiniger oder Vorbehandlungslösung) in Abhängigkeit vom vorgegebenen Spülkriterium und der Kaskadenanzahl

Spülkriterium	**10.000**	**5.000**	**1.000**	**200**
Stufenzahl	**Benötigte Spülwassermenge (l/h)**			
1-stufig	10.000	5.000	1.000	200
2-stufig	100	71	32	14
3-stufig	22	17	10	6
4-stufig	10	8	6	4
5-stufig	6	5	4	3

Nachdem bei der Reinigung eine saubere und benetzbare Oberfläche erzeugt wurde, dient die Vorbehandlung nun dazu, die reaktive, metallische Oberfläche vor Korrosion zu schützen, die Haftung für die organischen Schichten sicherzustellen sowie die Umformeigenschaften und die Beständigkeit der Lackschicht zu unterstützen. Der entscheidende Schritt in diesem Prozess ist die Konversion, bei der eine überwiegend nichtmetallische, amorphe Schicht anorganischen Materials auf der Metallbandoberfläche erzeugt wird. Diese sogenannten Konversionsschichten sind extrem dünn und liegen im Bereich von weniger als 200 nm. Sie werden traditionell im Tauch- oder Sprühverfahren aufgetragen, gefolgt von einer Nachspülung, die die Güte der Vorbehandlungsschicht verbessert. Zur Nachspülung wird häufig noch eine modifizierte Chromsäure-Lösung eingesetzt. Seit mehr als 10 Jahren sind jedoch auch toxikologisch und ökologisch besser verträgliche Verfahren, meistens auf Basis von Titanaten und Zirkonaten, im Einsatz, die sich mehr und mehr durchsetzen [3].

Bei neueren Bandbeschichtungsanlagen wird die Vorbehandlung nicht im Tauch- oder Spritzverfahren, sondern im No-rinse-Verfahren in einem einzigen Schritt mit einer Beschichtungswalze in einem Roll-Coater, auch als Chemcoater bezeichnet, aufgetragen (siehe Kapitel 4.3). Dabei wird ein dünner Film über eine sich meist gegen die Bandlaufrichtung drehende Applikationswalze auf die Oberfläche aufgebracht. Diese Art des Auftrags ist sehr vorteilhaft, da die Vorbehandlungsschicht sehr gleichmäßig über das Band verteilt aufgerollt wird. Außerdem erlaubt das Aufwalzen eine bessere Ausnutzung der Chemikalien und es werden große Mengen Spülwasser eingespart, da, wie der Ausdruck No-rinse besagt, kein nachfolgender Spülschritt erfolgt. Die sauren Vorbehandlungschemikalien reagieren mit der metallischen Oberfläche und es bildet sich beim Trocknen oberhalb von 55 °C sofort ein transparenter zusammenhängender Film aus (Dry-in-place-Prinzip). Bei der Reaktion entstehen keine Nebenprodukte, die die Prozesschemie stören könnten und deshalb ist ein nachfolgendes Spülen nicht notwendig. Gegenüber den herkömmlichen Chromatierlösungen enthalten diese Produkte zusätzlich anorganische und/oder organische Filmbildner.

Die Hauptvorteile beim Einsatz eines Chemcoaters sind die effiziente Ausnutzung der Chemikalien und die beträchtliche Reduzierung der Abwassermenge. Der Auftrag ist gleichmäßig sowohl über die Bandbreite als auch über die Bandlänge. Dazu kommt, dass der Platzbedarf sehr viel geringer als beim konventionellen Tauch- und Sprühverfahren ist. Die für diese Verfahren entwickelten Produkte sind in ihrer Zusammensetzung so gestaltet, dass bei der Reaktion mit dem Metall bzw. beim Trocknen keine nachteiligen Reaktionsprodukte entstehen [4]. Allerdings muss die Passivierungsreaktion sehr schnell ablaufen, so dass die Haftung abhängig vom Substrat manchmal nicht optimal ist. Auch im No-rinse-Verfahren werden immer seltener Chromate eingesetzt, zunehmend neue Materialien auf Titanat- und Zirkonatbasis.

Unabhängig vom Verfahren, No-rinse, Sprühen oder Tauchen, muss die Oberfläche getrocknet werden, damit die nachfolgend organische Beschichtung nicht beeinträchtigt wird. Bei 80 bis 120 °C wird innerhalb von wenigen Sekunden das Wasser verdunstet.

4.3 Walzlackieren

Das bei Weitem wichtigste und geradezu typische Kennzeichen des Coil-Coating ist der Auftrag flüssiger Beschichtungsstoffe mit rotierenden Walzen in Lackauftragswerken (Coater) auf endlos verbundene Metallbänder (Walzlackieren). Im Gegensatz zu anderen Verfahrensschritten gibt es über die Einzelheiten dieser Applikation nur wenige Veröffentlichungen [5]. Der Auftrag lässt sich vereinfacht an einer einfachen Zweiwalzen-Konfiguration mit gegenläufiger Auftragswalze darstellen:

- Der Lack wird in die Lackwanne gepumpt, in die die Schöpfwalze eintaucht.
- Diese Schöpfwalze nimmt den Lack aus der Wanne auf und gibt ihn an eine zweite Walze, die Auftragswalze, ab. Die Dicke des Nasslackfilms wird über den Spalt zwischen Schöpf- und Auftragswalze und über ihre Relativgeschwindigkeiten zu einander gesteuert. Der überschüssige Lack fließt in die Lackwanne zurück.
- Die Auftragswalze dreht sich gegenläufig zum Metallband und überträgt so die Lackschicht auf das Band. Auch hier wird über die genaue Steuerung der Walzengeschwindigkeit im Verhältnis zur Bandgeschwindigkeit und des Anpressdrucks der Auftragswalze ein gleichmäßiger Lackfilm erzeugt.
- Die abgeschiedene Filmdicke, die sogenannte Nassschichtdicke, wird über die Geschwindigkeiten beider Walzen im Verhältnis zur Bandgeschwindigkeit und über den Druck, der einerseits zwischen den beiden Walzen und andererseits zwischen Lackauftragswalze und dem Band aufgebaut wird, gesteuert.

Bild 4.7 Blick auf eine Lackierstation. (Quelle: Sundvig GmbH, Hemer)

Die meisten Coater sind mit Auftragswerken für die Ober- und Unterseite ausgerüstet. Diese Technik hat sich über Jahrzehnte bewährt. Man unterscheidet grundsätzlich drei Möglichkeiten der Bandführung:

1. Horizontaler Bandlauf

Der Vorteil des horizontalen Bandlaufs ist die einfache Bauart. Allerdings ist hier die Zugänglichkeit schwierig und es ist eine Stabilisierwalze für das Band und ein hoher Bandzug erforderlich.

2. Vertikaler Bandlauf

Die Zugänglichkeit beim vertikalen Bandlauf ist einfach und eine Bandkontrolle kann auf beiden Seiten stattfinden. Der Bandzug ist weniger kritisch. Es sind gleichmäßige und dünne Beschichtungen, auch einseitig, erzielbar. Von Nachteil ist die große Bauhöhe, insbesondere wenn noch eine vertikale Trocknerzone nachgeschaltet wird. Dennoch sind nach diesem Bauprinzip vor allem Stahlband-Anlagen mit Induktivtrocknung angeordnet.

Die horizontale und die vertikale Applikationsart (Bild 4.8) werden zunehmend für den Chemcoater, die Konversionsbehandlung mit meist wässerigen Medien und für die organische Inline-Nachbehandlung von Aluminium eingesetzt [6-8]. Auch bei der Lackierung von verzinktem Stahl mit dünnen Lackschichten einschließlich sogenannter Anti-Finger-Print-Systeme und beim Auftragen von Trockenschmierstoffen oder Wachsen greift man auf diese Anordnung zurück.

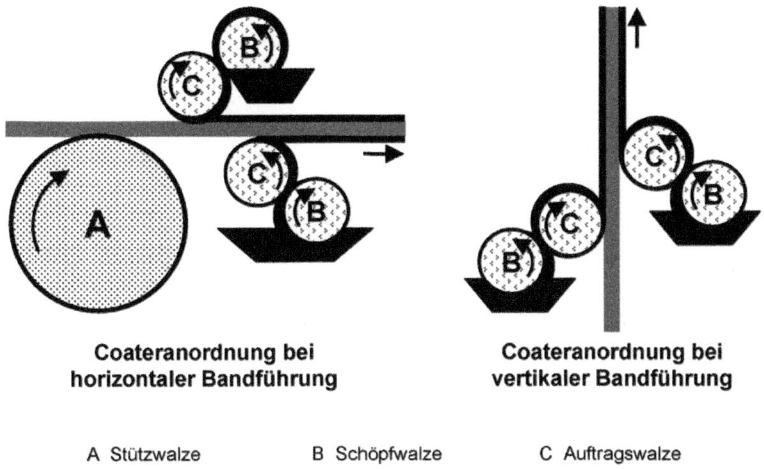

Bild 4.8 Schema der Coater mit horizontalem und vertikalem Bandlauf. (Quelle: SMS DEMAG, Düsseldorf)

Die Vorteile der aus dieser Konzeption entwickelten Coater sind z. B. [9,10] der modulare Aufbau, der mit der Minimierung des Ersatzteilbestands einher geht, und eine stabile und vibrationsfreie Konstruktion. Ihre Handhabung ist einfach und sie lassen sich leicht reinigen und warten.

3. „S"-Walzen-Anordnung

Die dritte Möglichkeit für den Bandlauf ist die sogenannte „S"-Walzen-Anordnung. Hierbei umschlingt das Band zuerst eine (untere) gummierte Umlenkwalze, die die Bandbewegungen dämpft, und dann eine (obere) Stahlwalze. Diese dient als Gegenwalze zum Oberseiten-Lackierwerk, das auch als Oberseiten-Deck bezeichnet wird, und hat einen Durchmesser bis zu 1.000 mm (Bild 4.9). Das Unterseiten- oder Rückseiten-Lackierwerk befindet sich direkt hinter der Oberseitenlackierung. Hier wird der Beschichtungsstoff quasi „über Kopf" auf die Bandunterseite appliziert. Diese Bedingungen sind nicht so gut, da die Kontrolle der Bandunterseite ungünstig ist. Hinter der oberen Bandführungsrolle ist eine hartverchromte Hebewalze angeordnet. Sie wird in der Höhe geregelt, um den Ablenkwinkel zwischen Band und Rückseitencoater zu ändern und das Band von der Auftragswalze abzuheben. Dies ist jedes Mal notwendig, wenn sich eine Bandverbindungsnaht nähert, um eine Beschädigung der Auftragswalze durch die Naht zu verhindern.

Die „S"-Walzen-Anordnung wird weitaus am häufigsten, in zahlreichen erprobten Varianten eingesetzt. Sie stellt auch ein Optimum im Kosten-/Leistungsverhältnis dar. Die Lackierwerke haben im Allgemeinen zwei oder drei Walzen, manchmal auch vier Walzen, wobei den Walzen unterschiedliche Funktionen zukommen. Abhängig von Bandbreite und Bandgeschwindigkeit werden Walzen mit einem Durchmesser von 180 bis circa 300 mm eingesetzt.

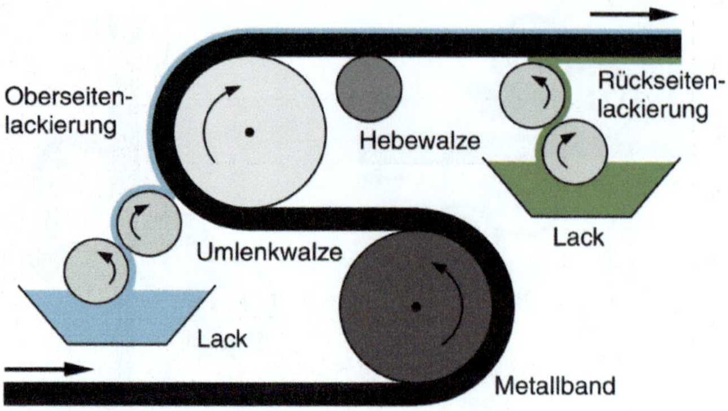

Bild 4.9 Schema der S-Walzenanordnung. (Quelle: Urheberrecht beim Autor)

Bei den Lackierwerkswalzen unterscheidet man:

- die Auftrags- oder Beschichtungswalze
  Sie ist gummiert, meist aber mit einer Polyurethan- (PUR-) oder gummimodifizierten (EPDM)-Schicht versehen. Die Shorehärte liegt zwischen A 35 bis 60, meist um 50. Sie überträgt den Beschichtungsstoff auf das Band.
- die Tauch- oder Schöpfwalze
  Sie ist im Allgemeinen aus hartverchromtem Stahl, selten beschichtet. Neuerdings kommen auch Keramikwalze auf den Markt. Die Schöpfwalze taucht teilweise in die Lackwanne ein und schöpft den Lack heraus. Die Lackwanne kann durch eine Lackzufuhr von oben in den Dosierspalt, z. B. mit einem Sprührohr, ersetzt oder ergänzt werden.
- eine Dosier- oder Regulierwalze
  Sie ist gummiert oder mit Kunststoff beschichtet, selten verchromt und wird ggf. durch ein stehendes festes oder oszillierendes Rakel (Messer) ergänzt, um überschüssigen Lack in die Wanne abzustreifen. Diese Walze wird im allgemeinen Sprachgebrauch auch als „Doktorwalze" bezeichnet.

Ein Einblick in den Coater und die Anordnung der Walzen für die Vorderseiten- und die Rückseitenlackierung ist aus Bild 4.10 ersichtlich.

Beschichtung, Härte und Dicke der Auftrags- und Dosierwalzen werden abhängig vom Walzendurchmesser, von den erforderlichen Walzengeschwindigkeiten, dem vorgegebenen Schichtdickenbereich und von den Beschichtungsstoffen ausgewählt. Wichtig ist, dass die Walzenbeschichtung nicht in den im Lack enthaltenden Lösemitteln quillt.

Bild 4.10 Modell eines Coaters. (Quelle: Sundwig GmbH, Hemer)

Die einzelnen getrennt angetriebenen Walzen können mit unterschiedlichen Laufrichtungen in verschiedenen Variationen zueinander angeordnet sein. Der Lackfilm kann gleichläufig (synchron) oder gegenläufig (revers) zur benachbarten Walze bzw. zum Band (auf der Gegendruckwalze) übertragen werden. Die Zuordnung gleichläufig bzw. revers erfolgt stets aus der Sicht der Bandbewegung und der Bewegung des Lackfilms, der übertragen wird, und nicht nach der Drehrichtung der Walzen. So bedeutet gleichläufig, dass sich Band und Lackfilm an ihrer Berührungsfläche in die gleiche Richtung bewegen (vergleiche Bild 4.11, 2-Walzen-Gleichlauf).

2 Walzen – gleichläufig

Die Auftragswalze hat eine geringere Umfangsgeschwindigkeit als das Band. Die Tauchwalze schöpft den Lack aus der Vorratswanne und überträgt ihn gleichläufig auf die Auftragswalze. Diese transferiert ihn dann – auch gleichläufig – auf das Band. Diese Anordnung ist besonders geeignet für niedrigere Schichtdicken, z. B. für den Auftrag von Primern, Rückseitenlacken und Lacken mit guten rheologischen Eigenschaften. Die Handhabung ist einfach.

2 Walzen – „halb"-revers

Die Auftragswalze hat eine höhere Umfangsgeschwindigkeit als das Band (z. B. zwischen 120 und 150 % der Bandgeschwindigkeit). Die Tauchwalze läuft langsamer als die Auftragswalze mit nur etwa 30 bis 50 % der Bandgeschwindigkeit und gleichläufig zur Auftragswalze. Diese läuft revers zum Band. Die Anordnung ist für viele Lacke und Einsatzwecke passend.

Die gängigsten Walzenanordnungen und -laufrichtungen auf den beiden Bandseiten sind in Bild 4.11 und Bild 4.12 schematisch dargestellt [11].

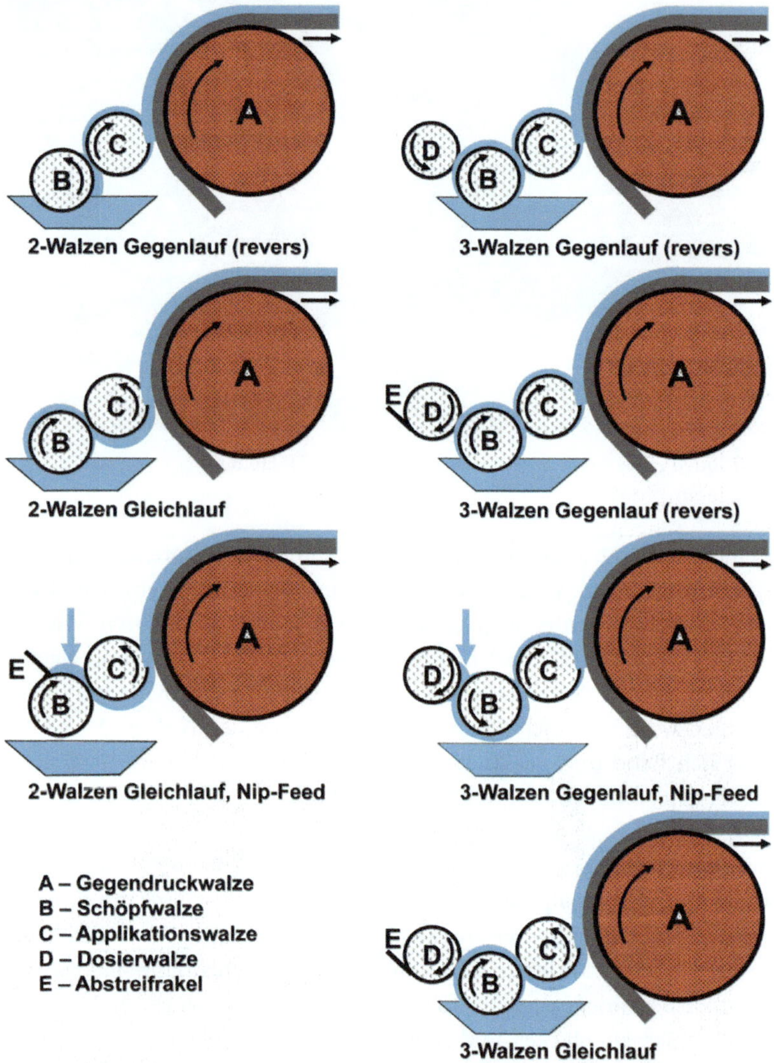

Bild 4.11 Verschiedene Möglichkeiten der Walzenanordnung für die Vorderseitenbeschichtung. (Quelle: Urheberrecht beim Autor)

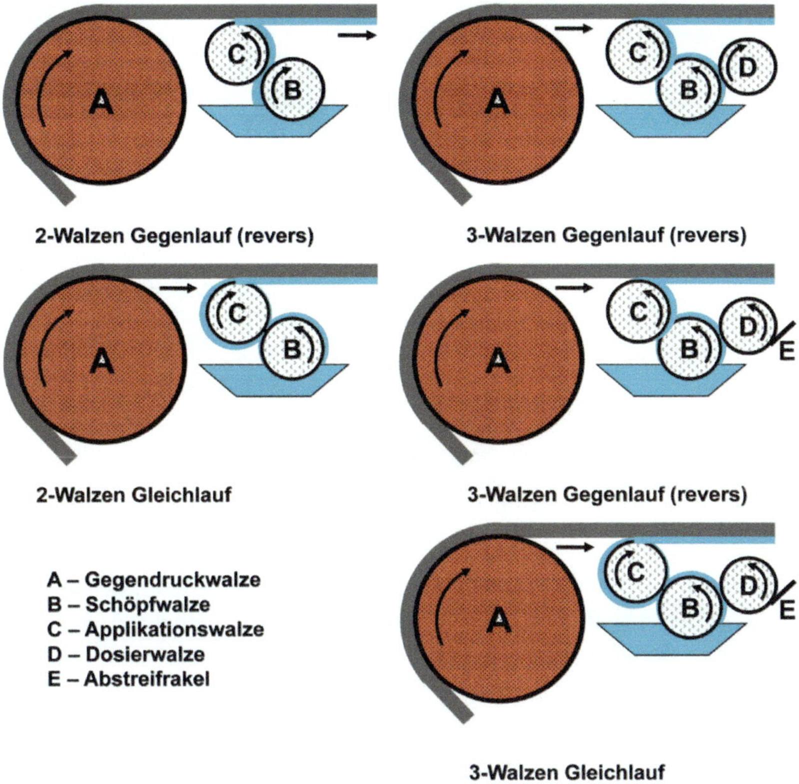

Bild 4.12 Verschiedene Möglichkeiten der Walzenanordnung für die Rückseitenbeschichtung. (Quelle: Urheberrecht beim Autor)

3 Walzen in V-Anordnung/gleichläufig

Hier werden zu der Anordnung 1 (2 Walzen gleichläufig) eine zusätzliche Dosierwalze, die revers läuft, und ein Rakel installiert. Bei einigen Lacken, die mit sehr geringer Nassschichtdicke aufgetragen werden, kann die Dosierwalze auch gleichläufig eingestellt werden, was zu einer voll-gleichläufigen Fahrweise führt. Die Dosierwalze läuft langsamer als die Tauchwalze. Läuft die Tauchwalze mit 120 % der Bandgeschwindigkeit, so arbeitet die Dosierwalze mit nur 5 bis 10 % der Bandgeschwindigkeit.

3 Walzen in V-Anordnung/„voll"-revers

Die Dosierwalze rotiert sehr viel langsamer als die Tauchwalze. Bei hochviskosen Lacken, z. B. bei Plastisolen, rotiert die Dosierwalze gleichläufig und wird ggf. durch ein Rakel ergänzt. Dies ist eine häufig benutzte Anordnung für anspruchsvolle Beschichtungen. Bei Einsatz eines Sprührohres läuft die Auftragswalze revers, beispielsweise mit 120 bis 150 % der Bandgeschwindigkeit, die Tauchwalze und Dosierwalze laufen jedoch jeweils gleichläufig mit beispielsweise 30 bis 50 % bzw. 20 bis 30 % der Bandgeschwindigkeit.

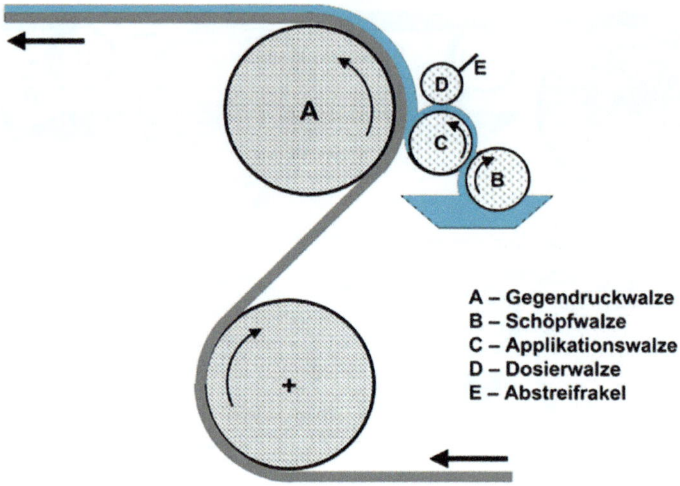

Bild 4.13 Sonderfall mit oberer Dosierwalze [12]. (Quelle: Sundvig GmbH, Hemer)

Für hochviskose Lacke hat sich auch eine modifizierte Anordnung (Bild 4.13) bewährt, bei der sich die revers laufende Dosierwalze mit Rakel oberhalb der Auftragswalze befindet [12]. Wegen der vielen Prozessvariablen sind keine genauen Geschwindigkeitsangaben möglich.

Um die auch wichtigen ästhetischen Eigenschaften, beispielsweise den Verlauf, steuern zu können, werden neben der oben bereits beschriebenen Konfiguration des Coaters auch Anordnungen mit drei Walzen oder in einzelnen Fällen sogar mit vier Walzen mit und ohne Wanne betrieben. Dies ist eine sehr aufwendige Fahrweise. Erwähnt sei noch ein System mit drei Walzen in linearer Kaskaden-Anordnung – gleichläufig oder „halb"-revers – wobei die dritte, niedrigste Walze als Tauchwalze dient. Diese Anordnung ist besonders geeignet für niedrig-viskose Lacke, z. B. Emballagenlacke.

Die 3-Walzen-Anordnung bietet für viele Anlagen und Beschichtungsstoffe eine sehr gute Möglichkeit, ein optimales Beschichtungsergebnis zu erzielen. Hierbei kann eine hohe Differenzgeschwindigkeit zwischen Dosier- und Tauchwalze eingestellt werden. Der Lackfilm wird zweimal revers übertragen. Er wird mechanisch stärker geschert und kann dadurch besser verlaufen, d. h. er breitet sich auf dem Metallband extrem gleichmäßig aus. Die aus den Spaltbreiten zwischen den Walzen und den Relativgeschwindigkeiten der Walzen resultierenden Drücke stellen sicher, dass die gewünschte Schichtdicke appliziert wird.

Welche Walzenanordnung tatsächlich ausgewählt wird, hängt neben der Bandgeschwindigkeit sehr stark von der Art, der Viskosität, dem Festkörpergehalt und dem Verlaufsverhalten der Lacke ab sowie von den zu erzielenden Schichtdicken und Oberflächenansprüchen, z. B. Hochglanz. Die Viskosität ist wiederum temperaturabhängig. Außerdem sind Rüstzeit und Walzenverschleiß weitere Faktoren, die auch unter Kostengesichtspunkten berücksichtigt werden müssen. Die Drehzahlen der unterschiedlichen Walzen (Differenzgeschwindigkeit), ihre Drehrichtung (Gleichlauf, Gegenlauf), die Walzenrasterung, Abstand und Anpressdruck sind empirisch gewonnene Werte, die bei jedem Anlagenbetreiber variieren können.

Ist das Lackierwerk fest installiert, dann ist die Reinigung sehr zeitaufwendig. Vor einer Umstellung auf einen anderen Lack leichter zu reinigen, sind abhebbare, seitlich ausfahrbare (sogenannte Shuttle Coater) oder sogar schwenkbare Oberseitendecks. Neuerdings werden häufiger zwei Lackierwerke für die Bandoberseite übereinander angeordnet, um einen sekundenschnellen Decklackwechsel zu ermöglichen, ohne dass das Band angehalten werden muss. Dabei fährt ein Coaterdeck aus, das zweite, entsprechend vorbereitete, geht in Arbeitsposition. Das erleichtert die Instandhaltung; auch die Lackwannen sind schnell auswechselbar.

Sonderfälle beim Walzlackieren sind das Streifenlackieren mit einer ausgesparten Auftragswalze und das Bedrucken, z. B. im indirekten Tiefdruck mit einer Dessinwalze oder im Flexodruck mit einer Rasterwalze und Klischeezylinder. Auch das 2-Farben-Bedrucken „nass-in-nass" wird eingesetzt.

Die Lackzufuhr aus dem mit einem Rührwerk versehenen Fass in die Lackwanne erfolgt mit Hilfe einer Pneumatikpumpe oder direkt über das Sprührohr auf die Walze. Gelegentlich wird auch aus Containern gefördert. Beschichtungsstoffe, die in großen Mengen verbraucht werden, wie Primer oder Rückseitenlacke werden auch in Tanks gelagert. Alternativ zur Aufnahme aus der Lackwanne, kann der Lack auch direkt in den Spalt zwischen Schöpf- und Auftragswalze dosiert werden (Nip-Feed). Wesentliche Vorteile dieser Methode sind, dass das Befüllen der Lackwanne, die ca. 50 bis 80 Liter aufnehmen kann, entfällt. Der Prozess kommt mit weniger Lack aus. Zudem gibt es keine staub- und schmutzanfällige Lackwanne, so dass sauberer gearbeitet werden kann.

Wird aus der Lackwanne dosiert, wird der Beschichtungsstoff mit Hilfe der Schöpfwalze herausgeschöpft. Von dieser Walze wird das Material auf die eigentliche Auftragswalze transferiert, wobei der Beschichtungsstoff gleichmäßig auf der Walze verteilt wird. Von der Auftragswalze wird er dann auf das Blech übertragen. Es ist wichtig, dass die applizierte flüssige Schicht äußerst gleichmäßig auf dem Metallband abgestrichen wird. Der wesentliche Schritt, um ein optimales Beschichtungsergebnis zu bekommen, ist die Filmtrennung zwischen der Schöpf- und der Auftragswalze bzw. zwischen der Auftragswalze und dem Band. Die Umfangsgeschwindigkeit der Auftragswalze sollte größer als die Bandgeschwindigkeit sein, damit der „Zwickel" zwischen Walze und Band immer ausreichend mit Lack gefüllt ist. Ein trockener Walzenzwickel führt zum Abriss des Lackfilms und damit zu Fehlstellen in der Beschichtung.

Beim Trennen der Flüssigkeitsfilme können sich Fäden bilden, die zu streifigen Oberflächen führen. Dieser Effekt lässt sich durch höhere Differenzgeschwindigkeiten zwischen den Walzen minimieren. Die Walzengeschwindigkeiten sind jedoch nicht beliebig einstellbar. Sie sind von mehreren Faktoren abhängig:

- Die Tauchwalze muss die benötigte Menge Lack schöpfen können.
- Es darf sich aufgrund einer zu hohen Geschwindigkeit kein Schaum bilden.
- Bei zu hohen Umfangsgeschwindigkeiten besteht die Gefahr des Ausschwimmens von Lackinhaltsstoffen.

Die Geschwindigkeit wirkt sich auf den Druck zwischen den Walzen aus. Je größer der Walzendurchmesser ist, umso spitzer ist der „Winkel“ zwischen den Walzen und umso höher ist die erzielbare Quetschkraft. Eine höhere Quetschkraft (Lackverpressung) wirkt sich wiederum positiv auf das Beschichtungsergebnis aus.

Eine weitere Einstellgröße, die das Lackierergebnis beeinflusst, ist die Laufrichtung der Walzen zueinander. Hierbei gilt: je öfter der Lackfilm im Reversverfahren übertragen wird, desto glatter wird der Film. Die mitläufige Auftragsweise führt nur bei niedrigen Schichtdicken zu akzeptablen Beschichtungsergebnissen, bietet jedoch den Vorteil, dass der Verschleiß der Auftragswalzen durch scharfe Bandkanten geringer ist als bei der Revers-Fahrweise.

Grundsätzlich erhält man einen besseren Verlauf des Flüssigfilmes, wenn die Viskosität niedrig ist. Andererseits wird durch eine Viskositätserniedrigung, d. h. durch eine höhere Verdünnung, der Festkörpergehalt herabgesetzt und der Anteil der im Trockner auszutreibenden Lösemittel erhöht. Man strebt daher immer den bestmöglichen Kompromiss zwischen hohem Festkörpergehalt und ausreichend gutem Lackverlauf an. Auch um den Trockner optimal zu betreiben und um die untere Explosionsgrenze einzuhalten, muss die Lösemittelmenge begrenzt werden. Üblicherweise werden die Lacke mit einer Viskosität angeliefert, die auf den direkten Einsatz angepasst wurde. Typisch sind Viskositäten im Bereich von 65 bis 150 sec, meist um 100 sec. Sie werden mit dem 4 mm-Becher bestimmt, einer zwischen Lackhersteller und Bandbeschichter bewährten, praxisnahen und ausreichend reproduzierbaren Relativmessung. Genauere Zusammenhänge zwischen den rheologischen Kenndaten der Beschichtungsstoffe und den diversen Walzeneinstellungen sind bisher nicht bekannt geworden. Das empirisch gewonnene Know-how der Anlagenbetreiber ist hier maßgebend für eine ausschussarme, hochwertige Produktion.

Hohe Qualität und niedrige Betriebskosten sind einige der Vorgaben für eine moderne Produktion. Die Lackkosten haben den größten Anteil an den Prozesskosten, wobei Qualität und Kosten bei der Bandbeschichtung eng mit der Schichtdicke gekoppelt sind. So ist die Steuerung des Coaters darauf ausgerichtet, enge Schichtdickentoleranzen einzuhalten. Denn enge Schichtdickentoleranzen gewährleisten enge Farbtontoleranzen und so ein Einhalten der Qualitätsvorgaben.

Für die Steuerung der Coater sind die lackrelevanten Parameter Viskosität und Temperatur sowie die maschinenrelevanten Parameter Geschwindigkeit und Anpressdrücke der Walzen ausschlaggebend. In der Anlage werden diese Parameter mit einem elektronischen Kontrollsystem überwacht [13]. Regelsysteme können die im Handbetrieb, der noch bei einigen Anlagen üblich ist, auftretenden Schwankungen der Schichtdicke verhindern [14]. Zusätzlich zu den Regelkonzepten werden die Coater so ausgelegt, dass die Anforderungen wie gleichmäßige Schichtdicke über Breite und Länge des Coils, Wiederholbarkeit von Aufträgen, geringe Produktionskosten etc. erfüllt werden können.

Bild 4.14 Coater-Anordnung in einer modernen Bandbeschichtungsanlage: Das Band läuft aus dem Oberseiten-Coater über die Stützwalze zum Rückseiten-Coater.
(Quelle: Salzgitter Flachstahl GmbH, Salzgitter)

Durch verlässliche, sichere Systeme, die eine schnelle Walzenreinigung und einen schnellen Walzenwechsel ermöglichen, werden vorhandene Coaterdecks oder ganze Coater modifiziert oder gar ersetzt. Das bedeutet einen höheren Automatisierungsgrad unter Beachtung der Lackierparameter bis hin zu mechanischer und elektrischer Aufrüstung. Diese ermöglichen konstante Umdrehung und Anpressdrücke, höhere Walzenstandzeiten sowie geringere Wechsel- und Reinigungszeiten. Die Maßgenauigkeit der Komponenten, z. B. der Walzen, lässt sich verbessern und Vibrationen werden verringert. Die Optimierung der Ausrüstung, so haben praktische Erfahrungen gezeigt, führte dazu, dass Schichtdickentoleranzen auf der Bandoberseite von ± 1 µm erzielbar wurden [15].

Die Applikation eines Rückseitenschutzlackes auf die Unterseite des Metallbands erfolgt sofort nach dem Primerauftrag auf der Oberseite. Ein Zwei-Schichtaufbau auf der Rückseite wird mit einem zweiten Rückseiten-Coater direkt hinter dem Decklack-Coater realisiert. Für das Walzenpaar der Rückseiten-Coater gelten sinngemäß die gleichen Applikationsbedingungen wie für die Oberseiten-Coater. Bild 4.14 zeigt eine Coater-Anordnung in einer modernen Bandbeschichtungsanlage. Der Oberseiten-Coater, das gerade beschichtete Stahlband, das über die Stützrolle läuft, und der Rückseiten-Coater sind hier zu sehen.

Das Metallband wird nach der Trocknung von Primer und Rückseitenlack abgekühlt und läuft dann weiter zur Decklackbeschichtung. Der flüssige Primerfilm hat, abhängig von der Anlagenkonstellation eine Schichtdicke von 15 bis 25 µm, die nach dem Trocknen auf 5 µm geschrumpft ist. Decklacke werden mit höheren Schichtdicken appliziert.

Sie erreichen ihr technologisches Profil im Mittel bei einer Trockenfilmdicke von 20 µm. Dazu wird der flüssige Lackfilm mit einer Dicke von 35 bis 50 µm aufgetragen. Bei nicht lösemittelhaltigen PVC-Plastisolen wird sogar eine Schichtdicke von 200 µm angestrebt, die eine Applikationsdicke von bis zu 250 µm notwendig macht. Die im Vergleich zum Primer höheren Schichtdicken der lösemittelhaltigen Decklacke erfordern für den Decklack-Coater andere Betriebsparameter als für den Primer-Coater.

Für die Bandbeschichter und ihre Zulieferanten ist es sehr wichtig, die Anlagenvorgänge, insbesondere die Applikation von Lacken, zu simulieren. So soll das Verlaufsverhalten der Lacke relativ betriebsnah und Probleme während der Fertigung erkannt werden. Für diese Zwecke gibt es Laborcoater, die mit etlichen Möglichkeiten für die Applikation, ausgestattet sind. So werden z. B. die Handrakel durch das Reversverfahren ersetzt. Diese Geräte sind zumeist auch für die Lackierung von Blechen eingerichtet, so dass auch Musterbleche hergestellt werden können (Bild 4.15).

Bild 4.15 Labor-Walzencoater. (Quelle: Werner Mathis, Oberhasli)

Ein Beispiel für eine Bandpilotanlage, auf der auch kleine Coils mit einer Geschwindigkeit von 10 m/min beschichtet werden können, zeigt Bild 4.16 [16]. Auf dieser nur 20 m langen Pilotanlage können Anlagenbedingungen realistisch nachgestellt und Kundenmuster hergestellt werden. Es können verschiedene Coatereinstellungen, aber auch neue Lacksysteme, neue Applikations- und Trocknungsmöglichkeiten erprobt sowie Beschichtungsprobleme auf den betrieblichen Anlagen untersucht werden.

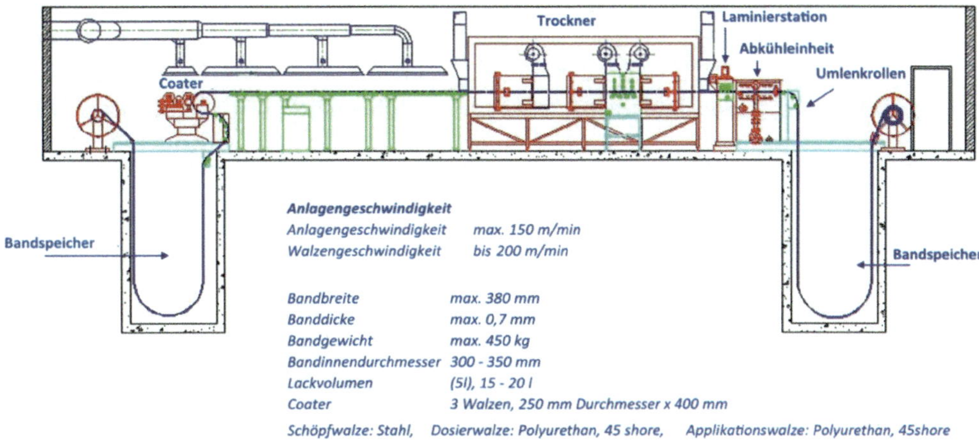

Bild 4.16 Schema einer CC-Pilotanlage. (Quelle: Becker Industrial Coatings Ltd., Liverpool)

4.4 Trocknung und Härtung

Am Ende des eigentlichen Verfahrensablaufes einer Bandbeschichtung steht das Trocknen/Aushärten der Lackschicht [17–19]. Trocknen heißt in diesem Fall, dass vor allem die Lösemittel ausgetrieben werden und sich ein Film bildet (physikalische Filmbildung). Beim nachfolgenden Härten, der Vernetzung, wird durch die chemischen Reaktionen (Additionspolymerisation als Kettenreaktion, Kondensations- oder Additionspolymerisation als Stufenreaktionen) zweier oder mehrerer Komponenten des ursprünglich flüssigen oder pulverförmigen Beschichtungsstoffes auf dem Substrat ein fest haftender, zusammenhängender Lackfilm mit dekorativen, schützenden und funktionellen Eigenschaften gebildet. Diese Vorgänge finden im Falle der Polyaddition oder Polykondensation bei erhöhter Temperatur statt. Sie werden als thermische Härtung oder Einbrennen bezeichnet. Die Wärme wird durch Konvektion, d. h. durch aufgeheizte Luft auf das Band übertragen. Im Falle der Polymerisation wird die Reaktion durch energiereiche Strahlung angeregt. Hierbei werden keine Lösemittel abgegeben. Diese Reaktion wird als Strahlungshärtung bezeichnet. Zum Trocknen werden folgende Prozesse eingesetzt:

Konvektionstrocknung

Die Konvektionstrocknung ist die weltweit am häufigsten eingesetzte Trocknungsmethode. Hier wird die Wärme, die zur Trocknung und Härtung der Beschichtung notwendig ist, indirekt durch einen zirkulierenden Heißluftstrom (Umluft) übertragen. Die Konvektionstrockner sind in hohem Maße automatisiert und sehr flexibel.

Strahlungshärtung (IR, NIR)

Die Infrarot-Trocknung ist selten im Einsatz. Bei dieser Methode wird die notwendige Trocknungsenergie durch IR-Strahler erzeugt und von dem beschichteten Band absorbiert. Die Infrarot-Trocknung wird heute vor allem bei der Pulverbeschichtung auch in Kombination mit der Konvektionstrocknung eingesetzt. Zudem wird auch der Bereich der nahen Infrarot (NIR)-Strahlung für die Trocknung genutzt.

Strahlungshärtung (UV, ESH)

Für die Bandbeschichtung wurden bisher nur einige wenige Spezialanlagen mit UV-Härtung (kurzwelliger Bereich) ausgerüstet. Konzepte, die Elektronenstrahlhärtung für die Bandbeschichtung zu nutzen, wurden auf ihre Umsetzbarkeit untersucht [20]. Die Ergebnisse zeigten, dass geeignete Lackrezepturen formuliert werden können, die zu haltbaren und umformbaren Beschichtungen führen.

Trocknung mittels elektrischer Verfahren

Die induktive Trocknung durch induzierte Hochfrequenz (HF)-Wirbelströme wird seit langem bei einigen Stahl-Bandanlagen angewendet. Sie kann in Kombination mit der Konvektionstrocknung eingesetzt werden.

Die thermischen Härtungsprozesse stellen für die Bandveredelung oft die limitierenden Verfahrensstufen dar. Da die Durchsatzmengen, die Kapazitäten und damit die erforderlichen Baugrößen vieler moderner Anlagen steigen, wird nach ökonomischen und technisch akzeptablen Lösungen gesucht, eine schnelle Härtung zu realisieren. Das gilt umso mehr, wenn bestehende Bandverzinkungsanlagen durch eine organische inline-Sektion zu sogenannten Kombinationsanlagen ergänzt oder bestehende Bandbeschichtungsanlagen erweitert werden sollen. Die Anforderungen an die Trockner für Primer und Decklack gelten prinzipiell auch für die Trocknung in der chemischen Vorbehandlung.

Die Auswahl des Härtungsverfahrens hängt von allgemeinen und unternehmensspezifischen Faktoren ab wie Energiebilanz (Effizienz), verfügbarer Platz und Betriebsweise (Wechsel im Beschichtungs- und Abmessungsprogramm). So ist die Ausführung des Trockners in horizontaler oder vertikaler Bauweise vom Platzangebot abhängig. Bei häufigem Wechsel von Beschichtung und Abmessungen der Produkte ist ein flexibler, schnell regelbarer Trockner günstiger. Unter diesem Aspekt zeichnen sich IR-, NIR- und Induktionstrocknung aus. Die Reaktionszeiten bei Veränderungen, z. B. bei Start und Stopp, sind erheblich kürzer als bei der Konvektionstrocknung. Diese reagiert sehr träge, weil der Wärmeübergang aus der Luft auf Substrat und Beschichtung langsam ist. Die Strahlung dringt ohne Zeitverluste in die Beschichtung ein. Ein qualitativer Vergleich der Trocknungszeiten verschiedener Technologien zeigt die Auswirkung der unterschiedlichen Energieübertragung (Bild 4.17), die sich in den Reaktionszeiten bemerkbar macht. Bei der Konvektions- und IR-Trocknung beträgt der Wärmeübergang 10 bis 30 kW/(m^2 × Seite), bei der Induktionstrocknung 30 bis über 60 kW/(m^2 × Seite).

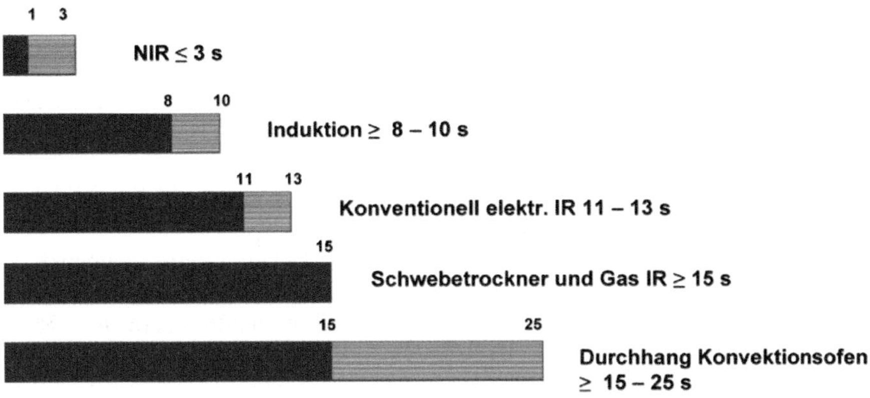

Bild 4.17 Die Trocknungszeiten variieren in den unterschiedlichen Trocknern. (Quelle: Adphos GmbH, Bruckmühl)

Beim Bandbeschichten ist das ebene Metallsubstrat mit Banddicken bis 3 mm ideal für ein gleichmäßiges Einbrennen. Es werden annähernd konstante Erwärmungsbedingungen über Bandbreite und Bandlänge realisiert. Die Aufgabe besteht darin, ein beschichtetes Band „kalt" zu übernehmen und nach dem Abkühlen zum Schluss wieder „kalt" zu übergeben. Zur schnellen Bandaufheizung vor der eigentlichen Wärmebehandlungszone werden auch kurzstreckige, schnelle Prozess-Stufen, sogenannte „Booster", eingesetzt. Zum Abkühlen des Bandes schließen sich Luft- und/oder Wasserkühlzonen an den Trockner an.

4.4.1 Konvektionstrocknung

4.4.1.1 Konvektionstrockner

Bei den Konvektionstrocknern oder Umlufttrocknern unterscheidet man horizontale Durchhang- und Schwebetrockner. Bei beiden Trocknern wird das Band während des gesamten Trocknungsvorganges berührungslos geführt. Der Durchhang wird kontinuierlich geprüft und nachgeregelt. Bei Durchhangtrocknern hängt das Band im Trockner frei. Beim Schwebetrockner wird das Band, bei Stahl vorzugsweise bei nicht zu großen Banddicken, durch ein intensives Luftpolster, das durch eine Luftströmung senkrecht aufs Band erzeugt wird, quasi in horizontaler Position gehalten. Seltener ist eine vertikale Bauweise. In einigen Anlagen trifft man auch eine Kombination beider Anlagentypen an. Für die Konstruktion der Trockner gelten die mathematischen Ansätze für den Stoffaustausch und den Wärmeübergang. Durchhangtrockner zeichnen sich durch eine einfache Bauart und flexible Fahrweise aus. Sie weisen mittlere Wärmeübergangswerte auf und benötigen nur eine geringe Wartung. Nachteilig ist die geringere Wärmenutzung von nur circa 30 %.

Schwebetrockner sind besonders für höhere Bandgeschwindigkeiten geeignet. Da hier das Umluftvolumen groß und die Wärmeübergangswerte hoch sind, ist die Bauweise kürzer als bei Durchhangtrocknern. Die Bandstabilität ist besser und die Kontrolle der Bandposition wirkt sich positiv auf die Lackhärtung aus. Sie ist gleichmäßiger. Die Düsen können in variablen Abständen vom Band positioniert werden.

Beim Durchlauf durch den Trockner ändern sich die Temperatur des Substrats und der Beschichtung, der Vernetzungsgrad und die Lösemittelkonzentration kontinuierlich [21–24]. Deshalb ist es sinnvoll, den Konvektionstrockner modular aufzubauen. In der ersten Ofenzone wird das Band stark aufgeheizt, damit bereits ein großer Anteil des Lösemittels aus der Lackoberfläche verdampfen kann. Die Bandtemperatur ist hier noch relativ niedrig. Das restliche Lösemittel wird in der zweiten Zone ausgetrieben. In den folgenden 2 bis 5 Zonen erreicht das Metallband die endgültige zum Aushärten notwendige Temperatur, die als PMT (peak metal temperature) und im allgemeinen Sprachgebrauch auch als „Objekttemperatur" bezeichnet wird. Sie ist abhängig vom Lack und liegt im Bereich von ungefähr 160 °C als Minimum, meist jedoch zwischen 200 bis 270 °C und selten darüber.

Ist die Objekttemperatur erreicht, ist eine Haltezeit von etwa 1 bis 2 Sekunden erforderlich. Die Lackoberfläche härtet in diesen Ofenabschnitten aus. Ihre endgültigen Eigenschaften erreicht sie aber erst im letzten Abschnitt.

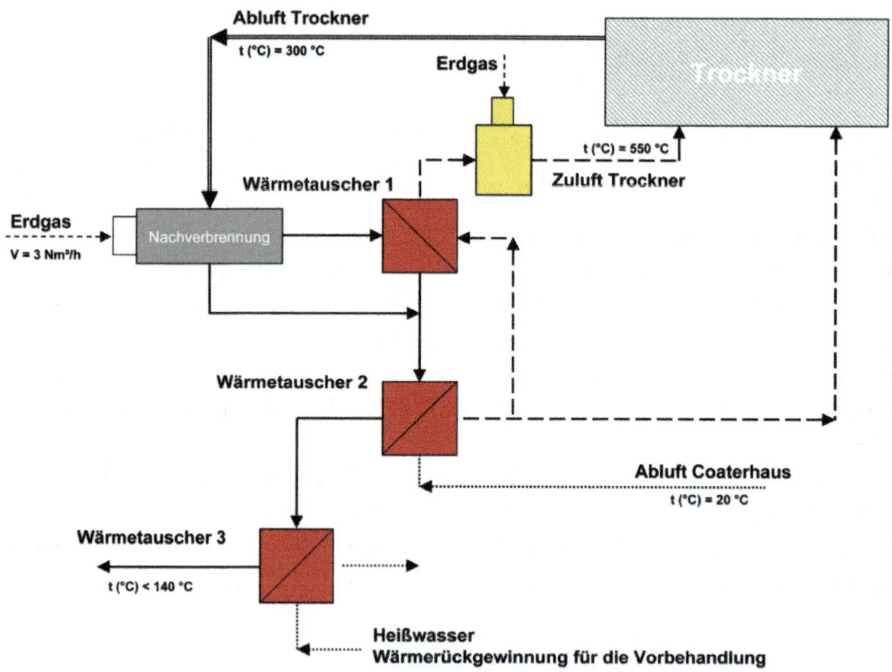

Bild 4.18 Schema der Beheizung eines Konvektionstrockners.
(Quelle: Langbein & Engelbracht, Bochum)

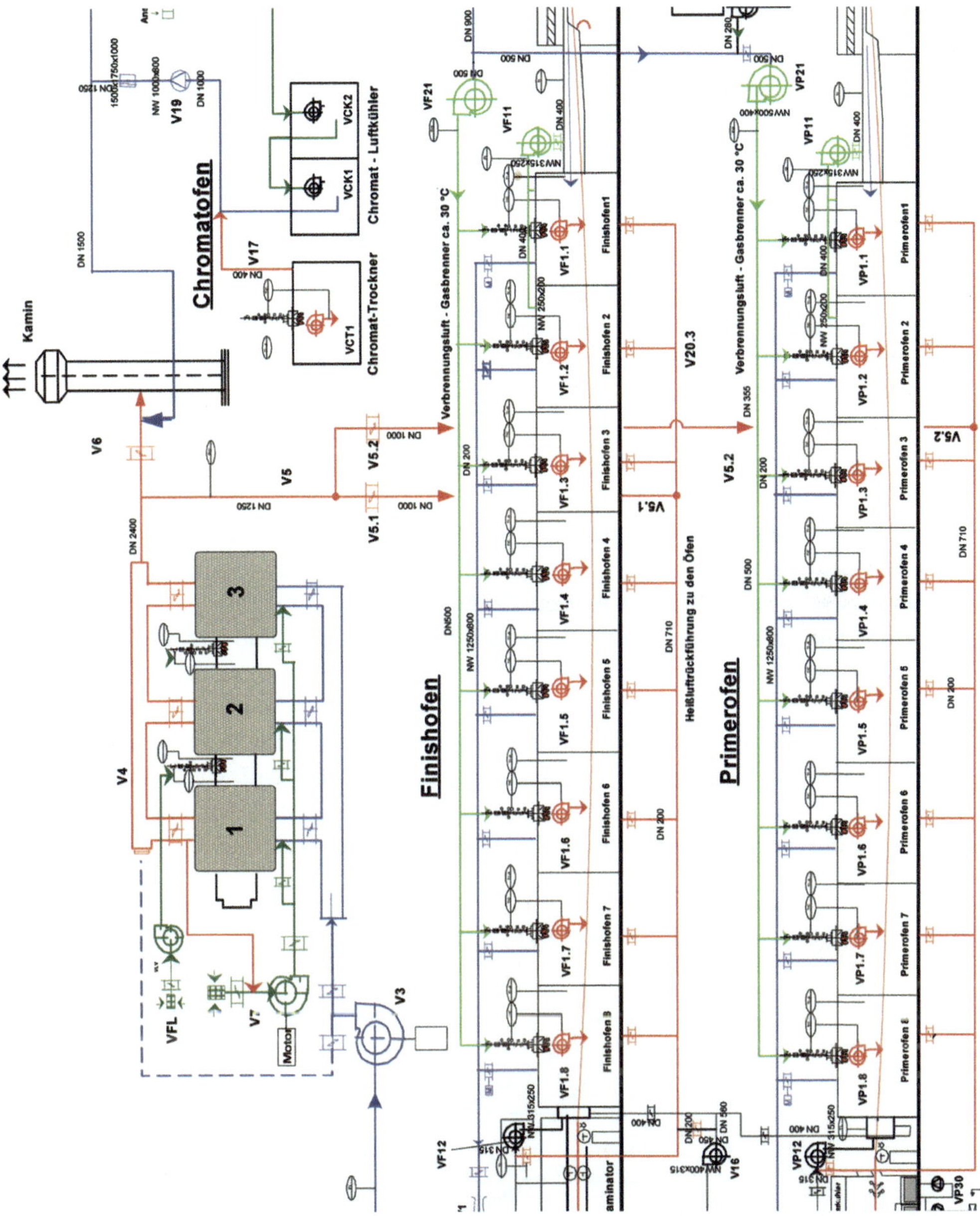

Bild 4.19 Ausschnitt eines Anlageschemas der Anlage 2 der Salzgitter Flachstahl AG mit indirekt beheiztem Decklacktrockner und direkt beheiztem Grundierungstrockner mit Zusatzbrennern. (Quelle: GATV, Leverkusen)

Jede Ofenzone verfügt über eine eigene Ventilation, eine automatische Frisch- und Abluftführung und eine temperaturgeregelte Beheizung. Je größer die Zahl der Zonen ist, desto genauer lässt sich die Objekttemperatur erreichen. Das Einbrennen der Lackschichten dauert bei modernen Anlagen weniger als 30 Sekunden. Das Metall wird in dieser kurzen Zeit auf Temperaturen von 200 bis 290 °C aufgeheizt. Das schnelle Aufheizen ist hier essenziell, um bei der hohen Bandgeschwindigkeit die Baulänge des Einbrennofens zu begrenzen. Bei einer „normalen" Bandgeschwindigkeit von 150 m/min bedeuten 20 Sekunden Einbrennzeit bereits eine Ofenlänge von 50 Metern. Die Gesamtlänge der Trockner liegt zwischen 15 bis 50 m.

Die Beheizung erfolgt bei den Konvektionstrocknern direkt durch Gas- oder Öl-Brenner oder indirekt mittels Heißluft (Bild 4.18, Bild 4.19), die in der integrierten Wärmerückgewinnung der thermischen Nachverbrennung (TNV) auf Temperatur gebracht wird. Die bis zu 400 °C heiße Luft wird mit Geschwindigkeiten in der Größenordnung von 40 m/sec, bei Schwebetrocknern bis ca. 60 m/sec, umgewälzt. Auf diese Weise ist eine hohe Wärmestromdichte möglich.

Für die Trocknung jedes Beschichtungsstoffes kann ein Toleranzbereich aus Temperatur und Zeit definiert werden, in dem die Trocknung optimal verläuft (Bild 4.20). Unterhalb dieses Bereiches kommt es zum Unterbrennen. Die Vernetzung ist dann nicht ausreichend und Härte und Kratzfestigkeit sowie Beständigkeit und Haftung zu Substrat und Decklack können mangelhaft sein. Beim Überbrennen oberhalb des optimalen Temperatur-Zeit-Bereiches sind vor allem die Elastizität und die Haftung zur Grundierung nicht optimal. In dem Bereich zwischen Über- und Unterbrennen kann die Trocknungszeit verkürzt werden, wenn die Temperatur erhöht wird. Die Toleranzbreite nimmt aber zu kürzeren Trocknungszeiten hin stark ab, bis dann eine Zeitverkürzung nicht mehr durch eine Temperaturerhöhung ausgeglichen werden kann.

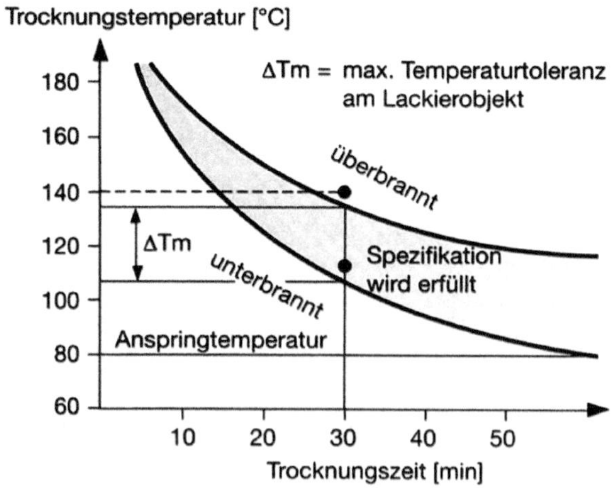

Bild 4.20 Toleranzbereich für die Trocknung. (Quelle: A. Goldschmidt, H.-J. Streitberger [18])

Während der Trocknung diffundieren Lösemitteldämpfe und organische Spaltprodukte aus der Beschichtung. Die Konzentration der organischen Lösemittel muss während des gesamten Einbrennvorganges mit vorgeheizter Luft so weit verdünnt werden, dass in keinem Betriebszustand eine explosive Atmosphäre entstehen kann. Die Umluftmengen liegen z. B. bei 75.000 Nm^3/h für die Primer-Trockner mit Lösemittelbelastung von maximal 200 kg/h bzw. mit einer Belastung von maximal 550 kg/h für den Decklacktrockner.

Um die Betriebssicherheit des Trockners zu gewährleisten, wird die Lösemittelkonzentration in den einzelnen Trocknerzonen kontinuierlich überwacht [25, 26]. Es handelt sich dabei um die kontinuierliche, sekundenschnelle Ermittlung der Explosionsfähigkeit bzw. der unteren Explosionsgrenze (UEG). Durch die Regelung der notwendigen Heißluftmengen wird eine zusätzliche Reduzierung der Energiekosten erzielt. Als Gaswarneinrichtungen dienen Flammenionisationsdetektoren (FID-Geräte) und Flammentemperaturanalysatoren (FTA-Geräte).

4.4.1.2 Thermische Nachverbrennung

Die mit Lösemittel angereicherte Abluft verlässt den Trockner mit einer Temperatur von 250 bis 350 °C. Sie wird dann in einer thermischen Nachverbrennung (TNV) gereinigt [27–31]. Die hierbei erzeugte Wärme wird zum Aufheizen der Ofenluft wieder verwendet. Auf diese Weise kann der eigentliche Einbrennprozess in der Coil-Coating-Anlage mit einem sehr geringen Einsatz an Primärenergie während der laufenden Lackierung betrieben werden.

Bei der thermischen Nachverbrennung wird die Abluft aus den Trocknern auf über 750 °C erwärmt. Bei diesen Temperaturen werden die Kohlenwasserstoffe (VOC = volatile organic compounds/flüchtige organische Verbindungen) sicher zu Wasser (H_2O) und Kohlendioxid (CO_2) oxidiert.

$$\text{VOC} + O_2 \rightarrow CO_2 + H_2O + \text{Energie}$$

Die Energiemenge, die zurückgewonnen werden kann, ist abhängig von der Zusammensetzung und Konzentration der Kohlenwasserstoffe im Abgas. Der thermische Wirkungsgrad ist größer als 96 %. Damit werden Restgehalte in der Reinluft von unter 10 mg/Nm^3 bei Kohlenmonoxid (CO) und Stickoxiden (NO_x) bzw. unter 5 mg/Nm^3 bei Kohlenstoff (C_{org}) erreicht.

Es gibt im Wesentlichen zwei Verfahren für die thermischen Nachverbrennung, das thermisch rekuperative Verfahren (TNV) und das thermisch regenerative Verfahren (RNV). Beim rekuperativen Verfahren (Bild 4.21) wird die Abluft mittels Wärmetauscher auf eine Temperatur von bis zu 500 °C erwärmt und mit Hilfe einer Stützfeuerung (Primärenergie) weiter auf die zur Oxidation notwendigen 750 °C erhitzt.

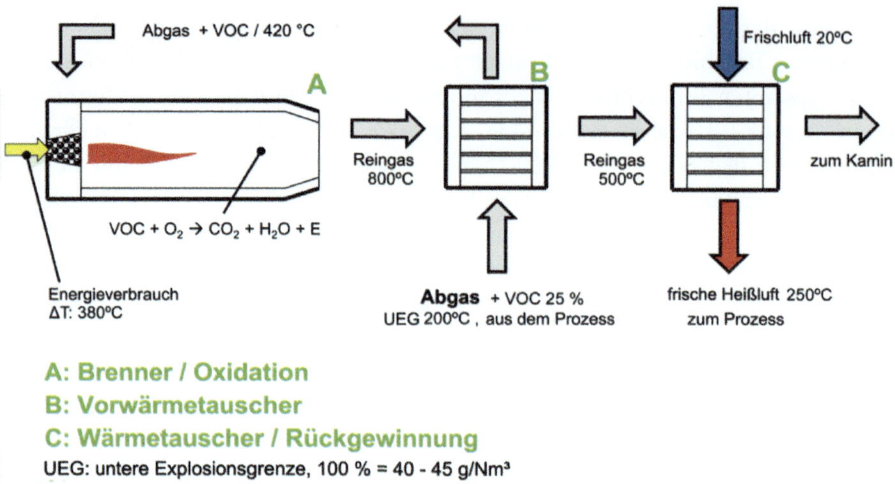

Bild 4.21 Schema der rekuperativen Nachverbrennung [31]. (Quelle: Fives Stein Bilbao, Spanien)

Beim regenerativen Verfahren (Bild 4.22) ermöglichen keramische Wärmetauscher eine Vorwärmung deutlich über die Zündtemperatur, d. h. auf über 700 °C.

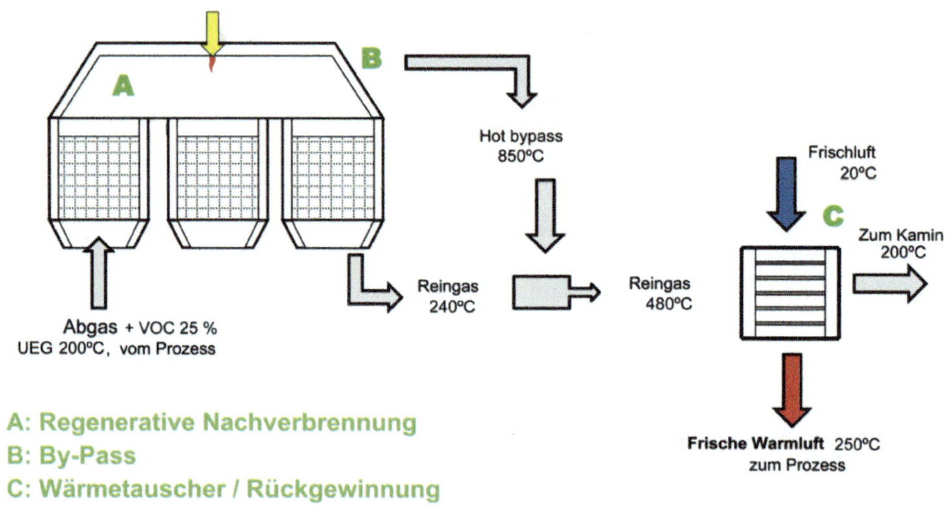

Bild 4.22 Schema der regenerativen Nachverbrennung [31]. (Quelle: Fives Stein Bilbao, Spanien)

Vergleicht man die beiden Systeme [31], so zeigt sich, dass das regenerative Verfahren über eine längere Zeit betrachtet, das günstigere ist, obwohl Anfahrzeit, Investitionskosten und Anlagengröße erheblich größer sind (Tabelle 4.2). Das rekuperative Verfahren benötigt nur wenig Platz und damit sind auch die Investitionskosten geringer. Die Anfahrzeit ist nur kurz und es können auch hochbeladenen Abgasströme gereinigt werden. Allerdings ist der Gasverbrauch für die Oxidation erheblich höher als beim regenerativen Verfahren, so dass es sich über einen längeren Zeitraum betrachtet als wirtschaftlicher erweist. Seit 2011 ist eine Induktionstrocknung gekoppelt mit einer regenerativen Nachverbrennung in Betrieb.

Tab. 4.2 Vergleich von rekuperativer und regenerativer Nachverbrennung [31]

	Rekuperativ	**Regenerativ**
Anfahrzeit	kurz	lang
Flexibilität Durchflussrate	20 – 100 %	35 – 100 %
Konzentration	0 – hohe % UEG	0 – 25 % UEG
Größe	klein	groß
Investition	gering	hoch
Energieverbrauch:		
Anfahrphase	647 Nm^3/h	160 Nm^3/h
Ein-Schicht-Lackierung	160 Nm^3/h	4 Nm^3/h
Zwei-Schicht-Lackierung	260 Nm^3/h	4 Nm^3/h

4.4.2 Infrarot-Trocknung

Die Infrarot-Trocknung basiert auf der Absorption der Wärmestrahlung, die gut kontrollierbar von Infrarot-Strahlern emittiert wird. Hierbei handelt sich um eine elektromagnetische Strahlung vorzugsweise im kurz- und mittelwelligen Bereich. Die Wärme wird abhängig von der Strahlungsintensität und der Beschichtung reflektiert, absorbiert und auf das Metallband weitergeleitet, wodurch dieses aufgeheizt wird (Bild 4.23). Durch die Wärme induziert, wird die Beschichtung getrocknet, die Lösemittel gasen aus und die Lackkomponenten vernetzen. Da die Strahlung direkt auf das Band geleitet wird, ist die Aufheizung und damit auch der gesamte Trocknungsvorgang erheblich schneller als bei der Konvektionstrocknung. Der Wirkungsgrad liegt bei über 70 % [32].

Die theoretischen Grundlagen werden durch die für ideale Verhältnisse geltenden Gesetze von Stefan-Boltzmann, Wien und Planck beschrieben. Der Planck'scher Strahlungssatz definiert die wellenlängenabhängige Strahlungsintensität, der Satz von Stefan und Boltzmann die Abhängigkeit der Strahlerleistung von der Temperatur. Der Wien'sche Verschiebungssatz beschreibt schließlich die Verschiebung des Maximums der Strahlungskurve zu kürzeren Wellenlängen bei zunehmender Temperatur.

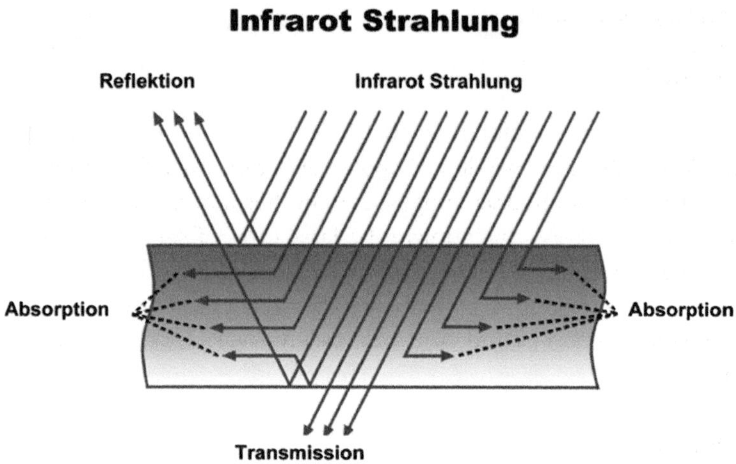

Bild 4.23 Schematische Darstellung der Einwirkung von Infrarot-Strahlung auf das beschichtete Blech. (Quelle: Heraeus Noblelight GmbH, Hanau)

Die Gasstrahler, elektrische Quarzrohrstrahler mit Metallwendeln oder Carbon-Strahler arbeiten bei Wellenlängen-Maxima von circa 1,6 bis 2,4 µm. Wegen der geringen thermischen Masse und des hohen Strahlungsanteils kann der Trockner sehr schnell an und abgeschaltet werden. Die Aufheizzeit ist gering. Eine Minute Aufwärmzeit reicht aus, um den Trockner auf Betriebsbedingungen zu bringen. Konvektionsöfen brauchen erheblich länger bis sie auf Betriebstemperatur sind, weil erst der ganze Trockner angewärmt werden muss. Zudem ist der IR-Trockner sehr einfach regelbar. Man fährt mit geringer Geschwindigkeit an, ist die richtige Einstellung gefunden, wird die Geschwindigkeit hochgefahren. Dadurch werden beim Start nur geringe Mengen an Ausschussblech produziert. Die Bandspannung muss jedoch regelmäßig kontrolliert werden, denn auf einem durchhängenden Band wird die Temperaturverteilung ungleichmäßig und der Energieverbrauch steigt an.

Ein weiterer Vorteil der IR-Trocknung ist der relativ geringe Platzbedarf. Sie eignet sich außerdem für alle Lacke. Die Lösemittel werden über eine Luftzuführung zur Abgasreinigung abtransportiert. Allerdings hat sich diese Trocknung bisher vorzugsweise nur für die Band-Pulverbeschichtung durchgesetzt. Dort werden Durchlaufzeiten von circa 1 Minute bei Objekttemperaturen von 250 bis 270 °C erreicht. Für Breitband Coil-Coating-Anlagen ist bisher nur ein Beispiel in Mexiko bekannt [33].

4.4.2.1 NIR (Nah-Infrarot)-Trocknung

In den letzten Jahren hat sich die Trocknung durch Strahlung im nahen Infrarot Bereich, die NIR-Technik, einen Namen gemacht. Der genutzte Wellenlängenbereich liegt zwischen der Grenze zum sichtbaren Licht bei 0,8 µm bis zum Übergang zum kurzwelligen Bereich bei 1,2 µm (Bild 4.23). Bei einem Wellenlängenmaximum von 0,96 µm beträgt die Strahlertemperatur 3000 K. Bei niedrigerer Temperatur verringert sich die abgestrahlte Leistung deutlich und das Maximum verschiebt sich zu höheren Wellenlängen.

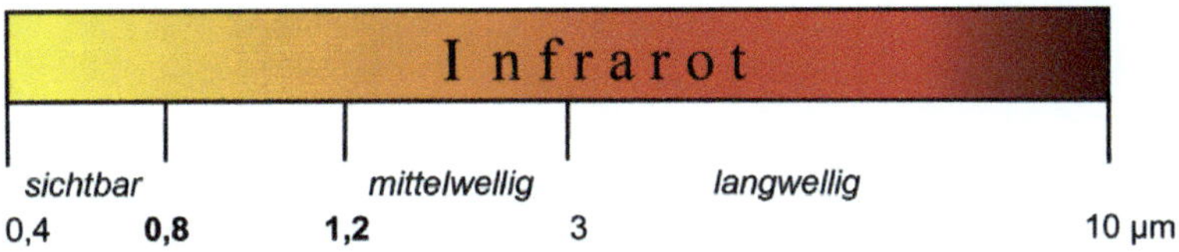

Bild 4.24 Wellenlängenspektrum mit NIR-Bereich. (Quelle: Lambda Technology, Egling)

Bei der NIR-Technologie [34-45] wird mit Hilfe von speziellen Hochleistungsstrahlern, sogenannten NIR-Emittern, die eine Oberflächentemperatur von mindestens 3.000 K besitzen, und mit speziellen, fokussierten Reflektorsystemen eine sehr schnelle, direkte Aufheizung der organischen Beschichtung erreicht. Dies wird möglich, weil fast 90 % der Energie in einem Wellenlängenbereich emittiert werden, in dem die Energie von der Lackschicht absorbiert werden kann, und auch auf Grund hoher Leistungsdichten von mehr als 1000 kW/m² bis 1500 kW/m² (Bild 4.25).

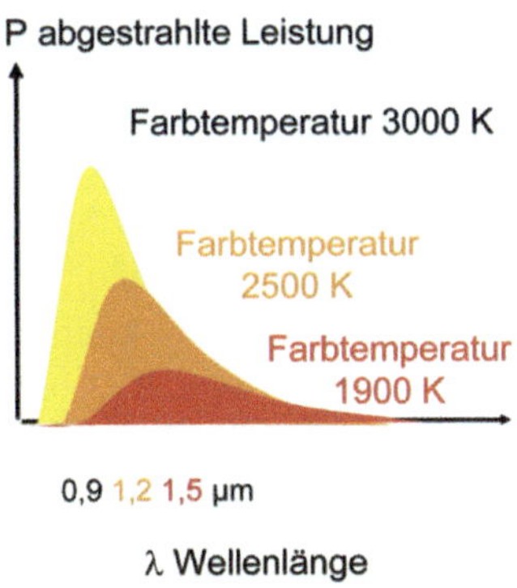

Wellenlängen-maximum µm	Farbtemperatur K
0,9	3000
1,2	2500
1,5	1900

Bild 4.25 Energiedichte in Abhängigkeit von der Wellenlänge. (Quelle: Lambda Technology, Egling)

Hierdurch können Prozesszeiten von weniger als 1-3 sec, selbst bei Trockenschichtdicken von mehr als 20 µm, umgesetzt werden. Zum ersten Mal wurde die NIR-Technologie 2003 beim Ausbau einer elektrolytischen Bandverzinkungsanlage eingesetzt [34] (Bild 4.26). Die Bandverzinkungsanlage erhielt eine Sektion für die Beschichtung von Stahlblech mit schweißfähigen Korrosionsschutzprimern für den Einsatz in der Automobilindustrie (siehe Kapitel 4.7).

Heute werden NIR-Anlagen weniger als komplette Trocknereinheit eingesetzt, sondern eher als sogenannte Booster zur schnellen Aufheizung des Bandes vor dem Eintritt in den Trockner.

Bild 4.26 Blick in ein NIR-Trocknungssystem. (Quelle: Adphos GmbH, Bruckmühl)

4.4.3 Induktionstrocknung

Ein Beispiel einer elektrothermischen Behandlung ist die induktive Trocknung. Sie beruht auf hochfrequenten Wirbelströmen, die von Spulen, die das Band umgeben, im Band induziert werden [46, 47]. Der thermische Gradient verläuft vom Substrat in die Lackschicht, so dass die Lösemittel blasenfrei ausgetrieben werden können. Üblicherweise wird mit einer Frequenz von 10 kHz gearbeitet. Bei dünnen Bändern kann es erforderlich sein, die Frequenz anzuheben. Die Spulen haben Längen von z. B. 3 bis 4 Metern. Die Gefahr, dass an den Kanten Überhitzung auftritt, lässt sich durch geeignete Spulen verringern. Um die Lösemittel effektiv zu entfernen, wird heiße Luft über das Band geführt, die der Nachverbrennung zugeführt wird.

Für die Induktivtrocknung kommt prinzipiell nur Stahl in Frage. Sie ist wie die IR-, insbesondere die NIR-Trocknung, gut regelbar. Der Trockner kann sehr schnell an- und abgefahren werden. Die trägheitsarme Start/Stop-Funktion verbessert die Produktivität im Vergleich zur Konvektionstrocknung. Die Anlagen sind kompakt und werden in horizontaler oder vertikaler Bauweise ausgeführt. Für die Induktivtrocknung sind alle Beschichtungssysteme geeignet. Der Nachteil der Methode liegt in den höheren Betriebskosten.

Die Induktionstrocknung wurde bereits 1960, wahrscheinlich zum ersten Mal auf dem europäischen Kontinent, in der ersten Stahlbreitband-Beschichtungsanlage der damaligen Trierer Walzwerk AG des Hoesch-Konzerns in Wuppertal eingesetzt. Heute gibt es eine Reihe von Kombinationsanlagen für die Schmelztauchverzinkung plus Beschichtung, aber auch für die Emballagenlackierung und das Pulverbeschichten.

4.4.4 Strahlenhärtung

Die Strahlenhärtung, eine zukunftsweisende Technologie, erweckte großes Interesse in der Coil-Coating-Branche, jedoch hat sie bisher noch keinen Durchbruch erzielt. Die UV-Technologie wurde nur in wenige Beschichtungsanlagen integriert [48-56].

Unter dem Begriff Strahlenhärtung versteht man in der Beschichtungstechnologie den Einsatz von Elektronen- oder UV-Strahlung zur Initiierung einer chemischen Vernetzungsreaktion. Die Elektronenstrahlhärtung (ESH bzw. Electron Beam Curing = EBC) erfolgt im Energiebereich zwischen 90 bis etwa 250 keV. Die UV-Härtung nutzt üblicherweise UV-Licht im Energiebereich von 3,3 eV bis 1 keV, also bei Wellenlängen von 380 bis 200 nm [57]. Beide Technologien wurden etwa gleichzeitig in den 1960er Jahren entwickelt, allerdings nicht für die Bandbeschichtung.

Die Strahlenhärtung ist eine radikalische Polymerisation. Durch die eingestrahlte Energie werden Radikale erzeugt, die dann mit den Komponenten der Beschichtung, die über ungesättigte chemische Bindungen verfügen, reagieren und ein Netzwerk ausbilden. Die Bestandteile eines UV-härtbaren Lackes sind im Wesentlichen:

- das Bindemittel, eine Mischung aus niederviskosen Monomeren, Oligomeren und hochviskosen Präpolymeren
- Pigmente
- Fotoinitiatoren und
- Additive (z. B. für die Stabilisierung und zur Verbesserung des Gleitvermögens).

Da die Energie des UV-Lichts allein nicht ausreicht, um Radikale zu erzeugen, wird hier ein Fotoinitiator benötigt. Quecksilber-Quarzglaslampen, in denen bei Temperaturen von etwa 6000 °C ein Plasma erzeugt wird, emittieren das zur Polymerisation benötigte UV-Lichtspektrum. Die UV-härtbaren Lacke werden ohne Lösemittel mit nahezu 100 % Festkörper und als wasserverdünnbare Systeme (Festkörpergehalt 20 bis 85 %) formuliert. Bei der Aushärtung der 100-%-Systeme steigt die Bandtemperatur nur relativ wenig an. Bei den wasserverdünnbaren Systemen muss natürlich das Wasser zuvor durch zusätzliche Energiezufuhr entfernt werden. Die UV-Beschichtungssysteme eignen sich für dünne klare Schichten, z. B. Primer und Vorbehandlung, mit Schichtdicken bis zu 20 µm [58].

Bei der Elektronenstrahlhärtung wird kein Initiator benötigt. Die Strahlung ist so energiereich, dass sie direkt die ungesättigten Bindungen der Bindemittel angreift und Radikale erzeugt. Sie lässt sich auch für pigmentierte Systeme einsetzen. Die Vorteile der Strahlungshärtung sind: Die Applikation der Lacke ist auf dem üblichen Coater mit hohen Bandgeschwindigkeiten möglich. Sie kann horizontal und vertikal erfolgen. Die Aushärtung erfolgt sekundenschnell („kalte" Vernetzung). Bei 100-%-Systemen ist keine zusätzliche Wärmezufuhr bzw. Abkühlung notwendig [58].

Interessante Anwendungen für die Strahlungshärtung ergeben sich bei der Kombination von chemischer Vorbehandlung und Primer. Wegen der sekundenschnellen Härtung ist der Platzbedarf für einen UV- oder ESH-Trockner sehr gering. Deshalb können Anlagen für die Applikation und Trocknung mit relativ geringem Aufwand auch im

Auslaufbereich von Bandverzinkungsanlagen installiert und betrieben werden. Sicherheitstechnische Maßnahmen zum Strahlenschutz sind eine Voraussetzung für den anlagengemäßen Betrieb.

4.5 Folienlaminierstation und Anlagenausgang

Das heiße, beschichtete Stahl- oder Aluminiumband wird nach dem Trocknen innerhalb weniger Sekunden abgekühlt und durchläuft eine visuelle Inspektionsstation. Hier wird die Oberfläche auf optische Fehler geprüft. Danach durchläuft das Band den Bandspeicher, bevor es wieder zu einem Coil aufgewickelt wird. Ist schließlich die gewünschte Bandlänge aufgewickelt worden, wird es abgeschnitten, vom Haspel abgenommen und für die Einlagerung, die eventuelle Längs- und Querteilung und den Versand verpackt (Bild 4.27).

Bild 4.27 Am Anlagenende wird das Band wieder aufgehaspelt, dann verwogen, umreift und schließlich etikettiert. (Quelle: Siemens VAI Metals technologies GmbH & Co., Linz)

Um das nachfolgende Coil aufzuwickeln, wird der Bandanfang mit Hilfe eines Riemenwicklers angewickelt, bis der Haspel das Metallband alleine weiter aufwickeln kann (Bild 4.28). Da der gesamte Vorgang bis zu zwei Minuten Zeit beansprucht, puffert der Bandspeicher im Auslauf der Coil-Coating-Anlage in der Zwischenzeit das Metallband.

Direkt nach dem letzten Trockner ist in vielen Bandbeschichtungsanlagen eine Folienkaschierstation integriert. Eine Folie soll das lackierte Blech vor Beschädigung und Verschmutzung während des Transports, der Lagerung und der Verarbeitung, beim Tiefziehen, Walzprofilieren oder Abkanten schützen. Sie wird erst nach der Montage vom Fertigteil abgezogen.

Laminiert werden abziehbare Polyester-Folien, die mit einem Klebstoff versehen sind und bei Raumtemperatur unter Druck auf das Blech gebracht werden. Weitaus häufiger ist jedoch die Heißkaschierung, bei der eine Folie ohne Klebstoff direkt nach dem Trockner auf das noch heiße Band bei Temperaturen zwischen 200 und 240 °C auflaminiert wird. Hier werden Polyester, aber auch Verbundfolien mit PET, Polypropylen oder Polyvinylacetat verarbeitet. Die Haftung der Folien kann durch eine Corona-Vorbehandlung optimiert werden, indem ihre Oberfläche aktiviert wird.

Bild 4.28 Das fertig beschichtete Band wird auf den Haspel aufgewickelt. (Quelle: Siemens VAI Metal Technologies GmbH & Co., Linz)

Die Folien sind in der Regel transparent, manchmal auch pigmentiert. Ihre Auswahl wird an Hand verschiedener Kriterien wie Kunststoff, Dicke, Haftungseigenschaften, Umformbarkeit, Zerreißfestigkeit und Lichtbeständigkeit getroffen. Folien mit Klebfilm sind 60 bis 120 µm dick. Die Dicke der Heißkaschierfolien reicht von 50 bis 150 µm. Essenziell ist, dass die Folienhaftung auf die Beschichtung abgestimmt ist. Diese Folien sind im Gegensatz zu den sogenannten Permanentfolien, die anstelle eines Decklacks appliziert werden, nicht als Langzeitschutz konzipiert und sollten nach der Montage innerhalb einer vom Beschichter vorgegebenen Zeit abgezogen werden. Auch spezielle Schutzfolien können der Außenbewitterung nur für eine begrenzte Zeit ausgesetzt werden.

Folien werden nur einseitig aufgebracht. Dieser Laminiervorgang wird auch über Walzen abgewickelt [59]. Dabei muss ein auf die Geschwindigkeit des Metallbands abgestimmter Folientransport erreicht werden, der auch beim Wechsel der Folienrollen erhalten bleibt. Außerdem müssen Vorkehrungen getroffen werden, die Folien blasen- und faltenfrei auf das Band zu bringen. Auf einer Abwickelstation werden die Folien von der Rolle in den Beschichtungsprozess eingeführt. Zu der Abwickelvorrichtung gehört eine Klebewalze, auf der die Folienrollen endlos aneinander geklebt werden. Ein Walzenpaar hält die Spannung während des Klebens aufrecht und eine weitere Walzeneinrichtung, die Tänzerwalzen, sorgt dafür, dass die Folienbahnen unter Spannung gehalten werden, damit sie glatt auf das Blech kommen. Das Kaschierwerk ist mit Kaschierwalzen und Gegenwalze ausgerüstet. Der Durchmesser der Walzen liegt bei 300 mm. Sie sind beispielsweise mit Silikongummi beschichtet und wassergekühlt. Eine Profilwalze mit kleinerem Durchmesser regelt den Kaschierwinkel und die Breitstreckwalze hält die Zugspannung aufrecht und garantiert eine faltenfreie Laminierung. Unter dem durch die

Walzen und die Bandgeschwindigkeit aufgebrachten Druck wird die Folie auf das Band kaschiert. Das Band wird danach sofort abgekühlt, wodurch ein Verbund mit optimaler Haftung entsteht.

Bei speziellen Lackierungen gibt es noch weitere Nachbehandlungsmöglichkeiten. So werden PVC-Beschichtungen häufig unmittelbar hinter dem Trockner mit einer dekorativen Prägung versehen. Blech, das in der Coil-Coating-Anlage nur mit einem Korrosionsschutzprimer versehen wurde, kann mit herkömmlichem Korrosionsschutzöl oder Prelubes versehen werden.

4.6 Alternative Applikationsverfahren

4.6.1 Folienbeschichtung

Es hat nicht an Versuchen gefehlt, alternative Verfahren für die Bandbeschichtung zu entwickeln. Dazu gehört auch das Laminieren von Kunststofffolien anstelle der Decklacke. Folienbeschichtete Metallbänder sind mit einem Anteil von weniger als 5 % unter den Bandbeschichtungsprodukten vertreten. Damit gehören sie heute noch zu einer zwar mengenmäßig kleinen, aber interessanten, die Gebrauchseigenschaften und Anwendungen erweiternden Produktvariante.

Bei der Beschichtung wird auf eine Grundierung ein lösemittelhaltiger Klebstoff konventionell mit dem Coater, beispielsweise dem Decklack-Coater, aufgebracht. Der durch die anschließende Wärmebehandlung aktivierte Klebfilm erlaubt das meist einseitige Laminieren mit Walzen am Trocknerausgang bei Objekttemperaturen um 200 °C.

Zu den wichtigsten Beschichtungsstoffen gehören Folien auf der Basis von PVC (glatt oder dekorativ geprägt, einfarbig oder mehrfarbig bedruckt und versiegelt; halbharte oder harte, weichmacherfreie Ausführungen), von Polyvinylfluorid (PVF, einfarbig, matt, neuerdings auch in Effektvarianten) und transparente Polyolefin-Folien (PE, PP).

4.6.2 Verbundsysteme

Ein weiteres alternatives Applikationsverfahren ist das kontinuierliche Auftragen eines dünnen Metallbands („dubliert“). Derartige Sandwich-Verbundsysteme aus Metall/viskoelastischer Zwischenschicht/Metall haben schalldämpfende Eigenschaften (siehe Kapitel 2). Die Zwischenschicht ist im Allgemeinen 20 bis 50 μm dick.

4.6.3 Pulverbeschichten

In den letzten zwei Jahrzehnten sind eine Reihe interessanter weiterer Coil-Coating-Varianten auf Basis von lösemittelfreien Beschichtungsstoffen vorgestellt worden, die teilweise bereits ihren Einsatz in die Serienfertigung gefunden haben [60-75]. Diese Entwicklungen werden weiter fortgeführt.

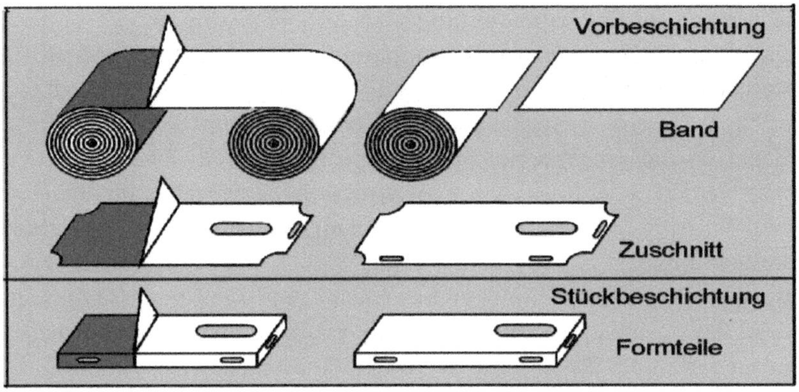

Bild 4.29 Schematische Darstellung der Pulverbeschichtungsverfahren. (Quelle: Urheberrecht beim Autor)

Das Pulverbeschichten von Formteilen (Stückbeschichtung) und Zuschnitten (blanks) ist schon lange bekannt. Das Pulverbeschichten am Band wird in Europa seit etwa 20 Jahren praktiziert. Hierbei geht man direkt vom Coil aus, das kontinuierlich beschichtet wird (Bild 4.29).

Das Pulverbeschichten hat sich in Europa weit mehr als in anderen Weltregionen durchgesetzt. In Europa laufen 13 Breitbandanlagen für das Pulverbeschichten von Aluminium und/oder Stahl vor allem in mittelständischen Unternehmen, die teilweise eine eigene Weiterverarbeitung integriert haben [76]. Sie sind bis auf eine [69] für Breitband ausgelegt und in Deutschland (Fa. Rudolf Wiegmann Metallcolor GmbH, Bersenbrück [70,71]), in Italien - hier steht die erste europäische Bandanlage bei der Fa. Otefal in Bazzano (AQ) [11, 72–75] - in Spanien, Frankreich, Belgien und Russland installiert.

Fast alle Anlagen sind von konventioneller Bauart und arbeiten mit elektrostatischen (Automatik-)-Sprühpistolen (EPS) bei vorwiegend horizontaler Applikation; gelegentlich läuft das Metallband senkrecht aufsteigend durch die Beschichtungszone. Die Sichtflächenleistung begrenzt die nutzbare Anzahl der Sprühpistolen, so dass die Durchlaufgeschwindigkeiten nur zwischen 6 und 25 m/min liegen. Es gilt meist die alte Faustformel: eine Sprühpistole pro m/min Bandgeschwindigkeit. Der niedrige Durchsatz und die konventionelle Trocknungstechnik stehen im Gegensatz zu den Möglichkeiten der Hochleistungslackieranlagen. Sie verhindern, dass das derzeitige Verfahren nicht alternativ zur Bandlackierung eingesetzt werden kann.

Die Pulverlacke werden meist einseitig und einschichtig aufgetragen. Die Bandbreiten liegen zwischen 500 und 1.700 mm, die typischen Schichtdicken bei 50 bis 80 µm. Es wird fast ausschließlich vorlackiertes, d. h. chemisch vorbehandeltes, geprimertes und/ oder mit einer Rückseitenbeschichtung versehenes Metallband von einer konventionellen Bandbeschichtungsanlage eingesetzt. Die Wärmebehandlung erfolgt in der Regel wie bei vielen anderen industriellen Anwendungen durch eine Kombination von Infrarotstrahlung und Umlufttrocknung. Auf einigen Anlagen kann sowohl Band als auch Blech beschichtet werden.

Vorteile bietet die Pulverbeschichtungstechnik, weil sie praktisch ohne Lösemittel auskommt, also VOC(volatile organic compounds)-frei arbeitet. Es ist keine Abgasreinigung erforderlich, die Investitionskosten sind geringer als bei einer Bandbeschichtung. Eine flexible Fahrweise ermöglicht kleinere Losgrößen und kürzere Lieferzeiten. Die beschichteten Bleche bzw. Paneele können besser mit pulverstückbeschichteten Objekten kombiniert werden. Allerdings darf nicht vergessen werden, dass die höheren Schichtdicken und der Aufwand beim Einsatz von vorbeschichteten Substraten zu höheren Fertigungskosten führen.

Auch in der Pulverbeschichtung gibt es einen Trend zur Kombination von Anlagen. So wurde in Italien eine Pulverbandbeschichtungsanlage mit einer vorgeschalteten Bandlackieranlage verknüpft. Dies erhöht die Flexibilität im Lieferangebot.

Ende der 1990er Jahre wurden innovative Verfahrensentwicklungen zum kontinuierlichen Pulverbeschichten vorgestellt, die Geschwindigkeiten deutlich über der „Schallmauer" von 20 m/min erlauben sollten. Es wurde vor allem die Applikation der Pulverlacke als prozessbegrenzender Schritt modifiziert. Mit der Nah-Infrarot (NIR)-Trocknungstechnik gelang ein erster Durchbruch in Richtung kürzerer Anlagenbauweise und effizienterer Trocknung [77,78].

Die Technologie vom SMS Demag AG und Materials Sciences Corp. (MSC) in Chicago wurde ab 1999 auf der MSC-Bandlackieranlage in Middletown, Ohio, kommerziell eingesetzt, konnte sich aber weltweit nicht durchsetzten [79,80]. Die weitere Verfahrens- und Produktentwicklung sowie die Lizenzvergabe wurden eingestellt. Das Anlagenkonzept entsprach in seiner Größenordnungen den Bandanlagen in der Stahl- und Aluminiumindustrie. Neu war die Applikationstechnik, die ein- oder zweiseitige Elektrostatik-Technik. Das Pulver wurde in einer staubdichten „Powder Cloud"-Kammer aufgetragen, die bei Farbwechsel auswechselbar war. Die Erzeugung und Dosierung des Sprühnebels erfolgte über rotierende Bürsten und die Aufladung der Pulverteilchen über Koronadrähte mit einem hohen Erstauftragswirkungsgrad über die ganze Bandbreite. Für die Wärmehärtung wurde das Induktionsverfahren mit induktiver Querfelderwärmung eingesetzt.

Von ArcelorMittal wurde 2005 ein neues Applikationssystem mit einer vertikalen Zelle vorgestellt [81]. Es ist mit einem in Bandrichtung verlaufenden Drahtgeflecht versehen, das als Element der Corona-Aufladung dient. Die Entwicklung erfolgte in einer Pilotanlage. Das Verfahren erlaubte eine einseitige Abscheidung. Es soll hohe Bandgeschwindigkeiten ermöglichen und Schichtdicken bis zu 100 µm. Eine betriebliche Realisierung gibt es nicht.

Einen ganz anderen Weg geht das von der niederländischen DSM Resins, seinerzeit gemeinsam mit der Michael Huber München GmbH vorgeschlagene Magnetbürsten-Verfahren (EBM, Electro-Magnetic Brush), das von dem bei Kopiergeräten und Laserdruckern benutzten Prinzip abgeleitet wurde [82–86]. Die Pulverlackteilchen werden auf magnetisch aufladbare Träger aufgezogen und können dann im elektrischen Feld auf flachen Bauteilen abgeschieden werden.

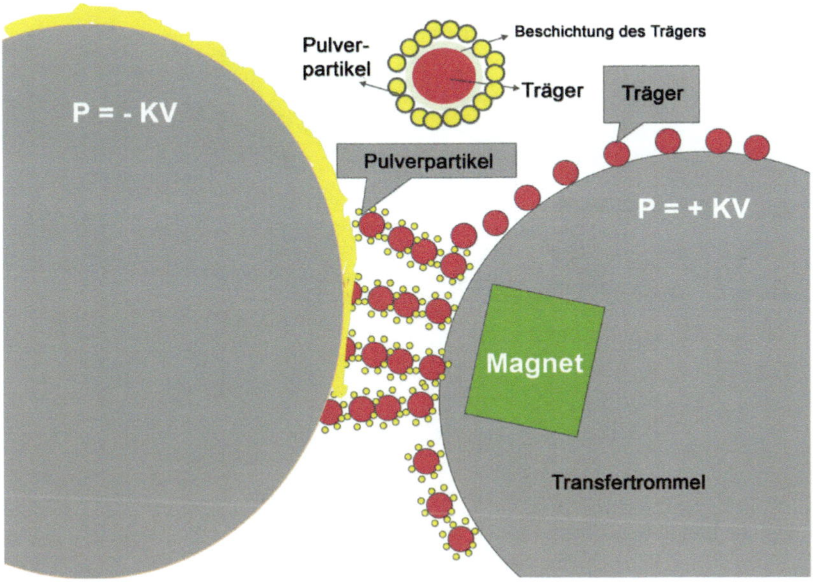

Bild 4.30 Der Pulverlackauftrag durch eine magnetische Bürste lässt eine höhere Beschichtungsgeschwindigkeit als der Auftrag mit Hilfe von Pistolen zu [87].
(Quelle: EBM Technolgies BV, Eerbeek)

Zum Transport der Pulverteilchen ist Luft als Medium nicht mehr erforderlich. Grundlagen des Verfahrens sind die in der Regel magnetisierbaren Trägerteilchen und eine intensive triboelektrische Aufladung von Pulver und Träger (Bild 4.30). Das Verfahren eignet sich für Bänder aus Stahl und Aluminium.

Heute wird das Verfahren von der EBM Technology in den Niederlanden weiter entwickelt [87]. Wesentliche Verbesserungen wurden durch die Optimierung des Pulvers, insbesondere bei der Mischung von Pulverlack und Träger erzielt. Abhängig von der Anwendung sollen Bandgeschwindigkeiten bis zu 100 m/min erzielbar sein. Der Vorteil dieses Verfahrens ist der schnelle Farbwechsel in 5 bis 10 Minuten und die hohen erzielbaren Schichtdicken bis 120 µm.

Einen ähnlichen Weg beschreitet die von der amerikanischen Heidelberg Digital (heute NexPress Solutions, Kodak-Gruppe) entwickelte Technologie der rotierenden Magnetbürste [88]. Aber auch in diesem Fall ist bisher keine kommerzielle Anwendung für die Bandbeschichtung bekannt geworden.

4.6.4 Gießlackieren

Spezielle Oberflächeneigenschaften wie sehr hohe Schichtdicken oder sehr glatte Oberflächen lassen sich auf den konventionellen Bandbeschichtungsanlagen nur mit hohem Aufwand erzeugen. Deshalb wurden Alternativen wie die Bandpulverbeschichtung oder das Gießlackieren eingeführt.

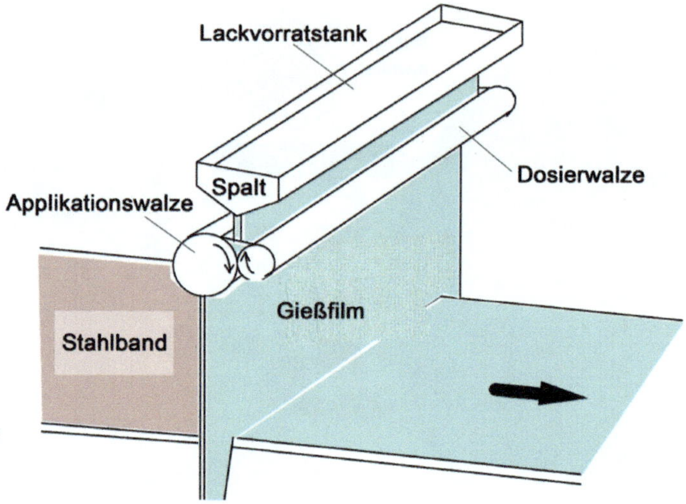

Bild 4.31 Die Bandbeschichtung mit einer Gießlackiermaschine erzeugt eine sehr glatte, streifenfreie Lackoberfläche [92]. (Quelle: Nippon Steel Corporation/ECCA)

Das Gießlackieren, wurde von der japanischen Nippon Steel entwickelt [89–91] und bis heute erfolgreich auf der 1993 in Betrieb genommenen Anlage in Kimitsu, nahe Tokyo, eingesetzt. Für die Decklackbeschichtung wird kein Roll-Coater, sondern eine Gießlackiermaschine installiert. Dabei läuft der Lack aus einer Lackwanne vertikal in einen Walzenspalt eines 2-Walzencoaters, der einen definierten Gießfilm, ähnlich einem Vorhang, erzeugt (Bild 4.31). In dem Walzenspalt wird der Film vergleichmäßigt, so dass eine sehr glatte, streifenfreie Lackoberfläche erzeugt wird, die von der Hausgeräteindustrie besonders nachgefragt wird [92].

Die Schichtdicke wird durch den Walzenspalt und die Geschwindigkeit der Hauptwalze gesteuert. Um einen konstanten Film zu erzeugen, muss immer eine Mindestdurchflussgeschwindigkeit eingehalten werden. Die Stabilität des Gießfilms ist von der Viskosität und der Oberflächenspannung des Lacks abhängig. Die Trocknung des Films erfolgt induktiv.

Mit dem Verfahren lassen sich Schichtdicken ab circa 13 µm erzielen. Seine Vorteile sind ein schneller Farbwechsel und die Möglichkeit, kleine Losgrößen zu bearbeiten und die Möglichkeit, verschiedene Metallbandbreiten auf einer Anlage zu beschichten.

4.6.5 Blocklackieren – Solid Block Painting

Das Extrusionsverfahren wurde von der australischen BHP Coated Steel (heute BlueScope Steel) und Courtaulds Coatings (heute Akzo Nobel, Niederlande) gemeinsam entwickelt. Es wird seit 1995 kommerziell am Band praktiziert, derzeit auf der Anlage des Service Centers von BlueScope Steel in Chullora (Sydney).

Bild 4.32 Solid-Block-Verfahren mit Zuführung [95]. (Quelle: BHP Steel, Billington)

Bei diesem Verfahren werden lösemittelfreie „Polyester-Pulverlack"-Blöcke, die 300 mm breit und rund 40 mm dick sind, auf induktiv vorerwärmtes Stahlband in den Walzenspalt eines einfachen Coaters eingeschobenen (Bild 4.32). Der Lack wird geschmolzen, gleichmäßig verteilt und dabei geglättet [93–96]. Durch den Einsatz von Blöcken unterschiedlicher Farbe nebeneinander kann eine Streifenlackierung erzielt werden. Ein wirtschaftlicher Vorteil des Verfahrens ist die verkürzte und vereinfachte Anlage. Auch ein Coaterraum mit Absaugung erübrigt sich.

4.6.6 Hot Melt-Verfahren

Anfang der 1980er Jahre wurde ein weiteres interessantes Verfahren von Taiyo Steel entwickelt. Es wird auf einer Coil-Coating-Anlage in Funabashi (Chiba Pref.) eingesetzt [97, 98]. Hier wird ein hochmolekularer pigmentierter Polyester mit einer Schichtdicke von 150 µm auf das vorgewärmte Band extrudiert. Die Verarbeitung anderer Thermoplaste und die Co-Extrusion eines zweischichtigen Polyesters sind auch möglich. Dabei ist die Oberseite wetterbeständig und die Unterseite dient der Haftung zum Metall.

4.6.7 TransApp-Verfahren

Das Fraunhofer Institut für Produktionstechnik und Automatisierung (IPA) in Stuttgart hat ein Pulverbandbeschichtungsverfahren entwickelt, das TransApp-Verfahren, das sich grundsätzlich vom Stand der EPS-Technik unterscheidet. Die neue Pulverbeschichtungsanlage kommt ohne Pulverpistolen aus. Das Ziel ist, die Nachteile, die bisher die Pulverbeschichtung auf Coil-Coating-Anlagen verhindert haben, wie die geringe Bandgeschwindigkeit, große Anzahl an Pulverpistolen, ungleichmäßige Schichtdicke oder lange Aushärtezeiten zu eliminieren [99]. Die Anlage bietet die technischen Möglichkeiten sowohl zum schnellen Applizieren als auch zum schnellen Aufschmelzen und Vernetzen der Pulverlackschicht mittels Hochleistungs-Infrarot- und UV-Strahlern.

Bei diesem Verfahren wird der Pulverlack nicht mit Hilfe von Luft durch die Pistolen versprüht, sondern der Pulverauftrag basiert auf dem Prinzip der elektrostatischen Wirbelschicht (Bild 4.33). Hierbei wird das Pulver nicht versprüht, sondern über hohe elektrische Feldkräfte direkt auf das Band appliziert. Eine extrem kurze Transferstrecke bewirkt eine homogene fast 100-prozentige Abscheidung auf dem Metallband. Dadurch fallen wesentlich geringere Mengen an Overspray als beim herkömmlichen Pulversprühverfahren an.

Bild 4.33 Der Pulverauftrag in einer elektrostatischen Wirbelschicht bewirkt eine sehr homogene Abscheidung auf dem Metallband [99]. (Quelle: IPA, Stuttgart)

Durch den Einsatz von Hochleistungs-Infrarotstrahlern zur Trocknung wird eine hohe Beschichtungsgeschwindigkeit bis zu 180 m/min möglich. Für diesen schnellen Einbrennprozess wurden spezielle Pulverlackmaterialien entwickelt. Sie sind sehr reaktiv und weisen eine hohe Plastizität auf, um die für den Tiefziehprozess erforderliche Elastizität zu gewährleisten.

4.7 Emballagenbandlackierung

Die Bandbeschichtung von Blech, das zu Emballagen, also Verpackungen aller Art für zwei- oder dreiteilige Dosen für Lebens- und Genussmittel, Schmuckdosen, Tiernahrung und Getränke, Aerosoldosen oder Verschlüsse, beispielsweise Kronkorken, Deckel und Aufreißdeckel, verarbeitet wird, wird als besonderes Arbeitsgebiet betrachtet. Es unterscheidet sich von der „klassischen" Bandbeschichtung insbesondere hinsichtlich des Marktes und damit auch hinsichtlich der Anforderungen an das Blech und die Beschichtung. Ein großer Teil der Werkstoffe wird in Tafelform lackiert, ergänzt durch die Innen- und Außenlackierung der Dosen und Verschlüsse sowie durch ein- und mehrfarbige Bedruckung. Die Tafellackierung erfolgt in modernen, kontinuierlich arbeitenden Hochleistungsanlagen. Die dabei üblichen Härtungsbedingungen liegen in der Regel bei circa 10 Minuten und 180 bis 200 °C Objekttemperatur.

Die Dosen – im englischen can, woraus sich der häufig benutzte Ausdruck Can Coating für diesen Bereich [100] ergibt – für Lebensmittel und Getränke müssen spezielle Bedingungen erfüllen, die sich aus dem deutschen und europäischen Lebensmittelrecht ergeben [101]. Sie müssen in der Regel auch FDA konform sein, d. h., die Vorschriften, die die amerikanische Food and Drug Administration (FDA) erlässt, erfüllen. Zudem wurde von CEPE in Brüssel ein „Code of Practice" herausgegeben [102].

Die wichtigsten Anforderungen an die Beschichtung sind, dass sich das Blech pasteurisieren und sterilisieren lässt, die Beschichtung also bei 110 °C und 100 % Wasserdampf stabil ist. Zudem muss sie porenfrei und füllgutbeständig sein. Sie muss Säuren aller Art, Sauerkraut, Gurken, Öl, Fisch, Zusätzen aller Art und vielem mehr widerstehen. Auch muss die Beschichtung je nach Einsatzzweck der Verpackung Migrationsprüfungen bestehen, ohne dass merkliche Bestandteile in das Füllgut einwandern. Damit wird die Durchlässigkeit gegenüber verschiedenen den Lebensmitteln abträglichen Stoffen geprüft wird. Eine weitere Herausforderung an die Beschichtung stellen die im Vergleich zur klassischen Bandbeschichtung sehr hohen Umformgeschwindigkeiten dar. Auch die Temperaturbeständigkeit ist von großer Bedeutung, denn die Blechtemperatur liegt beim Einbrennen zwischen 180 und 250 °C.

Als Substrate kommen Aluminium in verschiedenen Legierungen [103] und Stahl-Feinstblech aus kaltgewalzten weichen Stählen in elektrolytisch verzinnter Form (Weißblech) oder in spezialverchromter Form (ECCS, Electrolytic chromium/chromium oxide coated steel) zum Einsatz [104]. Die Banddicken liegen zwischen circa 0,15 und 0,49 mm. Zudem werden auch Tafeln im sogenannten Scrollschnitt versandt. Die Bandbreiten betragen maximal 1.200 mm bei Stahl und maximal 2.100 mm bei Aluminium.

Als Beschichtungssysteme werden vorwiegend Lacke auf der Basis von Epoxid-, Epoxyphenol- und Polyesterharzen [105,106], Polyurethansysteme sowie Organossole eingesetzt. Die verwendeten Folien bestehen überwiegend aus Polyester (PE), Polypropylen (PP) und Polyethylenterephthalat (PET). Da das Blech bei der Weiterverarbeitung starken Umformungen ausgesetzt ist, enthält die Beschichtung häufig schon Gleitmittel.

Andere Beschichtungen wiederum müssen zu befetten sein. „Goldlacke“ und „Silberlacke“ sind bekannte Bezeichnungen für Innen- und Außenschutzlacke bei Dosen.

Die Wahl der Substrate und der Beschichtungen ist im Wesentlichen von Füllgut und Verarbeitung abhängig. Die Verpackungen sind in der Regel nach Gebrauch über das Duale System recycelbar [107].

Die Lackier-Technik entspricht dem „klassischen“ Verfahren der Bandbeschichtung. Allerdings sind die Beschichtungsgeschwindigkeiten in der Regel deutlich höher. Sie liegen bei bis zu 300 Meter pro Minute.

Beim Verpackungsblech, das in der Lebensmittelindustrie eingesetzt wird, dürfen die Beschichtungen keine gesundheitsgefährlichen Stoffe enthalten. Deshalb werden zum Korrosionsschutz auch keine Chrom(VI)-Verbindungen, sondern chromfreie Lösungen eingesetzt. Zur Vorbehandlung des Blechs wird heute vielfach das No-rinse-Verfahren eingesetzt.

Die Lackschichten sind nicht sehr dick. In der Emballagenlackierung wird nicht mit Schichtdicken, sondern Schichtgewichten bzw. Flächengewichten gearbeitet. Die innenseitige Beschichtung enthält zwischen 4 und 15 g/m^2 dicke Schichten, die Dicke der außenseitigen Schicht liegt zwischen 2,5 und 15 g/m^2. Dieses entspricht ungefähr eine Schichtdicke von 1,5 bis 10 µm. Die zwischen den Beschichtern und den Verarbeitern des Blechs festgelegten Toleranzen bewegen sich im Allgemeinen um ± 0,5 g/m^2, bei Beschichtung mit einem Schichtgewicht von mehr als 10 g/m^2 bei 1,0 g/m^2. Je nach Anwendung werden aber heute 0,2 bis 0,3 g/m^2 erzielt.

Trotz unterschiedlicher Anforderungen gibt es einige Unternehmen, auf deren Bandanlagen Produkte sowohl für den Coil-Coating-Markt, als auch für den Can-Coating-Markt gefertigt werden. So ist in Grevenbroich bei der Hydro Aluminium Deutschland GmbH eine sehr schnelle Anlage installiert. Sie wurde 1994 in Betrieb genommen und lackiert Aluminiumbänder von maximal 2.100 mm Breite und 0,18 bis 1,50 mm Dicke mit einer Geschwindigkeit bis 300 m/min. Sie wird vorzugsweise für die Emballagenlackierung eingesetzt, aber auch für die klassische Bandlackierung. Eine weitere Anlage für die Aluminium-Bandlackierung befindet sich bei der Novelis Deutschland GmbH in Göttingen (Bild 4.34). Sie beschichtet seit 1988 Aluminiumbänder bis 2.100 mm Bandbreite mit einer Bandgeschwindigkeit bis maximal 200 m/min.

Ein besonderes Beispiel ist die 1992 in Betrieb genommene Breitband-Beschichtungsanlage der Rasselstein GmbH in Andernach, ein Unternehmen der ThyssenKrupp Steel AG. Bild 4.35 zeigt den schematischen Aufbau des Beschichtungsteils. Hier können Lacke bzw. Folienklebstoffe sowie Folien ein- oder zweiseitig und auch Kombinationen – auf der einen Bandseite Lack und auf der anderen Seite Folie – aufgetragen werden.

Die Anlage weicht von der üblichen Bandbeschichtungstechnik ab, weil ein Schwerpunkt die ein- oder beidseitige Beschichtung mit thermoplastischen Folien ist. Aufgebracht werden modifiziertes Polyethylen (PE), Polypropylen (PP) und Polyethylenterephthalat (PET) mit oder ohne Klebfilm in Dicken von 20 bis 200 g/m^2. Die Technologie der PET-Folien-Applikation wurde für diese Anlage von der japanischen Firma Toyo Kohan, Kudamatsu, in Lizenz übernommen [108–113].

Bild 4.34 Blick auf die Emballagenlackieranlage in Göttingen. (Quelle: Novelis Deutschland GmbH, Göttingen)

Das Besondere an dieser Technologie ist die induktive Erwärmung der biaxial-orientierten PET-Folie auf eine Temperatur knapp oberhalb des Schmelzpunktes von etwa 255 °C, wobei ein Teil der kristallinen Schicht in den amorphen Zustand übergeht. Unmittelbar nach dem Laminieren wird das Band abgekühlt, um die Schichtstruktur einzufrieren und die gewünschte Haftung zum Substrat zu erzielen.

Auf dieser Anlage werden Bänder von maximal 1.200 mm Breite und 0,12 bis 0,49 mm Dicke verarbeitet. Es kann eine Bandgeschwindigkeit von 150 m/min erreicht werden. In der siebzig Meter langen Anlage sind 2-/3-Walzencoater und Schwebetrockner installiert, denen eine thermische Nachverbrennung (TNV) nachgeschaltet ist.

Es sei erwähnt, dass in Andernach bereits 1931 eine Schmalband-Lackieranlage für Feinstblech in Betrieb genommen worden war, die bis in die 1990er Jahre genutzt wurde. Bereits seit 1982 konnten in dieser Anlage auch Folien mit Klebstoffen aufgetragen werden. Die Entwicklung der Werkstoffe, Fertigung und Anwendung gehen weiter [114–116].

Das Arbeitsgebiet Emballagen wird durch folgende deutsche Verbände und Institutionen repräsentiert: VMV – Verband Metallverpackungen e. V. , Düsseldorf, Fördergesellschaft Metallverpackungen mbH (FGM), Gemeinschaftsausschuss der Deutschen Verpackungshersteller (GADV), Bund für Lebensmittelrecht und Lebensmittelchemie e. V. (BLL) sowie Informations-Zentrum Weissblech (izw), Andernach.

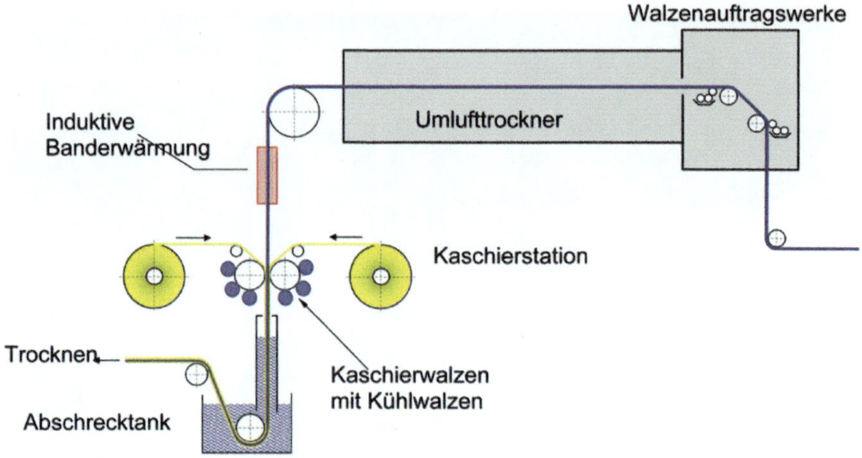

Bild 4.35 Schematische Darstellung der Breitband-Beschichtungsanlage in Andernach. (Quelle: Rasselstein GmbH, Andernach)

4.8 Beispiele moderner Anlagenkonzepte

Die stetig steigenden Anforderungen an die bandbeschichteten Erzeugnisse und die Entwicklungen, die sich in der Fertigungstechnik abzeichnen, führen zu stetig verbesserten Anlagenkonfigurationen. Die Anlagen müssen flexibel sein, effizient und wartungsfreundlich. Die neuen Konzepte setzen auf umweltfreundliche Produktion. So wurden vor allem die Abwassermengen durch die Einführung der Chemcoater reduziert. Um die Effizienz der Produktion zu steigern, werden auch verschiedene Produktionsanlagen miteinander kombiniert. Dabei kann man auf Zwischenschritte, wie Lagerungs- und Reinigungsprozesse, verzichten und die Kosten für eine Gesamtanlage sind geringer als wenn zwei unabhängig voneinander arbeitende Anlagen errichtet würden. Es werden Platz und Produktionszeiten und -kosten gespart.

Die typische Bandbeschichtungsanlage

Feuerverzinktes (schmelztauchverzinktes) Blech ist neben Aluminium eines der häufig in der Bandbeschichtung eingesetzten Substrate. Um möglichst kurze Wege zwischen den beiden Veredelungsschritten Verzinkung und Beschichtung zu realisieren, wurde bei der Salzgitter Flachstahl GmbH die Anlage in unmittelbarer Nähe zur Feuerverzinkung errichtet [117]. Die beiden Gebäudeteile sind nur durch ein Lager getrennt, in dem die Coils aus der Schmelztauchverzinkung zum Transport gelagert oder direkt für die Coil-Coating-Anlage vorbereitet werden. Auf der Bandbeschichtungsanlage (Bild 4.36) können kaltgewalzte, schmelztauchverzinkte und elektrolytisch verzinkte Feinblech-Coils verarbeitet werden. Als Beschichtungsstoffe werden schweißfähige Korrosionsschutzprimer und Lacke mit Schichtdicken von 2 bis 60 µm und außerdem auch Folien mit Schichtdicken bis 400 µm eingesetzt. Die Vorbehandlung wird über einen Chemcoater im No-rinse-Verfahren aufgetragen. Die neue Bandbeschichtungsanlage verfügt über zwei Trockner mit jeweils sieben Temperaturzonen. Dadurch ergeben sich viele Möglichkeiten, die Einbrennbedingungen zu optimieren. Die Wärme für den indirekt beheizten Decklacktrockner liefert die thermische rekuperative Nachverbrennung.

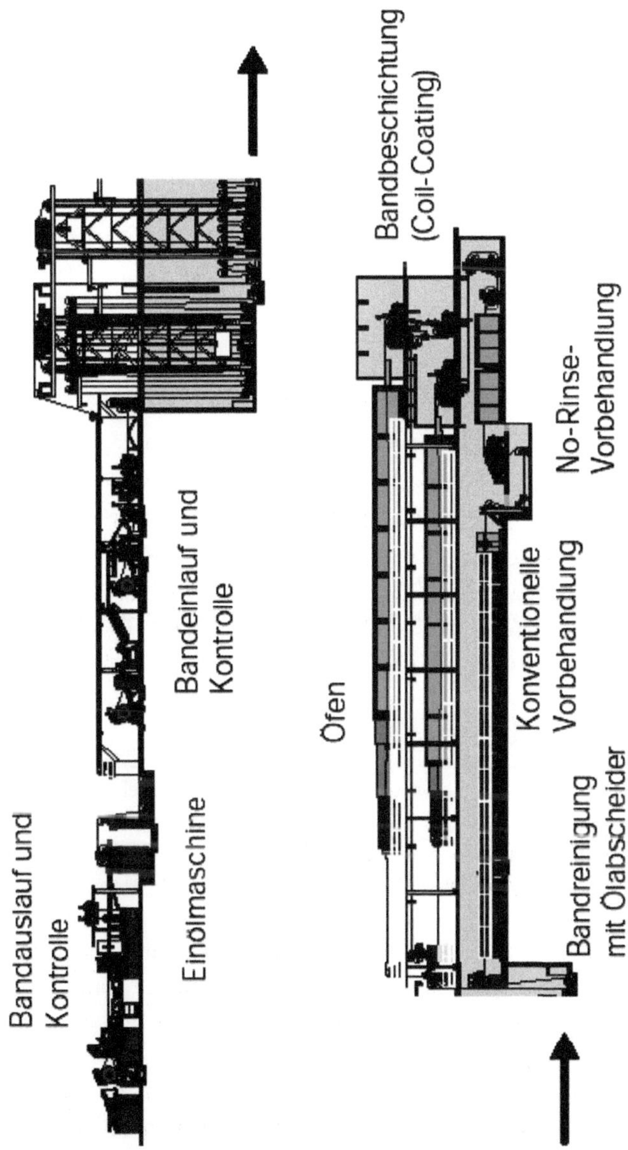

Bild 4.36 Schema der Bandbeschichtungsanlage 2 der Salzgitter Flachstahl GmbH. (Quelle: Salzgitter Flachstahl GmbH, Salzgitter)

Tab. 4.3 Daten zur Bandbeschichtungsanlage Nummer 2 der Salzgitter Flachstahl GmbH in Salzgitter

Substrat	kaltgewalztes, schmelztauch- und elektrolytisch verzinktes Feinblech
Bundmasse	bis zu 32 t
Bunddurchmesser	2.100 mm
Bandbreite	600 bis 1.870 mm
Banddicke	0,3 bis 2,0 mm
Bandgeschwindigkeit	maximal 120 m/min
Kapazität	180.000 t/a
Beschichtungsstoffe	Lacke mit Schichtdicken von 2 bis 60 µm Folien mit Schichtdicken bis 400 µm
Vorbehandlung	Chemcoater
Trocknung	Konvektionstrocknung
Start	2001

Im Jahr 2002 hat Arcelor in Gent eine Bandbeschichtungsanlage in Betrieb genommen, die Produktionsanlage Decosteel 2 [118]. Sie stellt bandbeschichtetes Blech für den Automobil- und Bausektor her und hat eine Jahreskapazität von 200.000 t. Auf der Anlage wird schmelztauchverzinktes und elektrolytisch verzinktes Stahlband verarbeitet. Für die Vorbehandlung wird ein Chemcoater eingesetzt. Entsprechend den gesetzlichen Vorschriften wurden die Abwasser- und Abluftaufbereitung in die Anlage integriert (Bild 4.37).

Tab. 4.4 Daten zur Bandbeschichtungsanlage Decosteel 2 der Arcelor in Gent

Substrat	schmelztauch- und elektrolytisch verzinktes Feinblech (Aluzinc®)
Bandbreite	700 bis 1.850 mm
Banddicke	0,3 bis 1,8 mm
Bandgeschwindigkeit	maximal 120 m/min
Kapazität	200.000 t/a
Beschichtungsstoffe	Lacke
Vorbehandlung	Chemcoater
Trocknung	Konvektionstrocknung
Start	2002

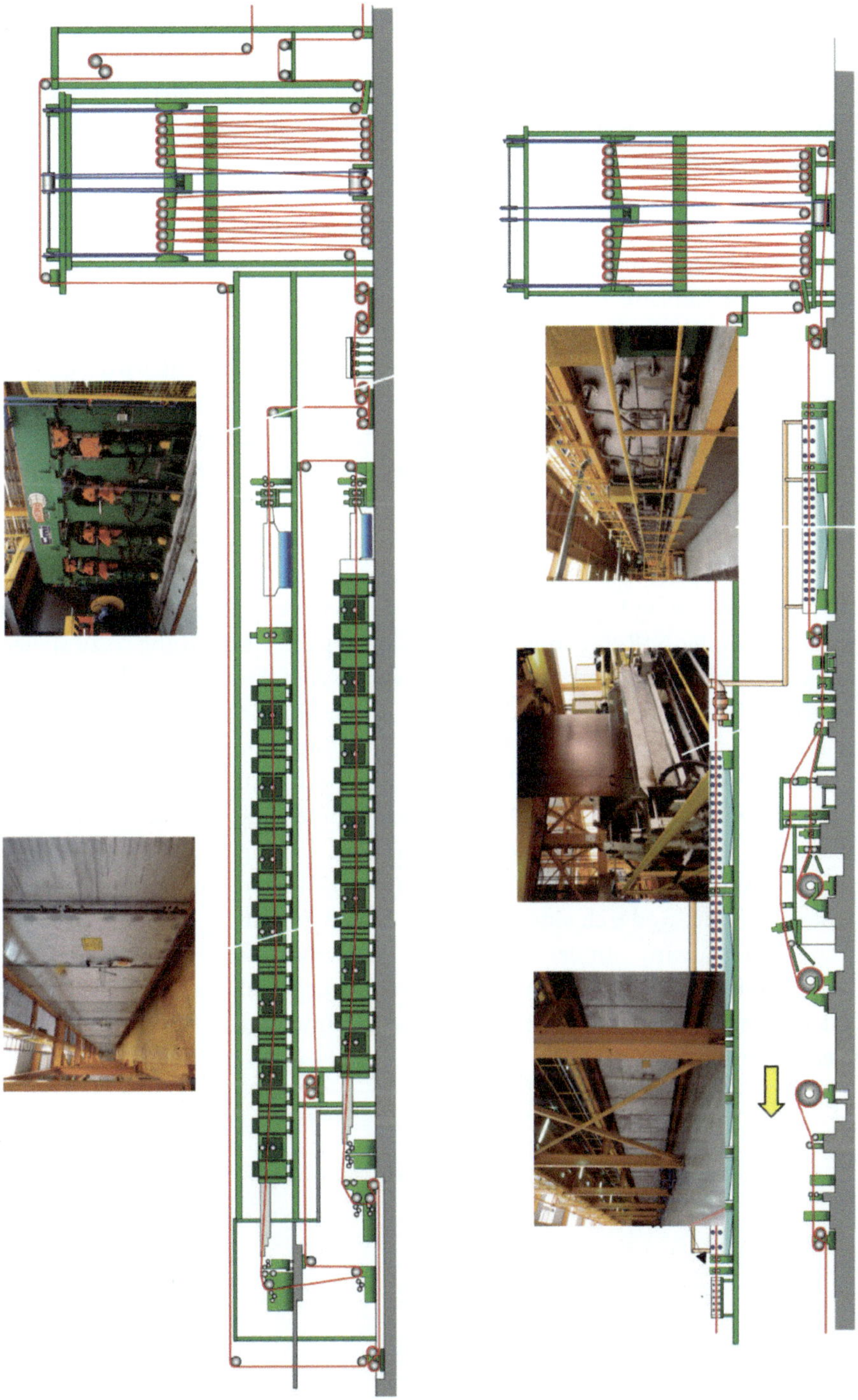

Bild 4.37 Schema der Decosteel 2 Coil-Coating-Anlage bei ArcelorMittal in Gent. (Quelle: ArcelorMittal, Gent)

Kombination von elektrolytischer Bandverzinkung und „Dünnfilmbeschichtung"
Um der Nachfrage nach bandbeschichtetem Blech aus der Automobilindustrie gerecht zu werden, integrierte die ThyssenKrupp Stahl AG einen kompletten organischen Beschichtungsteil in ihre elektrolytische Bandverzinkungsanlage EBA 2 (Bild 4.38) in Duisburg-Beeckerwerth [119]. Das Stahlband läuft aus der elektrolytischen Verzinkung direkt in den organischen Beschichtungsteil ein. Die wasserbasierte Vorbehandlung des Bandes erfolgt im Chemcoater, in dem das Vorbehandlungsmedium im No-rinse-Verfahren auf das Band aufgetragen und in einem konventionell gasbeheizten Umluftofen getrocknet wird. Über eine Kühlstrecke wird das Band auf ca. 35 °C abgekühlt und gelangt dann in den Lack-Coater, in dem der Korrosionsschutzprimer aufgetragen wird. Zur Trocknung dieser je nach Beschichtungsstoff ca. 2,5 bis 8 µm dicken Schicht wird NIR-Strahlung (Nahe Infrarot-Strahlung) eingesetzt. Die bei der Trocknung entweichenden Lösemittel werden in der Verdampfungszone abgesaugt und thermisch nachverbrannt. Als letztes Element der Anlage schließt sich eine weitere Abkühlzone an, bevor das Stahlband wieder aufgewickelt wird.

Auf der Beschichtungs-Anlage können Stahlbänder von 1000 bis 1900 mm Breite und 0,5 bis 1,75 mm Dicke verarbeitet werden. Die maximale Bandgeschwindigkeit der elektrolytischen Verzinkung liegt bei 180 m/min, die der organischen Bandbeschichtung bei 120 m/min. Mit der NIR-Technologie ist es möglich, die Heizleistung so zu steuern, dass sie der vorgegebenen Bandgeschwindigkeit angepasst ist. Der organische Beschichtungsteil kann wahlweise umfahren werden, sodass weiterhin auch nur elektrolytisch veredeltes Band erzeugt werden kann. 90 % der Beschichtungen mit dem Korrosionsschutzprimer werden zweiseitig ausgeführt. Der Anteil des Blechs, das für die Karosserieaußenseite eingesetzt wird, liegt bei 70 %. Die Schichtdickenmessung sowohl für die Vorbehandlung als auch für die Korrosionsschutzprimerbeschichtung wird inline vorgenommen. Die präzise Aufhängung und Steuerung der Coater-Walzen ermöglicht eine vibrationsfreie Beschichtung, wodurch eine extrem gleichmäßige Auftragsqualität über Bandlänge und -breite erzielt wird. Mit der Integration der Korrosionsschutzprimerbeschichtung in die Verzinkungsanlage lassen sich Produktionszeit und Kosten allein dadurch einsparen, dass der Transport zu einer externen Bandbeschichtungsanlage und die Zwischenlagerung entfallen.

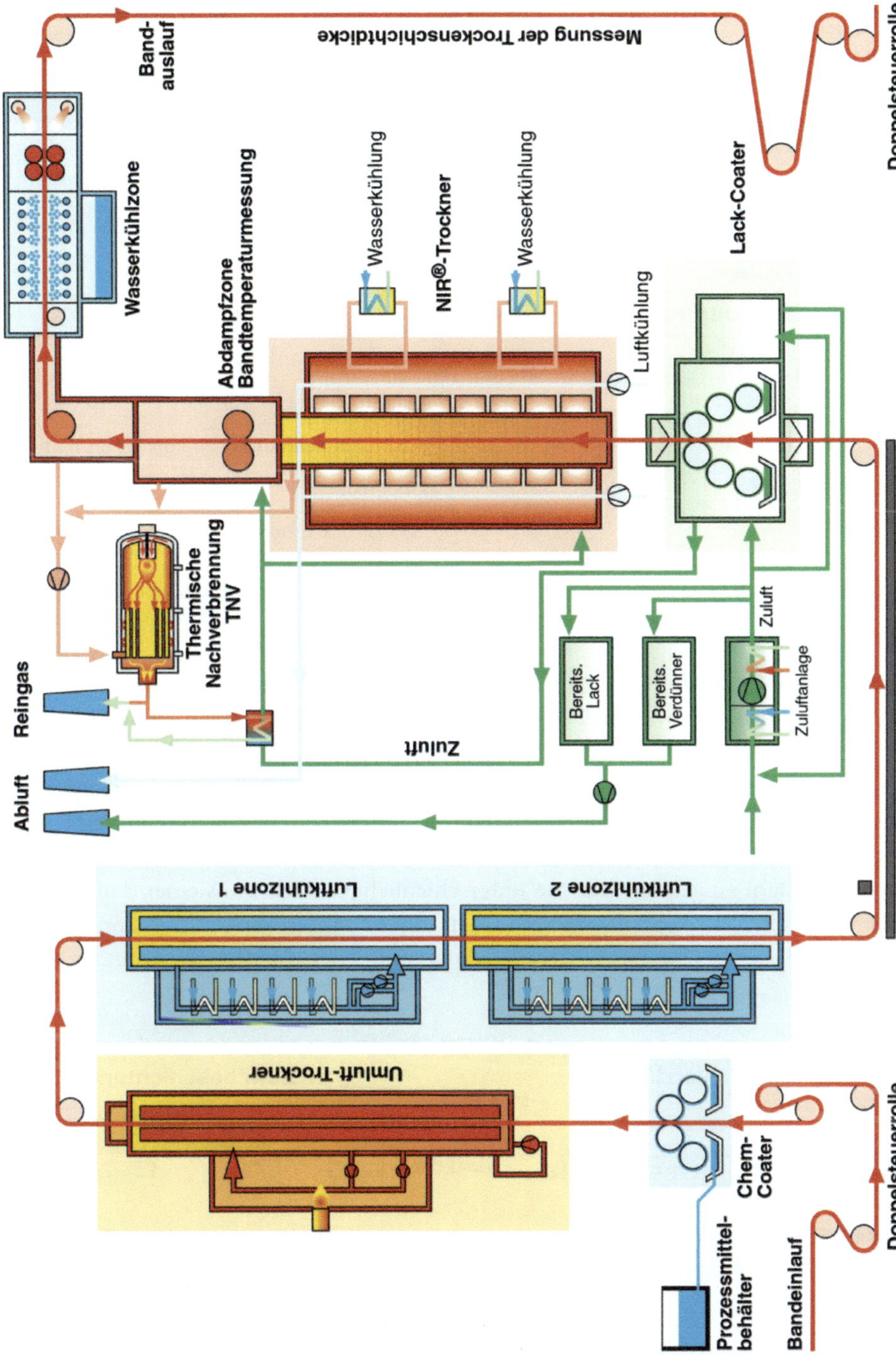

Bild 4.38 Schema der Kombinationsanlage der ThyssenKrupp Steel AG in Duisburg. (Quelle: ThyssenKrupp Steel AG, Duisburg)

Tab. 4.5 Daten zur Bandbeschichtung EBA 2 der ThyssenKrupp Stahl AG in Duisburg

Bundmasse	maximal 36 t
Bandbreite	1.000 bis 1.900 mm
Banddicke	0,5 bis 1,75 mm
Verzinkung	
Bandgeschwindigkeit	18 –120 m/min
Elektrische Leistung	9 Zellen, 40 kA, 30 V
Organische Beschichtung	
Bandgeschwindigkeit	maximal 120 m/min
Kapazität	maximal 70 t/h
Beschichtungsstoffe	Lacke mit Schichtdicken von 2,5 bis 8 µm
Vorbehandlung	Chemcoater
Trocknung	NIR-Trocknung, 6MW elektrische Leistung
Start	2003

Kombination von Schmelztauchveredelung und Bandbeschichtung

Im Automobilbereich wird viel elektrolytisch verzinktes Feinblech eingesetzt. Die ersten Anlagen, die eine Verzinkung und die Bandbeschichtung kombinierten, wurden in Japan errichtet. Einige japanischen Stahlhersteller legten ihre Bandbeschichtung speziell für den Automobilmarkt aus und kombinierten die elektrolytische Verzinkung mit der Bandbeschichtung [120]. Vorzugsweise im Baubereich wird als Substrat schmelztauchveredelter Stahl eingesetzt. Um die unterschiedlichen Märkte aus einer Anlagenkombination bedienen zu können, wurde in den 1980er Jahren ein Anlagenkonzept für die Kombination einer Schmelztauchveredelung mit einer Bandbeschichtungsanlage entwickelt.

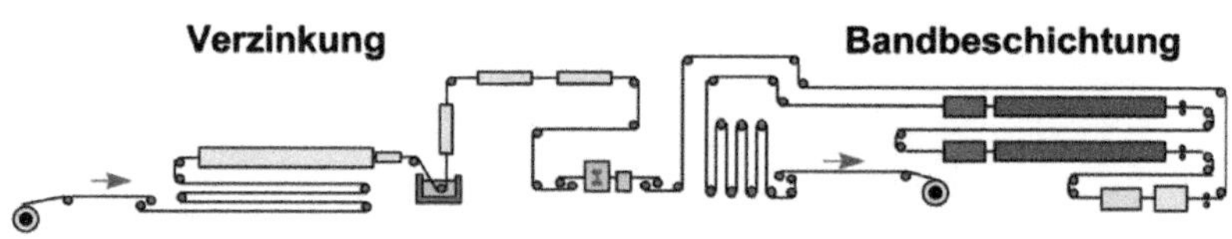

Bild 4.39 Schema einer Kombinationsanlage Verzinkung – Bandbeschichtung mit kleiner Kapazität. (Quelle: Stein Heurtey, Evry)

Die Beschichtungsgeschwindigkeit in der Kombinationsanlage ist abhängig von der Verzinkung. Für die Trocknung werden in Anlagen mit geringem Durchsatz Konvektionstrockner (Bild 4.39) und in schnelleren Anlagen Induktionstrockner (Bild 4.40)

eingesetzt, die eine schnellere Regelung als die Konvektionstrockner erlauben. In Frankreich wurden Anlagen installiert, die den Coater vertikal angeordnet haben und mit einer induktiven Trocknung ausgerüstet sind.

Tab. 4.6 Daten zur Bandbeschichtung in einer kleinen Kombinationsanlage mit einer Schmelztauchveredelung [120]

Substrat	Schmelztauchverzinktes Feinblech
Anlagenkapazität	5,5 t/h
Bandbreite	bis 1.250 mm
Bandgeschwindigkeit	maximal 50 m/min
Beschichtungsstoffe	Lacke
Trocknung	Konvektionstrocknung

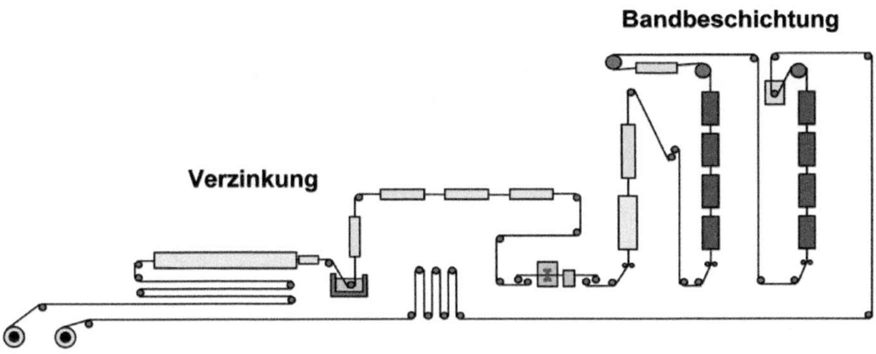

Bild 4.40 Schema einer Kombinationsanlage aus einer Schmelztauchveredelung und einer Bandbeschichtung mit hohem Durchsatz. (Quelle: Stein Heurtey, Evry)

Tab. 4.7 Daten einer Anlage zur Schmelztauchveredelung und anschließender Bandbeschichtung mit hoher Kapazität [120]

Anlagenkapazität	26 t/h
Bandbreite	bis 1.500 mm
Bandgeschwindigkeit	maximal 120 m/min
Beschichtungsstoffe	Lacke
Trocknung	Induktionstrocknung

Kombination von Durchlaufglühe und Bandbeschichtung

Hauptsächlich für die Produktion von bandbeschichtetem Aluminium für die Automobilindustrie wurde die Bandbeschichtungsanlage GLA der Novelis Deutschland GmbH in Nachterstedt konzipiert (Bild 4.41).

Bild 4.41 Eingangsbereich der Bandbeschichtungsanlage in Nachterstedt. (Quelle: Novelis Deutschland GmbH, Göttingen)

Diese Anlage ist im Eingangsbereich mit einer Durchlaufglühe ausgestattet. Entfettung und Beizen erfolgen in drei hintereinander geschalteten elektrolytischen Zellen[121]. Die Reinigung wird in Phosphorsäure mit Ätzraten von 6 bis 10 g/m·min vorgenommen. Das Band wird im No-rinse-Verfahren chemisch vorbehandelt, dann lackiert. Die Anlage ist für eine beidseitige Beschichtung ausgelegt. Es wird jedoch nur einseitig beschichtet. Am Ende der Beschichtungsanlage wurde noch zusätzlich eine Befettungsmaschine installiert. Die Anlage ist so ausgelegt, dass ein späterer Ausbau mit einem zweiten Coater und einem zweiten Trockner möglich ist.

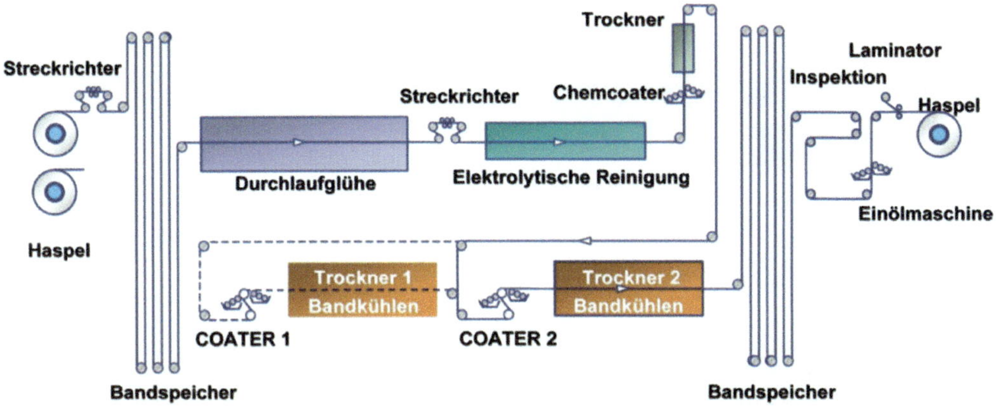

Bild 4.42 Schema der Kombinationsanlage Durchlaufglühe und Bandlackierung in Nachterstedt. (Quelle: Novelis Deutschland GmbH, Göttingen)

Tab. 4.8 Parameter der Aluminium-Bandbeschichtungsanlage in Nachterstedt

Substrat	Aluminium
Bundmasse	26,4 t
Bunddurchmesser	1.000 bis 2.700
Bandbreite	1.350 bis 2.200 mm
Banddicke	0,6 bis 3,2 mm
Bandgeschwindigkeit	maximal 150 m/min
Kapazität	100.000 t/a
Beschichtungsstoffe	Lacke
Vorbehandlung	Chemcoater
Start	1996

Aluminiumbandbeschichtung – einschichtige Lackierung

Die Aluminiumbandbeschichtung der Hydro Aluminum Deutschland GmbH in Grevenbroich ist eine kürzlich modernisierte Anlage, auf der Aluminium mit Lacken beschichtet wird. Sie produziert Material für den Baubereich, hauptsächlich für Rollläden, Paneele und ähnliches. Sie ist mit 200 m/min recht schnell und verarbeitet hauptsächlich dünnes Aluminiumband. In die Anlage ist ein 30 m langer Schwebetrockner mit 6 Zonen integriert. Das Aluminiumband kann ein- und zweiseitig lackiert werden. Nach der Modernisierung ist jetzt auch das Wachsen, Drucken und/oder mit Folie laminieren möglich. Das Besondere dieser Anlage ist die Eingangsstation. Hier ist ein Hochregallager der Beschichtung direkt vorgelagert, so dass die Beschickung der Anlage direkt aus dem Lager auf den Haspel erfolgt.

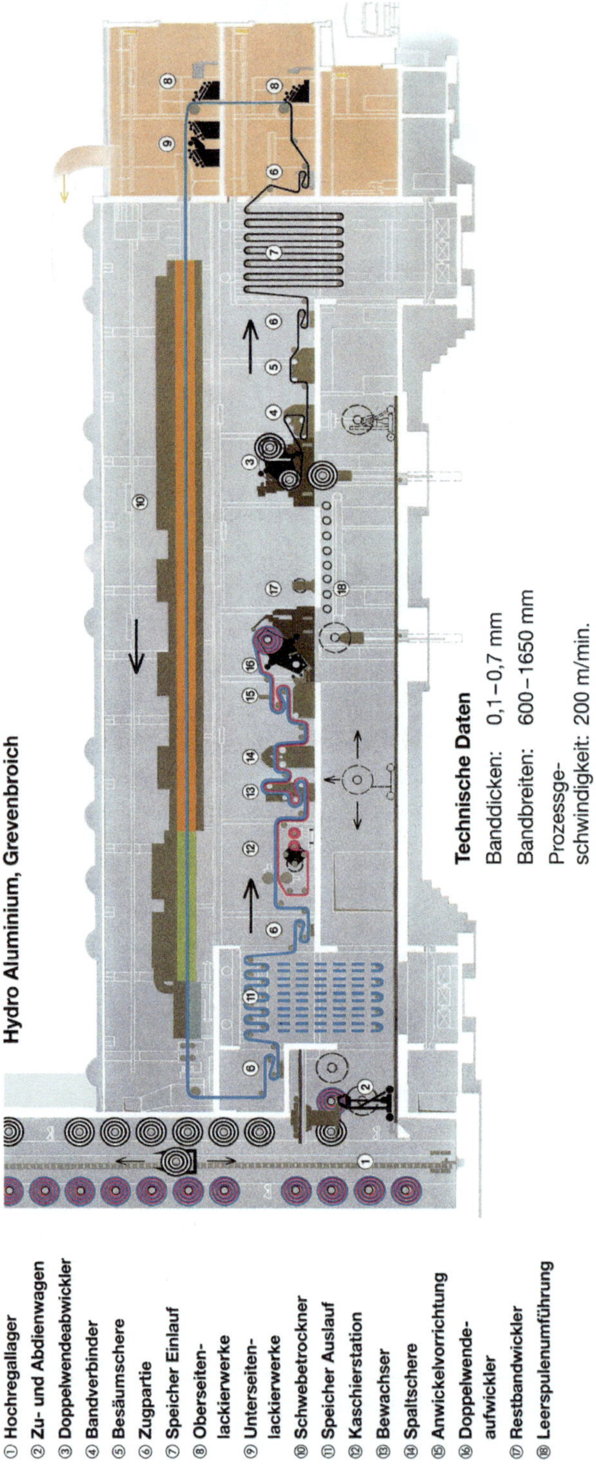

Bild 4.43 Einschichtige Beschichtung von Aluminium mit Beschickung der Anlage direkt aus dem Hochregallager.
(Quelle: Hydro Aluminium Rolled Products GmbH, Grevenbroich)

Tab. 4.9 Daten der Aluminiumbeschichtungsanlage BLA 3 bei der Hydro Aluminum Deutschland GmbH in Grevenbroich

Substrat	Aluminium
Bundmasse	maximal 10 t
Bandbreite	800 bis 1.685 mm
Banddicke	0,15 bis 1,0 mm
Bandgeschwindigkeit	maximal 200 m/min
Kapazität	35.000 t/a
Beschichtungsstoffe	organische Flüssigbeschichtungen
Start	1981

Die Hydro Aluminum Deutschland GmbH verfügt zudem auch über eine sehr schnelle Anlage (BLA 4), auf der hauptsächlich Emballagenband beschichtet wird. Die Anlage ist ähnlich wie die Anlage in Nachterstedt eine Glüh-Lackieranlage, auf der Aluminiumbänder von maximal 2.100 mm Breite mit einer Geschwindigkeit von bis zu 300 m/min lackiert werden können.

Kompaktanlagen

In den letzten Jahren ist im Coil-Coating-Markt die Nachfrage nach kleineren Mengen beschichteten Materials angestiegen. Damit verbunden ist jedoch eine größere Vielfalt an Farbtönen. Für die Beschichtung auf großen Anlagen ist es nicht wirtschaftlich, den Farbton nach wenigen Metern zu wechseln, denn der damit verbundene Aufwand ist recht hoch. Um die Nachfrage nach kleinen Chargen mit unterschiedlichen Farbtönen zu befriedigen, entwickelte Bronx International Konzepte für kleine, flexible Anlagen. Hier ist eine Reinigungs- und Vorbehandlungsstation nicht notwendig, wenn vorbehandeltes Material eingesetzt wird [122]. Die Beschichtungseinheiten der Anlagen lassen sich einfach austauschen. Mit einer Infrarot-Trocknung können kurze Anfahrzeiten in den Trocknern realisiert werden, so dass Material auch kurzfristig geliefert werden kann.

Pulverlackierung

Als Beispiel für die Pulverlackieranlagen, die bandbeschichtetes Blech verarbeiten können, dient die Anlage der Wiegmann Metallcolor GmbH & Co KG in Bersenbrück (Bild 4.44). Auf dieser Anlage können Coils bis zu 6 Tonnen Gewicht beschichtet werden [123]. Das Band wird durch eine 3-Zonen-Vorbehandlung geführt und anschließend getrocknet und abgekühlt, das Pulver mit Hilfe von zehn Corona-Pistolen appliziert. Um die Trocknungszeiten zu optimieren, kombinierte man die Konvektionstrocknung mit einer IR-Trocknung. Der Umluftofen wird indirekt beheizt. Im Anschluss an den Trockner ist eine weitere Abkühlzone installiert. Die Anlage wird sowohl für die Beschichtung von Coils als auch zur Blech- und Profilbeschichtung eingesetzt.

Tab. 4.10 Daten der Pulverbeschichtungsanlage der Wiegmann Metallcolor in Bersenbrück

Substrat	Stahl, Aluminium
Bandbreite	bis 1.540 mm
Bundmasse	maximal 6 t
Banddicke	bis 1,5 mm bei Stahl / bis 2,0 mm bei Aluminium
Beschichtungsstoffe	Pulverlacke

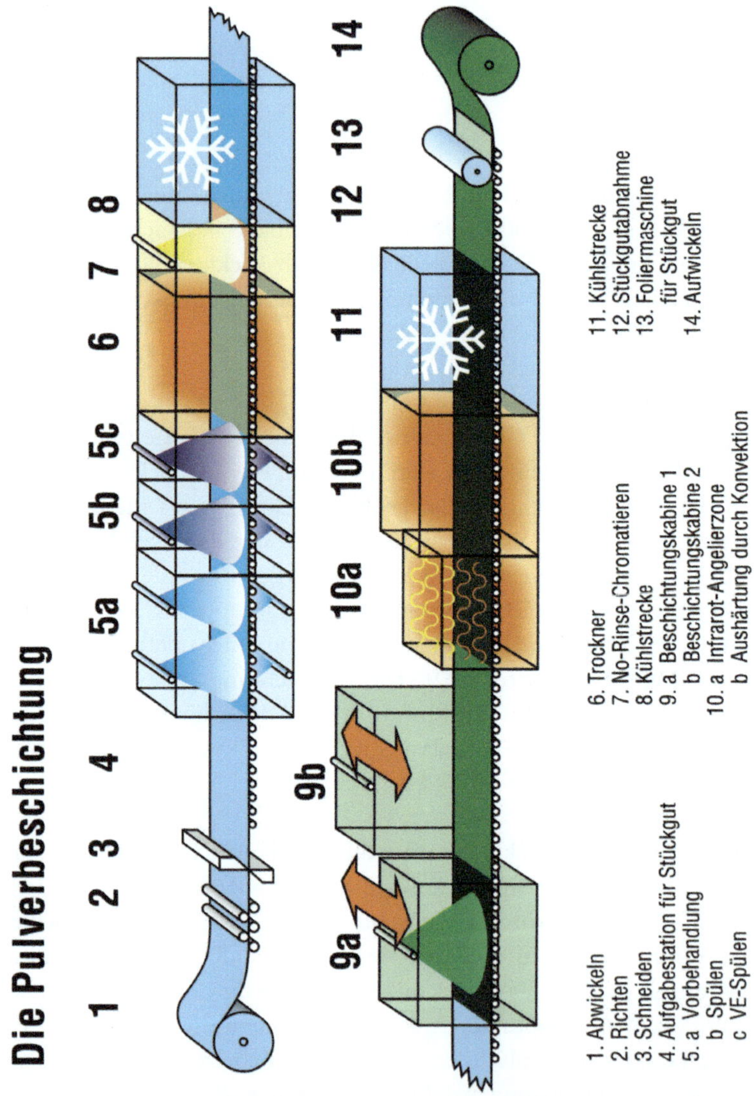

Bild 4.44 Schema der Pulver-Coil-Beschichtungsanlage der Wiegmann Metallcolor in Bersenbrück. (Quelle: Wiegmann Metallcolor, Bersenbrück)

4.9 Literatur zu Kapitel 4

[1] European Coil Coating Association (Veranst.): 35. Hauptversammlung (Budapest 2001). Brüssel: ECCA, 2001. – Meuthen, B.: ECCA/NCCA coil coating lines – a concerted project: a preliminary report on a worldwide survey

[2] J. Fresner et al.: Methoden zur Optimierung bestehender Galvaniken für einen möglichst abwasser- und abfallfreien Betrieb. In: Berichte aus Energie und Umweltforschung (2003), Bundesministerium für Verkehr, Innovation und Technologie, Wien

[3] European Coil Coating Association (Veranst.): 33. Hauptversammlung (Monte Carlo 1999). Brüssel: ECCA, 1999. – Androsch, F.M. et al.: Chromate-free Coil Coating and One Year of Production Experience

[4] Schubach, P.: Aluminium-Werkstoffe chromfrei vorbehandeln. In: JOT 40 (2000), Heft 7, S. 46–49

[5] Kittel, H. (Hrsg.): Lehrbuch der Lacke und Beschichtungen, Band 9. Stuttgart: Hirzel Verlag, 2004 – Meuthen, B., Walzlackieren, S. 281–290, 347–348, mit zahlreichen Literaturhinweisen

[6] Boguslawski, K.; Schnepper, W.: Einsatzmöglichkeiten und technische Entwicklungen von Coater-Systemen. In: stahl und eisen 122 (2002) Heft 7, S. 49–52

[7] Strip Processing Lines – Comparison of strip coater designs. Düsseldorf, SMS Demag

[8] Qualität & Innovation: Coil Coating Prozessbeschreibung, Coil Coating Technologie, Elektrik/Automatisierung, Anlagenbeispiele. Duisburg, BWG

[9] European Coil Coating Association (Veranst.): 36. Herbstkongress (Brüssel 2002). Brüssel: ECCA, 2002. – Beuther, H., Dibon, A., Bär, K.: New inline coil coating facility for thin organic coating – a breakthrough for new technologies

[10] French-German Institute for Environmental Research (Veranst.): ISACOAT (Network on Integrated Scenario Analysis of metal COATing) Conference (Karlsruhe 2004). Karlsruhe: French-German Institute for Environmental Research, 2004. – Conference proceedings: Dibon, A.: New inline coil-coating facilities: a breakthrough in new curing and exhaust air purification technologies, S. 111–118

[11] Associazione Italiana Coil Coating (Hrsg.): LAMINATI METALLICI PREVERNICIATI. Bresso (MI): A.I.C.C., 1999

[12] Boguslawski, K.; Röske, M.: Precise reproducibility down to µ. In: MPT International 27 (2004) Heft 6, S. 61–63

[13] European Coil Coating Association (Veranst.): 36. Hauptversammlung (Sorrent 2002). Brüssel: ECCA, 2002. – Pedemonte, D.: Savings in production costs obtained by means of an innovative design of a coating machine

[14] Wolff, A.; Jelali, M.; Müller, U.; Henkes, M.; Krauthäuser, H.; Stallknecht, G.: Neues System zur automatischen Regelung von Lackbeschichtungsanlagen. In: stahl und eisen 123 (2003) Heft 8, S. 49–55 und
Wolff, A.; Jelali, M.; Müller,U.; Henkes, M.; Krauthäuser, H.; Stallknecht, G.: New automatic control system for colour coating lines. In: MPT International 26 (2003) Heft 6, S. 52–55

[15] European Coil Coating Association (Veranst.): 37. Hauptversammlung (Malta 2003). Brüssel: ECCA, 2003. – Halkein, J.-Y., Bidaut, J.-C.: Key issues to anticipate the sustainable development of coil coaters as coating machine designer

[16] European Coil Coating Association (Veranst.): 38. Hauptversammlung (Salzburg 2004). Brüssel: ECCA, 2004. – St Clair, L.: Getting a quart into a pint pot, or how to bring a coil coating line into the laboratory und
Jandel, A.: Wie man eine Coil-Coating-Anlage ins Labor bringt. In: JOT 44 (2004), 11, S. 72–75

[17] Brock, Th.; Groeteklaes, M.; Mischke, P.: Lehrbuch der Lacktechnologie. Hannover: Vincentz Verlag, 2000
[18] Goldschmidt, A.; Streitberger, H.-J.: BASF-Handbuch Lackiertechnik. Hannover: Vincentz Verlag, 2002
[19] Kittel, H. (Hrsg.): Lehrbuch der Lacke und Beschichtungen, Bd. 9. Stuttgart: Hirzel Verlag, 2004
[20] European Coil Coating Association (Veranst.): 43. Herbstkongress (Brüssel 2009). Brüssel: ECCA, 2009. – Lowe, C.: WeatherEBility – 15 Years Exterior Weathering Experience of Some EB Curable Coatings
[21] European Coil Coating Association (Veranst.): 35. Herbstkongress (Brüssel 2001). Brüssel: ECCA, 2001. – Luz, W.: Thermal treatment for precoated coil
[22] European Coil Coating Association (Veranst.): 38. Hauptversammlung (Salzburg 2004). Brüssel: ECCA, 2004. – Hill, M., Scott, L,; Herderson, P.: Spooner energy modelling package to review the design of CCL thermal packages (ovens, oxidisers, heat recovery, ...)
[23] Brown, D.: Coil paint lines – which option & why. In: Iron & Steel Review 47 (2004) Januar, S. 60–72
[24] European Coil Coating Association (Veranst.): 37. Herbstkongress (Brüssel 2003). Brüssel: ECCA, 2003. – Luz, W.; Stubbe, B.: Energy view at full automatic process control
[25] DIN EN 50054:1992: Elektrische Geräte für das Aufspüren und die Messung brennbarer Gase – allgemeine Anforderungen und Prüfverfahren
[26] DIN EN 50271:2002: Elektrische Geräte für die Detektion und Messung von brennbaren Gasen, giftigen Gasen oder Sauerstoff – Anforderungen und Prüfungen für Warngeräte, die Software und/oder Digitaltechnik nutzen
[27] European Coil Coating Association (Veranst.): 25. Jubiläumskongress (Brüssel 1992). Brüssel: ECCA, 1992. – Wang, R.; Wojtowicz, M.: A 25-year evolution of thermal equipment for coil coating lines
[28] European Coil Coating Association (Veranst.): 24. Herbstkongress (Brüssel 1991). Brüssel: ECCA, 1991. – Reitze, H.: Optimal energy exploitation of exhaust gas purification by the "Thermo Reactor"
[29] European Coil Coating Association (Veranst.): 36. Hauptversammlung (Sorrent 2002). Brüssel: ECCA, 2001. – Schanze, F.-J.: Energy saving by using new technologies in the coil coating
[30] European Coil Coating Association (Veranst.): 38. Hauptversammlung (Salzburg 2004). Brüssel: ECCA, 2004. – Rogemond, E.: Make a first class choice for your coil coating drying system
[31] European Coil Coating Association (Veranst.): 45. Herbstkongress (Brüssel 2011). Brüssel: ECCA, 2011. – Gil, S.: Induction curing and regenerative thermal oxidizer
[32] European Coil Coating Association (Veranst.): 38. Herbstkongress (Brüssel 2004). Brüssel: ECCA, 2004. – Lembke, R.: Infra-red heating – a really profitable drying solution for coil coating
[33] European Coil Coating Association (Veranst.): 34. Hauptversammlung (Sevilla 2000). Brüssel: ECCA, 2000. – Bustani, A.; Castillón, J.: Electric infrared ovens in coil coating und Jandel, A.-S.: Infrarot-Trockner für Coil-Coating-Linien. In: metalloberfläche 54 (2000), Heft 8, S. 32–33
[34] Bär, K. K.O.: Einsatzmöglichkeiten der NIR- und Induktionstechnologien für thermische Metallprozesse und die Behandlung von organischen Beschichtungen in Bandanlagen. In: elektrowärme international 63 (2005) Heft 1, S. 25–31

[35] European Coil Coating Association (Veranst.): 36. Herbstkongress (Brüssel 2002). Brüssel: ECCA, 2002. – Dibon, A.; Beuther, H.; Bär, K.: New Inline Coil Coating Facility for Thin Organic Coatings – A Breakthrough for New Technologies
European Coil Coating Association (Veranst.): 37. Herbstkongress (Brüssel 2003). Brüssel: ECCA, 2003. – Bär, K.: Potential use for innovative near infrared-drying/curing in coil coating technology
European Coil Coating Association (Veranst.): 38. Hauptversammlung (Salzburg 2004). Brüssel: ECCA, 2004. – Bär, K. O.: Technological be's and can't be's in coating process – visions become real
European Coil Coating Association (Veranst.): 38. Herbstkongress (Brüssel 2004). Brüssel: ECCA, 2004. – Bär, K.: NIR-booster solutions – pay-back within 12 months
European Coil Coating Association (Veranst.): 39. Herbstkongress (Brüssel 2005). Brüssel: ECCA, 2005. – Bär, K.: New Concept of a High Ecological but also Economical Curing and Thermal Solvent Treatment for Today's and Future Organic Coatings
European Coil Coating Association (Veranst.): 40. Herbstkongress (Brüssel 2006). Brüssel: ECCA, 2006. – Bär, K.: Colour coating on demand – Coil coating has been changed now?
[36] Trocknung mit kurzwelliger Infrarotstrahlung. In: JOT 44 (2004), Heft 10, S. 34
[37] Bär, K.: NIR-Trockner für Coil Coating. In: JOT 43 (2003), Heft 2, S. 42–45
[38] Bär, K. K.O.: Einsatzpotenzial der NIR-Technologie in Bandanlagen. In: elektrowärme international 61 (2003) Heft 1, S. 7–13
[39] European Coil Coating Association (Veranst.): 39. Hauptversammlung (Warschau 2005). Brüssel: ECCA 2005 – Lewarchik, R.: Innovative Coil Coatings for a Cleaner Environment
[40] European Coil Coating Association (Veranst.): 40. Hauptversammlung (Maastricht 2006). Brüssel: ECCA, 2006. – Sivaramakrishnan, M.; Nagori, S. H.: Shree Precoated Steels Colour Coating Line No.2 (NIR, Anlage)
[41] Eickhoff, J.: NIR-Trockner für Coils im Einsatz. In: besser lackieren! 5 (2003), Nr. 14, S. 9
[42] Eickhoff, J.: Coils mit NIR Platz sparend trocknen. In: besser lackieren! 5 (2003), Nr. 13, S. 7
[43] Coil Coating-Prozesse mit NIR-Technologie beschleunigen und Kosten senken. In: besser lackieren! 4 (2002), Nr. 15, S. 3
[44] In Sekunden trocknen mit nahem Infrarot. In: besser lackieren! 2 (2000), Nr. 15, S. 3
[45] Renner, O. Behner,A.: Neues Technikum mit innovativen NIR-Trocknungsmodulen. In: stahl und eisen 126 (2006), 11, S. 60/61
[46] European Coil Coating Association (Veranst.): 35. Herbstkongress (Brüssel 2001). Brüssel: ECCA, 2001. – Delaunay, D.: Induction heating benefits for coil coating
[47] European Coil Coating Association (Veranst.): 30. Herbstkongress (Brüssel 1996). Brüssel: ECCA, 1996. – Violla, H.; Delaunay, D.: Advances in induction curing for steel coil coating
[48] Starzmann, O.: UV-Härtung: Anlagen und Anwendungen kennen. In: besser lackieren, (2004), Nr. 18, S. 12
[49] Spyrou, E.: Solarium statt Backofen. In. Elements – Degussa Science Newsletter (2006), Nr. 16, S. 12–16
[50] Davies, N. C.: Recent advances in coil coating technologies. In: Aluminium 83 (2007) Nr. 1–2, S. 94–97
[51] Riester, M.: Lösemittelfreie Alternative – UV/EB-Strahlung für effiziente und umweltbewusste Oberflächentechnik. In: mo 60 (2006), Nr. 10, S. 12–13
[52] Interview mit Th. Stewing, BASF Coatings AG, Münster: Chromfreie Primer – Das Interesse an UV-härtenden Primern wächst. In: JOT 46 (2006), 12, S. 42–43
[53] 1st Latin American Coil Coating Congress 2006, Buenos Aires – Röttgers, B.: UV-Curing Technology – A New Approach to Broaden the Scope for Coil Coaters?
[54] N.N.: Edler Touch für Edelstahl – Neue Oberflächenbehandlungen erhalten die elegante Optik des Edelstahls. In: stahlmarkt 04 (2007), S. 50–51

[55] Silver Ice UV: die Formel gegen Fingerprints. Duisburg, Thyssenkrupp Nirosta
[56] European Coil Coating Association (Veranst.): 36. Hauptversammlung (Sorrento 2002). Brüssel: ECCA 2002 – Madigan, W.: Using Electrons to Reduce Emissions and Energy Consumption in Metal Coil Coating)
European Coil Coating Association (Veranst.): 37. Hauptversammlung (Malta 2003). Brüssel: ECCA 2003 – Serra, M. G.; Colaiacovo, F.; Sforza, M. P.; Allard, M.; Della Schiava, O.: A New Insulation Coating for Electrical Steel Applied by UV Curing Technology – Results of Pilot Plant Trials at C.S.M.
European Coil Coating Association (Veranst.): 38. Herbstkongress (Brüssel 2004). Brüssel: ECCA 2004 – Skinner, D.: New Development in UC Curing Systems for the Coil Coating Industry
European Coil Coating Association (Veranst.): 39. Hauptversammlung (Warschau 2005). Brüssel: ECCA 2005 – Lewarchik, R.: Innovative Coil Coatings for a Cleaner Environment
European Coil Coating Association (Veranst.): 39. Herbstkongress (Brüssel 2005). Brüssel: ECCA, 2005 – Heylen, M.; Franzolin, G.: Radiation Curable Coil Coatings: Innovative and Feasible Solutions for the Steel andAluminium Industry
European Coil Coating Association (Veranst.): 40. Herbstkongress (Brüssel 2006). Brüssel: ECCA, 2006. – Schinzel, M.: Chrome-free systems for coil coating
European Coil Coating Association (Veranst.): 40. Herbstkongress (Brüssel 2006). Brüssel: ECCA, 2006. – Lowe, Ch.: Light at the end of the tunnel
[57] Meyer-Westhues, U.: Strahlenhärtung. In: Polyurethane – Lacke, Kleb- und Dichtstoffe. Hannover: Vincentz Network, 2007, S. 80–87
[58] European Coil Coating Association (Veranst.): 40. Hauptversammlung (Maastricht 2006). Brüssel: ECCA, 2006 – Brown, N.; Radiation Curing Systems in Coil Coating
[59] Hot Strip Laminator. Hemer. Sundwig GmbH
[60] Pietschmann, J.: Industrielle Pulverbeschichtung – Grundlagen, Anwendungen, Verfahren. Wiesbaden: Vieweg Verlag, 2003, S. 140–145, 176
[61] Deutscher Verband der Lackindustrie e. V. (Veranst.): Pulverlacktagung (Hamburg 1991). Frankfurt: Deutscher Verband der Lackindustrie, 1991. – Meuthen, B.: Der Einsatz von Pulverlacken beim Coil-Coating-Verfahren
[62] European Coil Coating Association (Veranst.): 24. Herbstkongress (Brüssel 1991). Brüssel: ECCA, 1991. – Meuthen, B.: Powder coating coil lines
[63] Meuthen, B.: Kontinuierliches Beschichten von Metallbändern mit Pulverlack. In: Maschinenmarkt 98 (1992), Heft 25, S. 34–38
[64] Meuthen, B.: Breitband-Beschichtungsanlagen mit Pulverlackierung. In: Stahl und Eisen 112 (1992), Heft 4, S. 67–69
[65] Meuthen, B.: Pulverlackieren ergänzt Naßverfahren beim Coil Coating. In: Maschinenmarkt 104 (1998). Heft 50, S. 30–31
[66] DFO (Veranst.): 5. Tagung Pulverlack-Praxis (Lindau 1999). Düsseldorf: DFO, Berichtsband Nr. 40, 1999. – Meuthen, B.: 10 Jahre Pulverbeschichtung von Band und Blech in Europa und Meuthen, B.: Die Praxis hat immer die Nase vorn. In: I-Lack 67 (1999) Heft 9, S. 484–493
[67] [OTTI Technologie-Kolleg: 1. Fachforum: Beschichten und Formen mit Pulvern (Regensburg 1999). Regensburg: 1999. – Meuthen, B.: Pulverbeschichten von Band und Blech, Tagungsband, S. 67–76
[68] Meuthen, B.: Pulverbeschichten von Band und Blech. In: JOT 40 (2000) Heft 2, S. 16–23
[69] Ritterbach, A.: Schnelle Pulverlack-Aushärtung mit Induktion – Coil Coating im Kleinformat. In: JOT 47 (2007) 5, S. 12–16
[70] Wiegmann, R.: Weiß ist nichts, Farbe ist alles! Pulver Flachbeschichtungsanlage für Coil und vorgeformte Bleche bis 12 m Länge. In: VFT-Nachrichten (1998) Heft 6, S. 80–83
[71] Wiegmann, R.: Anlagen-Um- und Neubau. In: JOT 40 (2000) Heft 11, S. 36–39

[72] Aluminium 2000, World Congress on Aluminium (Monlichiari 2000). Brescia: 2000. – Pozzoli, S. A.: High speed coils powder coating
[73] Vincentz Network (Veranst.): ICC International Coater's Congress (Hannover 2004). Hannover: Vincentz Network, 2004 – Marcolungo, I.; Sacchi, F.; di Massimo, P.: Powder coating aluminium with many colours: the flexible plant and its position on the market
[74] Rückher, D.: Am laufenden Band – Stand der Technik beim Coil Coating. In: metalloberfläche 57 (2004), Heft 4, S. 33–34
[75] European Coil Coating Association (Veranst.): 30. Hauptversammlung (Barcelona 1996). Brüssel: ECCA, 1996. – Williams, G.: Powder coating
European Coil Coating Association (Veranst.): 30. Hauptversammlung (Barcelona 1996). Brüssel: ECCA, 1996. – Christian, D.: Flat bed sheet powder coating for whiteware applications in Australia
Maggiore, G.: Coils mit wärmehärtenden Pulverlacken beschichten. In: besser lackieren! (2000), Nr. 14, S. 12
Mallett, K.: Powder coatings for high speed coil lines. In: ECJ (2001), Heft 1, S. 37–38
European Coil Coating Association (Veranst.): 35. Herbstkongress (Brüssel 2001). Brüssel: ECCA, 2001. – Jacques, J. K.: Powder coatings for coil: new options fort the building market
A growing force in powder coatings. Liverpool: Becker Industrial Coatings, Review 2002, S. 16–20.
AFPEV (Veranst.): Forum de la Connaissance (Paris 2003). Paris: AFPEV, 2003. – Mallett, K.: Thermosetting powder coatings: new technologies for metallic substrates
Vincentz Network (Veranst.): ICC International Coater's Congress (Hannover 2004). Hannover: Vincentz Network, 2004 – Rekowski, V.; Lambert, P.: World's first powder coil coating line using NIR curing technology, Proceedings, S. 41–57
European Coil Coating Association (Veranst.): 38. Herbstkongress (Brüssel 2004). Brüssel: ECCA, 2004. – Mallett, K.: Powder on coil – an innovative alternative coating for metal coils
Rieth, B.: Coil Coating: Wachstum mit Innovation und Qualität. In: Aluminium 83 (2007). 10, S. 38–40, 42–45
[76] European Coil Coating Association (Veranst.): 43. Herbstkongress (Brüssel 2009). Brüssel: ECCA, 2009. – Bielefeld, F. W.; de Zeeuw, A.: How can the steel industry generate add-on business in the post-finishing market?
[77] European Coil Coating Association (Veranst.): 30. Hauptversammlung (Barcelona 1996). Brüssel: ECCA, 1996. – Graziano, F. D.: Powder coating in coil
und Graziano, F. D.: Pulver-Bandbeschichten bei 60 m/min. In: JOT 34 (1996), Heft 8, S. 34–39
[78] European Coil Coating Association (Veranst.): 31. Herbstkongress (Brüssel 1997). Brüssel: ECCA, 1997. – Michaelis, R.: Powder coil coating – an alternative to liquid coil coating
und Michaelis, R.: Pulver-Coil-Coating – eine Alternative zur Bandbeschichtung mit Flüssiglack. In: JOT 38 (1998), Heft 2, S. 14–18
[79] PCC – Powder Coil Coating. Düsseldorf: SMS Schloemann-Siemag, 2000
[80] Jandel, A.-S.: Pulver auf dem Coil. In: metalloberfläche 52 (1998), Heft 12, S. 980–981
[81] European Coil Coating Association (Veranst.): 39. Hauptversammlung (Warschau 2005). Brüssel: ECCA, 2005. – Nicolas, P.: High speed powder coating
[82] European Coil Coating Association (Veranst.): 30. Herbstkongress (Brüssel 1996). Brüssel: ECCA, 1996. – Binda, P.: Polyester based powder coatings with reference to coil coating
[83] DFO (Veranst.) DFO-Jahrestagung „Pulverlack-Praxis“ (Düsseldorf 1997). Düsseldorf: DFO, 1997. – Schulze-Hagenest, D.; Binda, P.H.G.: Der Kopierer als Vorlage zur idealen Pulverlackieranlage für flache Werkstücke, Berichtsband 33, S. 121–128
[84] Schulze-Hagenest, D.; Binda, P.H.G.: Pulvern von flachen Werkstücken. In: JOT 38 (1998), Heft 4, S. 34–40

[85] European Coil Coating Association (Veranst.): 33. Hauptversammlung (Monte Carlo 1999). Brüssel: ECCA, 1999. – Binda, P.H.G.: Update on powder coatings for coil coating

[86] European Coil Coating Association (Veranst.): 37. Hauptversammlung (Malta 2003). Brüssel: ECCA, 2003. – Binda, P.; van den Bergh Jeths, R.: Electro-magnetic brush technology, a novel powder coating application process for coil coating

[87] European Coil Coating Association (Veranst.): 43. Herbstkongress (Brüssel 2009). Brüssel: ECCA, 2009. – Kloppers, P.: Electromagnetic brush coating

[88] Vincentz Verlag (Veranst.): ICC International Coaters' Congress (Hannover 2004). Hannover: Vincentz Verlag, 2004 – Stelter, E.; Lambert, P.; Frauens, M.: Applications rotating magnetic brush technology in powder coating, Conference Proceedings, S. 75–82

[89] Church, F. L.: Nippon Steel cranks up advanced coil coater. In: Modern Metals 49 (1993), December, S. 32–34

[90] European Coil Coating Association (Veranst.): 28. Hauptversammlung (Berlin 1994). Brüssel: ECCA, 1994. – Kotani, H.; Furuyama, T.; Koga, S.; Kanai, H.; Oka, J.: Outline of a coil coating line at Kimitsu works

[91] Kanai, H., Kotani, H., Iwakura, H., Koga, S., Oka, J.: Application of roller curtain coater to a new coil coating line. In: 1st Pacific Coating Forum Proceedings (1995), S. 198-201

[92] European Coil Coating Association (Veranst.): 43. Herbstkongress (Brüssel 2009). Brüssel: ECCA, 2009. – Ueda, K.: Application of roller curtain coater for the steel strip

[93] European Coil Coating Association (Veranst.): 30. Herbstkongress (Brüssel 1999). Brüssel: ECCA, 1999. – Christian, D. F.: Solid block painting – easy on the environment and user friendly

[94] Pennington, J. N.: Solid-block painting is solvent-free. In: Mod. Metals 56 (2000), Nr. 4, S. 6

[95] European Coil Coating Association (Veranst.): 35. Hauptversammlung (Budapest 2001). Brüssel: ECCA, 2001. – Buecher, U.: Intellectual property for the coil coating industry

[96] Institute of Material Engineering Australasia (Veranst.): 2nd National Steel Conference (Wollongong 2003). Institute of Material Engineering Australasia: Parkville, 2003. – Christian, D. F.: Develoments in solventless coil coating

[97] European Coil Coating Association (Veranst.): 15. Herbstkongress (Brüssel 1984). Brüssel: ECCA, 1984. – Ayusawa, S.: Hot melt process for thermoplastic resin

[98] National Coil Coating Association (Veranst.): NCCA Fall Meeting (1984). NCCA, 1984. – Ayusawa, S.; Shimizu, H.; Kobayashi, H.; Tsuchiya, Y.: Hot melt coating method of thermoplastic resin

[99] European Coil Coating Association (Veranst.): 43. Herbstkongress (Brüssel 2009). Brüssel: ECCA, 2009. – Cudazzo, M.; Demmler, M.; Gedan-Smolka, M.; Strohbeck, U.; Vogelsang, H.: Powder coil coating with innovative processes towards new products and surfaces

[100] Meyer-Westhues, U.: Can Coating. In: Polyurethane – Lacke, Kleb- und Dichtstoffe. Hannover: Vincentz Network (2007), S. 120 -123

[101] Verband Metallverpackungen e. V.: VMV-Informationsveranstaltung (Düsseldorf 2006). Lebensmittelkontakt – Regelungen und Prüfungen für Metallverpackungen

[102] CEPE/EU Sector Group Can Coatings (Hrsg.): Code of Practice for Coated Articles where the Food Contact Layer is a Coating, Brüssel: Working Document, Edition 2, 2007

[103] DIN EN 541:2007
Aluminium und Aluminiumlegierungen – Walzerzeugnisse für Dosen, Verschlüsse und Deckel – Spezifikationen
DIN EN 602:2004
Aluminium und Aluminiumlegierungen – Kneterzeugnisse – Chemische Zusammensetzung von Halbzeug für die Herstellung von Erzeugnissen, die in Kontakt mit Lebensmitteln kommen

[104] DIN EN 10202:2001/AC:2003
Kaltgewalzte Verpackungsblecherzeugnisse – Elektrolytisch verzinnter und spezialverchromter Stahl
DIN EN 10205:1992
Kaltgewalztes Feinstblech in Rollen zur Herstellung von Weißblech oder elektrolytisch spezialverchromtem Stahl
DIN EN 10333:2005
Verpackungsblech – Flacherzeugnisse aus Stahl für die Verwendung in Berührung mit Lebensmitteln, Produkten und Getränkedosen für den menschlichen und tierischen Verzehr – Verzinnter Stahl (Weißblech)
DIN EN 10334:2005
Verpackungsblech – Flacherzeugnisse aus Stahl für die Verwendung in Berührung mit Lebensmitteln, Produkten und Getränkedosen für den menschlichen und tierischen Verzehr – Unbeschichteter Stahl (Feinstblech)
DIN EN 10335:2005
Verpackungsblech – Flacherzeugnisse aus Stahl für die Verwendung in Berührung mit Lebensmitteln, Produkten und Getränkedosen für den menschlichen und tierischen Verzehr – Unlegierter elektrolytisch spezialverchromter Stahl

[105] Ullmann's Encyclopedia of Industrial Chemistry. Weinheim: VCH Verlag, 1991, Saturated Polyester Coatings, Vol A 18 , Paints and Coatings, S. 395–399

[106] Abrafati (Veranst.): 8th International Paint Congress (Sao Paulo 2003). Sao Paulo: – Stapperfenne,U.: High Performance Polyesters for Exterior and Interior Can Coating

[107] Verpackungen aus Aluminium – Mehr als nur Produktschutz. Düsseldorf: Gesamtverband der Aluminiumindustrie e. V., 2005

[108] Tanaka, A.; Hanafusa, T.; Kojyo, H.; Inui, T.: Transactions Iron and Steel. In: Institute of Japan (ISIJ) 27 (1987), S. 638–644

[109] International Tin Research Institute (Veranst.): 5th International Tinplate Conference (London 1992). London: International Tin Research Institute (ITRI), 1992 – Malejzyk, M.; Jabs, S.; Täffner, K.; Weber, F. J.: Rasselstein's new film coating technology. Proceeding Paper No. 33, S. 373–388

[110] Malejzyk, M.: Andrafol® – ein neuer Werkstoff für die Aerosol-Industrie. In: Aerosol Europe, 1 (1993), Heft 1, S. 35–42

[111] Malejzyk, M.: Wide strip coating – new perspectives for surface finishes in aerosol cans. In: Aerosol and Spray Report 34 (1995), Heft 4, S. 204–207

[112] European Coil Coating Association (Veranst.): 30. Herbstkongress (Brüssel 1996). Brüssel: ECCA, 1996. – Okamura, T.; Tanaka, A.: Environmental friendly polyester laminated steel

[113] International Tin Research Institute (Veranst.): 6th International Tinplate Conference (London 1996). London: International Tin Research Institute (ITRI), 1996 – Kaguma, N.; Tanaka, A.: Polyester film laminating technology

[114] Christ, R.: Weißblechqualität – ein stetiger Weiterentwicklungsprozess. In: stahl und eisen 127 (2007), Nr. 2, S. 35–40

[115] Folienkaschierte und lasergeschweißte Dose erschließt neue Märkte. In: stahl und eisen 125 (2005), Nr. 9, S. 93

[116] Innovationen bei Verpackungsstahl: Kundennutzen durch höhere Prozesssicherheit und vereinfachte Fertigung. In STAHL (2007), Nr. 1, S.26–27

[117] Jandel, A.: Erweiterte Möglichkeiten für die Oberflächenveredelung. In: JOT 41 (2001), Heft 11, S. 12–13

[118] European Coil Coating Association (Veranst.): 36. Herbstkongress (Brüssel 2002). Brüssel: ECCA, 2002. – van Heirseele, G.: Decosteel2: Clean technology for coil coated products

[119] Jandel, A.: Korrosionsschutzprimer für Automobilbleche. In: JOT 43 (2003). Heft 9, S. 52–55

[120] European Coil Coating Association (Veranst.): 33. Hauptversammlung (Monte Carlo 1999). Brüssel: ECCA, 1999. – Delaunay, D.: Combined galvanising/painting lines: Economic advantages of the concept
[121] European Coil Coating Association (Veranst.): 34. Herbstkongress (Brüssel 2000). Brüssel: ECCA, 2000. – Forster, M.: High speed cleaning and coating of aluminium coil for automotive applications
[122] European Coil Coating Association (Veranst.): 34. Herbstkongress (Brüssel 2000). Brüssel: ECCA, 2000. – Jones, N.: Satellite paint line
[123] Anlagen-Um- und Neubau in eigener Regie. In: JOT 40 (2000). Heft 11, S. 36–39

5 Qualitätssicherung

Die Qualität des bandbeschichteten Produkts wird von einer großen Anzahl an Parametern beeinflusst, nämlich von:

- der Oberfläche des Substrats
- der Herstellung und Applikation des Beschichtungsstoffes
- der Beschichtung und
- der Verarbeitung.

Das Ziel aller Qualitätssicherungsmaßnahmen ist es, ein Bauteil zu erzeugen, sei es eine Dachpaneele, eine Kühlschrankwand oder auch ein LKW-Aufbau, das seine funktionellen und optischen Eigenschaften während seiner gesamten Nutzungsdauer beibehält. Dazu müssen alle am Prozess Beteiligten beitragen und in jedem einzelnen Teilschritt einen Standard erreichen, der zu der gewünschten Qualität des Endproduktes führt. Dieses erfordert jedoch, dass die Qualität in den Prozessschritten, also bei der Veredelung des Blechs, bei der Produktion von Vorbehandlungsmedien, Lacken und Folien oder bei der Beschichtung unter reproduzierbaren, vergleichbaren Bedingungen geprüft wird. Um die Vergleichbarkeit von Prüfergebnissen zu ermöglichen, wurden Normen für die Durchführung und Auswertung von Prüfungen festgelegt. Zwischen den Prozessbeteiligten werden zudem Vereinbarungen über das Qualitätsniveau getroffen.

Die in den letzten Jahren entwickelten Qualitätssicherungskonzepte umfassen nicht nur die Prüfmethoden. Sie beziehen weitere Qualitätsvereinbarungen über die Reproduzierbarkeit von Beschichtungsstoffen über längere Zeiträume, über Sicherheit, Termineinhaltung, Logistik und vieles mehr mit ein. Darüber hinaus erfordern sie Schulungen des Qualitätsbewusstseins der am Prozess beteiligten Menschen. Die Einführung von Qualitätssicherungssystemen, z. B. DIN ISO: 9000 ff hat aber auch dazu geführt, dass heute ein Teil der Eingangskontrolle bei festen Lieferanten-Kunden-Beziehungen entfallen kann, weil sich die Beteiligten auf ein einheitliches Qualitätssystem geeinigt haben.

A.-S. Jandel, B. Meuthen, *Coil Coating*,

DOI 10.1007/978-3-8348-2354-0_5,

Allerdings kommt es zwischen Lacklieferanten, Coil-Coatern und Anwendern von bandbeschichtetem Material immer wieder zu Diskussionen über unterschiedliche Prüfergebnisse. Bei den meisten gut dokumentierten und standardisierten Prüfmethoden können erfahrene Labore viele Einflussgrößen ausschalten, die zu größeren Abweichungen führen können. Trotzdem kommt es häufig vor, dass Prüfergebnisse aus unterschiedlichen Labors stark variieren. Hierzu tragen teilweise nicht präzise definierte Vorschriften bei.

Um jedoch die Unterschiede in den Prüfergebnissen zu verhindern bzw. zu verringern, ist es absolut notwendig, die Normen und Prüfvorschriften exakt einzuhalten. Die Messgeräte müssen regelmäßig geprüft und mit geeigneten Standards kalibriert werden. Da die Standards und Prüfvorschriften offensichtlich nicht alle Einflussparameter auf die Prüfergebnisse erfassen, sollten die Oberflächeneigenschaften stets im gleichen Umfeld, also im gleichen Labor, mit dem gleichen Gerät und von dem gleichen Prüfer, in Vergleichsmessungen ermittelt werden [1].

5.1 Eingangsprüfungen

In jeder Stufe des Bandbeschichtungsprozesses wird eine Anzahl von Prüfungen durchgeführt, die sicher stellen, dass die gewünschten Eigenschaften bei dem Material auch vorhanden sind. Die Prüfungen bei der Bandbeschichtung umfassen das Substrat, den Lack, das Beschichtungsverfahren und das Endprodukt. Substrat und Lack werden jeweils von ihren Produzenten geprüft. So wird bei den Substraten Stahl und Aluminium Bandbreite, Banddicke, Dickentoleranz, Oberflächenbeschaffenheit, Ebenheit, Rauheit, bei verzinktem Stahl auch Auflagendicke der Zinkschicht, Schichtaufbau, Haftung und Dressiergrad geprüft. Diese Prüfungen erfolgen während oder nach der Produktion als Endkontrolle im Walzwerk. An der Bandbeschichtungsanlage wird in der Regel keine weitere Eingangskontrolle des Bands durchgeführt. Es wird eine visuelle Inspektion im Einlauf und in wenigen Fällen auch ein Anschliff der Oberfläche vorgenommen, um die Oberflächenbeschaffenheit zu kontrollieren.

Die Prüfungen des Lacks sind hingegen sehr umfangreich, bevor er auf die Anlage gebracht wird, denn der Lack muss auf seine Applikation eingestellt sein und zudem den Anforderungen bei der Verarbeitung und der Verwendung des Blechs genügen. Die spätere Weiterverarbeitung und letztendlich das Einsatzgebiet sind die Basis für die Auswahl der Substratqualitäten, der Vorbehandlung und des Lacks. Die vorlackierte Oberfläche ist zum Teil extremen Herausforderungen ausgesetzt. Bild 5.1 zeigt schematisch den Herstellungsprozess für Bauelemente. Aber auch bei der Fertigung von Kühlschränken muss die Coil-Coating-Oberfläche in den einzelnen Bearbeitungsschritten einigen Belastungen standhalten (Bild 5.2). Es wird aus den beiden Beispielen deutlich, dass eine Vielzahl von Kriterien beachtet werden muss, um allen Ansprüchen gerecht zu werden [2].

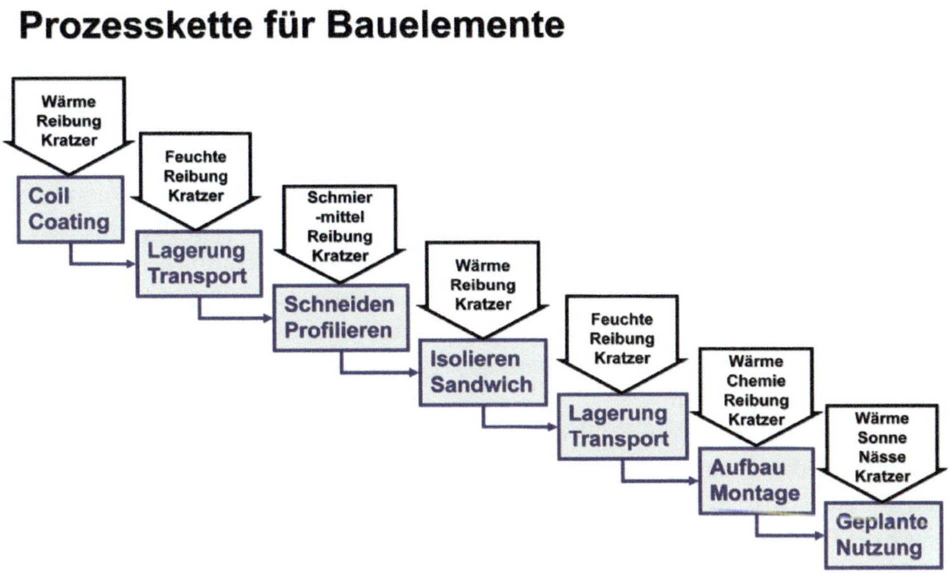

Bild 5.1 Bei der Verarbeitung zu Bauelementen wird die beschichtete Oberfläche stark beansprucht. (Quelle: BASF Coatings GmbH, Münster)

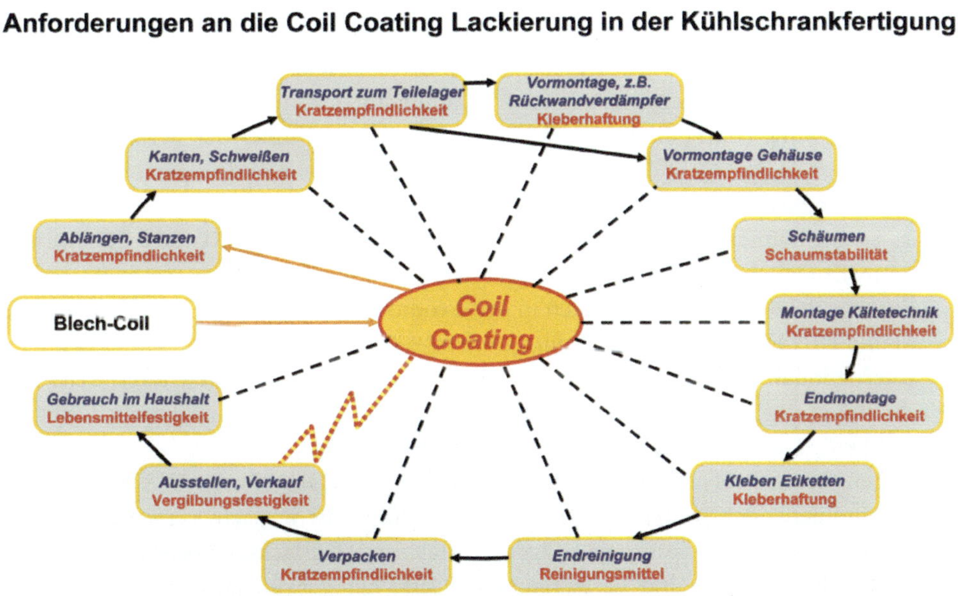

Bild 5.2 Anforderungen, die an die lackierte Oberfläche bei der Kühlschrankfertigung gestellt werden. (Quelle: BASF Coatings GmbH, Münster)

Den komplexen Abläufen entsprechend, fängt die Qualitätssicherung für Coil-Coating-Lacke bereits bei der Entwicklungsplanung an. Sie bezieht die Rohstoffhersteller mit ein, erstreckt sich über die Prüfung der Entwicklungsprodukte und fordert schließlich die Einhaltung von Qualitätskriterien bei der Produktion der Lacke sowie auch bei der weiteren Verarbeitung beim Coil-Coater.

Die erste Prüfung des Lacks erfolgt bei seiner Produktion, nachdem alle Rezepturbestandteile miteinander dispergiert sind. Ergibt die Prüfung einer statistischen Probe des Lackes, dass er noch nicht vollständig das geforderte Eigenschaftsprofil erreicht hat, wird die Mischung angepasst, indem eine entsprechende Menge der noch fehlenden Rohstoffe zugegeben wird. Anschließend erfolgt eine weitere Probenahme und der Prüfzyklus beginnt von vorne, bis die vereinbarten Eigenschaften erreicht sind. Dann wird der Lack zum Versand freigegeben.

Das Anforderungsniveau bei der Verarbeitung von Coil-Coating-Lacken erfordert eine sehr restriktive, auf die Besonderheiten abgestimmte Lackprüfung. Zu berücksichtigen sind die Flüssiglackeigenschaften, die Filmeigenschaften des eingebrannten Lackes sowie die Eigenschaften des gesamten Coil-Coating-Aufbaus.

Die für die Lackprüfungen eingesetzten Methoden sind zwischen Lackherstellern und Bandbeschichtern abgestimmt. Prüfverfahren für die Qualitätssicherung der Fertigerzeugnisse wurden bei der ECCA (European Coil Coating Association) erarbeitet.

Seit 1977 werden von der Technischen Kommission der ECCA laufend Empfehlungen für Prüfverfahren wie T1 bis T17 für bandbeschichtete Metalle veröffentlicht, die 1985 revidiert bzw. auf T18 ergänzt wurden. Seit 1995 wurden diese Prüfverfahren zusammen mit dem DIN, Sekretariat des CEN TC 139 „Lacke und Anstrichstoffe", in der WG 9 „Coil coated metals – test methods", unterstützt von der ECCA, stufenweise in eine EN-Fassung (Europäische Norm) gebracht, die heute unter der Bezeichnung DIN EN 13523 gültig ist [3]. In dieser Reihe sind bis heute 28 Teile in dreisprachiger Ausgabe (deutsch, englisch und französisch) erschienen. Weitere Teile liegen sind in Vorbereitung. Damit können zahlreiche, bisher herangezogene ISO-, ASTM- und EN-Normen, wo immer möglich, durch die produkttypischen Fassungen ersetzt oder ergänzt werden.

Ein Beispiel für die Anwendungen in den Produktnormen sind die DIN EN 10169 für Stahl und DIN EN 1396 für Aluminium.

International spielen traditionell auch die ASTM-Normen wegen ihrer weltweiten Verbreitung eine große Rolle im internationalen Geschäft. Einen Überblick gibt der ASTM D 3794-00 Standard Guide for Testing Coil Coating.

Neben diesen Prüfverfahren kommen weitere Prüfverfahren nach DIN zum Einsatz. Dazu kommen noch weitere geeignete Prüfverfahren, die je nach Verwendungszweck eine Rolle spielen, und mit denen Eigenschaften wie Überlackierbarkeit, Eignung zum Kleben, Brandverhalten und Verhalten beim Tiefziehen geprüft werden. Die Prüfungen für Coil-Coating-Lacke bestehen aus einem dichten Netzwerk ineinander greifender Prüfungen. In Bild 5.3 sind die Prüfungen für den flüssigen Lack sowie für den Lackfilm dargestellt.

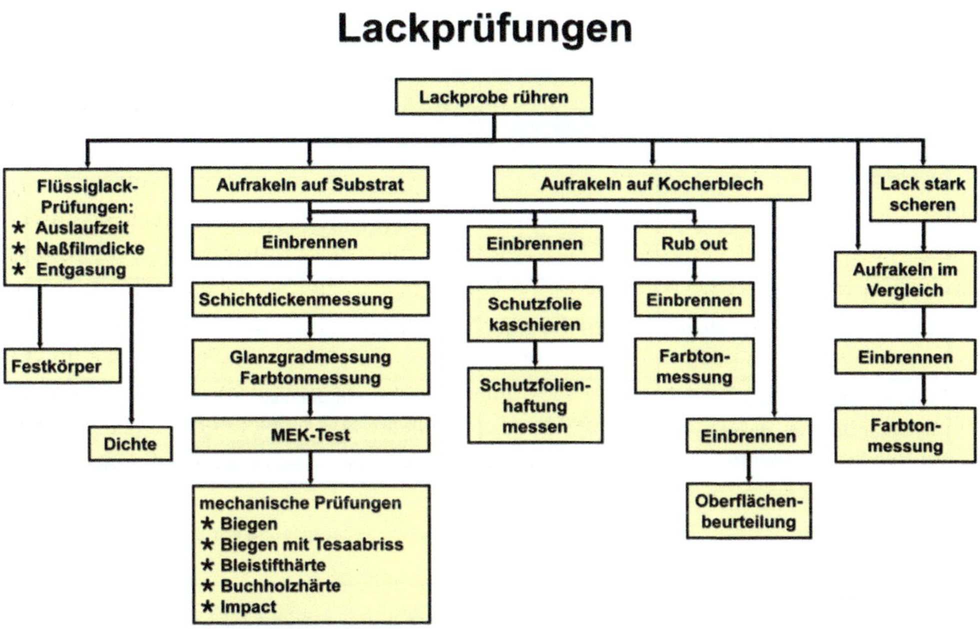

Bild 5.3 Übersicht über einige Laborprüfungen von Coil-Coating-Lacken. (Quelle: BASF Coatings GmbH, Münster)

Für jeden einzelnen Prüfpunkt muss ein Sollwert innerhalb eines abgestimmten Toleranzbereiches erreicht werden, damit ein verarbeitungsfähiger Lack mit genau den gewünschten Eigenschaften auf der Coil- Coating-Anlage appliziert werden kann. Die physikalischen Zusammenhänge zwischen den einzelnen Parametern sind komplex. So beeinflussen sich beispielsweise Glanzgrad, Farbe und Schutzfolienhaftungswerte gegenseitig, so dass ein einzelner Wert ohne die jeweils anderen nicht beurteilt werden kann.

Um die Praxisrelevanz der Prüfungen zu verdeutlichen, soll der Zusammenhang zwischen den Anforderungen im Lackierprozess und den gebrauchstechnischen Eigenschaften dargestellt werden. Basis für die Prüfungen sind die (DIN) EN-Normen. Ein Teil der Prüfvorschriften, für die es keine Normen gibt, wurde von den Lacklieferanten erarbeitet. Sie sind in der Regel im firmeneigenen Qualitätsmanagement-System für Coil-Coating-Lacke verbindlich festgeschrieben.

Betrachtet man die Prüfungen, die sich auf den Lackauftrag innerhalb des Coil-Coating-Verfahrens beziehen (Bild 5.4), so wird deutlich, dass hier Verarbeitungssollwerte geprüft werden, die die Einstellung des Lack-Coaters sowie die Reproduzierbarkeit beim Lackieren gewährleisten. Viskosität und Nassfilmdicke liefern die Grundlage, um die einzelnen Lackierparameter einzustellen. Damit die Pigmente unter den harten Scherbedingungen zwischen Lackierwalzen und laufendem Substrat nicht weiter zerrieben werden, – dies führt zu einer Farbverschiebung – müssen die als Colour-drift und Rub-out dargestellten Prüfungen innerhalb eines bestimmten Toleranzniveaus liegen.

Prüfungen des flüssigen Lacks

Produktprüfung	Prüf-Norm	Applikationsparameter auf dem Lack-Coater
Auslaufzeit mit DIN-Becher 4	Werks-spezifikation	➔ Verarbeitungsviskosität
Ermittlung der Nassfilmdicke	DIN EN ISO 2808	➔ Applikationsdicke des flüssigen Lacks
Scherstabilität Farbton ★ Color Drift (dL, da, db) ★ Rub Out (dL, da, db)	Werks-spezifikation	➔ Pigmentstabilität auf dem Coater ★ Scherung im Pumpenkreislauf: Pumpe - Wanne - Walzen - Fass ★ Scherung zwischen Auftragswalze - Substrat
Entgasungstest	Werks-spezifikation	➔ Luftblasenentgasung vor dem Einbrennen

Bild 5.4 Prüfungen des Lacks im Hinblick auf die Verarbeitung auf der Coil-Coating-Anlage. (Quelle: BASF Coatings GmbH, Münster)

Außerdem müssen die bei der Applikation eingebrachten Luftblasen so schnell aus dem Lackfilm wieder entweichen können, dass sie bei der Trocknung nicht mehr in die Lackoberfläche eingeschlossen werden.

Im nächsten Verarbeitungsschritt, dem Einbrennen, müssen bestimmte Parameter gewährleistet werden, damit eine störungsfreie Oberfläche (Bild 5.5) ausgebildet wird. So wird beim Kochertest überprüft, ob die Luft- und Lösemittelentgasung beim Einbrennen schnell genug vonstattengehen, ohne dass Oberflächenstörungen wie Nadelstiche und Kochblasen nach dem Einbrennen im Film zu sehen sind.

Selbstverständlich muss das komplette Prüfverfahren darauf abgestimmt sein, dass die auf der Lackieranlage erreichte Objekttemperatur (PMT) auch im Labor erreicht wird. Es soll damit gewährleistet werden, dass die Vernetzung der Polymere ausreichend ist, um eine geschlossene Oberfläche mit dem gewünschten technischen Profil zu erzielen. Zudem werden viele Eigenschaften wie Farbe, Glanzgrad oder auch die Oberflächenhärte sehr stark durch die eingebrachte Energie beeinflusst. Ist die Temperatur zu niedrig, verbleibt die Oberfläche zu weich, weil die Vernetzung nicht ausreicht. Bei einer zu hohen Temperatur vergilbt eventuell die Oberfläche und auch der gewünschte Glanzgrad wird nicht erreicht.

Die beim Einbrennen freigesetzte Lösemittelmenge wird ermittelt, weil über diesen Wert die Abluftmengen in den einzelnen Trocknerzonen gesteuert werden. Die Abluftmenge wird so reguliert, dass die Konzentration des Lösemittel-Gemisches unterhalb der unteren Explosionsgrenze liegt. Lösemittelgehalt und Abluftmenge sind zudem relevant für die Effektivität der thermischen Nachverbrennung.

Einbrenn-Prüfungen

Produktprüfung	Prüf-Norm	Applikationsparameter bei Einbrennen und Filmbildung
Kochertest	Werks-spezifikation	➔ Luft-, Lösemittelentgasung beim Einbrennen
Ermittlung Objekttemperatur (PMT)	Werks-spezifikation	➔ Simulation der Anlageneinbrennung
Festkörper	Werks-spezifikation	➔ Lösemittelgehalt zur Steuerung der TNV
Dichte (Trockenfilm)	DIN 53219	➔ spezifischer Lackverbrauch pro m², automatische Schichtdickenmessung
MEK-Test	DIN EN 13523-11	➔ Prüfen, ob Einbrennenergie ausreichend

Bild 5.5 Einige Prüfungen mit denen nachgewiesen wird, dass der Lackfilm richtig vernetzt ist. (Quelle: BASF Coatings GmbH, Münster)

Aus der Trockenfilmdichte und dem Festkörpergehalt lässt sich der spezifischer Lackverbrauch pro Quadratmeter lackierter Oberfläche berechnen. Diese Parameter werden benötigt, um damit aus der automatischen Messung im laufenden Beschichtungsbetrieb die Schichtdicke zu berechnen. Mit dem MEK-Test – hierbei handelt es sich um eine Prüfung, in der die Lösemittelbeständigkeit der Oberfläche gegenüber Methylethylketon ermittelt wird – kann am eingebrannten Film geprüft werden, ob die über die Einbrennzeit und Objekttemperatur in das System eingebrachte Energie ausreichte, um den Lackfilm richtig zu vernetzen.

Die Haftung des Primers zum Substrat ist die wichtigste Voraussetzung für einen intakten Lackaufbau. Darum wird in drei Prüfschritten die Verbundhaftung getestet (Bild 5.6). Der Biegetest mit Klebefilmabriss ist eine rein mechanische Prüfung. Beim MEK-Test wird das Zusammenspiel zwischen der chemischen Vernetzung nach dem Einbrennen und der Substrathaftung geprüft. Hierbei spielt auch der Primer eine wichtige Rolle. Er muss bei der Beurteilung der Lackoberfläche immer berücksichtigt werden, denn er beeinflusst das Eigenschaftsbild des gesamten Lackaufbaus. Deshalb werden mit den Decklackeigenschaften auch die Einflüsse des Primers in den nachfolgenden Prüfungen mit getestet. In den in Bild 5.7 aufgelisteten Prüfungen werden die Eigenschaften des gesamten Lackaufbaus ermittelt.

Primerfilm-Prüfungen

Produktprüfung	Prüf-Norm	Primerfilm-Eigenschaft
Schichtdickenmessung	DIN EN 13523-1	→ Schichtdicke
Biegen mit Klebefilmabriß	DIN EN 13523-7	→ Haftung zum Substrat
MEK-Test	DIN EN 13523-11	→ Durchhärtung, Vernetzung des Primers und Haftung zum Substrat

Bild 5.6 Die Prüfung der Verbundhaftung gewährleistet einen intakten Beschichtungsaufbau. (Quelle: BASF Coatings GmbH, Münster)

Lack-Eigenschafts-Prüfungen

Produktprüfung	Prüf-Norm	Decklackfilm-Eigenschaft auf Primer
Schichtdickenmessung	DIN EN 13523-1	→ Schichtdicke
Farbtonmessung	DIN EN 13523-3	→ Farbton
Schutzfolienhaftung	DIN EN 13523-17	→ Haftkraft der Kaschierfolie
MEK-Test	DIN EN 13523-11	→ Durchhärtung, Vernetzung des Decklacks und Haftung zum Primer
Biegen	DIN EN 13523-7	→ Elastizität des Lackaufbaus
Biegen mit Klebefilmabriss	DIN EN 13523-7	→ Haftung des Lackaufbaus zum Substrat
Bleistifthärte	DIN EN 13523-4	→ Härte und Kratzempfindlichkeit
Buchholzhärte	DIN EN ISO 2815	→ Widerstand gegen Einschnitte
Impact	DIN EN 13523-5	→ Widerstand gegen Rissbildung bei schneller Verformung
Definierte Temperaturbelastung	DIN EN 13523-13	→ Alterungsverhalten mechanischer Lackeigenschaften

Bild 5.7 Prüfungen, mit denen die Eigenschaften des gesamten Aufbaus ermittelt werden. (Quelle: BASF Coatings GmbH, Münster)

Die wichtigste Voraussetzung für die richtige Beurteilung von Glanz und Farbe ist die Messung der Schichtdicke. Für die Bestimmung der Schichtdicke gibt es verschiedene Methoden (siehe Kapitel 5.3.1 und 5.4.1). Glanz und Farbton werden mit Hilfe einer Reflexionsmessung ermittelt.

Bandbeschichtete Flacherzeugnisse besitzen in der Regel eine fertige Oberfläche, die dem vom Kunden gewünschten Finish entspricht, und damit wird die Farbe zu einem wichtigen Qualitätsmerkmal. Sie wird üblicherweise anhand von Farbvorlagen wie RAL 840 HR oder Kunden-Farbstandards nachgestellt. Zur Kontrolle, ob der richtige Farbton getroffen wurde, wurde die Farbmessung eingeführt. Unter einer Farbmessung wird die objektive Ermittlung von drei konkreten Farbmaßzahlen zur eindeutigen Kennzeichnung einer farbigen Oberfläche verstanden [4]. Basis der Farbsysteme sind die sogenannten Normfarbwerte X, Y und Z. Zu ihrer Festlegung wurde das durchschnittliche, menschliche Farbsehvermögen für die Grundfarben Rot, Grün und Blau durch Normspektralwertkurven berücksichtigt. Aus diesen Werten werden durch mathematische Transformation die Farbmaßzahlen verschiedener Farbsysteme berechnet.

Am weitesten verbreitet ist die CIELAB-Formel (Bild 5.8) mit den Farbmaßzahlen L*, a* und b*. Dabei steht L* für die Helligkeit, a* für die Rot-Grün- und b* für die Gelb-Blau-Gewichtung. Um zu kontrollieren, ob der produzierte Farbton mit dem vorgegebenen übereinstimmt, wird aus den drei Farbmaßzahlen der Farbabstand ΔE* berechnet.

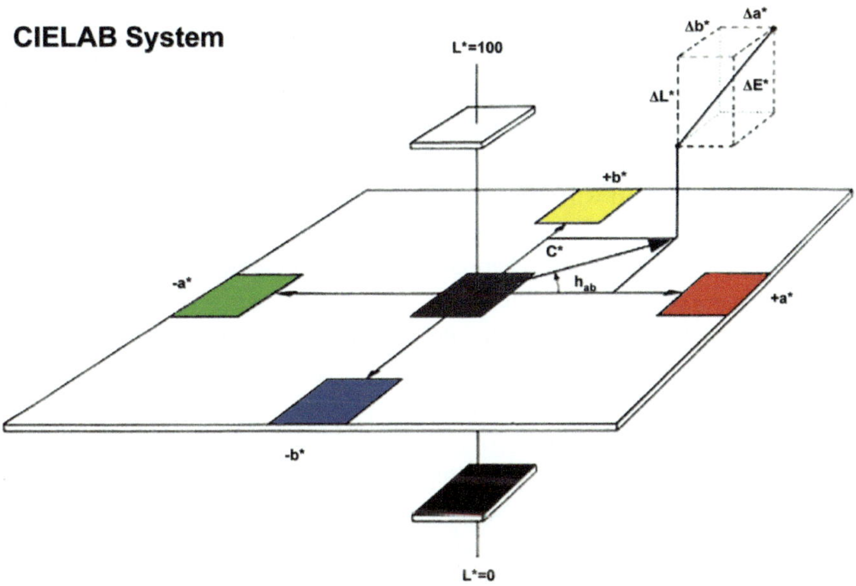

Bild 5.8 CIELAB-Farbmesssystem mit den Farbmaßzahlen L*, a* und b*. (Quelle: X-Rite Deutschland GmbH, Neu-Isenburg)

Die seit 1976 angewandte CIELAB-Formel für kleine Farbabstände hat an zentraler Bedeutung gewonnen. Dennoch weist sie in verschiedenen Farbbereichen Nachteile auf. Der Fachnormenausschuss Farbe im DIN hat sich seit längerem parallel zu internationalen CIE-Arbeiten mit der Weiterentwicklung und Korrektur der Formel beschäftigt. Erstes Ergebnis war 1999 die DIN99-Formel (DIN 6176). Inzwischen gibt es eine Optimierung zur DIN99-Formel [5]. Diese neuen Erkenntnisse werden zukünftig auch in der Coil-Coating-Industrie berücksichtigt.

Die Farbtonbeurteilung wird mit einem Farbmessgerät vorgenommen. Sie wird darüber hinaus durch eine visuelle Kontrolle ergänzt. Farbmessgeräte besitzen unterschiedliche Messgeometrien und Lichtquellen. Für die Farbbeurteilung werden in der Regel die Messgeometrie 45°/0° und die Normlichtart D65 ausgewählt. Daneben kommen die Geometrien diffus/8° und andere Lichtarten, wie beispielsweise F 2 zur Anwendung. Die Farbmessgeräte sind üblicherweise Spektralphotometer, die das Remissionsspektrum in Abhängigkeit von der Wellenlänge des Lichtes aufnehmen. Die registrierten Reflexionswerte werden rechnerisch in die Normfarbwerte bzw. andere Farbmaßzahlen umgerechnet.

Die Beschichtungen von bandbeschichtetem Blech werden in zahlreichen Farben und Texturen geliefert, Folienbeschichtungen allerdings nur in einer begrenzten Auswahl. Es werden sowohl kundeneigene als auch „standardisierte“ Farben, z. B. Farben nach RAL, DIN und NCS nachgestellt, wobei die RAL-Farben eindeutig populärer sind als andere Farbsysteme. Im Coil-Coating-Verfahren lassen sich die meisten RAL-Farbtöne gut nachstellen [6]. Abhängig vom Bindemittelsystem gibt es einige Ausnahmen. Hier ist jedoch eine gute Annäherung an den Farbcharakter der jeweiligen RAL-Farbe möglich. Neben der RAL-Klassifizierung gibt es das inzwischen verbreitete, teilweise national genormte Natural Color System des Scandinavian Colour Institute AB, Stockholm [7]. Basierend auf 6 „reinen“ Farben wurden 1750 Color Standards im Jahr 1995 veröffentlicht, die sukzessive um 200 weitere Color Standards ergänzt werden sollen.

Das beschichtete Band wird häufig mit einer Kunststoff-Folie versehen, die die Oberfläche bei der weiteren Bearbeitung schützen soll und vor dem Gebrauch entfernt wird. Dabei muss sie sich einfach abziehen lassen und die Beschichtung darf dabei nicht beschädigt werden. Diese Schutzfolienhaftung wird an einem Prüfblech untersucht, das direkt nach dem Einbrennen mit der Polyethylen-Schutzfolie heiß kaschiert wird, die ähnlich auch in der Bandbeschichtungsanlage eingesetzt wird. Nach dem Abkühlen wird die Haftkraft ermittelt, die notwendig ist, um die Folie wieder rückstandsfrei von der lackierten Oberfläche abzuziehen.

Wird das bandbeschichtete Blech umgeformt, muss der gesamte Aufbau eine gute Elastizität aufweisen. Die Beschichtung darf bei den Biege- und Umformprozessen nicht aufreißen. Ob die Oberfläche den mechanischen Beanspruchungen gewachsen ist, lässt sich mit Hilfe eines Biegetests ermitteln. Bei den Prüfungen wird nach dem Biegen auf der Biegeschulter mit Hilfe eines Klebestreifens überprüft, ob die Haftung des gesamten Lackaufbaus zum Substrat gewährleistet ist. Kratzempfindlichkeit, Widerstände gegen Einschnitte und Rissbildung bei schneller Umformung lassen sich in mechanisch-technologischen Prüfungen wie der Bestimmung der Bleistifthärte, der Buchholzhärte sowie im Impacttest (Schlagprüfung) feststellen.

Ein wesentliches Kriterium für bandbeschichtetes Blech ist eine lange Haltbarkeit. Diese lässt sich abschätzen, wenn ein beschichtetes Blech für eine bestimmte Zeit einer festgeschriebenen Temperatur ausgesetzt wird, um damit kurzfristig eine Alterung des

Lackfilms zu erzielen. Nach dieser Alterung werden wieder mechanische Tests, z. B. das Biegen durchgeführt, um zu gewährleisten, dass selbst Monate, nachdem ein Coil beschichtet worden ist, dieses Material noch einwandfrei zu den gewünschten Bauteilen weiterverarbeitet werden kann.

5.2 Prüfung der Gebrauchseigenschaften

Im Vorfeld der Entwicklungsplanung und der eigentlichen Produktentwicklung im Labor müssen neben den oben erwähnten Gesichtspunkten auch die Gebrauchseigenschaften der Oberfläche über einen langen Zeitraum berücksichtigt werden. Langjährigen Einsatz sollen die in Bild 5.9 und 5.10 aufgeführten Prüfverfahren simulieren.

Die Anfälligkeit des Lackaufbaus auf einem spezifizierten Substrat gegenüber Korrosionseinflüssen wird in der Salzsprühnebelprüfung, in der Freibewitterung, der Kondenswasser-Wechselklimaprüfung und der Schwitzwasser-Konstantklimaprüfung untersucht. In unterschiedlichen Atmosphären soll eine über Jahre auftretende mögliche Korrosionsbelastung in einem zeitlich verkürzten Test dargestellt werden. Ebenfalls in verkürzten Simulationstests werden die Licht- und Ultraviolettbeständigkeit der Decklacksysteme untersucht. Dabei werden die Veränderungen von Glanzgrad und Farbe sowie die Beständigkeit des Lackes gegenüber einem durch Ultraviolettlicht induzierten Bindemittelabbau – das Kreiden – geprüft. Als Geräte für diese Anwendungsprüfung werden Weatherometer sowie Uvcon eingesetzt. Die Ansprüche an die Lacksysteme, die die Anforderungen einer wechselnden Belastung zwischen Feuchtigkeit und starkem UV-Licht für 1.000 oder 2.000 Stunden widerstehen, sind sehr hoch. Voraussetzung, um diese Prüfungen zu bestehen, sind geeignete Bindemittel, insbesondere auch licht- und wetterbeständige Pigmente, die richtige Formulierung der Lackrezeptur und ihre Herstellung.

Weil alle Kurzzeittests nur einen Teil dessen widerspiegeln, was bei einer Beanspruchung der Lacke im Freien vor sich geht, sind Prüfungen in der Freibewitterung unbedingt notwendig. Nur hier sind die Prüfbleche der Kombination aus Licht-, Ultraviolett-Strahlungs- und Korrosionsangriff in realistischer Weise ausgesetzt. Deshalb werden die Coil-Coating-Lacke in unterschiedlichen, auch extremen Klimabereichen ebenfalls getestet, beispielsweise in Florida (heiß, feucht, hoher Salzgehalt in der Luft, hohe UV-Lichteinstrahlung), an der Nordsee- oder Nordatlantikküste, in Gebieten, wo die Salzkonzentration und die Luftbelastung durch Schwefeldioxid und andere Luftverunreinigungen besonders hoch sind.

Die bandbeschichteten Bleche, die in der Hausgeräte-Herstellung eingesetzt werden, werden ganz speziellen Prüfungen unterzogen. die auf die besonderen Belange der Hausgeräte-Industrie zugeschnitten sind (Bild 5.10). Wichtig für die Gebrauchsfähigkeit im Haushalt ist die Fleckenbeständigkeit und der Widerstand gegen Feuchtigkeit. Bei der Fertigung eines Kühlschranks wird die Rückseite der Coil-Coating-Bleche mit einem Polyurethan-Isolierschaum beschäumt. Hier ist eine gute Haftverbindung zwischen Rückseitenlackierung und dem Schaum gewünscht, ganz im Gegensatz zu der Oberseite. Dort muss sich der bei der Fertigung überlaufende Schaum leicht wieder entfernen lassen.

Lack-Anwendungs-Prüfungen (Baubereich)

Entwicklungsprüfung	Prüf-Norm	Eigenschaft des Lack-Systems
Salzsprühnebelprüfung	DIN EN 13523-8	→ Widerstand gegen Korrosion im Salz-Klima
Kondenswasser Wechselklima mit Schwefeldioxid	DIN EN 13523-23	→ Widerstand gegen Korrosion in saurer Atmosphäre
Schwitzwasser-Konstant-Klima	DIN 50017	→ Widerstand gegen Korrosion im Feuchteklima
Künstliche Bewitterung	DIN EN 13523-10 DIN EN 13523-14	→ Licht-, UV-Beständigkeit gegen Glanzverlust, Kreidung und Farbtonverschiebung
Freibewitterung * Florida * ECCA-Prüfstandorte	DIN EN 13523-19	→ Licht-, UV- und Korrosionsbeständigkeit in unterschiedlichen Klimabereichen

Bild 5.9 Prüfungen, die einen langjährigen Einsatz, z. B. im Baubereich, simulieren sollen. (Quelle: BASF Coatings GmbH, Münster)

Lack-System-Prüfungen (Hausgeräte)

Entwicklungsprüfung	Prüf-Norm	Eigenschaft des Lack-Systems
Fleckenbeständigkeit	DIN EN 13523-18	→ Widerstand gegen Fleckenbildung bei Verschmutzung
Polyurethan-schaumabweisung	Werks-spezifikation	→ Reinigungsverhalten gegen übergetretenen Polyurethanschaum
Polyurethanschaumhaftung	Werks-spezifikation	→ Verschäumbarkeit mit Polyurethan-Wärmeisolationsschaum
Wassereintauchtest	DIN EN 13523-9	→ Wasserbeständigkeit
Sonderprüfungen	Werks-spezifikation	→ Verhalten bei besonderen Beanspruchungen

Bild 5.10 Typische Prüfungen für Bleche, die in der Hausgerätefertigung eingesetzt werden. (Quelle: BASF Coatings GmbH, Münster)

5.3 Qualitätsprüfungen an der Coil-Coating-Anlage

Im Rahmen der Qualitätsvereinbarungen, die zwischen dem Lacklieferanten und dem Beschichter getroffen werden, nehmen heute in der Regel nur die Lackhersteller die Lackprüfungen vor. Der Beschichter führt regelmäßig online und off-line Prüfungen während des Lackierbetriebes an der Coil-Coating-Anlage durch und nimmt die Endkontrolle des fertig lackierten Blechs vor. Diese sieht je nach Auftrag die entsprechenden oben angeführten Prüfungen der technologischen Eigenschaften vor. Die Tests werden an Probeabschnitten eines jeden beschichteten Coils vorgenommen, die jeweils von der linken Bandseite, aus der Mitte und von der rechten Bandseite geschnitten werden (Bild 5.11). Um ein repräsentatives Ergebnis zu bekommen, werden die Bestimmungen dreifach durchgeführt. Die ermittelten Prüfwerte werden schriftlich und/oder elektronisch dokumentiert. Diese Unterlagen sind Bestandteil des jeweiligen Qualitätsmanagement-Systems. Neben den schriftlichen Dokumentationen werden auch von jedem Bandabschnitt einige Tafeln in DIN A4 Größe über einen längeren Zeitraum aufgehoben, damit im Falle von späteren Rückfragen das Beschichtungsergebnis noch eindeutig nachvollziehbar ist.

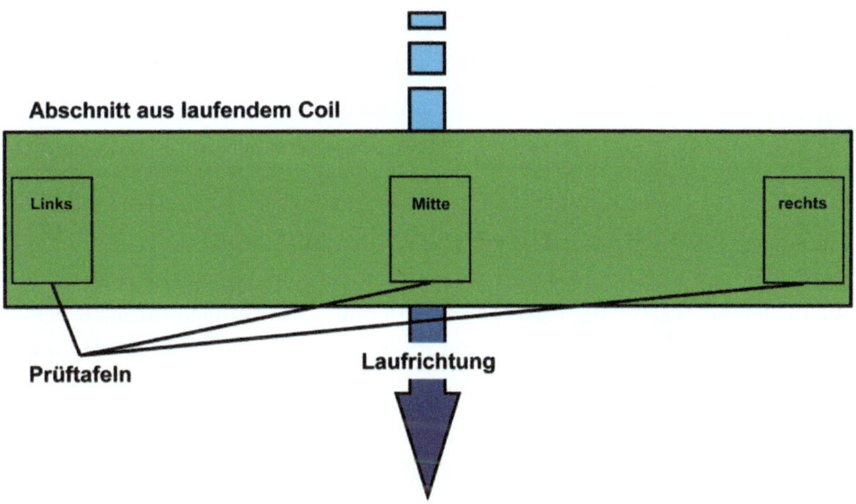

Bild 5.11 Schema der Probenahme von Blechabschnitten aus dem lackierten Band. (Quelle: BASF Coatings GmbH, Münster)

Die produktionsbegleitende Qualitätssicherung umfasst alle Verfahrensschritte (Tabelle 5.1). Einige Parameter wie Schichtdicke, Farbe, Glanz und Temperatur werden online überwacht, die anderen off-line. Die Online-Überwachung des Beschichtungsvorgangs wird in den nächsten Jahren durch Oberflächeninspektionsgeräte erweitert werden, die Oberflächenstörungen wie Krater oder Stippen erkennen können.

Tab. 5.1 Prüfungen in den einzelnen Verfahrensschritten der Bandbeschichtung

Verfahrensschritt	Kontrolle
Reinigung	Badkonzentration Badtemperatur Bandsauberkeit
Vorbehandlung	Badkonzentration Badtemperatur Auflage
Primer-Coater	Schichtdicke – nass (gemessen) und trocken (berechnet)
Primer-Trockner	Umlufttemperatur Bandtemperatur
Decklack-Coater	Schichtdicke – (gemessen) und trocken (berechnet)
Decklack-Trockner	Umlufttemperatur Bandtemperatur
Folienkaschierung	Bandtemperatur
Bandbeobachtungsstand	Kontinuierliche Farb- und Glanzmessung Oberflächenbeschaffenheit
Labor	Beschichtungsstoffe Technologische Eigenschaften des beschichteten Blechs

Die Reinigungs- und Vorbehandlungsbäder werden mit Hilfe von pH-Wert- und Leitfähigkeitsmessungen überwacht. Es werden Zusammensetzung, Konzentration und Temperatur der Bäder regelmäßig kontrolliert. Die online Messungen erfolgen berührungslos. So wird die Temperatur mit Hilfe von Pyrometern, die die Wärmestrahlung messen, bestimmt.

5.3.1 Kontinuierliche Schichtdicken-Messung

Die Schichtdicke spielt im Applikationsprozess eine zentrale Rolle. Aus den Schichtdickenmesswerten können Rückschlüsse auf die Oberflächenbeschaffenheit, die Farbe und den Glanz einer Beschichtung gezogen werden. Zudem ist sie ein wichtiges Werkzeug, um die Materialkosten zu minimieren. Sie wird kontinuierlich auf dem laufenden Band bestimmt, um sicher zu stellen, dass der Lackauftrag gleichmäßig erfolgt und um bei Veränderungen im Beschichtungsprozess schnell eingreifen zu können.

Die kontinuierliche Messung und Registrierung der Schichtdicke am laufenden Band ist ein in der Bandbeschichtungsindustrie nicht mehr wegzudenkendes Konzept [8]. Sie erfolgt berührungslos, d. h. nicht zerstörend. Auf beiden Bandseiten sind ein oder ggf.

zwei traversierende Messköpfe unmittelbar an den Lackierstationen bzw. hinter der Kühlstrecke angebracht. Mit den Messwerten werden die Parameter der Beschichtungsstoffe, Materialdaten und Schicht-Sollvorgaben, aber auch die Walzeneinstellungen wie Walzendrücke und Walzengeschwindigkeiten als Teil der Verfahrensparameter in einem übergeordneten Prozessrechner verwaltet, um sicher zu stellen, dass eine hohe, reproduzierbare Qualität erzielt wird [9]. Voraussetzung ist aber eine schnelle Messwerterfassung (Bild 5.12).

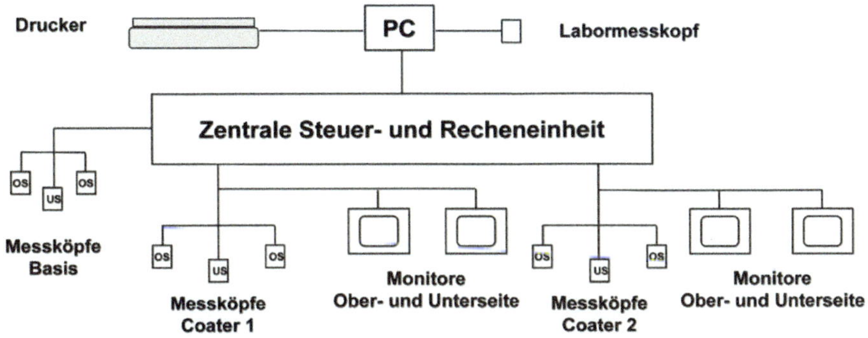

Bild 5.12 Konzept der Messwerterfassung an einer Coil-Coating-Anlage.
(Quelle: ThyssenKrupp Stahl AG, Duisburg/IMS Messsysteme GmbH, Heiligenhaus)

Für die Schichtdickenmessung haben sich in der Praxis zwei Verfahren bewährt: das Beta-Rückstreuverfahren als radiometrisches Verfahren und das photothermische Verfahren.

Bild 5.13 Coater mit radiometrischer Nassfilmdicken-Messeinrichtung.
(Quelle: Sundvig GmbH, Hemer)

Beim radiometrischen Verfahren (Bild 5.13) wird als Beta-Strahlenquelle das Isotop Krypton 85 verwendet [8, 10–12]. Die von der Strahlenquelle ausgehenden Teilchen treffen auf die zu messende Schicht. Beim Eindringen in die Schicht werden sie auf Grund ihrer geringen Masse an den Atomen gestreut. Die vom Trägerwerkstoff und die von der Primerschicht oder den beiden Lackschichten (Primer und Decklack) emittierte Sekundärstrahlung wird in einem Detektor gemessen, wobei die Einflüsse von Trägerwerkstoff und Lackschichten getrennt erfasst werden. Der Abstand Messkopf zum Messgut beträgt circa 20 mm. Die Bandtemperatur liegt bei maximal 50 °C.

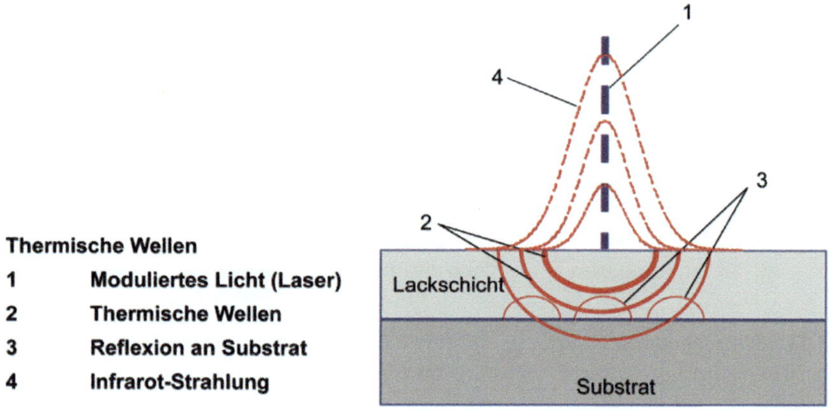

Bild 5.14 Messprinzip des photothermischen Verfahrens zur Bestimmung der Schichtdicke. (Quelle: Phototherm Dr. Petry GmbH, Saarbrücken)

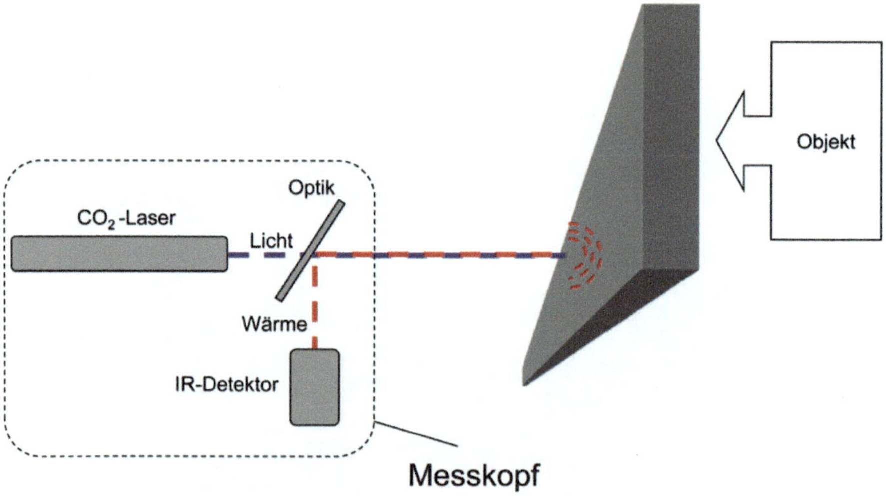

Bild 5.15 Schematischer Aufbau einer Messeinrichtung zur Schichtdickenmessung. (Quelle: Phototherm Dr. Petry GmbH, Saarbrücken)

Beim photothermischen Verfahren [8, 13, 14] wird von einem CO_2-Laser Licht ausgesandt. Es erwärmt die Oberfläche nur gering und breitet sich aber in der Beschichtung aus. Es wird am Substrat reflektiert (Bilder 5.14) und erzeugt thermische Wellen in der Lackschicht. Die reflektierte Wärme wird von einem Infrarot (IR)-Detektor erfasst. Die Laufzeit der Wärme ist ein Maß für die Schichtdicke. Der Abstand Messkopf zum Band beträgt 250 ± 50 mm (Bild 5.15).

Zur Schichtdickenmessung bei der Vorbehandlung werden heute Röntgenfluoreszenz-Spektrometer eingesetzt. Sie weisen spezifisch die Leitelemente in der Vorbehandlungsschicht wie Chrom oder Zirkon nach.

5.3.2 Kontinuierliche Farb- und/oder Glanzmessung

Zunehmend wird in der Coil-Coating-Industrie die berührungslose online-Messung von Farbe und/oder Glanz der beschichteten Metalloberfläche im Auslaufteil der Beschichtungsanlage praktiziert [15]. Sie ermöglicht beträchtliche Qualitäts-, Kosten- und Zeitvorteile. Die online installierten Messgeräte unterscheiden sich von den offline messenden Laborgeräten durch den großen Abstand zwischen Messeinheit und Oberfläche des bewegten Bandes. Hierdurch erfüllen die Geräte zwar nur annäherungsweise die Normen, dennoch erlauben sie eine sehr gute Farbinspektion des laufenden Bandes. Für diese Messungen wurde bisher noch keine entsprechende Norm erarbeitet.

Die Anordnung der Messeinrichtungen ähnelt denen, die zur Ermittlung der Schichtdicken eingesetzt wird. Ein stationäres oder traversierendes Spektralphotometer im Abstand von circa 500 mm zum Band registriert automatisch die absolute Farbe oder den Farbabstand.

Weist das Band eine strukturierte oder gemusterte Oberfläche auf, muss der Messfleck ausreichend groß sein, um über die Struktur soweit zu integrieren, dass diese die Reproduzierbarkeit der Messung nicht mehr beeinträchtigt. Üblicherweise sollte der Messfleck dafür mindestens 60 mm groß sein. Die automatische Erkennung von Bandlänge, Änderungen der Bandbreite, des Partiewechsels oder automatisierte Funktionen wie Kalibrierung, Erkennung von Objekt-Dimensionen, Auswertung von Steuersignalen, Auftragseingabe und Rückgabe der Ergebnisse gehören ebenfalls zur Ausstattung einer online-Farb- und Glanz-Messanlage.

Bei der online-Messung in der Bandbeschichtung muss berücksichtigt werden, dass Farbe temperaturabhängig ist. Die Änderung der Farbe in Abhängigkeit von der Temperatur wird als Thermochromie bezeichnet und muss während der Messung rechnerisch kompensiert werden. Dazu wird die Abhängigkeit mit Hilfe einer Heiz- und Kühlvorrichtung gemessen und die Ergebnisse zur Kompensation des Thermochemie-Effekts verwendet.

5.4 Coil Coating spezifische Prüfungen

Die Auswahl und der Umfang der Prüfungen von bandbeschichtetem Blech werden an den geforderten Eigenschaften ausgerichtet. Sie werden nach gültigen Normen und erprobten Verfahren durchgeführt. Einige der wichtigsten und häufigsten Prüfmethoden werden hier vorgestellt. (Zahlreiche weitere sind im Anhang aufgelistet.) Die Prüfungen sollten unter konstanten Bedingungen ablaufen, deshalb gilt für alle, mit Ausnahme der Prüfverfahren zur Haltbarkeit, Temperatur und Luftfeuchte bei der Vorbereitung und Durchführung die DIN EN 23270.

5.4.1 Schichtdicke

Die Schichtdicke ist ausschlaggebend für Qualität und Kosten einer Beschichtung. So sind vor allem Farbe und Glanz, aber auch andere Parameter, die die Weiterverarbeitung beeinflussen, von ihr abhängig. Die Schichtdicke kann auf verschiedene Weise bestimmt werden. Sie kann zerstörungsfrei mit Hilfe von Messgeräten bestimmt werden oder z. B. gravimetrisch, indem die Beschichtung vom Blech abgelöst wird. Die Messgeräte arbeiten nach unterschiedlichen Prinzipien, magnetisch induktiv (Bild 5.16), im Wirbelstromverfahren oder wie weiter oben beschrieben radiometrisch oder photothermisch. In der Produktion wird die Nassschichtdicke kontinuierlich bestimmt und daraus die Trockenschichtdicke ermittelt.

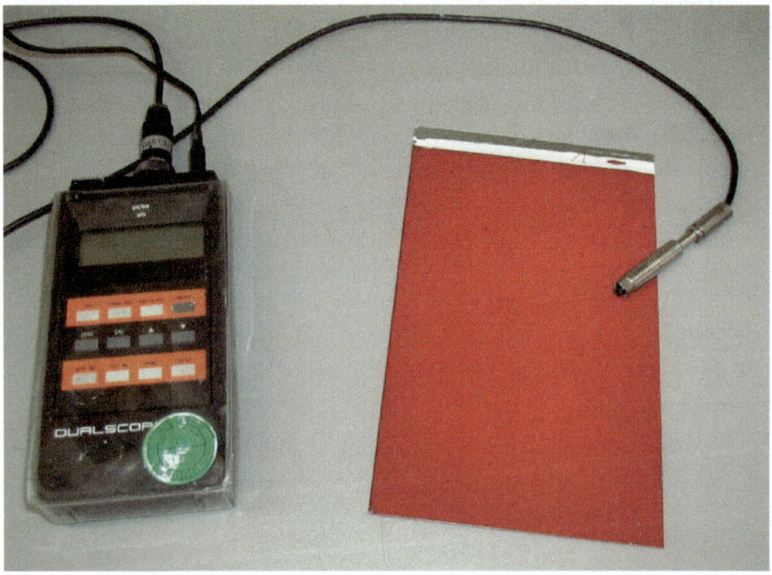

Bild 5.16 Elektromagnetische Schichtdickenmessung. (Quelle: BASF Coatings GmbH, Münster)

Prüfnormen:
E DIN EN 13523-1:2010 Schichtdicke
Messprinzip: magnetisch (Stahl), Wirbelstrom (Aluminium)

DIN EN ISO 3543:2001/Berichtigung 2006
Metallische und nichtmetallische Schichten - Dickenmessung - Betarückstreu-Verfahren

DIN EN 15042-2:2006
Schichtdickenmessung und Charakterisierung von Oberflächen mittels Oberflächenwellen - Teil 2: Leitfaden zur photothermischen Schichtdickenmessung

E DIN 50977:2005
Messung von Schichtdicken - Berührungslose Messung der Schichtdicke von Schichten am kontinuierlich bewegtem Messgut

DIN EN ISO 2808:2007
Beschichtungsstoffe - Bestimmung der Schichtdicke

Die off-line Messung der Schichtdicke erfolgt bei Lieferbreiten ≥ 600 mm an drei Messorten quer zur Walzrichtung, d. h. in der Mitte und in einem Abstand von jeweils mindestens 50 mm von den Kanten des Erzeugnisses („Dreiflächenprobe"). Bei Lieferbreiten < 600 mm erfolgt die Messung nur an einer Stelle in der Mitte des Erzeugnisses („Einzelflächenprobe") (siehe DIN EN 10169).

Bei der gravimetrischen Bestimmung wird aus einem beschichteten Prüfblech ein Teilstück mit definierter Größe (10x10 cm) herausgeschnitten. Dieses wird auf einer Analysenwaage genau gewogen und in MEK (Methyl-Ethyl-Keton) mit einem Spatel vom Lack vollständig frei geschabt. Das blanke Blech wird dann erneut ausgewogen und die Schichtdicke berechnet.

$$\text{Schichtdicke } [\mu\text{m}] = \frac{\text{Blech mit Lack } [g] - \text{Blech ohne Lack } [g]}{\text{beschichtete Fläche } [\text{cm}^2] \times \text{Dichte } x_{tr} \text{ Lack } [g/\text{cm}^3]} \times 10^4$$

5.4.1.1 Nass-Schichtdicke

Lackabhängig muss eine Trockenschichtdicke erreicht werden, die die gewünschten Eigenschaften der Beschichtung garantiert. Um diese Trockenschichtdicke zu erreichen, muss bei der Beschichtung die zugehörige Nass-Schichtdicke eingestellt werden. Deshalb ist sie ein wesentlicher Parameter, über den der Beschichtungsprozess gesteuert wird. Sie wird über die Dichte des Flüssiglacks, die Dichte des Trockenfilms und den Festkörpergehalt bestimmt. Die Dichte des Trockenfilms wird nach dem bekannten Archimedischen Prinzip über den Auftrieb eines Tauchkörpers in einem bekannten Volumen bestimmt (DIN EN ISO 2808, E DIN 53219). Der Festkörpergehalt ergibt sich aus der Rezeptur und wird gravimetrisch ermittelt. Dabei wird die ausgewogene Lackprobe bei genau definierter Temperatur in einem Trockner getrocknet, bis das Lösemittel komplett aus der Probe ausgetrieben ist. Das resultierende Gewicht der Lackprobe ist das Maß für den Festkörper.

5.4.1.2 Verarbeitungsviskosität

Eine wesentliche Eigenschaft für die Verarbeitung des Lacks auf der Bandbeschichtungsanlage ist die Viskosität des Lacks. Sie wird über die Auslaufzeit bestimmt, in der eine bestimmte Menge Lack durch eine Düse mit definiertem Durchmesser fließt (DIN EN ISO 2431).

Bild 5.17 Die Viskosität wird über die Auslaufzeit bestimmt. (Quelle: BASF Coatings GmbH, Münster)

5.4.2 Farbe und Glanz

Viele Produkte werden heute aus einzelnen Teilen, die aus unterschiedlichen Fertigungen stammen, zusammengesetzt. Damit das optische Erscheinungsbild einheitlich ist, müssen die Farbtöne übereinstimmen. Farben sind abhängig von der Oberfläche und vom Lichteinfall. Zudem werden sie von jedem Betrachter individuell wahrgenommen. Aus diesem Grunde wurden Farbmessgeräte entwickelt, die auf der Basis international genormter Farbsysteme, z. B. CIELAB, arbeiten. Sie registrieren den Anteil des Lichts, der von einem Gegenstand reflektiert wird, über das komplette Wellenlängenspektrum hinweg. Ein schwarzes Blech reflektiert kein Licht, ein weißes nahezu 100 %. Bei bunten Farben wird immer nur ein von der Farbe abhängiger Teil des Spektrums reflektiert.

Um die Farben beurteilen zu können, wurden genormte Lichtquellen eingeführt (Tageslicht D65, C, Grünlampenlicht A, Leuchtstoffröhren F2, F11). Diese sind insbesondere auch bei Oberflächen nützlich, die einen Metamerie-Effekt (DIN EN 13523-15: 2002) zeigen. Bei Metamerie zeigen die lackierten Oberflächen unterschiedliche Farben, wenn sie unter verschiedenen Lichtquellen betrachtet werden.

Farbmetrisch ermittelte Farbabstände können sich, abhängig von der jeweiligen Farbe, sehr unterschiedlich auf das visuelle Farbempfinden des Betrachters auswirken. Deshalb sollte zwischen Bandbeschichter und Lacklieferant, ebenso zwischen Bandbeschichter und Käufer des Materials, ein Coil-Coating-Farbstandard festgelegt und die Überprüfung der Reproduzierbarkeit der jeweiligen Messergebnisse und der Korrelation der Messwerte verwendeter Messgeräte vereinbart werden [7]. Zudem sollte eine Vereinbarung getroffen werden, wie die Reproduzierbarkeit der Messergebnisse geprüft wird.

Die Prüfberichte sollten Informationen über:

- Messgerät
- Lichtart
- Beobachter
- Farbsystem und
- Probenvorbereitung

enthalten [16].

Farbtonprüfungen werden sowohl instrumentell (u. a. DIN EN 13523-3:2001) als auch visuell vorgenommen (u. a. DIN EN 13523-22:2010). Die Prüfnorm DIN EN 13523-3 ist nicht anwendbar für eine Reihe von Proben wie fluoreszierende, mehrfarbige, für Proben mit Metallic- oder Perlglanz-Effekt oder Proben mit ausgeprägter Metamerie.

5.4.2.1 Spiegelglanz

Oberflächen erscheinen glänzend, wenn das Licht an ihnen gerichtet reflektiert wird. Bei Hochglanzoberflächen ist der Licht-Einfallswinkel gleich dem Ausfallswinkel. Bei matten Oberflächen wird das Licht diffus reflektiert (Bild 5.18).

Bild 5.18 Glanzmessgerät. (Quelle: BASF Coatings GmbH, Münster)

Gemessen wird der Glanzgrad, indem Licht in einem bestimmten Winkel auf die Oberfläche des Lackes gestrahlt wird (Bild 5.18). Ein Detektor, der unter dem gleichen Winkel angebracht ist misst die Lichtmenge, die reflektiert wird. Die am häufigsten angewandte Messgeometrie für den Glanzgrad von bandbeschichteten Oberflächen arbeitet mit einem Einstrahlwinkel von 60 °.

5.4.3 Härte der Beschichtung

Bandbeschichtete Oberflächen sind erheblichen physikalischen Beanspruchungen ausgesetzt. Schon beim Transport und Wiederaufwickeln des Coils kann die gerade beschichtete Oberfläche verkratzt werden. Beim Umformen, Schneiden oder Prägen dürfen keine Beschädigungen auftreten. Die Oberfläche muss kratzfest sein. Diese Eigenschaften werden in verschiedenen Prüfungen ermittelt, unter anderem mit der Bleistifthärte-, der Ritzhärte-Bestimmung, dem Eindruckversuch nach Buchholz oder dem Test der Widerstandsfähigkeit gegen Abrieb.

5.4.3.1 Bleistifthärte

DIN EN 13523-4:2001

Bandbeschichtete Metalle – Prüfverfahren – Teil 4: Bleistifthärte

(Begriff: Bleistifthärte. Prüfprinzip: Ritzen mit Bleistiften unterschiedlicher Härte)

Hierbei wird die Beschichtung mit Hilfe von Bleistiften verschiedener Härtegrade eingeritzt (Bild 5.19). Die Oberflächenhärte entspricht der des härtesten Bleistifts, der nicht mehr in die Oberfläche der Beschichtung eindringt.

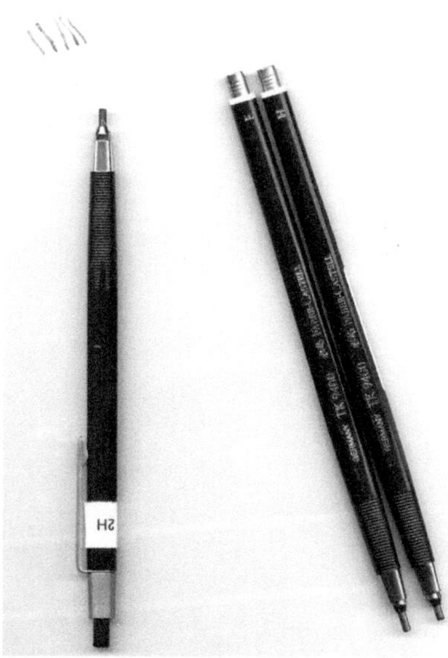

Bild 5.19 Mit Bleistiften unterschiedlicher Härtegrade wird die Oberflächenhärte der Beschichtung geprüft. (Quelle: BASF Coatings GmbH, Münster)

Für die Messung werden die Bleistiftminen circa 6 mm freigelegt und in einem Winkel von 90 ° auf einem Schleifpapier der Körnung 400 geschliffen, um eine völlig glatte Fläche zu erhalten. Der Bleistift wird dann unter einem Winkel von 45 ° auf den Lackfilm gedrückt und mit so viel Druck nach vorne geschoben, dass er gerade nicht abbricht. Einschränkungen der Genauigkeit gibt es bei strukturierten Proben.

5.4.3.2 Ritzhärte

DIN EN 13523-12:2005

Bandbeschichtete Metalle – Prüfverfahren – Teil 12: Widerstand gegen Ritzen

(Prüfprinzip: Ritzen mit einem bewegten Stichel, Last n. V.)

Bei dieser Prüfung wird ein Ritzstichel mit unterschiedlicher Auflagekraft über die Tafeln gezogen. Es wird die Kraft ermittelt, bei der der Lackfilm nicht durchgekratzt wird. Bei Proben mit weicher oder leitfähiger Beschichtung oder strukturierten Proben ist der Test nur eingeschränkt aussagefähig.

5.4.3.3 Eindruckversuch nach Buchholz

DIN EN ISO 2815:2003

Beschichtungsstoffe – Eindruckversuch nach Buchholz

(Prüfprinzip: Eindruckgerät mit Belastung und Eindringkörper (scharfkantiges Metallrad), Messung der Eindrucklänge mit einem Mikroskop, Ergebnis als Eindruckwiderstand (reziprok zur Eindrucklänge))

Der Buchholz-Härtestest wird ebenso wie die Ritz-Härteprüfung mit einem Gerät durchgeführt (Bild 5.20). Hier wird der Buchholzeindringkörper unter definierten Bedingungen auf den Lackfilm aufgebracht. Bestimmt wird der Kehrwert der Eindruckslänge.

Bei Beschichtungen über 50 µm ergibt ein Kohlepapier, das unter das Eindruckwerkzeug gelegt wird, eine genauere Aufzeichnung des ursprünglichen Eindruckes.

Diese Prüfung ist nicht anwendbar bei geprägten oder texturierten Beschichtungen.

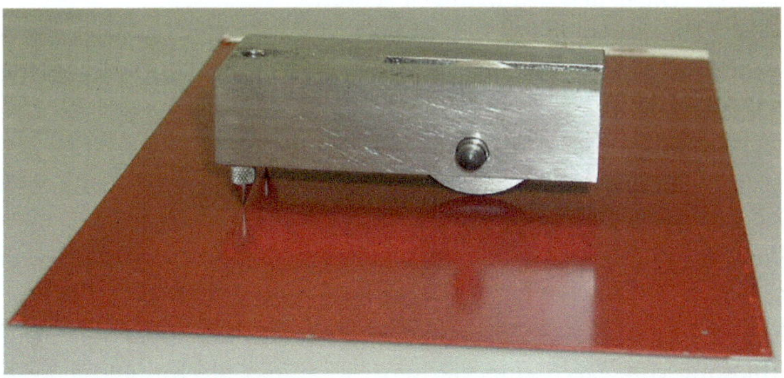

Bild 5.20 Prüfgerät für den Buchholz-Härtetest. (Quelle: BASF Coatings GmbH, Münster)

5.4.3.4 Widerstandsfähigkeit gegen Abrieb

DIN EN 13523-16:2005

Bandbeschichtete Metalle – Prüfverfahren – Teil 16: Widerstandsfähigkeit gegen Abrieb (Prüfprinzip: Bestimmung des Massenverlustes einer Probe nach einer Abriebbeanspruchung, Reibräder und Dauer n. V., im Taber Abraser oder vergleichbarem Gerät)

Bei dieser Prüfung wird der Massenverlust einer Probe nach einer Abriebbeanspruchung in einem Taber Abraser oder einem vergleichbarem Gerät bestimmt (Bild 5.21). Dabei wird ein Reiberad für eine bestimmte Zeit über die Oberfläche bewegt, wobei je nach Härte der Beschichtung Lack von der Oberfläche abgerieben wird. Der Abrieb wird gravimetrisch bestimmt.

Bild 5.21 Taber Abraser zur Bestimmung des Abriebs. (Quelle: BASF Coatings GmbH, Münster)

5.4.4 Haftfestigkeit/Dehnbarkeit

Bei den verschiedenen Verarbeitungen, denen die bandbeschichteten Bleche unterworfen werden, darf sich der Lack nicht von der Metalloberfläche ablösen. Deshalb wird die Haftung unter verschiedenen Bedingungen geprüft.

5.4.4.1 Haftfestigkeit und Widerstand gegen Rissbildung bei schneller Umformung

DIN EN 13523-5:2001,

Bandbeschichtete Metalle – Prüfverfahren – Teil 5: Widerstandsfähigkeit gegen schnelle Verformung (Schlagprüfung)

(Prüfprinzip: Gerät nach DIN EN ISO 6272-1:2011 (Schlagprüfung), Bestimmung der Rissbildung mit Lupe bzw. der Ablösung mit Selbstklebeband.)

In dieser Prüfung wird der Widerstand ermittelt, den der Lackfilm einer Rissbildung bzw. der Ablösung vom Blech entgegen setzt, wenn das Blech unter genormten Bedingungen durch ein fallendes Gewicht schnell verformt wird. Dabei wird das Prüfblech in das Gerät (Impact-Tester nach DIN EN ISO 6272) eingelegt und ein Fallkörper wird aus unterschiedlichen Höhen auf die Prüftafel fallen gelassen. Die Beschichtung liegt dabei auf der dem Tiefungswerkzeug abgewandten Seite.

Dieser Test ist allerdings für Proben mit Schichtdicken größer als 60 µm nicht aussagefähig.

5.4.4.2 Haftfestigkeit nach Tiefung

DIN EN 13523-6:2002

Bandbeschichtete Metalle - Prüfverfahren - Teil 6: Haftfestigkeit nach Eindrücken (Tiefungsprüfung), (Prüfprinzip: Gitterschnitt je nach Kategorie, Tiefung; Bewertung von Haftfestigkeit bzw. Rissbildung)

Diese Prüfung ist dem Impact-Test ähnlich. Hierbei wird der Widerstand der Beschichtung gegen Rissbildung oder Ablösung vom Blech ermittelt, wenn das Blech unter genormten Bedingungen getieft wird. Allerdings wird hier langsam verformt. Die Probetafeln von sieben Zentimeter Kantenlänge, auf denen ggf. ein Gitterschnitt (DIN EN ISO 2409:20074) durchgeführt wird, werden in das Tiefungsgerät (nach DIN ISO 1520) eingespannt, wobei die Beschichtung auf der dem Tiefungswerkzeug abgewandten Seite liegt (Bild 5.22). Das Werkzeug wird dann mit einer Geschwindigkeit von 0,2 ± 0,1 mm/s in die Tafel gefahren, bis es eine definierte Tiefe erreicht hat.

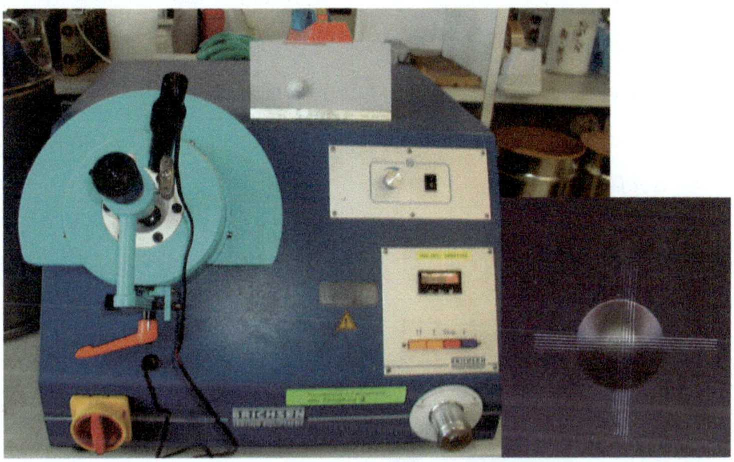

Bild 5.22 Tiefungsgerät für die Haftfestigkeitsprüfung und Probetafel mit Gitterschnitt (Inlet). (Quelle: BASF Coatings GmbH, Münster)

Bei Blechen mit Gitterschnitt wird ein transparentes Tesaklebeband auf die Tiefungsstelle aufgedrückt und ruckartig abgezogen. Die Beurteilung wird unter dem Mikroskop unter zehnfacher Vergrößerung und bei 100 Watt Beleuchtung vorgenommen. Es wird untersucht, ob die Beschichtung homogen oder gerissen ist und wie viel Prozent des Lackes nach Gitterschnitt noch haftet. Sie ist in Ordnung, wenn keine Risse zu sehen sind und der Lack hundertprozentig haftet.

5.4.4.3 Dehnbarkeit/Biegefähigkeit (T-Bend)

DIN EN 13523-7:2001,
Bandbeschichtete Metalle – Prüfverfahren – Teil 7: Widerstandsfähigkeit gegen Rissbildung beim Biegen (T-Biegeprüfung)
(Begriff: Metalldicke, Prüfprinzip: zylindrische oder konische Faltung (Biegung) um 135° bis 180°, T-Bend = kleinster Biegeradius/Metalldicke, Beurteilung mit Lupe und Selbstklebeband)
ASTM D 4145-83 (90): (Abweichende Definition des T-Bend-Wertes)

In dieser Prüfung wird die Flexibilität des Lackes unter Biegebeanspruchung bei Raumtemperatur (20 °C) ermittelt. Die Prüfstücke werden mit der beschichteten Seite nach außen um ca. 135 ° vorgebogen. Dann werden vor dem Zusammenpressen der Prüftafel mit dem Schraubstock eine vorgegebene Anzahl Blechstreifen eingelegt. Es wird mit 0 T (kein Blech als Zwischenlage), der maximalen Biegung, begonnen. Der Biegeradius wird dann solange vergrößert (1 Blech = 0,5 T, 2 Bleche als Zwischenlage = 1,0 T, 3 Bleche als Zwischenlage = 1,5 T, usw.), bis keine Risse mehr zu erkennen sind (Bild 5.23). Die Beurteilung erfolgt unter einem Mikroskop oder mit Hilfe einer Lupe mit zehnfacher Vergrößerung.

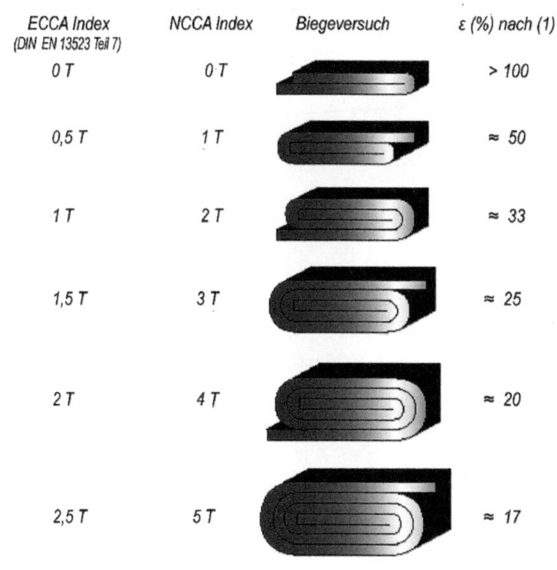

Bild 5.23 In Biegeversuchen wird die Flexibilität des Lacks geprüft. (Quelle: ArcelorMittal FCE, Köln)

5.4.5 Haftfestigkeit von abziehbaren Folien

DIN EN 13523-17:2012
Bandbeschichtete Metalle – Prüfverfahren – Teil 17: Haftfestigkeit von abziehbaren Folien
(Begriff: abziehbare Folie, Prüfprinzip: Ermittlung der Kraft beim Abziehen der Folie unter bestimmten Bedingungen mithilfe eines Dynanometers oder einer Federwaage)

Schutzfolien, die die bandbeschichtete Oberfläche bei der Lagerung oder Verarbeitung schützen, sollen sich vor dem Einsatz des Blechs ohne Probleme ablösen lassen. In dieser Prüfung wird die Haftung der Folie bestimmt. Zu niedrige Haftung führt bei der Weiterverarbeitung bereits zur Ablösung der Folie, bei zu fester Haftung lässt sich die Folie nur schwer oder gar nicht mehr ablösen.

In diesem Test wird ein Folienstreifen definierter Breite unter bestimmten Bedingungen mit der Federwaage oder einem Dynanometer abgezogen. Dabei wird die Kraft gemessen, die notwendig ist, um die Folie langsam abzuziehen.

5.4.6 Haftfestigkeit von Schaum

DIN EN 13523-20:20125
Bandbeschichtete Metalle – Prüfverfahren – Teil 20: Haftfestigkeit von Schaum
(Begriff: Schaum, Prüfprinzip: beschäumte Proben hinsichtlich Trocken- bzw. Nasshaftfestigkeit prüfen)

Ein großer Teil der bandbeschichtete Bleche wird für Dach- oder Wandelemente produziert, die als Verbundbleche in den Handel kommen. Bei ihrer Herstellung wird die Rückseite der Bleche z. B. mit Polyurethanschaum versehen. Auch Kühlschrankbleche werden zu Isolationszwecken beschäumt. In dieser Prüfung werden beschäumte Proben hinsichtlich ihrer Trocken- bzw. Nasshaftfestigkeit untersucht.

5.4.7 Haltbarkeit

Bandbeschichtete Produkte werden zu langlebigen Gütern verarbeitet. Die überwiegende Menge wird im Außenbereich eingesetzt. Deshalb ist der Korrosionsschutz, den das Beschichtungssystem liefert, von großer Bedeutung. Die Korrosionsschutzwirkung kann allerdings nicht in einem direkten Test ermittelt werden. Sie zeigt sich erst, nachdem das Blech schon eine gewisse Zeit seine Aufgabe erfüllt hat. Deshalb wird versucht, mit Hilfe von Kurzzeitbewitterungen, Freibewitterungen an ausgewählten Orten über definierte Zeiträume, Praxiserfahrungen oder elektrochemischen Untersuchungen Aussagen über die Korrosionsbeständigkeit zu erlangen. Bisher hat es sich jedoch gezeigt, dass sich aus den üblichen Prüfungen keine eindeutigen Zusammenhänge zwischen Kurzzeittests, Langzeitbewitterungen und der Praxis ergeben haben. Nichtsdestoweniger lassen sich aus den Ergebnissen der Prüfungen zwar keine hundertprozentigen Aussagen, aber doch relevante Rückschlüsse auf die Korrosionsbeständigkeit ziehen. Bei den Kurzeitprüfungen werden unterschiedliche Umweltbedingungen, vom Land- bis zum Seeklima (salz- oder schwefeldioxidhaltig), in verschärfter Form simuliert.

5.4.7.1 Beständigkeit gegen neutralen Salzsprühnebel

DIN EN 13523-8:2010, DIN EN ISO 7253:2002

Bandbeschichtete Metalle – Prüfverfahren – Teil 8: Beständigkeit gegen Salzsprühnebel (Prüfprinzip: 2 Probenarten (mit Ritz und Loch, konische Biegung), neutraler bzw. essigsaurer Salzsprühnebel, Prüfdauer n.V., Bewertung von Blasenbildung bzw. Unterwanderung je nach Kategorie.

Die Sprühnebelprüfung soll eine grundsätzliche Aussage über die Korrosionsbeständigkeit von Coil-Coating-Blechen in einer korrosiven Atmosphäre ermöglichen. Dazu wird die Lackschicht auf dem Probeblech definiert angeritzt und das Blech in eine Salzsprühkammer gebracht (Bild 5.24). Die Rückseite wird abgeklebt, um sie vor Korrosion zu schützen. In der Salzsprühkammer werden die Bleche mit einer wässrigen Natriumchlorid-Lösung mit einer Massenkonzentration von 5 g/100 ml besprüht. Nach einer vorgegebenen Zeitspanne werden die Unterwanderungen am Rand, am Ritz und der Blasengrad auf der Fläche sowie eventuelle Farb- und Glanzänderungen auf der Oberfläche beurteilt. Bei einigen Lacksystemen erfolgt eine Beurteilung nach DIN 53210-1 auf Weiß- und Rotrost an den Kanten und am Ritz.

Bild 5.24 Salzsprühnebelkammer. (Quelle: BASF Coatings GmbH, Münster)

Der neutrale Salzsprühnebel wird im Allgemeinen für Stahlproben, der essigsaure (pH-Wert 3,1 bis 3,3) für Aluminiumbleche eingesetzt.

Um die unbefriedigende Situation, dass die Tests die natürliche Korrosion nur sehr schlecht darstellen, zu verbessern, wurden von der Europäischen Coil Coating Association zwei Forschungsprojekte gestartet, die zum Ziel haben, sowohl für Aluminium als auch für Stahl geeignete Kurzzeittests zu entwickeln. Diese werden als zyklische Test mit unterschiedlich langen Testperioden ausgelegt, in denen jeweils die Klimabedingungen geändert werden. So werden die Bleche beispielsweise mehrere Stunden bei 30 °C und

75 % Feuchte gehalten. Dann wird die Temperatur erhöht und die Feuchte reduziert. Anschließend wird die Feuchte wieder erhöht und die Temperatur reduziert [17]. Die Projekte sind noch nicht abgeschlossen. Sie werden derzeit bei den Mitgliedsunternehmen der ECCA validiert.

5.4.7.2 Verhalten bei künstlicher Bewitterung

DIN EN 13523-10:2010

Bandbeschichtete Metalle - Prüfverfahren - Teil 10: Beständigkeit gegen fluoreszierende UV-Strahlung und Kondensation von Wasser

(Prüfprinzip: zyklische Bewitterung mit UV/trocken bzw. ohne UV/Wasserkondensation, Bewertung von Kreidung, Glanz- und Farbänderung.)

Mit dieser Methode wird eine Außenbewitterung simuliert (Bild 5.25). Fluoreszenzlampen simulieren die UV-Strahlung, ein Hell-/Dunkelzyklus und eine Trocken-/Nassphase die Wetterbedingungen. Bewertet werden Kreidung, Glanz- und Farbänderung. Die Korrelation der Ergebnisse mit der Freibewitterung ist eingeschränkt.

Bild 5.25 In der Klimakammer werden unterschiedliche Wetterbedingungen simuliert. (Quelle: Pausch Messtechnik, Haan)

5.4.7.3 Beständigkeit gegen Kreiden

DIN EN 13523-14:2001

Bandbeschichtete Metalle - Prüfverfahren - Teil 14: Kreiden (Verfahren nach Helmen)

(Begriff: Kreiden. Prüfprinzip: Abgerissenes (transparentes) Selbstklebeband mit Glanzmessgerät auswerten.)

Beim Kreiden werden die Pigmente frei gelegt, weil das Bindemittel abgebaut wird. Zur Auswertung einer Oberfläche nach der künstlichen Bewitterung wird ein Stück transparentes Selbstklebeband auf das Blech aufgerieben und nach dem Abriss auf Transparenz gemessen. Diese Methode ist bei Proben mit geprägten Beschichtungen nicht und bei Proben mit Strukturbeschichtungen nur eingeschränkt anwendbar.

5.4.7.4 Verhalten bei Freibewitterung

DIN EN 13523-19:2011

Bandbeschichtete Metalle – Prüfverfahren – Teil 19: Probenplatten und Verfahren der Freibewitterung

(Prüfprinzip: ECCA-Bewitterungsgestell und -Probenanordnung nach verschieden Richtungen. Proben mit Ritz und konischer Biegung. Dauer n.V. Übersicht von Parametern je nach Mikroklima, die die Bewitterungsergebnisse beeinflussen können.)

Neben den Tests in der Klimakammer werden auch Außenbewitterungen vorgenommen (Bild 5.26). Die Bewitterungsgestelle und auch die Proben werden so angeordnet, dass sie der Witterung optimal ausgesetzt sind. (ECCA Standorte: 45 ° zur Horizontalen, nach Süden 90° zur Horizontalen, nach Norden 5 ° zur Horizontalen mit Überlappung nach Süden). Die Proben werden mit Ritz und konischer Biegung versehen und für eine bestimmte Zeit ausgelegt.

Die Bewertung erfolgt nach DIN EN 13523-21:2010 auf Glanz- und Farbänderung, Kreiden, Rissbildung an der Biegung, Schäden an der Schnittfläche und an der Oberfläche und entlang des Ritzes.

Bild 5.26 Freibewitterungsstand. (Quelle: BASF Coatings GmbH, Münster)

Zu den weiteren Klimaprüfungen zählen die Bestimmung der Beständigkeit gegen Feuchtigkeit, DIN EN ISO 6270-1:2002 und die DIN EN ISO 11997-1:2006, Beschichtungsstoffe – Bestimmung der Beständigkeit bei zyklischen Korrosionsbedingungen – Teil 1: Nass (Salzsprühnebel)/trocken/Feuchte.

Die folgenden Prüfungen geben Auskunft über die Diffusion von Wasser in die Beschichtung. Dabei werden die Bleche unter unterschiedlichen Bedingungen in Wasser gelagert. Anschließend wird die Haftung beurteilt.

5.4.7.5 Beständigkeit gegen Eintauchen in Wasser

DIN EN 13523-9:2001

Bandbeschichtete Metalle – Prüfverfahren – Teil 9: Beständigkeit gegen Eintauchen in Wasser

(Prüfprinzip: Lagerung von geritzten Proben in 40° warmem Wasser, Bewertung von Blasenbildung und Unterwanderung mit Selbstklebeband, je nach Kategorie)

Die beschichteten, geritzten Bleche werden für eine definierte Zeit in ein Becken mit VE-Wasser bei einer konstanten Temperatur von 40 °C getaucht. Bewertet werden Blasenbildung und Unterwanderung mit Hilfe von Selbstklebeband.

5.4.7.6 Beständigkeit gegen Feuchte

E DIN EN 13523-25:2006

Bandbeschichtete Metalle – Prüfverfahren – Teil 25: Beständigkeit gegen Feuchte

(Prüfprinzip: Kontinuierliche Prüfung bei erhöhter Temperatur, Kammer entsprechend EN ISO 6270-1:2002, Prüfdauer n.V., Bewertung von Blasenbildung, optischen Veränderungen)

In der kontinuierlichen Prüfung werden die Bleche unter definierten Bedingungen bei verschiedenen Temperaturen in einem feucht/trocken Zyklus oder bei einer festen Feucht in einem kalt/warm Zyklus in der Feuchtekammer gelagert. Die Proben sind auch hier mit Ritz oder Biegung versehen. Geprüft werden die Blasenbildung und die Korrosionsbeständigkeit.

5.4.7.7 Beständigkeit gegen Kondenswasser

E DIN EN 13523-26:2006

Bandbeschichtete Metalle – Prüfverfahren – Teil 26: Beständigkeit gegen Kondenswasser

(Prüfprinzip: Kontinuierliche Prüfung bei erhöhter Temperatur, Kammer entsprechend EN ISO 6270-1:2002. Prüfdauer n.V. Bewertung von Blasenbildung und ggf. optischen Veränderungen.)

Durch dieses Prüfverfahren soll die Beständigkeit der Beschichtung bei Dauerfeuchte und erhöhter Temperatur nachgewiesen werden und zugleich auch Mängel beim Korrosionsschutz. Die lackierten Tafeln werden dazu bei 100 % relativer Luftfeuchte und einer Temperatur von 40 ± 3 °C gelagert. Bewertungskriterium sind die Blasenbildung, Quellung, Farbe und Glanz.

5.4.7.8 Beständigkeit gegen feuchte Verpackung

E DIN EN 13523-27:2009

Bandbeschichtete Metalle – Prüfverfahren – Teil 27: Beständigkeit gegen feuchte Verpackung (Kataplasma-Test)

(Prüfprinzip: Kontinuierliche Prüfung bei erhöhter Temperatur, je vier Probeplatten in saugfähigem Baumwolltuch, getränkt mit IAT-Wasser, Standard-saurer oder -alkalischer Lösung, eingewickelt, in versiegeltem Kunststoffbeutel 7 oder 14 Tage im Wärmeschrank beansprucht.)

Bei dieser Prüfung werden Bleche bei 70 °C über längere Zeit in konstant feuchter, saurer oder alkalischer Atmosphäre gelagert. Ziel ist es, die Beständigkeit der Beschichtung gegenüber Korrosion und Blasenbildung zu untersuchen.

5.4.7.9 Beständigkeit gegen beschleunigte Alterung durch Wärmeeinwirkung

DIN EN 13523-13:2001

Bandbeschichtete Metalle – Prüfverfahren – Teil 13: Beständigkeit gegen beschleunigte Alterung durch Wärmeeinwirkung

(Prüfprinzip: Lagerung von flachen Proben oder solchen mit unterschiedlicher Biegung im Wärmeschrank (Temperatur und Dauer n.V.), Ermittlung von Rissbildung und Haftfestigkeit (flache Proben mit anschließender Biegung) mit Selbstklebeband.)

Dies ist eine Grundprüfung, um die Auswirkungen von Wärme auf die Beschichtung zu untersuchen. Dazu werden die flachen oder auch gebogenen Proben im Wärmeschrank bei vorgegebener Temperatur und Dauer gelagert. Nach der Testphase werden die Proben noch 16 Stunden konditioniert gelagert. Sie werden dann mit entsprechenden Blechen verglichen, die bei Raumtemperatur gelagert wurden. Es werden verschiedene Parameter, Rissbildung und Haftfestigkeit geprüft.

5.4.7.10 Beständigkeit der Farbe in feuchten, Schwefeldioxid enthaltenden Atmosphären

DIN EN 13523-23:2002

Bandbeschichtete Metalle – Prüfverfahren – Teil 23: Beständigkeit der Farbe in feuchten, Schwefeldioxid enthaltenden Atmosphären

(Prüfprinzip: Proben in Prüfkammer einem Zyklus Feuchtigkeit + SO_2/trocken unterwerfen, 5 Zyklen: 8+16 h)

Diese Prüfung stellt ebenfalls eine Bewitterungssimulation dar, um schnelle Aussagen zu bekommen, wie sich Farbe und Glanz ändern, wenn die Oberfläche einer mit industriellen Abgasen belasteten Atmosphäre ausgesetzt ist.

In einer Prüfkammer werden die Bleche einem Zyklus von Feuchtigkeit + Schwefeldioxid und einer Trockenphase unterworfen. Zur Prüfung werden Farb- und Glanzveränderungen analysiert.

5.4.7.11 Beständigkeit gegen Lösemittel (Reibtest)

DIN EN 13523-11:2011

Bandbeschichtete Metalle - Prüfverfahren - Teil 11: Beständigkeit gegen Lösemittel (Reibtest)

(Prüfprinzip: Reiben mit einem mit saugfähigem Material umhüllten künstlichen Finger, der mit MEK getränkt ist)

Diese Methode charakterisiert den Vernetzungsgrad des Lackfilms. Es wird dabei versucht, mit Hilfe eines geeigneten Lösemittels den Lackfilm vom Untergrund abzulösen. Dazu wird saugfähiges Material, z. B. eine Mullkompresse, die mit MEK (Methyl-Ethyl-Keton) getränkt ist, auf einem Hohlkörper befestigt. Dieser ist mit MEK gefüllt, das ständig in die Kompresse läuft, damit sie während des Tests immer tropfnass ist. Die Mullkompresse wird auf der Prüftafel hin und her (= 1 Doppelhub) gerieben. Ein Doppelhub muss in einer Sekunde ausgeführt werden. Es werden so viele Doppelhübe gemacht, bis der Lackfilm bis zum Untergrund abgetragen ist. Dann wird die Anzahl der Doppelhübe gezählt. Je höher sie ist, umso besser ist die Vernetzung des Lackfilms. Oder es wird eine vereinbarte Anzahl von Doppelhüben ausgeführt, wobei sich die Oberfläche nicht nachhaltig verändern darf.

5.4.7.12 Beständigkeit gegen Fleckenbildung

DIN EN 13523-18:2002

Bandbeschichtete Metalle - Prüfverfahren - Teil 18: Beständigkeit gegen Fleckenbildung

(Prüfprinzip: Substanz auf die Probe bringen (entweder offen oder abgedeckt) bzw. Probe eintauchen. Dauer n.V., Bewertung nach Verfärbung, Blasenbildung, Erweichen usw.)

Bild 5.27 Die lackierte Oberfläche wird auf die Fleckbeständigkeit gegenüber verschiedensten Substanzen geprüft. (Quelle: BASF Coatings GmbH, Münster)

Die beschichtete Oberfläche sollte möglichst lange ihre ursprüngliche Optik behalten. Sie darf sich nicht durch Chemikalien verfärben, erweichen oder quellen. Dazu werden die zu testenden Substanzen auf das Blech gebracht oder das Blech wird darin eingetaucht (Bild 5.27). Man lässt die Testsubstanzen abgedeckt oder auch offen eine festgelegte Zeit lang einwirken. Typisch sind 24 Stunden. Danach werden die Rückstände sorgfältig abgewischt und das Blech sofort auf Verfärbungen, Glanzänderungen, Blasenbildung, Erweichen, Quellen oder Verlust der Haftfestigkeit hin untersucht. Als Testsubstanzen werden je nach Anwendung Laugen, Säuren, Seifenlösungen, Schmieröle, Reinigungsmittel, Alkohol, Öle, Fette, Senf, Ketchup, Kaffee, Tee, Schuhcreme oder auch Lippenstift verwendet.

5.4.7.13 Beständigkeit gegen Verschmutzung

DIN EN 13523-29:2010

Bandbeschichtete Metalle — Prüfverfahren- Teil 29: Beständigkeit gegen Verschmutzung (Schmutzaufnahme und Streifenbildung)

(Prüfprinzip: Bewitterungsgestell mit speziell ausgerichteten Platten zum Sammeln von Schmutz, Dauer: 3 Monate, vergleichende Bewertung von Schmutzaufnahme und Streifenbildung mit Referenzplatten)

Der Eindruck eines mit bandbeschichtetem Material verkleideten Gebäudes wird dahingehend beeinflusst, in wie weit die Panels Schmutz aus der Atmosphäre aufnehmen und wie gut dieser durch Regen abgewaschen wird oder wie stark Schmutzstreifen ausgebildet werden. Zur Bewertung der Beständigkeit einer bandbeschichteten Oberfläche gegenüber der Schmutzaufnahme werden Probeplatten in einem Bewitterungsgestell im Freien der Verschmutzung und dem Regenwasser ausgesetzt. Dazu werden auf dem Gestell Platten mit Ablaufrinnen angebracht, von denen Schmutz und Regenwasser auf die Probebleche geleitet werden. Zusätzlich werden Referenzplatten ausgelegt, gegen die die Probeplatten verglichen werden.

5.4.7.14 Block- und Stapelfestigkeit

DIN EN 13523-24:2005

Bandbeschichtete Metalle – Prüfverfahren – Teil 24: Block- und Stapelfestigkeit

(Prüfprinzip: gestapelte Proben unter Druck und Wärme setzen. Qualitative Bewertung von Blocken/Zusammenkleben und Glanzänderungen bzw. Druckstellen)

Beim Coil Coating wird das beschichtete Band direkt nach dem Lackieren wieder aufgerollt oder auch zu Tafeln geschnitten und dann gestapelt. Dabei darf es seinen Glanz nicht verlieren, Druckstellen bekommen oder gar zusammenkleben, weil der Lack nicht richtig ausgehärtet ist. Um dies zu vermeiden, werden gestapelte Proben für eine bestimmte Zeit Druck und Wärme ausgesetzt. Bei der Auswertung der Untersuchungen werden rein qualitativ Druckstellen, Glanzveränderungen oder das Blocken/Zusammenkleben bewertet.

5.4.8 Prüfvorschriften für die Beurteilung schweißgeeigneter Korrosionsschutzprimer

Für die schweißgeeigneten Korrosionsschutzprimer wurden besondere Vorschriften erarbeitet, die bisher nicht als Norm gefasst sind [18]. Sie werden auf Korrosionsbeständigkeit, Haftung, Abriebverhalten, Klebeeignung und Überlackierbarkeit mit einer kathodischen Tauchlackierung (KTL) geprüft.

Weitere Eigenschaften, die je nach Verwendungszweck eine Rolle spielen können wie Überlackierbarkeit, Eignung zum Kleben, Brandverhalten und Verhalten beim Tiefziehen sowie dazu geeignete Prüfverfahren als Qualitätsnachweise werden zwischen Beschichter und Lacklieferant besonders vereinbart. Es gibt hierzu noch keine entsprechende Norm.

5.5 Literatur zu Kapitel 5

[1] ECCA-Gruppe Deutschland (Hrsg.): Praxistauglichkeit von Prüfverfahren für bandbeschichtete Metalle. Münster, ECCA-Gruppe Deutschland, 2010

[2] Jandel, L.: Qualitätssicherung für Coil Coating-Lacke. Münster, BASF Coatings AG, 2004

[3] European Coil Coating Association (Veranst.): 38. Hauptversammlung (Salzburg 2004). Brüssel: ECCA, 2004. – Ferron, F.: European standards for coil coated metals – test methods (EN 13523)

[4] Petersilge, M.: Grundlagen der Farbmesstechnik und Die Sprache der Farben, Einführung in die Grundlagen der Farbmetrik. Köln/Berlin: X-Rite GmbH Optronics, 2000

[5] Witt, K.: Buntheit mit System – Vektorielle Farbabstandsbewertung mit der DIN99-Formel. In: Farbe und Lack, 111 (2005), Heft 3, S.86–89

[6] Stahl-Informations-Zentrum (Hrsg.): Charakteristische Merkmale 093: Organisch bandbeschichtete Flacherzeugnisse aus Stahl – Anwendung- Eigenschaften – Verarbeitung. Düsseldorf: Stahl-Informations-Zentrum (SIZ), 2012

[7] European Coil Coating Association (Veranst.): 38. Herbstkongress (Brüssel 2004). Brüssel: ECCA, 2004. – Hård, T.: NCS Color system – current status – quality – new developments Scandinavian Colour Institute AB, Stockholm, in Deutschland vertreten durch NCS Colour Centre GmbH, Berlin

[8] DIN EN ISO 2808:2007
Beschichtungsstoffe – Bestimmung der Schichtdicke

[9] Keplinger, S.; Sokolowsky, P.; Nissel, C.; Wall, E.: Automatisierungskonzepte für eine Bandbeschichtungsanlage. In: Stahl u. Eisen 111 (1991), Heft 7, S. 43–46

[10] DIN EN ISO 3543:2001/Berichtigung 2006
Metallische und nichtmetallische Schichten – Dickenmessung – Betarückstreu-Verfahren
ASTM B 567:1998 (Reapproved 2003), Standard Test Methods for Measurement of Coating Thickness by Beta Backscatter Method

[11] Beschichtungsmessung – Aufbau, Arbeitsweise, Signalverarbeitung, Technische Daten. Heiligenhaus: IMS

[12] E DIN 50977:2005
Messung von Schichtdicken: Berührungslose Messung der Dicke von Schichten am kontinuierlich bewegten Messgut

[13] DIN 15042-2:2006
Schichtdickenmessung und Charakterisierung von Oberflächen mittels Oberflächenwellen – Teil 2: Leitfaden zur photothermischen Schichtdickenmessung

[14] European Coil Coating Association (Veranst.): 32. Herbstkongress (Brüssel 1998). Brüssel: ECCA, 1998. – Petry, H.: Online film thickness measurement with thermal waves
Petry, H.: Online-Schichtdickenmessung bei der Bandbeschichtung. In: JOT 39 (1999), Heft 2, S. 36–38, 40
Petry, H.: Lackdicken online messen. In: metalloberfläche 52 (1998), Heft 4, S. 316–318

[15] Vincentz Network (Veranst.): ICC International Coater´s Congress (Hannover 2004). Hannover: Vincentz Network, 2004 – Eker, F.: Online colorimetry in the coil-coating process
European Coil Coating Association (Veranst.): 39. Herbstkongress (Brüssel 2005). Brüssel: ECCA, 2005. – Novosad, H.: Non-Contact Color Control in Coil Coating Processes
Pape, W. H. Novosad, H.: Berührungslose Glanzmessung online. In: JOT (2005), 8, S. 48/49.

[16] Pietschmann, J.: Industrielle Pulverbeschichtung. Wiesbaden: Friedr. Vieweg & Sohn Verlagsgesellschaft mbH, 2002

[17] European Coil Coating Association (Veranst.): 44. Herbstkongress (Brüssel 2010). Brüssel: ECCA, 2010. – Bjorgum, A.: An alternative test method to acidified salt spray

[18] Stahl-Eisen-Prüfblatt (SEP) des Stahlinstituts VDEh 1160: Beurteilung schweißgeeigneter Korrosionsschutzprimer für die Automobilindustrie,
Teil 1 (2004): Korrosionsschutzwirkung
Teil 2 (2004): Bestimmung der Schichtdicke mittels Gravimetrie
Teil 3 (2005): Haftungsverhalten
Teil 4 (2005): Abriebverhalten
Teil 5 (2005): Klebeignung
Teil 6 (2005): Eignung hinsichtlich kathodischer Tauchlackierung

Weiterverarbeitung 6

Das komplett beschichtete Blech, das die Bandbeschichtungsanlage verlässt, wird als Coil oder auch schon als Tafel geschnitten zu dem eigentlichen Bauteil weiterverarbeitet. Es wird zu Dach- oder Wandpaneelen profiliert, zu Kühlschrankseitenwänden umgeformt, es wird tiefgezogen, gestanzt oder zu Sandwichelementen verklebt. Eine umfangreiche, systematische Ordnung der Verarbeitungsverfahren mit Begriffen und Einordnungen, insbesondere für die Blechbearbeitung, das Umformen, Trennen und Fügen, ist unter DIN genormt [Anhang].

Beim Entwurf des gewünschten Bauteils, dem Wandelement, dem Rollladen oder der Gefrierschrankseitenwand müssen Substrat, Beschichtung und Verarbeitungsverfahren in Betracht gezogen werden [1]. Es muss sichergestellt werden, dass wichtige Aspekte wie Schnittflächenschutz, geeignete Materialkombinationen und konstruktive Maßnahmen, um den Korrosionsschutz zu gewährleisten, Beachtung finden. Bei allen Verarbeitungsschritten muss größte Sorgfalt walten, um die Qualität der Oberfläche bis zum Endprodukt zu erhalten. Bei bandbeschichtetem Blech gilt: Die Oberfläche des Zwischenprodukts ist auch die Oberfläche des Endproduktes.

Bei einem optimalen Herstellungsprozess bleiben sämtliche ursprüngliche Eigenschaften des Materials erhalten. Das bedeutet aber auch, dass exzessive Umformungsschritte und damit eine Verletzung der Oberfläche verhindert werden müssen. Dies kann man erreichen, indem dafür geeignete Verarbeitungsanlagen und Lagereinrichtungen benutzt werden. Die Werkzeuge müssen materialgerecht ausgebildet sein, wobei eine glatte, saubere Oberfläche selbstverständlich ist. Polierte und hartverchromte Werkzeuge sind zweckmäßig. Durch ihre glatte Oberfläche wird die Reibung verringert und Beschädigungen der Oberfläche vermieden. Muss die Oberfläche sehr eben sein, kann, wie bei der Verarbeitung von unbeschichtetem Flachzeug, eine geeignete Richtmaschine eingesetzt werden [2]. Wenn Werkhallen und Verarbeitungsanlagen für unterschiedliche Produkte, z. B. für warmgewalzten Stahl, kaltgewalzten Stahl oder verzinktes Blech, genutzt werden, muss mit Kontaminationen gerechnet werden. In vielen Fällen ist es von

A.-S. Jandel, B. Meuthen, *Coil Coating*,
DOI 10.1007/978-3-8348-2354-0_6, © Springer Fachmedien Wiesbaden 2013

Vorteil, bandbeschichtetes Material auf einer eigens dafür vorgesehenen Anlage zu verarbeiten. Werden unterschiedliche Produkte auf einer Anlage hergestellt, müssen die Werkzeuge gewechselt, die Maschine angehalten und gereinigt werden, bevor bandbeschichtetes Material verarbeitet werden kann. Hier kann eine betriebswirtschaftliche Beurteilung die bessere Verfahrensweise aufzeigen.

Das Arbeiten mit bandbeschichteten Produkten erfordert große Sorgfalt. Die Mitarbeiter müssen für den Umgang mit dem Material, das im Vergleich zu unbeschichtetem Material unterschiedlicher Arbeitsmethoden bedarf, geschult werden, damit das Material in einem optimalen Zustand an den Endkunden ausgeliefert wird.

6.1 Handhabung, Verpackung und Lagerung

Der Erfolg der Verarbeitung hängt von der Elastizität und Härte der Beschichtung ab. Diese werden von der Temperatur beeinflusst. Bild 6.1 zeigt, wie sich die Verarbeitungstemperatur auf die Eigenschaften auswirkt. Um die optimalen Verarbeitungseigenschaften der unterschiedlichen Beschichtungen ausnutzen zu können, müssen bandbeschichtete Produkte bei einer Temperatur oberhalb der Glasübergangstemperatur (Tg) der Beschichtung verarbeitet werden. Diese liegt normalerweise im Bereich der Umgebungstemperatur bei 20 °C. Je nach Verformungsgrad können höhere Verarbeitungstemperaturen von 25 bis 40 °C das Umformverhalten verbessern. Falls es im Materiallager kälter ist, sollten die Coils, Bleche oder Zuschnitte 24 Stunden vor ihrer Verarbeitung an einem Ort mit einer Temperatur von ungefähr 20 ° C gelagert werden.

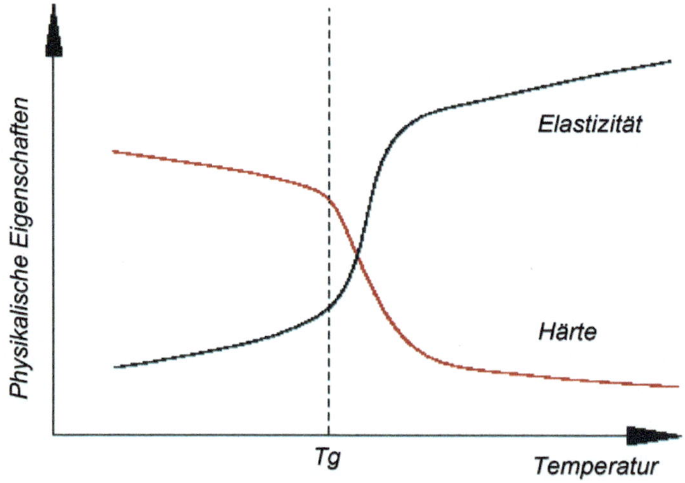

Bild 6.1 Elastizität und Härte der Beschichtung sind von der Temperatur abhängig (Tg = Glasübergangstemperatur). (Quelle: ArcelorMittal FCE, Köln [1])

In Ausnahmefällen kann der bandbeschichtete Stahl vor Ort mit Hilfe von Infrarotstrahlern erwärmt werden. Damit wird sichergestellt, dass die Beschichtung nach dem Abkühlen ihre Umformbarkeit bei gleicher Härte und chemischer Beständigkeit beibehält. Auch können Glanzveränderungen, die durch Transport oder Lagerung verursacht wurden, in vielen Fällen durch Anwärmen der Oberfläche mit Infrarotstrahlern wieder rückgängig gemacht werden. Während der Verarbeitung sollte stets eine Produktüberwachung und -kontrolle stattfinden, um Kratzer oder Druckstellen im möglichst frühen Stadium zu entdecken.

6.1.1 Handhabung

Coils, Bleche, Zuschnitte und Teile erfordern alle eine unterschiedliche Handhabung. Die Geräte zum Transport von Coils sollten mit einer Schutzbeschichtung ausgestattet sein. So sollten z. B. nichtmetallische Schlingen und Greifer oder C-Haken mit Gummi oder einer Kunststoffbeschichtung ummantelt sein. Sie sollten mit großer Sorgfalt verwendet werden, um alle harten Stöße, die das Produkt beschädigen könnten, zu vermeiden. Werden Bleche manuell bewegt, sind vom Personal Handschuhe zum Schutz vor Schnittverletzungen zu verwenden.

Um das Handling zu automatisieren, gibt es zahlreiche Lösungen bis hin zu Robotersystemen mit Saugnäpfen. Ein bewährtes System sowohl für Bleche als auch Zuschnitte ist der Vakuumsauggreifer mit vier Saugnäpfen [3]. Er lässt sich durch permanente Magnete an den Stapelkanten, die den Stapel beim Abnehmen einzelner Bleche sichern, weiter verbessern (Bild 6.2 und 6.3).

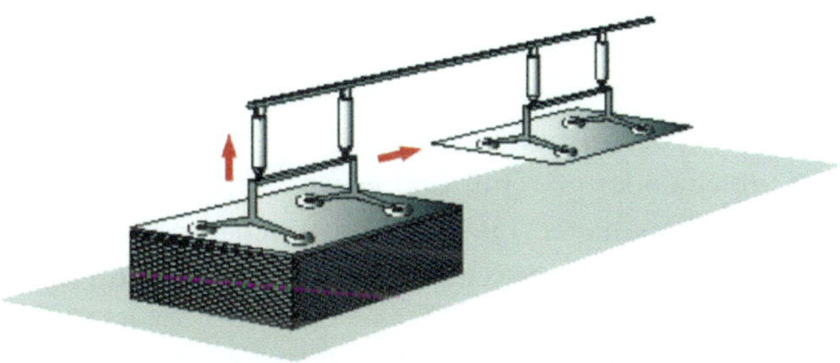

Bild 6.2 Schematische Darstellung des Blechtransports mit einem Vakuumgreifer. (Quelle: ArcelorMittal FCE, Köln [1])

Bei Handhabungssystemen, bei denen der Stahl zwischen Geräten (Rolltische, Stapler usw.) transportiert wird, sollte der Kontakt zwischen den Geräten und dem Stahl ohne Schlupf erfolgen. Andernfalls muss dafür gesorgt werden, dass die Kontaktflächen weich sind. Auch können Transportrollen aus Plastik oder Transportbänder aus Gummi verwendet werden. Wichtig ist, dass das Material nur mit einer weichen, staubfreien Oberfläche in Berührung kommt. Bei der manuellen oder automatisierten Handhabung muss darauf geachtet werden, dass kein Blech über ein anderes geschoben wird. Hier genügt oft ein Filz oder Gummi, um Kratzer auf der Oberfläche zu verhindern.

Bild 6.3 Mit Hilfe von Saugnäpfen wird das Blech angehoben und weitertransportiert. (Quelle: Color Steels, London [3])

6.1.2 Verpackung, Lagerung und Transport

Bandbeschichtete Produkte werden in einer Verpackung versandt, die auf die Dauer und die Art des Transports, auf den Bestimmungsort, auf die Lagerung bis zur Verarbeitung und die beabsichtigten Endanwendung abgestimmt ist. Für die Verpackung von Fertigteilen aus bandbeschichtetem Stahl gilt dasselbe wie für stücklackierte Teile. Die Teile sollten in Kisten, Körben oder anderen Behältern auf solche Weise platziert werden, dass sie voneinander getrennt und gegen Beschädigung durch Reibung oder Stöße geschützt sind. Abstandhalter aus Wellpappe, Schaumstofflagen oder ähnliche Produkte können zu diesem Zweck verwendet werden. Die Teile dürfen nie lose, ohne Einzelverpackung gestapelt werden.

Die beschichteten Coils, Bleche oder Zuschnitte müssen in sauberen, trockenen, möglichst beheizten Gebäuden gelagert werden, die ausreichend belüftet sind [4,5]. Werden sie im Freien gelagert müssen sie mit Planen abgedeckt sein. Auf diese Weise wird verhindert, dass sich durch Kondensation zwischen Tafeln und Windungen Feuchtigkeit bildet oder von außen durch Kapillarwirkung eindringt und zu Korrosionsschäden führt. Sind die bandbeschichteten Bleche einmal mit Feuchtigkeit in Berührung gekommen, so sollten sie sofort getrocknet oder verarbeitet werden. Auch die Schutzfolie muss dann entfernt werden, denn die meisten organischen Beschichtungen sind gegenüber Wasser nicht diffusionsdicht und die Feuchtigkeit kann durch die Lackschicht bis auf die Substratoberfläche wandern und dort Korrosionsschäden verursachen. Dies zeigt sich dann zumeist, indem der Lack großflächiger abblättert. Die Norm DIN EN 1396 enthält im Anhang D kurz gefasste Richtlinien zur Lagerung und späteren Verarbeitung von bandbeschichtetem Aluminium [Anhang].

Bild 6.4 Die lackierten Coils werden sorgfältig verpackt und nur einlagig gelagert. (Quelle: BASF Coatings GmbH, Münster)

Die Coils dürfen nicht unmittelbar auf dem Boden abgestellt werden. Sie sollten auf Holzpaletten oder auf Gummi- oder Filzmatten gelagert werden, um zu verhindern, dass raue Oberflächen oder grober Schmutz Kratzer, Druckstellen oder Beulen auf der Oberfläche verursachen und eventuell mehrere äußere Windungen unbrauchbar machen. Es muss zudem darauf geachtet werden, dass Coils und Stapel aus bandbeschichtetem Material nicht aufklappen. Die Schutzverpackung sollte auch bei allen teilweise benutzten Coils und Stapeln wieder ersetzt werden, um Verschmutzung und Beschädigung an ihrer Außenseite bzw. den Blechen zu vermeiden. Beim Stapeln von Blechpaketen muss beachtet werden, dass die Bleche druckempfindlich sind. Dadurch ist die Stapelhöhe begrenzt. Coils sollten möglichst nur einlagig gelagert werden (Bild 6.4). Bei zweifacher Lagerung müssen entsprechende Sicherheitsmaßnahmen gegen Lagerschäden vorgenommen werden [6]. Es wird zudem empfohlen, bandbeschichtete Produkte innerhalb von sechs Monaten ab dem Herstellungsdatum zu verarbeiten. In dieser Zeit kann mit einer optimalen Elastizität der Beschichtung gerechnet werden. Nach sechs Monaten kann es eventuell zu einer mechanischen Strukturverdichtung der Beschichtung kommen, die zu einem Verlust an Elastizität führt.

6.2 Abhaspeln, Spalten, Schneiden, Stanzen

6.2.1 Abhaspeln

Für einen optimalen Produktfluss muss das Abhaspeln mit einem über die Anlagegeschwindigkeit gesteuerten Antriebssystem durchgeführt werden. Gegebenenfalls gleicht das Antriebssystem auch ein Rucken sowie das Aneinanderschlagen und Reiben nebeneinander liegender Blechbahnen aus.

6.2.2 Schneidverfahren

Spalten, Schneiden und Stanzen sind essenzielle Weiterverarbeitungsschritte für das bandbeschichtete Blech. Beim Spalten wird das Band mit Hilfe einer Schneidvorrichtung in Längsrichtung geschnitten. Dies ist z. B. bei sehr breiten Coils der erste Schritt der Weiterverarbeitung (Bild 6.5).

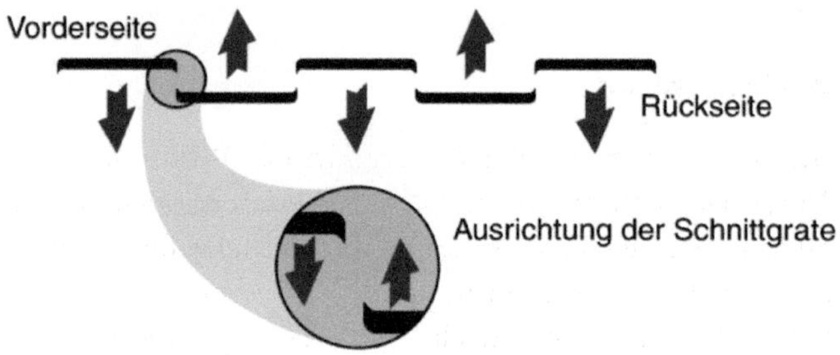

Bild 6.5 Ausrichtung der Schnittgrate nach dem Längsteilen des Bands (Spalten). (Quelle: ArcelorMittal FCE, Köln [1])

Beim Schneiden wird das Band quergeteilt zu Tafeln (Blanks, Sheets). Beim Stanzen werden die für die Verschrauben von Bauelementen notwendigen Löcher oder auf der Hausgerätevorderseite die für die Bedienarmaturen benötigten Aussparungen erzeugt (Bild 6.6). Hierfür kommen die mechanischen Schneidverfahren, aber auch thermische, wie das Laserschneiden in Frage. Für das Spalten und andere Schneidverfahren gelten bei bandbeschichtetem Stahl die gleichen Verfahrensparameter wie für andere Produkte, jedoch sollten überhöhte Verarbeitungsgeschwindigkeiten vermieden werden. Die verwendeten Werkzeuge müssen materialgerecht gestaltet sein. Zweckmäßig sind hochglanzpolierte Werkzeugoberflächen, um Reibung zu vermindern und dadurch Beschädigungen auf der Oberfläche zu vermeiden.

Beim Schneiden und Stanzen sollten sauber geschliffene Schneidwerkzeuge eingesetzt werden, um die Bildung von Schnittgraten und Lackfäden zu vermeiden. Schnittgrade bleiben sichtbar, weil es keine Endlackierung mehr gibt.

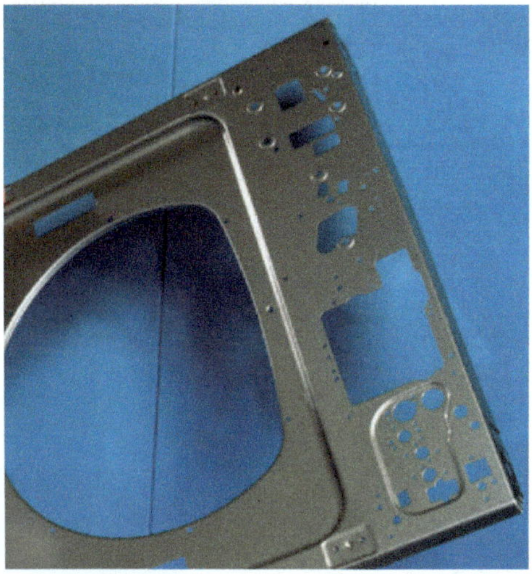

Bild 6.6 Für gratfreies Schneiden und Stanzen werden sauber geschliffenen Werkzeuge benötigt. (Quelle: Color Steels, London [3])

Bei einer spanenden Weiterverarbeitung ist zudem darauf zu achten, dass anfallende Bohr- oder Schneidspäne komplett entfernt werden, da korrodierende Späne eine Schädigung des Bauteils vortäuschen können. Das Blech sollte auf der beschichteten, beim Fertigprodukt sichtbaren Seite bearbeitet werden, um zu vermeiden, dass sich der Lack beim Bearbeiten mit unsachgemäß eingestelltem Werkzeug ablöst. Eine symmetrische Montage der Spalt- und Besäumköpfe ist vorzuziehen. Die Schnittgrate werden, wie in Bild 6.5 dargestellt, ausgerichtet. Die senkrechten und waagrechten Messerspielräume sind beim Spalten einzuhalten (Bild 6.7). Dabei sollte der Schneidspalt maximal 5 % der Grundwerkstoffdicke entsprechen. Bei Dickbeschichtungen mit PVC-Plastisolen oder Folien empfiehlt sich ein Schneiden von der Rückseite her.

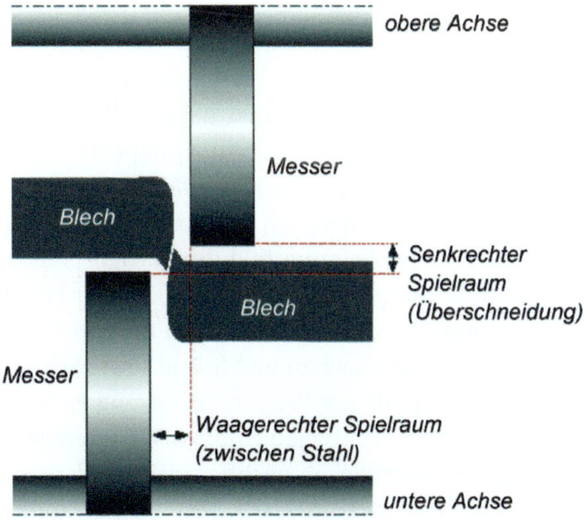

Bild 6.7 Spiel und Überschneidung. (Quelle: ArcelorMittal FCE, Köln [1])

Das Spaltergebnis ist zufriedenstellend, wenn:

- die Umformungszone begrenzt ist
- die Abscherzone ungefähr ein Drittel der Dicke ausmacht
- die Bruchzone scharf abgegrenzt ist und einen Winkel von weniger als fünf Grad aufweist
- kein oder nur ein geringer Schnittgrat vorhanden ist
- keine Lackfäden oder Wulste auf den Werkzeugen vorhanden sind.

Die Morphologie der Schnittflächen wird in Bild 6.8 dargestellt.

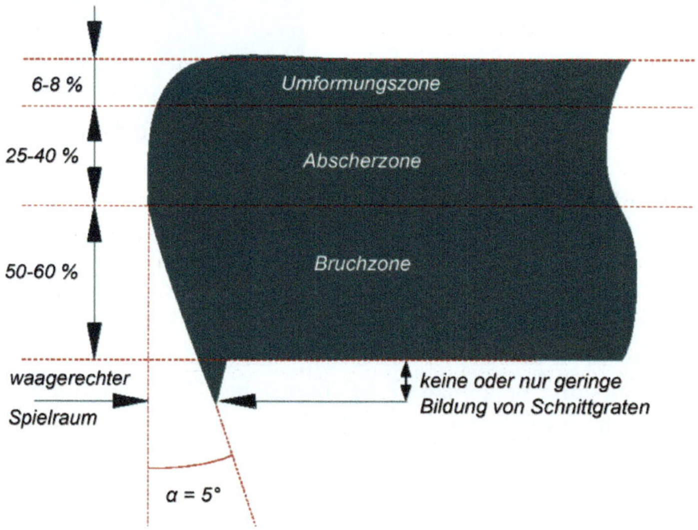

Bild 6.8 Morphologie der Schnittflächen. (Quelle: ArcelorMittal FCE, Köln [1])

Beim Längsschneiden mit der Schere sind die Schnittgrate an den Kanten auf der Vorderseite und Rückseite des Bleches in entgegengesetzter Richtung ausgerichtet. Dies ist ein wesentlicher Gesichtspunkt bei der Bearbeitung. Es ist aus diesem Grund unerlässlich, die Bleche absolut senkrecht zu stapeln.

Das Spalten, Längsschneiden und Abscheren sollte bereits bei der Produktentwicklung eingeplant werden, um sicherzustellen, dass eventuell auftretende Schnittgrate sich nicht auf das Erscheinungsbild des Fertigprodukts auswirken oder ein Sicherheitsrisiko (Schnittverletzungen an den Händen) bei der Handhabung darstellen. Scheibentrennmaschinen und ähnlichen Geräte sollten nicht verwendet werden, da sie Brandstellen an der Beschichtung verursachen und Späne sowie Schnittgrate erzeugen. Beim Profilieren z. B. setzt man am Ende der Walzanlage vorzugsweise Hydraulik- oder pneumatische Messer statt Kreis- oder Bandsägen ein. Des Weiteren ist die Wahl eines geeigneten Systems zur Handhabung der Bleche wichtig, insbesondere an den Stanzmaschinen. Ableitsysteme mit kleinen Bürsten eignen sich besser als herkömmliche Modelle mit Kugeln.

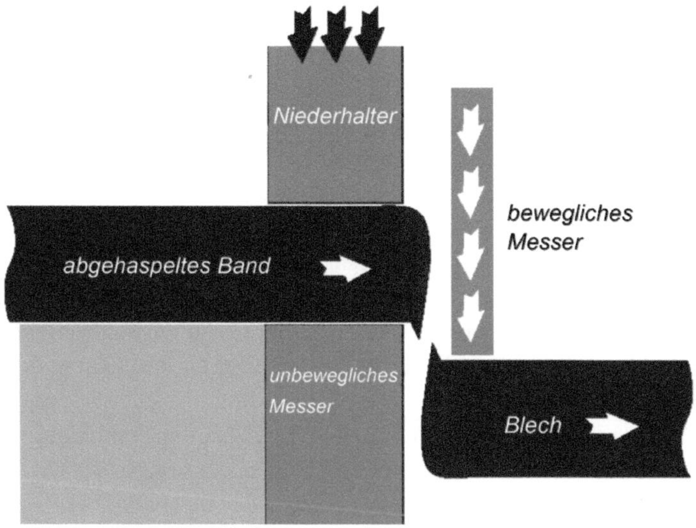

Bild 6.9 Ausrichtung von Schnittgraten beim Abscheren. (Quelle: ArcelorMittal FCE, Köln [1])

6.2.3 Laser- und Wasserstrahlschneiden

Beim Laserschneiden muss als Gas Stickstoff verwendet werden. Sauerstoff verbrennt die Beschichtung und verursacht Störungen des Laserstrahls. Dies kann zu Leistungsverlust und Bildung von Schnittgraten führen. Die Verwendung von Stickstoff erhöht die Kosten des Schneidens aufgrund der dabei erforderlichen hohen Durchflussraten (Druck von 20 bar im Vergleich zu 1 bar bei Sauerstoff).

Wenn auf dem Blech eine abziehbare Schutzfolie aufgebracht wurde, kann das Schneiden in zwei Durchläufen durchgeführt werden: ein Durchlauf für die Folie und einer für das bandbeschichtete Material. Die Haftfähigkeit der Folie sollte möglichst so eingestellt sein, dass ihr Abschälen verhindert wird, denn dieses könnte zu einer Störung des Laserstrahls führen. In der Regel entfernt man die Folie am besten vor dem Schneiden, um die Vorteile zu erhalten, die durch den Laserschnitt gegeben sind, wie Präzision, begrenzte Wärmeeinflusszone, keine Schnittgrate.

Auch das Wasserstrahlschneiden eignet sich sehr gut für bandbeschichtete Produkte und erfordert keine speziellen Einstellungen. Da keine Wärmequelle vorhanden ist und kein Kontakt mit einem Werkzeug zustande kommt, lässt sich mit Hilfe dieses Verfahrens eine hervorragende Schnittqualität ohne Schnittgrate oder Beschädigung an den Beschichtungen erzielen. Es muss aber darauf geachtet werden, dass sich beim Schneiden die Schutzfolie nicht ablöst.

6.3 Umformen

Die meisten Teile, die aus bandbeschichtetem Band gefertigt werden, unterliegen einer Umformoperation. Das Blech wird nach den bekannten Verfahren wie Walzprofilieren, Biegen, Kanten, Bördeln und Tiefziehen umgeformt. Dabei kommt die Sichtseite des Materials, die Vorderseite, mit den Werkzeugen direkt in Berührung. Die Auswirkung der beim Umformen auf die Oberfläche wirkenden Kräfte hängt vom Verhalten der Beschichtung ab. Größere Umformradien, geringere Umformungsgeschwindigkeiten, die man z. B. durch eine höhere Anzahl der Gerüste beim Walzprofilieren erhalten kann, sowie Verarbeitungstemperaturen in der Nähe der Glasübergangstemperatur *Tg* erleichtern das Umformen. Dies muss durch eine entsprechende Anpassung der Verfahrensparameter berücksichtigt werden.

Um Kratzer und im schlimmsten Fall das Abschälen der Beschichtung zu vermeiden, sollte die Kontaktfläche zwischen Werkzeug und Blech vergrößert werden. Damit werden der Kontaktdruck, die relativen Bewegungen des Blechs und die Reibung zwischen den Werkzeugen und dem bandbeschichteten Blech begrenzt. Ist eine Vergrößerung der Berührungsflächen auf direktem Wege nicht ohne Weiteres möglich, kann man sie auch indirekt durch Polieren der Werkzeuge erreichen. Die relativen Bewegungen hängen vom angewendeten Umformverfahren ab; es ist oft nicht einfach, sie auf ein Mindestmaß zu reduzieren.

Der Reibungskoeffizient lässt sich dagegen verringern. Das Polieren der Werkzeuge stellt auch hier eine ausgezeichnete Lösung dar. Eine weitere Möglichkeit ist es, geeignete Schmiermittel, z. B. leichtflüchtiges Öl einzusetzen. Bandbeschichtete Bleche weisen unter diesen Bedingungen bei Werkzeugen aus Stahl einen sehr niedrigen Reibungskoeffizienten von weniger als 0,05 auf. Unter Umständen ist es auch zweckmäßig, die Lackschicht mit einer abziehbaren Schutzfolie zu versehen.

Der Grad der Umformung ist durch die Geometrie des Teils und die Verarbeitungstechniken bedingt und muss auf die Umformbarkeit des Trägermaterials, ggf. auch auf die des metallischen Überzuges und des Lacksystems abgestimmt sein. Niedrigere Zinkauflagen verbessern das Umformergebnis. Dieser Punkt wird im Abschnitt Bauteilkonzeption näher erörtert.

Bei der Planung des Umformverfahrens muss die Gesamtdicke des Produkts (Stahl + metallischer Überzug + Lack + Schutzfolie) berücksichtigt werden. Dieser Wert bestimmt den Werkzeugspielraum. Wenn die Beschichtungsstärke in die Berechnung nicht mit einbezogen wird, kann es zum Auswalzen der Beschichtung kommen. Dieser Fehler kann leicht unterlaufen, da es sich bei den in den Normen für bandbeschichteten Stahl angegebenen Dicken um die Dicke des Trägermaterials plus metallischem Überzug handelt und die Beschichtung nicht eingeschlossen ist. Bei dicken Beschichtungen mit PVC-Plastisolen oder Folien sollte die Umformung nicht zu nahe an der Schnittfläche erfolgen, um zu vermeiden, dass sich die Beschichtung infolge der Rückstellkräfte ablöst.

6.3.1 Tiefziehen

Ein typisches Beispiel einer Tiefziehoperation ist die Formung des Bullauges an einem Vorderseitenblech für eine Waschmaschine. Beim Tiefziehen werden die einzelnen Bereiche der Oberfläche unterschiedlichen Kräften ausgesetzt, wobei der aufgrund von Umformung und Kontakt ausgeübte Druck der größte ist (Bild 6.10).

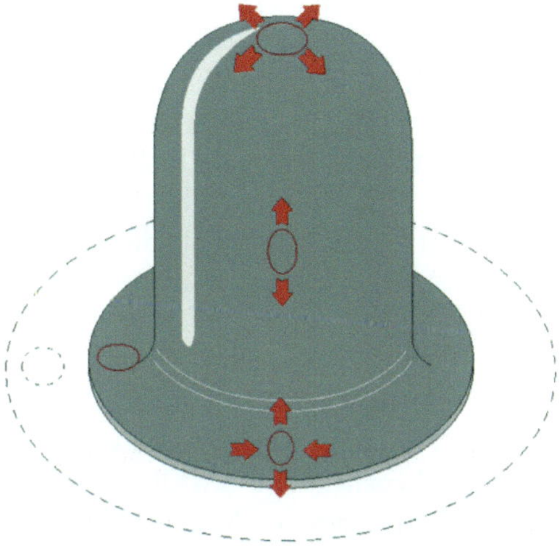

Bild 6.10 Verschiedene Umformungen an einem Tiefziehteil. (Quelle: Arcelor Mittal FCE, Köln [1])

Der Grad des Umformens muss auf die Umformbarkeit des Trägermaterials und der Beschichtungen abgestimmt sein. Die lokal unterschiedlichen Spannungszustände (Zug-Druck, Zug, Zug-Zug) wirken sich unterschiedlich aus. Der Streckzug (Zug-Zug-Spannungen) muss genau kontrolliert werden, da er eine Reduzierung der Dicke verursacht, wodurch der zulässige Werkzeugspielraum hinfällig werden könnte. Die beim Tiefziehen erzeugten Drücke sind relativ hoch und erreichen oft fünf bis zehn MPa. Die Reibung muss hier genau überwacht werden, da die Beschichtung sonst schwer beschädigt werden kann. Deshalb sollten auch Ziehwulste vermieden werden (Bild 6.11).

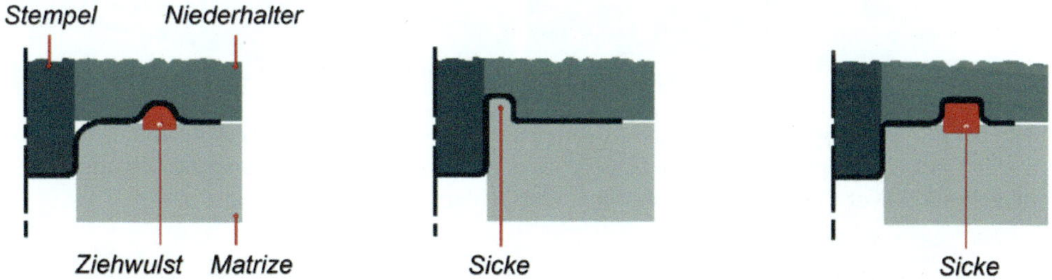

Bild 6.11 Ziehwulste und Ziehspuren sollten vermeiden werden. (Quelle: ArcelorMittal FCE, Köln [1])

Werkzeuge mit Unebenheiten, die aufgrund mangelhaften Polierens oder fehlender Panzerung in bestimmten Bereichen auftreten, müssen nachgearbeitet werden. Auch sollten dann die Eintrittsradien nach Möglichkeit vergrößert werden. Der Spielraum zwischen Stempel und Matrize sollte immer der Gesamtdicke des bandbeschichteten Blechs plus, je nach Fall, 5 bis 10 % entsprechen.

Entscheidend sind das Polieren und eine geeignete Härte der Tiefzieh-Werkzeuge, die z. B. aus hochlegierten Stählen wie Z160CDV12, Z200CDV12 und Z230CDV12-4 hergestellt sein können. Die Schmierung mit einem wasserlöslichen oder leichtflüchtigen Öl, das später nicht entfernt werden muss, ist eine Alternative. Die Hilfsmittel für das Tiefziehen müssen so ausgewählt werden, dass sie mit der Beschichtung verträglich und einwandfrei zu entfernen sind. Hier haben sich auch Systeme auf Seifen- oder Wachsbasis bewährt. Werden Schmiermittel eingesetzt, muss allerdings die Einstellung des Niederhalterdrucks in Anbetracht der besseren Gleitfähigkeit und des damit einhergehenden erhöhten Risikos der Faltenbildung korrigiert werden.

Beim Tiefziehen gilt für die Bemessung des Ziehspaltes folgende Faustregel: Schichtdicken bis zu 60 µm sind zu 100 %, Schichtdicken über 60 µm sind zu 75 % zu berücksichtigen. Die Dicke der Schutzfolie ist der Dicke der Beschichtung zuzurechnen.

Bei der Fertigung hoher Stückzahlen kann in extremen Fällen eine Kühlung des Werkzeugs erforderlich sein. Ein starkes Umformen durch Tief- oder Streckziehen kann den Oberflächeneffekt und den Glanz der Beschichtung verändern. Dies kann eventuell mit einem Verlust des Korrosionswiderstands in aggressiver Umgebung, z. B. in feuchter und salzhaltiger Luft, einhergehen. Als Matrizenpolster haben sich spezielle Kunststoff- bzw. Gummikissen bewährt.

Bild 6.12 zeigt die Möglichkeiten, bandbeschichtete Blech tiefzuziehen, zu schneiden und zu stanzen.

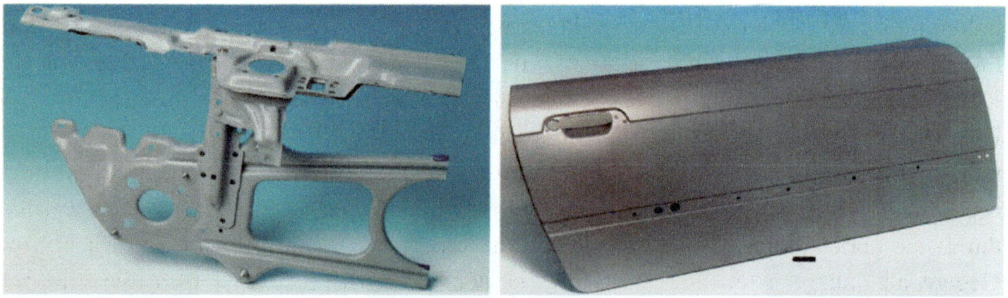

Bild 6.12 Am Beispiel einer Aluminiumfront eines Autos (links) und einer Autoaußenhaut (rechts) sind die Möglichkeiten, bandbeschichtetes Material tiefzuziehen, zu schneiden und zu stanzen erkennbar. (Quelle: Alcan Deutschland, Nachterstedt [7])

6.3.2 Walzprofilieren

Markantestes Beispiel für das Walzprofilieren oder Rollformen von bandbeschichtetem Blech sind die Wandpaneele für den Baubereich (Bild 6.13). Beim Profilieren spielen dieselben Faktoren wie beim Tiefziehen eine Rolle, denn die Elastizität und Haftung der Beschichtung in Biegungen sowie ihre Beständigkeit gegenüber Kontaktdruck und Reibung sind auch hier entscheidend.

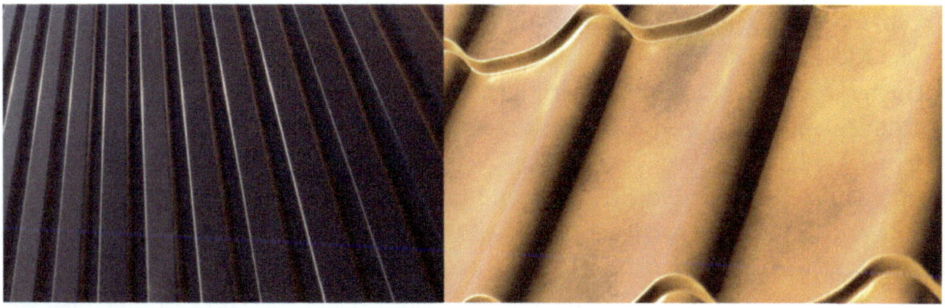

Bild 6.13 Wandpaneele, die durch Walzprofilieren hergestellt wurden. (Quelle: Salzgitter AG (links), ArcelorMittal (rechts))

Um die Beständigkeit gegenüber Kontaktdruck zu erhalten, bieten sich beim Profilieren andere Lösungen als beim Tiefziehverfahren an. Zunächst sollte der Durchmesser der Walzen möglichst groß sein. Ferner müssen alle scharfen Kanten an den Walzen beseitigt und durch ausgerundete Übergänge ersetzt werden (Bild 6.14).

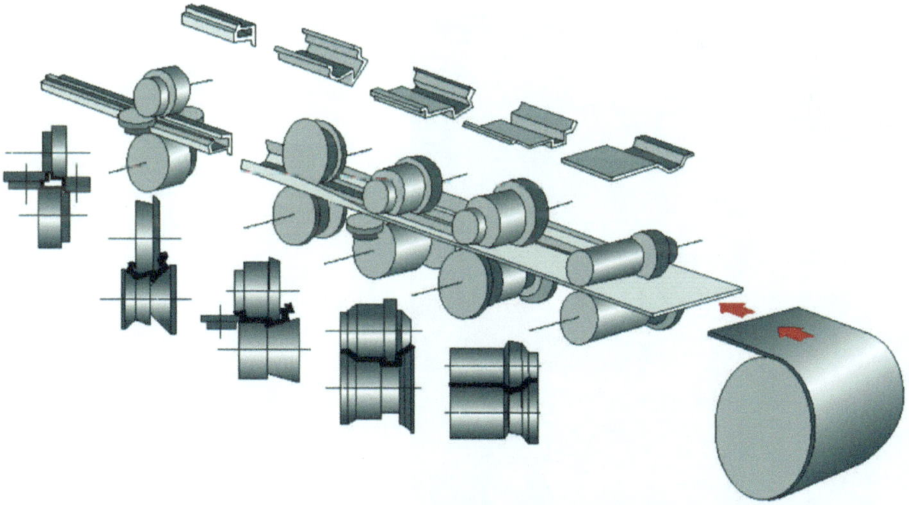

Bild 6.14 Schema des Walzprofilierens. (Quelle: ArcelorMittal FCE, Köln [1])

Um den Materialschlupf zu verhindern, können Werkzeuge mit Gegenwalzen eingesetzt werden, die in Wälzlagern gelagert sind. Es handelt sich hier um eine einfache technische Lösung, die weder mit einem zusätzlichen Wartungsaufwand noch mit einer nennenswerten Erhöhung der Investitionskosten verbunden ist.

Wie bei Tiefziehwerkzeugen ist die Rauheit und Härte der Walzen von entscheidender Bedeutung. Am besten eignen sich niedrig- oder hochlegierte (35NCD4, 100C6, Z200C13 usw.), gehärtete, geschliffene und nachpolierte Stähle. Die Hartverchromung hat sich hier als ideale Lösung erwiesen.

Während eine Schmierung beim Profilieren von verzinkten Blechen erforderlich ist, um das Kleben des Überzuges an den Werkzeugen zu vermeiden, ist sie bei bandbeschichteten Produkten angesichts der Eigenschaften der Beschichtungen oft überflüssig. Bei Profilen mit komplexer Geometrie kann allerdings nicht immer gänzlich darauf verzichtet werden.

Um das Profilieren zu vereinfachen und um die Beschichtung zu schützen, werden abziehbare Schutzfolien nach der Decklackbeschichtung auf das Band kaschiert. Auf diese Lösung wird sehr häufig bei breiten Bauprofilen zurückgegriffen. Bei komplexen Profilen ist dies nicht immer die Methode der Wahl. Wie in Bild 6.15 zu sehen ist, wird das Band von innen nach außen verformt. Sollen Profile mit kleinen Abmessungen hergestellt werden, weisen die meisten Werkzeuge nur einen geringen oder manchmal gar keinen Spielraum auf (vergleiche Bild 6.7), um die Geometrie der Teile gewährleisten zu können.

Bild 6.15 Rollformer, der eine Wandpaneele profiliert. (Quelle: SSAB Ab, Stockholm [8])

Derartige Werkzeuge eignen sich jedoch nicht, da ein gewisser Spielraum erforderlich ist, um die Beschichtung nicht zu beschädigen. Ein Spielraum von ein bis zwei Zehntel Millimeter bei einer Dicke von 0,7 mm ist bei der Herstellung breiter Profile in der Regel erforderlich. Wie beim Tiefziehen muss die Gesamtdicke des Bleches einschließlich Beschichtung und Schutzfolie berücksichtigt werden.

6.3.3 Biegen

Für das Biegen gelten dieselben Regeln wie beim Walzprofilieren. Bezüglich des eigentlichen Kontakts müssen je nach Biegetechnik unterschiedliche Faktoren berücksichtigen werden. Folgende Biegeverfahren sind anwendbar:

6.3.3.1 Schwenkbiegen

Das Biegen auf Schwenkbiegemaschinen bietet hinsichtlich der erzeugten Kontaktdrücke eine ausgezeichnete Lösung, denn es erfolgt an der Fläche der Maschine (Bild 6.16). Gleichzeitig wird die Relativbewegung zwischen Blech und Werkzeugen auf ein Mindestmaß reduziert.

Bild 6.16 Prinzip des Schwenkbiegens (freies Biegen). (Quelle: ArcelorMIttal FCE, Köln [1])

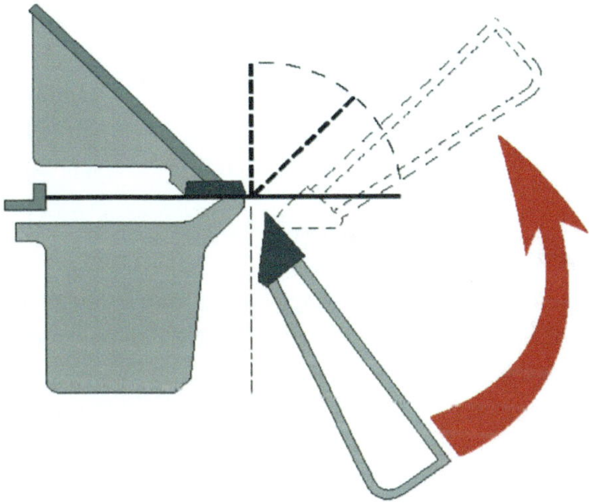

6.3.3.2 Gesenkbiegen

Beim Gesenkbiegen, das häufig auch als Abkanten bezeichnet wird, liegt das Werkstück auf einer Matrize mit V-förmiger Öffnung. Ein Stempel fährt in einer kontrollierten Bewegung auf das Metall und formt es in einem vorgegebenen Winkel um (Bild 6.17). Hierbei treten höhere Drücke auf, da der Kontakt nicht mehr über eine Berührungsfläche, sondern linear erfolgt. Außerdem gleiten die beschichteten Bleche an den Eintrittsradien der Matrize.

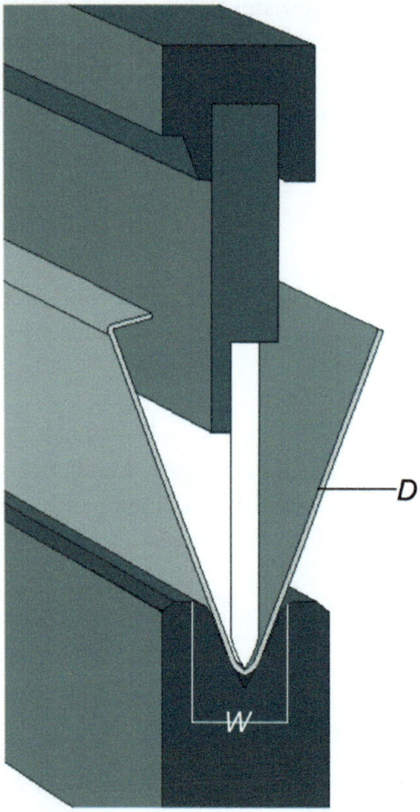

Bild 6.17 Schema des Gesenkbiegens. (Quelle: ArcelorMIttal FCE, Köln [1])

Einfluss des Biegegesenks: Nach einer Grundregel des Gesenkbiegens sollte die Weite des Biegegesenks (W) dem sechs- bis zwölffachen der Materialdicke (D) entsprechen. Beim Biegen von bandbeschichtetem Blech wird vorzugsweise eine Breite angestrebt, die dem zwölffachen der Dicke entspricht. Da sich die Hebelkraft erhöht, nimmt der Kontaktdruck reziprok ab. Der Biegeradius des Bleches – der so genannte „natürliche Radius" – nimmt zu, wodurch sich die Umformung der Beschichtung verringert. Der Eintrittsradius des Biegegesenks vergrößert sich konstruktionsbedingt, was ebenfalls zur Verringerung des Kontaktdrucks und der Reibung beiträgt.

Einfluss des Stempels: Zu vermeiden ist das Unterschreiten des minimalen Biegeradius, der vom Stempelradius und der Blechdicke abhängig ist. Bei den üblichen Werkzeugen ist der Stempelradius kleiner als der natürliche Radius des Bleches – in der Regel 0,6 bis 0,8 mm. Andere Werkzeuge zeichnen sich durch einen größeren Radius aus, der mehrere Millimeter erreicht. Dadurch vergrößert sich der Biegeradius des Blechs, wobei die Beschichtung deutlich weniger belastet wird.

6.3.3.3 Prägebiegen

Beim Prägebiegen beträgt der Öffnungswinkel zwischen Stempel und Matrize nahezu 90 °. Hier wird das Blech zwischen Stempel und Matrize mit hohem Druck umgeformt (Bild 6.18).

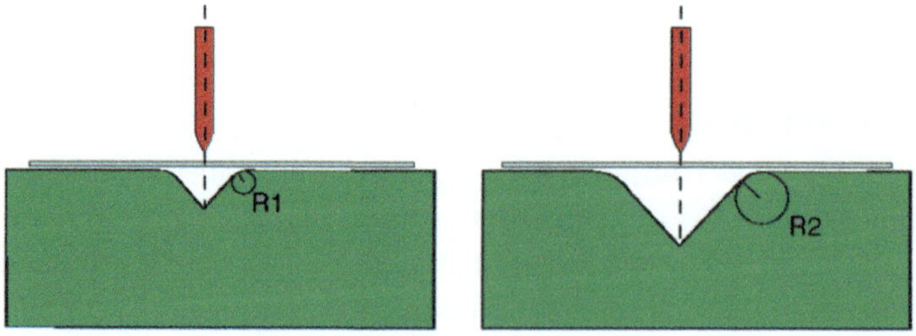

Bild 6.18 Schema des Tiefens auf einer Prägebiegemaschine mit kleinem und großen V-Gesenk. (Quelle: ArcelorMittal FCE, Köln [1])

Der Hauptvorteil des Prägebiegens besteht in einer einfacheren Überwachung der Rückfederung. Die elastische Rückfederung hängt von der elastischen Deformation des Materials ab und wird durch die Beschichtung nicht verändert.

Das Prägebiegen eignet sich nicht für bandbeschichtete Bleche, um keilförmige Knicke zu erzeugen, weil das Material dabei zu stark beansprucht wird. Deshalb wird dieses Verfahren heute nur noch selten eingesetzt.

6.3.3.4 Automatisierte Biegeprozesse

Aus technologischer Sicht ist das automatisierte Biegen von Blechen dem Schwenkbiegen annähernd vergleichbar (Bild 6.19). Es bieten sich dabei die gleichen Lösungen an. Die Biegevorgänge sind einfach zu automatisieren und werden deshalb häufig in integrierten Herstellungsanlagen verwendet.

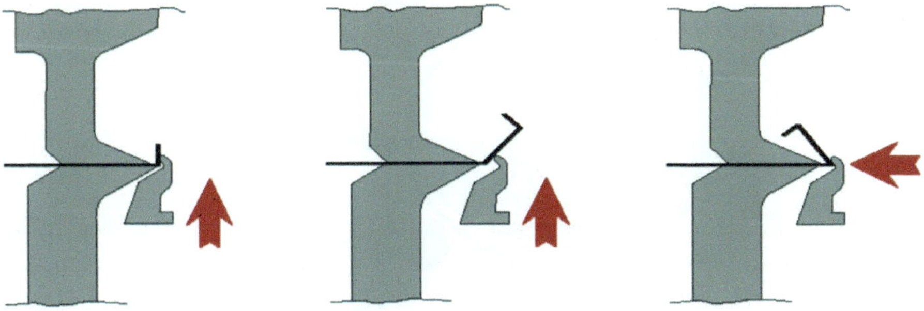

Bild 6.19 Schema des automatisierten Biegens von Paneelen. (Quelle: ArcelorMittal FCE, Köln [1])

Sollen entgegengesetzte Biegungen ausgeführt werden, so muss das Teil nicht umgedreht werden (Bild 6.20). Die vier Seiten eines Produktes lassen sich mit Hilfe einer einfachen 90°-Drehung sehr leicht bearbeiten. Dies ermöglicht kürzere Fertigungszeiten und minimiert die Handhabung der bandbeschichteten Teile.

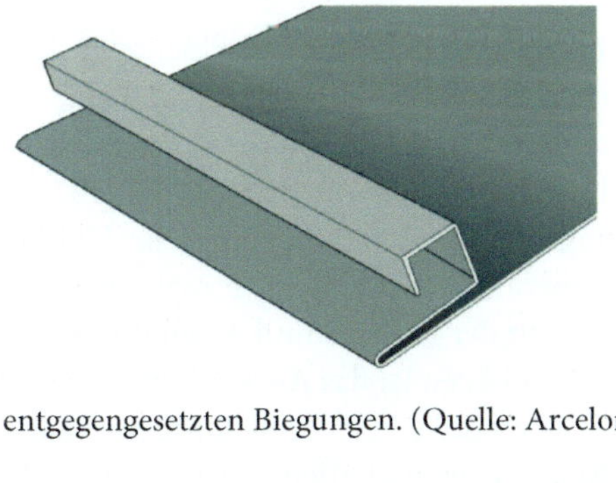

Bild 6.20 Werkstück mit entgegengesetzten Biegungen. (Quelle: ArcelorMittal FCE, Köln [1])

6.3.4 Drücken

Drücken ist ein inkrementales Umformverfahren. Das Blechmaterial wird in mehreren Stufen - lokal begrenzt - umgeformt (Bild 6.21). Im Vergleich zum Tiefziehen wirken geringere Kräfte und beanspruchen die beschichteten Bleche weniger. Um die Lackschicht nicht zu beschädigen, muss eine Walze mit großem Durchmesser und sorgfältig polierter Oberfläche verwendet werden. Der Dorn sollte ebenfalls poliert werden, um das Gleiten des Blechs zu erleichtern. Unter schwierigen Bedingungen, beispielsweise im Fall einer starken Umformung oder bei der Verarbeitung von Material mit hoher Streckgrenze, müssen die Umdrehungs- und Vorschubgeschwindigkeit reduziert werden, um die Erwärmung zu begrenzen. Das bandbeschichtete Blech kann mit Druckluft gekühlt oder mit löslichem oder leichtflüchtigem Öl geschmiert werden.

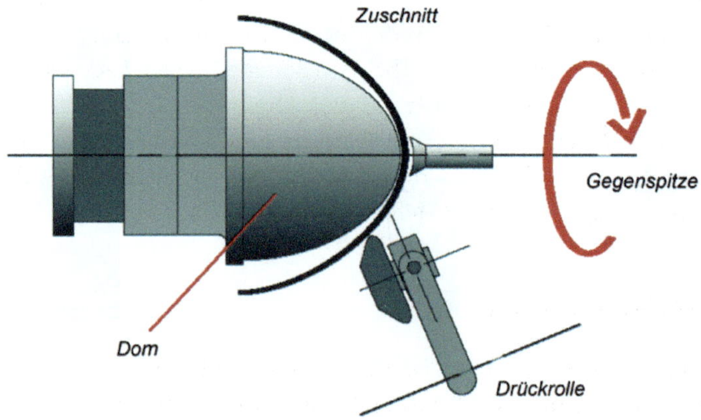

Bild 6.21 Schema des Drückens mit Drückrolle. (Quelle: ArcelorMittal FCE, Köln [1])

6.4 Fügen

Für das Verbinden oder Befestigen von bandbeschichteten Erzeugnissen sind praktisch alle für Feinblech üblichen Fügeverfahren wie Schrauben, Klemmen, Nieten, Falzen, Bördeln, Verlappen oder Durchsetzfügeverfahren anwendbar. Einschränkungen gibt es allerdings beim Schweißen. Natürlich müssen die Oberflächenansprüche, die Eigenschaften der Beschichtung und in manchen Fällen die Umformeigenschaften des Trägerwerkstoffes für jede Operation in Betracht gezogen werden. Die punktuellen Fügetechniken können optimal mit der Klebetechnik kombiniert werden.

Neben dem mechanischen Fügen ist das Ausschäumen von Hohlräumen beispielsweise mit Polyurethan eine Alternative zur Herstellung von Sandwichelementen. Bei der Fertigung müssen die Materialeigenschaften der Innenbeschichtung wie Klebstoffverträglichkeit und Beschäumbarkeit, aber auch die Eigenschaften der Sichtbeschichtung, insbesondere die Beanspruchung durch Wärmeentwicklung und Druckaufbau berücksichtigt werden.

Die Frage der Fügetechnik sollte bei der Entwicklung eines neuen Produkts von Anfang an geklärt werden, damit alle Aspekte bei der Montage berücksichtigt werden und mechanische Funktion und äußeres Erscheinungsbild auch gewährleistet bleiben. Die Wahl der geeigneten Fügetechnik bietet die Chance, sich für saubere und geräuscharme Verfahren zu entscheiden.

6.4.1 Kleben

Bandbeschichtetes Material eignet sich hervorragend zum Kleben, da es, grundsätzlich sauber, ein ausgezeichnetes Trägermaterial für Klebstoffe ist. Durch die flächige Verbindung (Bild 6.22) ist eine weitgehend gleichmäßige Kraftübertragung gegeben, soweit die Verbundherstellung ohne eine Schädigung der organischen Schicht erfolgt. Des Weiteren erlaubt der Einsatz der Klebtechnik die Verbindung von bandbeschichteten Feinblechen mit anderen geeigneten Werkstoffen wie Metall, Holz, Glas und Keramik und bietet damit eine große Designfreiheit.

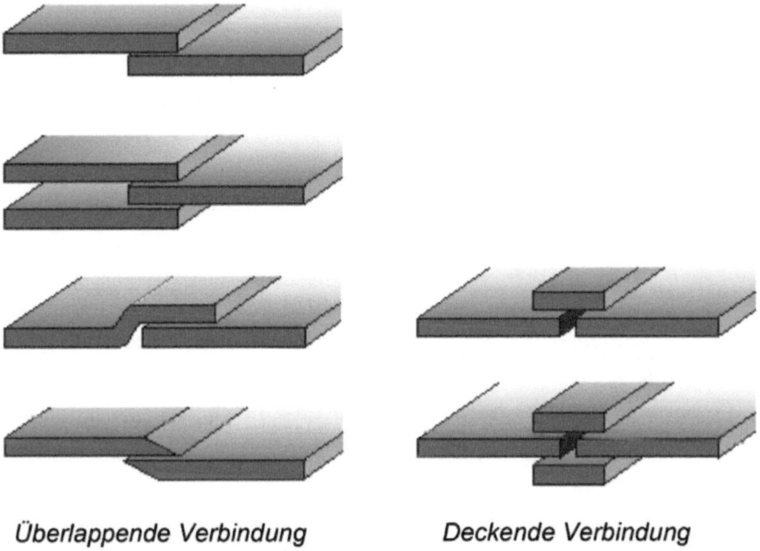

Bild 6.22 Geeignete Verbindungsarten zum Kleben. (Quelle: ArcelorMittal FCE, Köln [1])

Um eine gute Haftung zu erzielen, muss zuerst geprüft werden, ob der Klebstoff mit der verwendeten Beschichtung kompatibel ist. Dieser Punkt ist äußerst wichtig, da sich jede Kombination aus Beschichtung und Klebstoff durch spezifische Merkmale auszeichnet.

Außerdem hängt die Dauerbeständigkeit der Klebeverbindung von der Umgebung ab, in der das Fertigprodukt eingesetzt wird.

Bei der Auslegung einer Klebverbindung ist auf eine klebgerechte Konstruktion hinsichtlich Belastung und Dimensionierung der Klebflächen, Zugänglichkeit für den Klebstoffauftrag und Fügeteilfixierung zu achten. Das Auftreten von Schälkräften im Fügebereich sollte weitgehend verhindert werden. Bei der Auswahl eines geeigneten Klebstoffes ist eine Vielzahl von Faktoren zu beachten, um einen optimalen und dauerhaften Verbund zu erzielen. So müssen z. B. vorgegebene Verbindungsfestigkeiten erreicht werden und/oder eine bestimmte Verformungsfähigkeit gewährleistet sein. Auch müssen die Alterungs- und/oder Witterungsbeständigkeiten des Klebverbundes berücksichtigt werden. Um diese Anforderungen zu erfüllen, können eventuell vor dem Verkleben auch besondere Oberflächenvorbehandlungsverfahren der Fügeteile erforderlich sein. In jedem Fall muss der Einfluss verschiedener Randbedingungen wie Feuchtigkeit und Temperatur bei der Verklebung berücksichtigt werden.

Beim Kleben entsteht eine komplexe Sandwichverbindung, deren Beständigkeit nicht nur von der Auswahl des geeigneten Klebstoffes, sondern auch von der Haftung der einzelnen Schichten untereinander abhängig ist. Zu einem Bruch der Verbindung kann es im Bereich der Klebefugen, des metallischen Überzuges, der Beschichtung oder an den verschiedenen Übergängen – Metall/metallischer Überzug/Grundierung/Deckschicht/Klebstoff – kommen. Deshalb muss das System zuerst analysiert werden, um die optimale technische und wirtschaftliche Lösung zu bestimmen. Klebeverbindungen bei bandbeschichteten Blechen zeichnen sich gegenüber unbeschichteten oder verzinkten Metalloberflächen durch eine deutlich höhere Witterungsbeständigkeit aus. Zweikomponentenklebstoffe auf Polyurethanbasis haben sich in vielen Fällen bewährt.

Die Klebtechnik bietet zahlreiche Vorteile: Auf Grund der kontinuierlichen Verbindung gewährleistet sie eine gleichmäßige Kräfteverteilung und sie sieht zudem noch gut aus. Bei einigen spezifischen Produkten kann sie außerdem zur Abdichtung oder Schwingungsdämpfung dienen. Eine mechanische oder thermische Beschädigung des Trägermaterials wird vermieden. Eine rasche, effiziente Härtung des Klebstoffs wird auf verschiedene Weisen erreicht: Chemisch mit Hilfe von Katalysatoren oder Aktivatoren, thermisch mit Hilfe von Trocknern, Heizpressen, Induktionstrocknern, Infrarotstrahlern usw. Um die Bauteile vor der vollständigen Härtung problemlos zu handhaben, können Clinchpunkte oder ähnliche Fixiermaßnahmen an mehreren Stellen des Bauteils gesetzt werden.

Klebefugen werden normalerweise überlappend angelegt. Abscher-, Zug- und Druckbeanspruchungen sind zulässig, aber es sollte verhindert werden, dass die Beschichtung reißt oder abplatzt (Bild 6.23). Vor dem Kleben muss sichergestellt werden, dass die zu verklebenden Oberflächen trocken und frei von Staub und chemischen Rückständen (Öl, Fett usw.) sind. Verschmutzte Oberflächen werden zunächst mit einem sauberen Lappen oder einer weichen Bürste und anschließend mit einem, mit Isopropanol getränkten Lappen gereinigt. In Ausnahmefällen können die Kontaktbereiche mit einer Schutzfolie versehen werden, die vor dem Kleben entfernt wird.

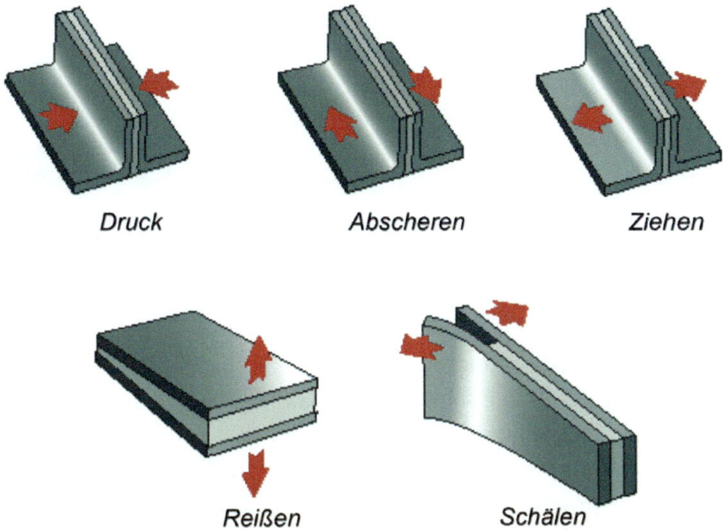

Bild 6.23 Verschiedene Arten der Beanspruchung einer Klebverbindung. (Quelle: ArcelorMittal FCE, Köln [1])

6.4.2 Clinchen/Durchsetzfügen

Das Clinchen oder Durchsetzfügen ist eine hervorragende Methode zum Fügen bandbeschichteter Bleche. Diese rein formende Technik ermöglicht es, sehr unterschiedlicher Werkstoffe ohne Materialzusatz zu verbinden. Die Korrosionsbeständigkeit der Beschichtungen bleibt weitgehend erhalten, da die Beschichtung in der Regel nicht beschädigt wird.

Clinchen ist ein geräuscharmes, sauberes Verfahren mit niedrigem Energieverbrauch, das sich problemlos automatisieren und in unterschiedliche Typen von Herstellungsanlagen integrieren lässt, z. B. in eine Profilieranlage. Beim Clinchen werden die beiden Bleche, die miteinander verbunden werden sollen, übereinander angeordnet und dann mit Hilfe eines Werkezugs form- und kraftschlüssig miteinander verbunden. Das Verfahren zeichnet sich durch geringe Kosten aus. Zudem gibt es keine Verzüge oder Gefügeänderungen, da keine Wärme in das Werkstück eingetragen wird.

Clinchverbindungen weisen eine gute Beständigkeit unter zyklischer Belastung auf. In welchem Maße sich ein Blech zur Herstellung einer Clinchverbindung eignet, hängt unmittelbar von der verwendeten Stahlgüte ab. Um ein einwandfreies Aussehen der Clinchpunkte sicherzustellen, kann ein lokales Schmieren mit einem leichtflüchtigen Öl erforderlich sein. Auch hier ist Erwärmen ein ausgezeichnetes Mittel, um die Elastizität und Umformbarkeit der Beschichtung beim Clinchen zu gewährleisten. Eine Folie kann als Schutz der Oberfläche notwendig werden. Sie darf sich jedoch keinesfalls zwischen den beiden Fügeflächen befinden.

Bild 6.24 Schema eines Clinchpunktes. (Quelle: ArcelorMittal FCE, Köln [1])

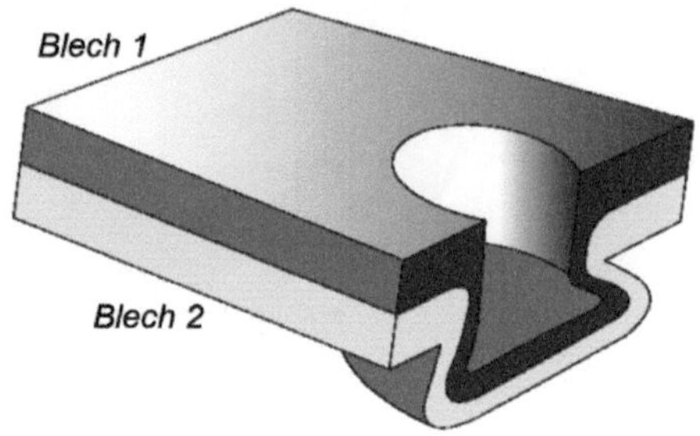

Stellt man eine Clinchverbindung her, so entstehen ein Hohlraum und eine Ausbuchtung im Bauteil (Bild 6.24). Die statische, mechanische Festigkeit der Clinchverbindung ist geringer als die eines Schweißpunktes. Deshalb ist eine größere Dichte der Clinchpunkte notwendig. Ferner sind eine senkrechte Ausrichtung des Werkzeugs gegenüber dem Blech und eine präzise Positionierung des Stempels im Verhältnis zur Matrize erforderlich.

6.4.3 Nieten

Das Nieten erfordert keine anderen Vorsichtsmaßnahmen als die, die auch für unbeschichtetes Blech getroffen werden. Im Einzelnen unterscheidet man (Bild 6.25):

- **Das herkömmliche Nieten**
  Beim herkömmlichen Nieten wird das Blech mit einer Bohrung versehen, der Niet eingeführt und verformt.
- **Das Blindnieten**
  Beim Blindnieten muss lediglich eine Seite der Verbindung zugänglich sein, da sich im Hohlkörper des Niets ein Dorn befindet, der dessen Umformung gewährleistet. Für diese Methode stehen verschiedene Niete zur Verfügung: Niete mit Sollbruchkopf oder Sollbruchdorn, Niete mit geschraubtem Dorn, Sprengniete usw.
- **Das Stanznieten**
  In zunehmendem Maße kommt auch die Stanzniettechnik zur Verbindung bandbeschichteter Stahlbleche zum Einsatz. Diese ohne Vorlochen arbeitende Niettechnik erfordert nur einen Arbeitsgang, da die Bohrung vom Niet selbst erzeugt wird. Der Einsatz selbstlochender Niete bietet dieselben Vorteile wie das Clinchen. Zusätzlich wird eine höhere Festigkeit unter statischer Belastung erzielt. Allerdings eignet sich dieses Verfahren nicht für dünne Bleche. Für die Fertigung gibt es fertigbeschichtete, auf die Oberfläche des zu fügenden Materials abgestimmte Niete.

Durch Nieten können unterschiedliche Erzeugnisse miteinander gefügt werden, wobei die Korrosionsbeständigkeit der Beschichtungen erhalten bleibt. Die Verfahren sind geräuscharm und zeichnen sich durch einen niedrigen Energieverbrauch aus. Ihr Nachteil besteht darin, dass die Verbindungen nicht demontierbar sind und bezüglich des Aussehens keine hohen Ansprüche erfüllen. Die Verfahren sind aber zur Automatisierung geeignet, was ihre Wettbewerbsfähigkeit gegenüber anderen mechanischen Fügetechniken sichert, obwohl sie aufgrund der Kosten der Niete teurer als Kleben oder Clinchen sind.

Bild 6.25 Standardverfahren für das Nieten. (Quelle: ArcelorMittal FCE, Köln [1])

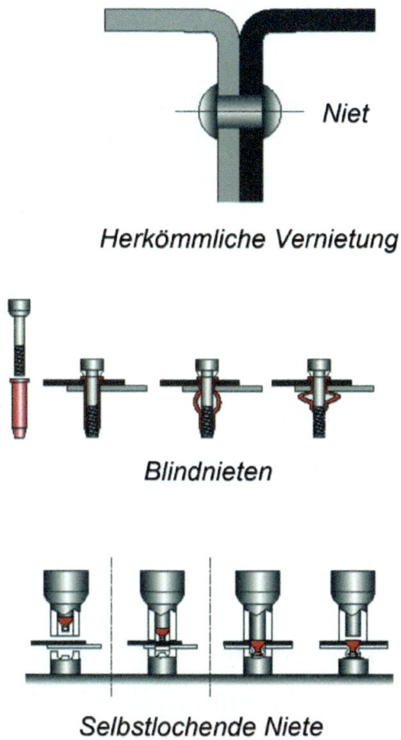

6.4.4 Bördeln

Sollen zwei Bleche miteinander verbunden werden oder eine scharfe Kante verdeckt werden, wird das Blech gebördelt. Hierbei gelten für die Kontrolle des Umformens ähnliche Regeln wie beim Walzprofilieren und Biegen. Hinsichtlich des Kontakts zwischen Werkzeug und Blech muss zwischen Innen- und Außenseite der Biegung unterschieden werden. Auf der Innenseite erfolgt der Kontakt über eine Berührungsfläche und beansprucht das Material nur mäßig. Auf der Außenseite liegt dagegen häufig ein linear verlaufender Kontakt am Stempel (Messer) und damit eine höhere Beanspruchung vor. In diesem Bereich kann eventuell die Oberfläche beschädigt werden. Eine Problemlösung sind polierte Werkzeuge, insbesondere für den Stempel. Außerdem muss ein ausreichender Spielraum vorhanden sein, um eine Einwalzung der Lackschicht zu vermeiden. Der Eintrittsradius des Messers sollte so groß wie möglich sein.

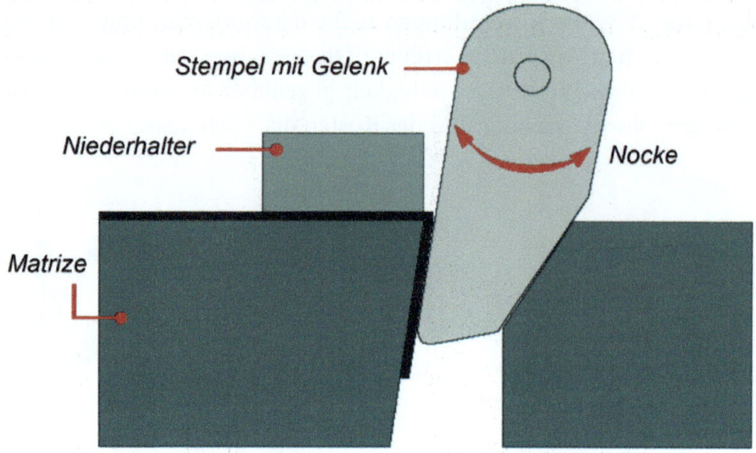

Bild 6.26 Kantenumformung mit einem Nockensystem. (Quelle: ArcelorMittal FCE, Köln [1])

Beim herkömmlichen Bördeln wird die elastische Rückfederung kontrolliert, indem das Blech in seiner Dicke eingewalzt wird. Bei bandbeschichtetem Blech muss anders verfahren werden, um eine Beschädigung der Beschichtung zu vermeiden. Am besten eignet sich hier ein Nockensystem (Bild 6.26), das nicht nur eine vertikale Bewegung, sondern ein Rotieren des Messers ermöglicht. Dieses System begrenzt außerdem den Gleiteffekt beim Rücklauf des Werkzeugs. In dieser Konfiguration lässt sich das Verfahren mit dem Schwenkbiegen vergleichen.

6.4.5 Falzen

Beim Falzen wird die plastische Umformung des Stahles ausgenutzt, um z. B. Jalousien zu produzieren. Falzen eignet sich auch zum Fügen, sofern die Überzüge und Beschichtungen auf den Umformungsgrad im Falz abgestimmt sind. Beim Falzen bleibt die Korrosionsbeständigkeit der Beschichtung weitgehend erhalten. Das Verfahren lässt sich problemlos mit der Klebtechnik kombinieren. Durch gezielte Anordnung der Falze können auf elegante Weise die Schnittflächen der zu verbindenden Bauteile verdeckt werden (Bild 6.27).

Die Anwendung dieses Verfahrens beschränkt häufig sich auf Teile mit einfacher Geometrie. Es ist zur Herstellung von Ecken nicht geeignet. Die Verbindungen sind nicht demontierbar. Aus mechanischer Sicht weisen sie einen geringen Gleitwiderstand parallel zum Falz sowie einen geringen Widerstand gegen ein Herausspringen quer zum Falz auf. Da beim Falzen oft starke Umformungen auftreten, müssen Beschichtungen mit einer ausreichenden Biegefähigkeit verwendet werden. Obwohl die Werkzeugentwicklung manchmal langwierig und schwierig ist, ist das Falzen ein wirtschaftliches Verfahren, das sich insbesondere für die Herstellung von Großserien eignet.

Bild 6.27 Schema für Einfach- und Doppelfalze. (Quelle: ArcelorMittal FCE, Köln [1])

6.4.6 Schrauben, Klammern, Bolzen

Bandbeschichtete Bleche werden mit Hilfsfügeteilen wie Bolzen, Stiften, Klammern oder Klemmprofilen mechanisch zusammen gefügt. Sie ermöglichen das Verbinden sehr unterschiedlicher Produkte bei gleichzeitigem Erhalt der Korrosionsbeständigkeit. Die Verbindungen sind leicht zu demontieren. Allerdings sind sie trotz farbiger Kunststoffkappen nicht attraktiv und die Material- und Arbeitskosten sind relativ hoch. Aber ein Vorteil ist die Geräuscharmut und der geringe Energieverbrauch. Die Automatisierung ist hingegen schwierig.

Für Schraubverbindungen sind korrosionsgeschützte, selbstschneidende Schrauben mit groben Gewinden und zentrierenden Schlitzen vorzuziehen. Bewährt haben sich kunststoffbeschichtete Schraubenköpfe und Kunststoffunterlegscheiben.

6.4.7 Schweißen

Das Schweißen von decklackbeschichtetem Blech ist nur mit einigen Einschränkungen möglich [9]. Hingegen sind Bleche, die nur mit einem Korrosionsschutzprimer [10,11] von wenigen Mikrometern Dicke lackiert sind, schweißgeeignet. Diese Bleche werden heute als Karosserieblech für die Automobilindustrie gefertigt und müssen deshalb mit allen dort benötigten Umform- und Verbindungstechniken bearbeitbar sein. Die organische Beschichtung enthält einen hohen Anteil an leitfähigen Pigmenten, wodurch sie leitfähig und damit schweißgeeignet wird. Zudem ist die Schichtdicke gering und das Aussehen spielt für diese Bleche noch keine Rolle. Die dünne Lackschicht soll nur als Barriere vor Korrosion schützen. Die mit Korrosionsschutzprimer versehenen Bleche lassen sich in der Regel mit allen gängigen Schweißverfahren bearbeiten.

Mit Decklack beschichtete Bleche sind nur eingeschränkt schweißgeeignet. Zum einen ist die organische Schicht mit 20 bis 60 µm erheblich dicker, welches die Technik einschränkt, denn das Schweißen ist nur dann möglich, wenn ein metallischer Kontakt gegeben ist. Zum anderen leidet das Aussehen der Oberfläche, weil ein Teil der Beschichtung verbrannt wird. Die verdampfenden organischen Substanzen können zudem die Wirkung der Elektroden beeinträchtigen. Sollen Decklack beschichtete Bleche geschweißt werden, so dürfen sie nur einseitig beschichtet sein, bzw. auf der Unterseite nur eine so dünne Lackschicht aufweisen, dass diese durch Elektrodenkrafteinwirkung örtlich durchgestoßen oder im Schweißbereich völlig entfernt wird. Je nach Verwendung der Teile müssen die Schweißzonen nach dem Schweißen dann erneut geschützt werden.

Als Schweißverfahren kommen prinzipiell das Widerstands-Buckelschweißverfahren und das Lichtbogen-Bolzenschweißverfahren mit Spitzenzündung oder auch mit Hubzündung nach der Short-Cycle-Methode in Frage.

Beim Widerstands-Buckelschweißen werden die Werkstücke durch Wärme und Druck miteinander verbunden. Die Berührungsflächen der Werkstücke werden mit Hilfe des elektrischen Stroms erwärmt. Hier sind insbesondere die Kurzzeitbuckelschweißverfahren, die sich der Kondensatorimpuls- oder der Mittelfrequenztechnik bedienen, geeignet, da sie mit extrem kurzen Schweißzeiten und geringen Elektrodenkräften auskommen und so die Sichtseite nicht oder nur geringfügig beschädigen.

Beim Lichtbogenbolzenschweißen wird die Energie, die zum Schmelzen der Fügeteile benötigt wird, durch den Lichtbogen eingebracht (Bild 6.28). Durch eine genaue Einstellung der verschiedenen Schweißparameter, der Ladespannung der Kondensatoren, der Kapazität der Kondensatorbatterie, der Federkraft und des Luftspalts, kann das einwandfreie Aussehen des beschichteten Bleches auf der Rückseite des Schweißpunktes sowie ein ausgezeichneter Korrosionswiderstand der Zone gewährleistet werden. Dies ist jedoch auch abhängig von der Oberflächenausführung. Eine matte grobe Struktur ist unempfindlicher als eine dünne hochglänzende Sichtseite.

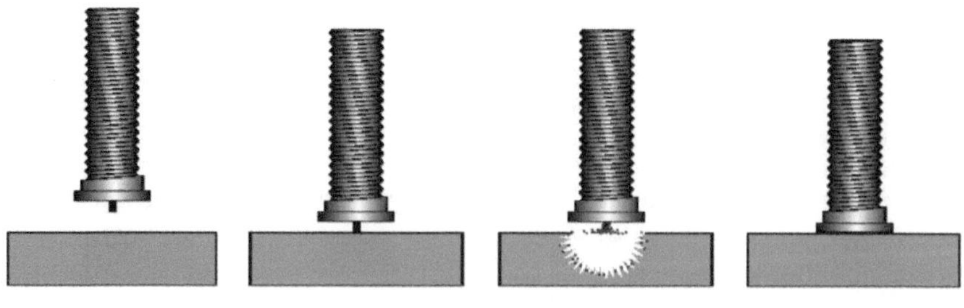

Bild 6.28 Schema des Kondensatorentladungs-Bolzenschweißens mit Spitzenzündung. (Quelle: ArcelorMittal FCE, Köln [1])

Schmelzschweißverfahren (MIG, MAG, WIG, Plasmastrahl, Laser usw.) sind als Verbindungstechnik für decklackbeschichtete Bleche ungeeignet. Im Bereich der Fügestelle verdampfen die Beschichtungen und das Aussehen der Oberfläche wird stark beeinträchtigt. Zudem wird der Stahl auf seine Schmelztemperatur erhitzt, wodurch auch das Schmelzbad verunreinigt wird. Diese Verunreinigung kann zu durchgängigen Poren in der Schweißnaht, zu Spritzern (MAG-Schweißen) oder einer Unterbrechung des Lichtbogens (WIG-Schweißen) führen.

Abhängig von der Art der Beschichtung entstehen bei der schweißtechnischen Verarbeitung von bandbeschichteten Blechen Gase und Rauch, die Schadstoffe enthalten. Ihre Menge hängt von der Zusammensetzung und der Dicke der Beschichtung, aber auch vom Schweißverfahren ab. Um die Schadstoffmengen, bzw. die Bildung von Schadstoffen zu minimieren, sollte man vermeiden, unnötig große Schichtdicken aufzutragen und zu viel Wärme durch Schweißen in das System einzubringen. Außerdem muss sichergestellt werden, dass alle notwendigen Schutzmaßnahmen für den Schweißer, wie persönliche Schutzausrüstung und Lüftungsmaßnahmen/Absaugung, getroffen werden. Dabei ist besonders die Unfallverhütungsvorschrift [12] „Schweißen, Schneiden und verwandte Verfahren" zu beachten.

Neben den beiden genannten Verfahren gibt es bei einigen Kunststoffbeschichtungen die Möglichkeit, nur die Kunststoffschichten zweier Bleche nach dem HF-Verfahren (dielektrisches Verfahren) zu verbinden. Dieses Verfahren setzt, ähnlich wie bei Klebungen, eine entsprechende Lackhaftung sowie Lackfestigkeit voraus, um auch entsprechende Verbindungsfestigkeiten zu erreichen.

6.5 Verarbeitungshilfen

6.5.1 Abziehbare Schutzfolie

Eine abziehbare Schutzfolie bietet während der Verarbeitung einen ausgezeichneten Schutz der beschichteten Oberfläche gegen Kratzer. Das Umformen von folienbeschichteten Blechen sollte nicht zu nahe an den Schnittkanten erfolgen. Hier kann sich sonst auf Grund zu kleiner Haftflächen die Beschichtung ablösen. Die Mindestfläche sollte mindestens der zehnfachen Blechdicke entsprechen und die fünffache Blechdicke keineswegs unterschreiten [2]. Das Aufbringen und das Entfernen der Folie möglichst erst am Ende der Fertigung sind mit zusätzlichen Kosten verbunden. In der Regel wird die Folie beim Endprodukt entfernt, meistens sogar erst beim Endabnehmer.

Unter Umständen kann die Folie die Verarbeitung der Produkte erschweren. Dies gilt beispielsweise für das Tiefziehen, sofern keine Spezialfolie verwendet wird, für das Laserschneiden und das Kleben. Dagegen treten beim Biegen, Profilieren, Spalten, Zuschneiden usw. in der Regel keine Probleme auf. Ob die Verwendung einer Schutzfolie zweckmäßig ist oder nicht, hängt also im Wesentlichen vom gewünschten Schutz des beschichteten Teils und vom Verarbeitungsverfahren ab. Die Dicke der Folie muss bei der Einstellung des Spielraums der Werkzeuge berücksichtigt werden, da sie in der Regel 35 bis 100 µm beträgt. Eine dünne Folie ermöglicht eine Sichtkontrolle des Produktes während der Verarbeitung. Eine dicke Folie sorgt zwar für einen besseren Schutz des Blechs, aber da sie meistens undurchsichtig ist, wird eine ausreichende Kontrolle während des Verarbeitungsverfahrens behindert.

Bei der Verwendung von Schutzfolien müssen einige Vorsichtsmaßnahmen beachtet werden, wenn die Produkte draußen gelagert werden. Wenn sich Kondenswasser zwischen der Folie und der Beschichtung ansammelt, besteht Korrosionsgefahr. Produkte mit Schutzfolie dürfen bei der Lagerung weder Sonneneinstrahlung noch extremen Temperaturen ausgesetzt sein. Nach Arbeitsgängen, die eine starke Umformung zur Folge haben (z. B. Tiefziehen), sollte die Folie rasch entfernt werden, da später das Abziehen schwierig ist.

6.5.2 Schmier- und Reinigungsmittel

Wenn für eine Weiterverarbeitung eine Schmierung erforderlich ist, ist die Auswahl des geeigneten Schmiermittels entscheidend. Vorzugsweise werden leichtflüchtige Öle verwendet, die eine spätere Entfettung bei der Weiterverarbeitung erübrigen. Je nach Art der Produkte lassen sich diese direkt mit dem letzten Klebe- oder Lackierprozess vereinbaren. Sie werden mit Hilfe von Feinzerstäubungssystemen mit niedrigem Druck als Mikrotröpfchen oder mit Walzen aufgetragen. Abwaschbare Öle stellen eine weitere Alternative dar, erfordern jedoch komplexere Rückgewinnungs- und Aufbereitungsanlagen. Fette, Wachse und ähnliche Substanzen sollten nicht verwendet werden, da ihre Beseitigung ohne Lösemittel kaum möglich ist. Diese wiederum können die Qualität der Beschichtungen beeinträchtigen.

Wenn eine Reinigung der bandbeschichteten Bleche unvermeidbar ist, eignet sich hierfür insbesondere Isopropanol. MEK-Lösemittel oder Ethylacetat dürfen nicht verwendet werden, da sie die Beschichtung angreifen. Eine einfache Lösung ist das Reinigen mit kaltem oder lauwarmem Wasser, ggf. unter Zusatz von neutralen bis mildalkalischen Reinigungsmitteln (pH-Wert 6 bis 10), die nach der Anwendung gut mit kaltem Wasser abgespült werden müssen. Scheuernde Reinigungsmittel, Bürsten oder Schwämme sind auf keinen Fall zu verwenden. Sie können Kratzer hervorrufen.

6.6 Bauteilkonzeption

Für die zweckmäßige Konzeption eines Bauteils aus bandbeschichtetem Blech sind drei Gesichtspunkte maßgeblich: Die Form, die Art der Verbindung sowie die Auslegung der Ecken und Kanten. Weitere Gesichtspunkte wie Steifigkeit, Ermüdungsverhalten usw. werden hier nicht behandelt, da bandbeschichtetes Blech diesbezüglich keine spezifischen Besonderheiten aufweist [1]. Verbindungen müssen so ausgelegt sein, dass die verschiedenen Eigenschaften der Beschichtungen erhalten bleiben. In sichtbaren Bereichen müssen sie außerdem bestimmte Anforderungen an das gewünschte Erscheinungsbild erfüllen.

In der Entwicklungsphase eines Bauteils werden Entscheidungen getroffen, die für die Auswahl der Beschichtung von Bedeutung sind. Einen optimalen Kompromiss zwischen Eigenschaften und Kosten der Beschichtung zu finden und gleichzeitig den Verwendungszweck, die Gebrauchseigenschaften und die Verarbeitungsbedingungen zu berücksichtigen, ist eine zentrale Aufgabe in dieser Phase. Sie kann nur auf der Basis der Funktion und Leistungsmerkmale des Endproduktes festgelegt werden.

6.6.1 Form

Die gewünschte Geometrie eines Bauteils muss mit der Umformung des bandbeschichteten Metalls während der Verarbeitung erzielbar sein. Dieser Punkt wird heute von allen Konstrukteuren berücksichtigt, die Teile aus unbeschichtetem verzinktem Stahl entwerfen. Für bandbeschichteten Stahl gelten dieselben Grundregeln. Zusätzlich stellt sich hier jedoch die Frage, ob die Beschichtung für den Grad der Umformung geeignet ist. Die unterschiedlichen Beschichtungen weisen eigene, spezifische Eigenschaften wie Haftung, Biegsamkeit, Elastizität, Härte, Korrosionswiderstand usw. auf. Einige halten einer sehr starken Umformung stand, wie sie beispielsweise beim Flachfalz auftritt, andere dagegen nicht. So ist es nicht immer möglich, in jeder Hinsicht optimale Merkmale zu kombinieren. Es ist jedoch immer möglich, eine akzeptable Alternative zu finden, die den Anforderungen nach Möglichkeit genügt. In der Entwicklungsphase sollte deshalb darauf geachtet werden, dass die Teile keine übermäßige Biegeverformung erfordern. Auf diese Weise bleibt mehr Spielraum bei der Auswahl einer Beschichtung, um hinsichtlich aller funktionalen Eigenschaften eine optimale Lösung zu finden.

Die European Coil Coating Association (ECCA) in Brüssel, und die National Coil Coating Association (NCCA) in Cleveland, USA, haben die Umformfestigkeit (Biegsamkeit und Haftung) der Beschichtungen auf der Grundlage eines Biegeversuches um 180 ° (T-Bend) in zwei unterschiedlichen Skalen definiert (siehe Kapitel 5.4.4). Da bandbeschichtete Bleche häufig nach diesen Spezifikationen geprüft werden, ist es zweckmäßig, die beiden unterschiedlichen Zuordnungen zu kennen (Bild 6.29).

Wenn man die verschiedenen Biegeprozesse genauer analysiert, stellt man fest, dass sie in Bezug auf die Umformung nicht alle gleichwertig sind. Techniken wie das Schwenkbiegen sowie automatisierte Biegeprozesse erzeugen nur eine geringe Nebenumformung (Membranumformung) im Blech. Die neutrale Achse bleibt in der Mitte der Dicke. Die Beschichtung wird ausschließlich einer Biegeumformung ausgesetzt.

Bei starker Biegeumformung wird diese Achse dagegen an den inneren Rand des Stahls verschoben. Die Beschichtung wird dabei einer zusätzlichen Zugbeanspruchung ausgesetzt. Beim Freibiegen kann die neutrale Achse dem 0,4-fachen der Dicke entsprechen, während sie beim Prägebiegen das 0,25-fache der Dicke erreicht. Dies führt zu überflüssigen Umformungen der Beschichtungen.

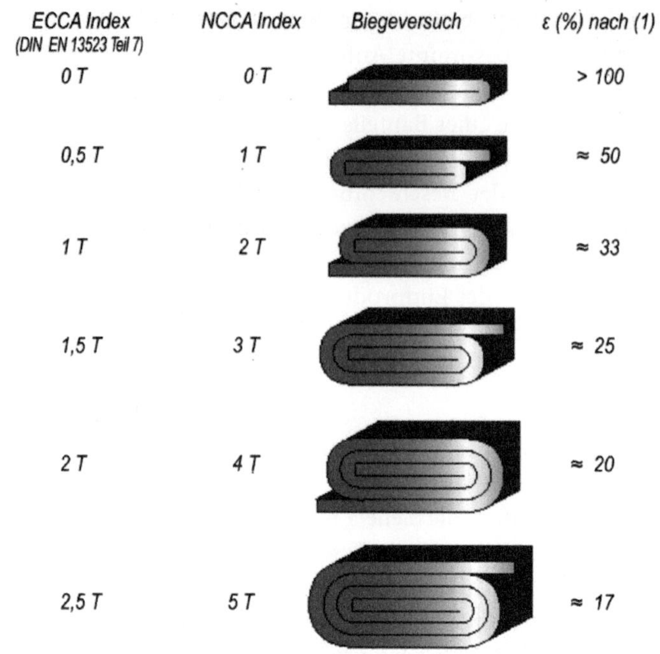

Bild 6.29 T-Bend-Zuordnung nach ECCA- und NCCA-Skalen. (Quelle: ArcelorMittal FCE, Köln [1])

Mit Hilfe von Softwareprogrammen, die auf der Finite-Elemente-Methode basieren, kann die Umformung bereits bei der ersten Bestimmung der Geometrie des Teils simuliert werden. Sie lässt sich auch nach der Herstellung des Bauteils experimentell durch eine Rastermessung definieren. In jedem Fall geht es darum, die Umformung möglichst gering zu halten, um einen größeren Spielraum bei der Auswahl der Beschichtung sowie die Kompatibilität ihrer verschiedenen Eigenschaften zu gewährleisten. Dies setzt eine Geometrie mit möglichst großen Abrundungsradien und eine Einstellung der Herstellungsverfahren voraus, die eine übermäßige Zugbeanspruchung des Bleches verhindert (Niederhalterdruck und Schmierung). Diese Parameter verringern im Übrigen auch den Druck, der von den Werkzeugen auf die Beschichtungen ausgeübt werden, und mindern so das Risiko von Kratzern oder Abrissen.

6.6.2 Auslegung der Schnittflächen und Ecken

Beim Entwurf eines Bauteils stellt sich immer wieder die Frage nach der Korrosionsbeständigkeit der Schnittflächen und der Oberfläche, wenn sie durch Kratzer verletzt ist. Wie in dem Kapitel Korrosion (Kapitel 3.2.6) dargestellt, bildet sich bei Aluminium zuerst einmal eine Oxidhaut, wenn die Oberfläche verletzt wird. Bei verzinkten Stahlsubstraten greift die kathodische Schutzwirkung.

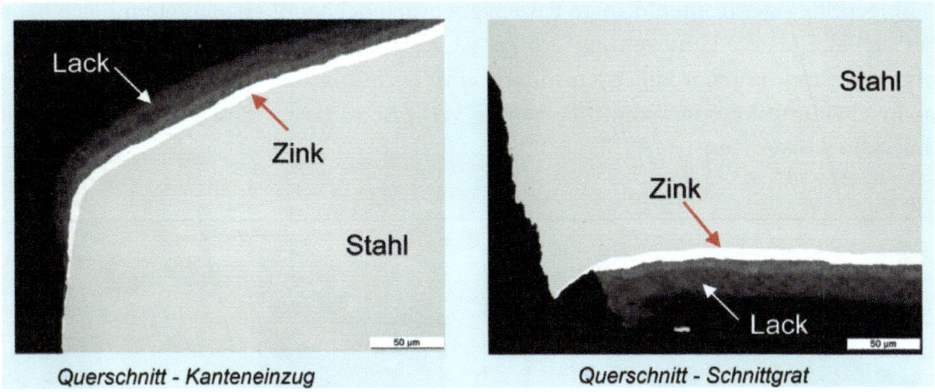

Bild 6.30 An den nicht lackierten Schnittflächen kann ohne entsprechenden Schutz Korrosion auftreten. (Quelle: VDEh, Düsseldorf [13])

Der Zinküberzug wird beim Schneiden teilweise über die Schnittfläche gezogen (Bild 6.30). Damit wird jedoch kein kompletter Schutz erzielt, denn die Zinkschicht ist an der Kante sehr viel dünner als auf der Oberfläche und wird schneller abgebaut. Zudem reicht sie je nach Dicke des Blechs nicht über die gesamte Schnittfläche (Bild 6.31), so dass die Kante stark korrosionsgefährdet ist.

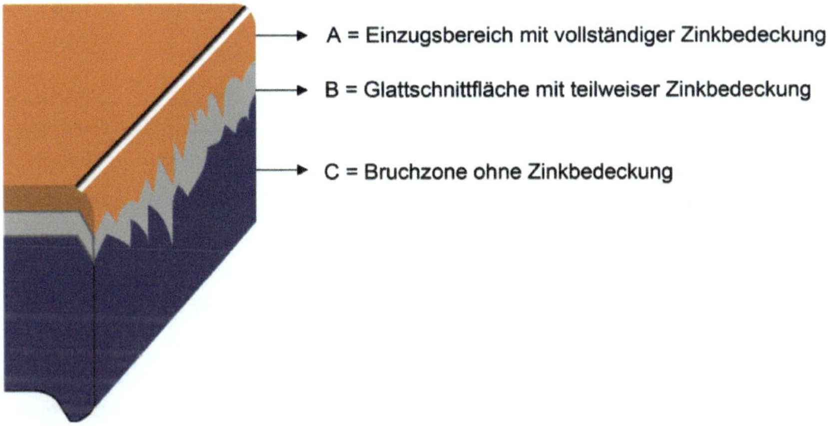

Bild 6.31 Der Zinküberzug wird beim Schneiden teilweise über die Schnittfläche gezogen. (Quelle: VDEh, Düsseldorf [13])

Um die Kanten vor Korrosion zu schützen, müssen also weitere Maßnahmen ergriffen werden. Bisher wurden überwiegend mechanische Verfahren wie Falzen angewendet oder Kantenabdeckungen eingesetzt. Auf diese Weise wird ein direkter Kontakt mit der feuchten Umgebung vermieden.

Eingerollte oder tropfenförmige Falze eignen sich bei bandbeschichtetem Blech besser als Flachfalze, da die Umformung geringer ist. Zonen, die besonders stark der Witterung ausgesetzt sind, können außerdem durch eine Dichtungsmasse geschützt werden. Um das Erscheinungsbild der Schnittflächen zu verbessern, bieten sich z. B. Flachfalze oder Abdeckungen aus Kunststoff (Bild 6.32) an.

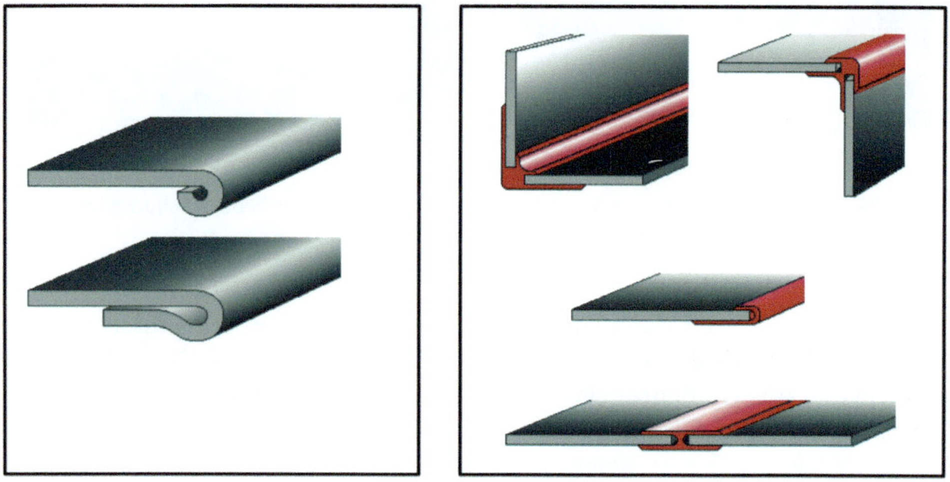

Bild 6.32 Es gibt verschiedene Möglichkeiten, die Schnittfläche zu schützen, z. B. durch Flachfalze (links) oder durch Abdeckungen aus Kunststoff (rechts). (Quelle: ArcelorMittal FCE, Köln [1])

Sinnvoll ist es, diesen Aspekt bereits bei der Auslegung eines Bauteils zu berücksichtigen und die Schnittflächen in nicht sichtbare Bereiche zu legen. Sie können an der Rückseite oder hinter anderen Bauelementen angeordnet werden. Dasselbe gilt für die Ecken, an die häufig ebenfalls bestimmte Anforderungen bezüglich des Erscheinungsbilds gestellt werden. Zur Ausführung der Ecken stehen verschiedene Möglichkeiten wie Wemo-, Eckold-Techniken usw., zur Verfügung.

Diese mechanischen Verfahren sind Stand der Technik und werden seit Langem praktiziert. Unter dem Druck, den Qualitätsstandard der Produkte noch weiter zu erhöhen und ihre Langlebigkeit zu verbessern, werden Verfahren untersucht, die durch eine organische oder metallische Versiegelung einen besseren Schnittflächenschutz bieten. Diese Maßnahmen müssen garantieren, dass die Haftung zwischen Metall, Zinkschicht und Lackierung erhalten bleibt und die Schnittfläche komplett abgedeckt wird. Die Versiegelungen müssen zudem eine gute Anbindung an das Beschichtungssystem aufweisen und keine Schwachstellen an der Verbindungsnaht hinterlassen [13]. So werden als alternative Verfahren die Beschichtung mit UV-härtenden Lacken, das Reibschweißen und das Kaltgasspritzen diskutiert. In Forschungsprojekten wird die Anwendbarkeit dieser Verfahren für bandbeschichtetes Blech untersucht und im nächsten Schritt sollen die Verfahrensbedingungen für den Einsatz bandbeschichteter Bleche angepasst werden.

Mit dem Auftrag von UV-härtenden Lacken soll der Schnittflächenschutz durch eine 10 bis 250 µm organische Schicht, die innerhalb von Bruchteilen von Sekunden aushärtet, erzielt werden. Beim Reibschweißen wird das Blech an einem rotierenden Zinkbolzen entlang geführt. Das Zink wird durch die Reibung erwärmt und auf die Schnittfläche aufgebracht. Beim Kaltgasspritzen werden Metallpulver mit Teilchengrößen von einigen Mikrometern in einem auf wenige 100 °C aufgewärmten Gasstrom mit hoher kinetischer Energie auf das Blech geschleudert, auf dem sie beim Aufprall eine dichte, festhaftende Schicht bilden.

6.7 Weiterbehandlung beim Verarbeiter

Aus der Bandbeschichtung wird komplett lackiertes Band und Blech mit dem typischen Zweischichtenaufbau Grundierung + Decklack geliefert. Für bestimmte Anwendungen wird aber auch ein quasi halbfertiges Blech produziert, das nur mit einer Grundierung bzw. einem speziellen Haftgrund versehen ist. Dieses wird in der Regel beim Verarbeiter einer weiteren Oberflächenbehandlung unterzogen. Es wird z. B. mit Flüssig- oder Pulverlack beschichtet oder mit nichtmetallischen flachen Werkstoff-Partnern gefügt, bzw. verklebt. Der Vorteil der vorbeschichteten Bleche liegt darin, dass sich der Verarbeiter eine einwandfreie, gleichmäßige chemische Vorbehandlung und Grundierung erspart, die weitere Arbeitsschritte benötigen und Abwasser, Abfall und Entsorgungskosten verursachen. In der Automobilindustrie haben derartige grundierte Bleche in den letzten Jahren Bedeutung erzielt, beispielsweise als schweißgeeignete Korrosionsschutzprimer, etwa für den Hohlraumschutz bis hin zum Zweischichtenaufbau als Ersatz für die Kataphorese.

6.8 Ausbessern und Überlackieren

Während der Weiterverarbeitung, der Montage oder auch im Gebrauch kann es immer wieder zu Beschädigungen der lackierten Oberfläche kommen. Kleinere Oberflächenfehler, die während der Verarbeitung oder Montage entstanden sind, können mit geeigneten lufttrocknenden Lacken ausgebessert werden, wobei je nach Umfang ein Nachpinseln oder Nachspritzen erfolgt. Die auszubessernde Stelle muss sauber und trocken sein.

Bei großflächigen Überlackierungen, beispielsweise der Reparatur von Fassaden, muss der Untergrund, der Zustand der zu lackierenden Fläche, untersucht und die Verträglichkeit der bereits vorhandenen Beschichtung mit der neu aufzutragenden geprüft werden [14]. Dies gilt auch dann, wenn der alte Beschichtungsstoff bekannt ist. Der Untergrund muss sauber, trocken und frei von Staub, Schmutz oder ungenügend haftenden Lackschichten sein. Hierzu eignet sich eine Hochdruckreinigung mit Wasser und einem flüssigen Reinigungsmittel, das gut abgespült werden muss. Eventuell vorhandene korrodierte Stellen sind noch mittels Bürste oder Bandschleifer zusätzlich mechanisch zu reinigen, um die Korrosionsprodukte zu entfernen. Sie müssen zudem vor der großflächigen Überlackierung mit einem Korrosionsschutzprimer versehen werden.

Der frisch aufzutragende Beschichtungsstoff ist auf die qualitativen und ästhetischen Anforderungen, die Applikationsmöglichkeiten und den vorhandenen Untergrund abzustimmen. Die Ein- oder Zweikomponenten-Reparatursysteme können auf unterschiedlicher Bindemittelbasis hergestellt sein. Sie werden gestrichen, gerollt oder gespritzt [15].

6.9 Literatur zu Kapitel 6

[1] Anwenderhandbuch „Organisch beschichteter Stahl". Luxemburg: Arcelor FCS Commercial 2004

[2] Hanke, T.; Huber, L.; Limper, M.; Meuthen, B.: Nabbefeld-Arnold, E.; Pirklbauer, M.; Reier, T.: Charakteristische Merkmale CM 093, Organisch bandbeschichtete Flacherzeugnisse aus Stahl – Anwendung – Eigenschaften – Verarbeitung. 2. Aufl. Düsseldorf: Stahl-Informations-Zentrums, 2012

[3] European Coil Coating Association (Veranst.): 35. Hauptversammlung (Budapest 2001). Brüssel: ECCA, 2001. – Williams, J.L.: Developing full technology supply of coil coated steel to the appliance sector

[4] European Coil Coating Association (Hrsg.): Richtlinien zur Lagerung von bandbeschichtetem Metall. Brüssel, European Coil Coating Association (ECCA), 2010

[5] Bandbeschichtetes Feinblech. Platal®/Pladur®. Duisburg: ThyssenKrupp Stahl AG, 2002

[6] Stahl-Informations-Zentrum (Hrsg.): Merkblatt 112: Lagerung und Transport von metallisch veredeltem Band und Blech. Düsseldorf: Stahl-Informations-Zentrum (SIZ), 2001

[7] European Coil Coating Association (Veranst.): 34. Herbstkongress (Brüssel 2000). Brüssel: ECCA, 2000. – Foster, M.: High speed cleaning and coating of aluminium coil for automotive applications

[8] European Coil Coating Association (Veranst.): 34. Herbstkongress (Brüssel 2000). Brüssel: ECCA, 2000. – Hagström, M.: The use of prepainted sheet in residential houses

[9] DVS – Deutscher Verband für Schweißen und verwandte Fügeverfahren (Hrsg.): Merkblatt DVS 2927:2000, Widerstandsbuckel- und Lichtbogenbolzenschweißen von einseitig dick kunststoffbeschichteten Stahlfeinblechen. Düsseldorf: DVS – Deutscher Verband für Schweißen und verwandte Fügeverfahren e. V.

[10] DVS – Deutscher Verband für Schweißen und verwandte Fügeverfahren (Hrsg.): Merkblatt DVS 2920:2000, Widerstandspunkt-, Buckel- und Rollennahtschweißen von Stahlblech mit metallischen Überzügen. Düsseldorf: DVS – Deutscher Verband für Schweißen und verwandte Fügeverfahren e. V.

[11] DVS – Deutscher Verband für Schweißen und verwandte Fügeverfahren (Hrsg.): Merkblatt DVS 2925:2005, Widerstandspunkt-, Buckel- und Rollennahtschweißen von organisch dünnfilmbeschichteten Stahlfeinblechen. Düsseldorf: DVS – Deutscher Verband für Schweißen und verwandte Fügeverfahren e. V.

[12] Hauptverband der Berufsgenossenschaften (Hrsg.): BGR 500, Kapitel 2.26 Schweißen, Schneiden und verwandte Verfahren. Köln: Carl Heymanns Verlag

[13] Studiengesellschaft Stahlanwendung; Werkstoffausschuss des Stahlinstituts VDEh (Veranst.): 3. Stahl-Symposium – Werkstoffe, Anwendung, Forschung – Stahlblech mit funktionsgerechten Oberflächen (Düsseldorf 2003). Düsseldorf: Studiengesellschaft Stahlanwendung e. V., 2003. – Beier,F.; Maronna, I.; Stellnberger, K.-H.: Neuartige Beschichtungsmethoden zum Schnittflächenschutz an oberflächenveredeltem Stahlblech

[14] DIN 53221: Prüfung von Anstrichstoffen und ähnlichen Beschichtungsstoffen; Prüfung von Anstrichen auf Überlackierbarkeit

[15] Stahl-Informations-Zentrum (Hrsg.): Merkblatt 229: Beschichten von oberflächenveredeltem Stahlblech. Düsseldorf: Stahl-Informations-Zentrum (SIZ), 2004

Weitere Literatur zur Verarbeitung von bandbeschichtetem Blech

Finckenstein, V. v.; Kessler, L.; Filthaut, C.; Steininger, V.: Betrachtung und Ermittlung der Verformungsgrenzen beim Tiefziehen lackierter Feinblech mittels Finite-Elemente-Methode. In: VDI-Bericht 1277, Blechbearbeitung (1996), S. 83–101.

„Joining of Coil Coated Metal". Brüssel: European Coil Coating Association

Bräunlich, H.; Demmler, M.: Umformverhalten oberflächenbeschichteter Stahlbleche. In: Bänder Bleche Rohre 39 (1998), Heft 10, S. 18, 21–23.

Forschungsvereinigung Stahlanwendung (Hrsg.): Projekt 278 – Verhalten von Oberflächenbeschichtungen auf Stahlblechen beim Umformen. Düsseldorf: Forschungsvereinigung Stahlanwendung e. V. im Stahl-Zentrum (FOSTA), 1998

Göklü, S.; Beenken, H.; Frohardt, W.; Leuschen, B.: Widerstandsschweißen von dünnfilmbeschichteten Stahlblechen für die Automobilindustrie. In: DVS-Berichte, 189 (1998) S. 49–56.

Forschungsvereinigung Stahlanwendung (Hrsg.): Projekt P 265 – Verbinden organisch beschichteter Bleche aus Stahl durch Stanznieten mit Halbhohlniet. Düsseldorf: Forschungsvereinigung Stahlanwendung e. V. im Stahl-Zentrum (FOSTA), 1998

Müschenborn, W.; Wormuth; R.; Lenze, F.-J.; Masarczyk, P.-P.: Einfluss von Prelubes und organischen Dünnbeschichtungen auf Korrosionsschutz und umformtechnischen Eigenschaften von Stahlfeinblechen. In: MTZ 59 (1998), Sonderausgabe Werkstoffe im Automobilbau, S. 81–85.

Voelkner, W.; Timm, M.: Stanznieten beschichteter Bleche. In: Blech Rohre Profile 45 (1998), Heft 11, S. 50–53.89

6. Paderborner Symposium Fügetechnik (Paderborn 1998). Paderborn: 1998 – Voelkner, W.; Timm, M.; Kalich, J.: Umformtechnisches Fügen bandbeschichteter Feinbleche und Beenken, H.; Renner, U.: Verarbeitung dünnfilmlackierter Stahlfeinbleche mit automobiltypischen Klebstoffen

Nabbefeld-Arnold, E.; Maibaum, D.: Einfluss der Schichteigenschaften von metallisch-organischen Duplexverbindungen auf das Umform-, Füge-, Lackier- und Korrosionsverhalten von Karosseriefeinblech. In: Technical Steel Research Series (1998), Bd. EUR 17885, S. 1–121

Beenken, H.; Hahn, O.: Liebrecht, F.; Schulte, A.; Voelkner, V.: Stanznieten und Durchsetzfügen von organisch beschichteten und höherfesten Stahlblechen. In: Stahl u. Eisen 118 (1998), Heft 6, S. 67–71

Stahl-Informations-Zentrum (Hrsg.): Merkblatt 110: Schnittflächenschutz und kathodische Schutzwirkung von schmelztauchveredeltem und bandbeschichtetem Feinblech. Düsseldorf: Stahl-Informations-Zentrum (SIZ), 2004

Stahl-Informations-Zentrum (Hrsg.): Merkblatt 121: Korrosionsschutzsysteme für Bauelemente aus Stahlblech. Düsseldorf: Stahl-Informations-Zentrum (SIZ), 2003

Stahl-Informations-Zentrum (Hrsg.): Merkblatt 122: Stahlfeinbleche mit schweißgeeignetem Korrosionsschutzprimer für den Einsatz in der Automobilindustrie. Düsseldorf: Stahl-Informations-Zentrum (SIZ), 2004

Hahn, O.; Klemens, U.: Dokumentation 707 – Fügen durch Umformen, Nieten und Durchsetzfügen – Innovative Verbindungsverfahren für die Praxis. Düsseldorf: Studiengesellschaft Stahlanwendung, 1996

Forschungsvereinigung Stahlanwendung (Hrsg.): Forschungsbericht – Schnittflächenbeschichtung bei verzinkten/beschichteten Blechen. Düsseldorf: Forschungsvereinigung Stahlanwendung e. V. im Stahl-Zentrum (FOSTA)

Im Zusammenhang mit der Inbetriebnahme der Stahl-Bandbeschichtungsanlage in Eisenhüttenstadt wurden eingehende Untersuchungen im Rahmen von Hochschulprojekten in der DDR unternommen. Anregungen daraus wurden auch in dem Merkblatt 325 berücksichtigt.

Neubauer, A.; Eichhorn, A.: Technologische Probleme beim Umformen und Zerteilen von beschichteten Metallbändern. In: die Technik 28 (1973), Heft 9, S. 588–593

Neubauer, A.; Eichhorn, A.; Fischer, U.: Untersuchung der Ziehverhältnisse beim Tiefziehen plastbeschichteter Stahlfeinbleche. In: Fertigungstechnik u. Betrieb 21 (1973), Heft 1, S. 24–26

Nagel, H.-G.: Schneiden und Umformen von Bandstahl mit organischen Schutzschichten. In: Neue Hütte 19 (1974), Heft 6, S. 371–374

Flohr, S.; Angrabeit, H.; Kirchhoff, D.: Profilierbarkeit von beschichtete Metallbändern. In: Fertigungstechnik u. Betrieb 25 (1975), Heft 12, S. 744–747

Tischke, R.; Meuthen, B.; Fohr, W.; Vogtenrath, G.; Baldeau, K.-H.: Merkblatt 325: Bandbeschichtetes Feinblech. 4. Aufl. Düsseldorf: Beratungsstelle für Stahlverwendung, 1980

European Coil Coating Association (Veranst.): 40. Herbstkongress (Brüssel 2006). Brüssel: ECCA, 2006. – Nelemans, T.: Metal forming processes with pre-painted materials

7 Umweltschutz und Arbeitssicherheit

Umweltschutz und Arbeitssicherheit haben in der Industrie seit vielen Jahren erheblichen Einfluss auf Einsatzstoffe, Produkte, Verfahren und die Anlagentechnik. Die Idee des Sustainable Development, nach der eine nachhaltige Entwicklung nur im Einklang von ökologischen, ökonomischen und sozialen Zielen erfolgreich sein kann, ist allgemein als Grundlage für politisches und wirtschaftliches Handeln anerkannt. Die Brundtland Kommission hat 1987 das Sustainable Development, die nachhaltige Entwicklung, als Herausforderung definiert, die Bedürfnisse der Gegenwart zu erfüllen, ohne den zukünftigen Generationen die Möglichkeit zu nehmen, ihre Bedürfnisse befriedigen zu können [1]. Die nachhaltige Entwicklung erfordert den möglichst geringen Einsatz von Rohstoffen und Energie. Die Produkte sollen wiederverwertet oder recycelt werden können. Während des gesamten Lebenszyklus eines Produktes, von seiner Fertigung bis zu seiner Entsorgung, sollen Emissionen, Lärm, Vibrationen oder elektromagnetische Strahlung, so niedrig wie möglich sein und die Umwelt gar nicht oder nur in geringem Maße beeinträchtigen. Auf der Idee des Sustainable Development basieren die aktuellen Gesetze und Vorschriften für den Umweltschutz. Sie sind heute vielfach die treibende Kraft für die Weiterentwicklung von Verfahren und Beschichtungsstoffen (Tabelle 7.1).

Tab. 7.1 Einschätzungen von Faktoren, die kurzfristige und langfristige Entwicklungen auslösen können. [2]

	Kurzfristige Entwicklungen	Langfristige Entwicklungen
Gesetzgebung	57	49
Wirtschaftliche Gründe	54	58
Freiwilliges Handeln	4	6

A.-S. Jandel, B. Meuthen, *Coil Coating*,
DOI 10.1007/978-3-8348-2354-0_7, © Springer Fachmedien Wiesbaden 2013

Eng verbunden mit dem Umweltschutz ist die Arbeitssicherheit. Während der Umweltschutz generell die Auswirkungen der Produktion und der dabei anfallenden Stoffe auf die Umwelt erfasst, ist die Arbeitssicherheit speziell auf den Menschen an seinem Arbeitsplatz bezogen. Um die umwelt- und arbeitssicherheitsrelevanten Aspekte der Bandbeschichtungsanlage zu erfassen, müssen alle Stoff- und Energieströme in und aus dem Prozess heraus betrachtet werden. Die Einschätzung bezüglich ihrer Relevanz erfolgt an Hand der einschlägigen Gesetze und Verordnungen.

7.1 Gesetzliche Grundlagen

Der Einsatz, der Umgang und die Entsorgung von Einsatzstoffen und Produkten, aber auch die Anlagentechnik werden von einer Reihe von Gesetzen und Verordnungen reglementiert. Dabei wird das Umweltrecht seit einigen Jahren stark von der Europäischen Union dominiert. Der Einfluss der EU auf die Umweltgesetzgebung zeigt sich besonders deutlich an der Richtlinie über Industrieemissionen, die die IVU-Richtlinie ablöste, der EU-Altauto-Verordnung oder auch an den RoHS- und WEE-Richtlinien, die auch direkte Auswirkungen auf die Bandbeschichtung und die Produkte haben [3].

Die erste EU-Richtlinie, die den integrierten Ansatz verfolgt Emissionen in die Luft, das Wasser und den Boden zu unterbinden und die in der Produktion, im Gebrauch und bei der Entsorgung anfallenden Abfallmengen zu minimieren, war die IVU-Richtlinie (IPPC-Directive 96/61/RC) [4], die 1996 verabschiedet wurde. Sie fordert von den Industriebetrieben Maßnahmen, die sicherstellen sollen, dass durch den Betrieb von Produktionsanlagen keine Gefahr für die Umwelt ausgeht und Emissionen in Luft, Wasser oder Boden vermieden werden. Es soll ein hohes Schutzniveau für die Umwelt garantiert werden. Sie wurde 2010 von der Richtlinie 2010/75/EU über Industrieemissionen (integrierte Vermeidung und Verminderung der Umweltverschmutzung) abgelöst. Sie bildet nun EU-weit die Grundlage für die Genehmigung besonders umweltrelevanter Industrieanlagen. Neben der IVU-Richtlinie wurden sechs weitere Richtlinien zu Großfeuerungsanlagen, Abfallverbrennung, Lösemitteln und Titandioxid in die neue integriert [5].

Die neue Richtlinie erfasst europaweit ca. 52.000 Anlagen, in Deutschland ca. 9.000 Anlagen. Bei der Festlegung von Emissionsgrenzwerten sollen in allen EU-Mitgliedstaaten europäischer Emissionsstandards angewendet werden, um Ungleichheiten in Europa hinsichtlich der Festlegung von Emissionsgrenzwerten auszugleichen und fairere Wettbewerbsbedingungen zu erreichen. Die Anforderungen zum Betrieb von Anlagen werden an dem Stand der Technik festgesetzt. Grundlage sind die europäischen Merkblätter zu den besten verfügbaren Techniken (BVT). Aus den Merkblättern werden BVT-Schlussfolgerungen entwickelt, die den europäischen Stand der Technik beschreiben. Sie werden als eigenständige Rechtsdokumente im Amtsblatt der EU veröffentlicht. In diesen Schlussfolgerungen werden u. a. auch Spannbreiten von Emissionswerten für

Luft und Wasser festgelegt, die in der EU nicht überschritten werden dürfen. Damit sind die BVT-Schlussfolgerungen als verbindlich anzusehen.

In Deutschland korrespondiert das Bundesimmissionsschutzgesetz (BImSchG) [6] zu dieser Richtlinie. Es trägt der Vorsorge und dem Schutz von Menschen und der Umwelt vor Immissionen Rechnung, indem es unter anderem die Anlagengenehmigung regelt. Die Bandbeschichtung ist ein großindustrielles Lackierverfahren, in dem eine moderne Anlage bei guter Auslastung 2.500 bis 3.000 Tonnen Lack im Jahr verbraucht. Deshalb fallen Anlagen dieser Größenordnung unter das Bundesimmissionsschutzgesetz und sind genehmigungsbedürftig.

Als Standard, der bei der Umsetzung der Vorschriften eingehalten werden muss, wird die „beste verfügbare Technik (BVT)“ (best available technique = BAT) vorgeschrieben.

Die „beste verfügbare Technik“ definiert den effizientesten und fortschrittlichsten Entwicklungsstand von Tätigkeiten, Betriebsweisen und speziellen Techniken, der die praktische Eignung einer Maßnahme gesichert erscheinen lässt, um Emissionen in und Auswirkungen auf die gesamte Umwelt zu vermeiden oder, wenn dies nicht möglich ist, zu vermindern.

Unter Techniken wird sowohl die angewandte Technologie als auch die Art und Weise, wie die Anlage geplant, gebaut, gewartet, betrieben und stillgelegt wird, definiert.

Dabei bedeutet „verfügbar“, dass die Techniken in einem Maßstab entwickelt sind, der ihre Anwendung unter Berücksichtigung des Kosten/Nutzen-Verhältnisses in dem betreffenden industriellen Sektor unter wirtschaftlich und technisch vertretbaren Verhältnissen ermöglicht. Es ist egal, ob diese Techniken innerhalb des betreffenden EU Mitgliedstaats verwendet oder hergestellt werden. Sie müssen für den Betreiber zu vertretbaren Bedingungen zugänglich sein. Diese Definition beinhaltet die Einschränkung, dass ein Verfahren nur angewendet werden muss, wenn es auch wirtschaftlich vertretbar ist. Dieser Aspekt wird bei der Definition des Stands der Technik, der in Deutschland üblicherweise in den Vorschriften festgeschrieben wird, nicht berücksichtigt.

Der Stand der Technik definiert den Entwicklungsstand fortschrittlicher Verfahren, Einrichtungen oder Betriebsweisen, der die praktische Eignung einer Maßnahme zur Begrenzung von Emissionen gesichert erscheinen lässt.

Zur Bestimmung des Stands der Technik müssen vergleichbare Verfahren Einrichtungen oder Betriebsweisen herangezogen werden, die eine erfolgreiche Erprobungsphase bestanden haben. Dieser Vergleich zeigt, dass die Anforderungen bei der Genehmigung von Anlagen in Deutschland höher sind als die von der EU geforderten.

Für die Bandbeschichtungsindustrie wurde bei der Europäischen Union die BAT-Richtlinie (BREF) ausgearbeitet. Sie setzen europaweit den Standard für die beste verfügbare Technik für Bandbeschichtungsverfahren und die Anlagen fest.

Neben der Festlegung des Standards für Emissionsvermeidung oder -begrenzung normiert die Richtlinie über Industrieemissionen die Grundpflichten des Anlagenbetreibers:

- Er hat Vorsorgemaßnahmen zu treffen, damit keine erheblichen Umweltverschmutzungen durch den Gebrauch der Anlage für Boden, Grundwasser oder Luft verursacht werden können.
- Abfälle müssen vermieden, verwertet oder vermindert werden.
- Er muss die besten verfügbaren Techniken anwenden.
- Die Energie soll effizient eingesetzt werden.
- Der Anlagenbetreiber muss Maßnahmen ergreifen, um Unfälle zu verhindern bzw. deren Folgen zu begrenzen.
- Außerdem muss er bei der Stilllegung der Anlage einen zufriedenstellenden Zustand des Betriebsgeländes herstellen.

Voraussetzung für die Genehmigung einer Anlage ist, dass diese Grundpflichten erfüllt werden. Die Vorgaben wurden in die entsprechenden deutschen Gesetze und Verordnungen, unter anderem in das BImSchG und das Kreislaufwirtschafts-Abfallgesetz, übernommen. Für die Definition und Überwachung der Emissionen in die Luft wurde die TA Luft eingeführt. Mit dem BImSchG wurden Grenzwerte für Emissionen und Lärmbelastungen definiert, die für die Coil Coating Anlage in der 4., 12., 31., 32., 39 Verordnung [7], in der TA Luft [8] und der TA Lärm [9] festgelegt sind.

Ein anderes Gesetz, das allerdings nur einige Bandbeschichter betrifft, ist die Emissionshandels-Richtlinie [10]. Ziel ist, mit Hilfe dieses Treibhausgasemissionshandelsgesetz (TEHG), die CO_2-Emissionen in Europa zu reduzieren. Zu diesem Zweck teilt die Regierung Emissionszertifikate an Unternehmen aus, die große Mengen CO_2 produzieren. In Deutschland fallen alle Verbrennungsanlagen unter das Gesetz, die eine Feuerungswärmeleistung von über 20 MW erzeugen. Diese Anlagen dürfen nur die im Nationalen Zuteilungsplan festgelegten CO_2-Mengen emittieren und müssen für weitere Mengen Zertifikate dazu kaufen. Wird weniger Kohlendioxid ausgestoßen, können Zertifikate aus der Erstzuteilung verkauft werden. Die Basis für die Zuteilung ist der jährliche CO_2-Emissionsbericht, der von zugelassenen Sachverständigen oder Umweltgutachtern verifiziert werden muss. In der derzeitigen Periode des Emissionshandels, die den Zeitraum von 2008 bis 2012 umfasst, müssen die deutschen Energieversorger und Industrieunternehmen ihren Ausstoß an Kohlendioxid um 15 Millionen Tonnen jährlich gegenüber dem Durchschnitt der Jahre 2000 bis 2002 reduzieren.

Neben den oben angeführten Vorschriften sind für die Bandbeschichtung weiterhin die NEC-Richtlinie [11], die Emissionshöchstgrenzen für SO_2, NH_3, NO_x und VOC (flüchtige organische Stoffe) festschreibt, und die Lösemittelrichtlinie [12] relevant, die mit der 31. BImSch-Verordnung in deutsches Recht umgesetzt wurde. Ziel dieser Vorschriften ist, die Menge an Lösemittelemissionen zu reduzieren, die in die Umwelt gelangen. Auf Grund dieser Verordnungen müssen Lösemittelbilanzen aufgestellt werden und über die Rückkopplung zur NEC-Richtlinie ist eine Minderung der Emissionen zwingend vorgeschrieben. Bis zum Jahr 2010 mussten die jährlichen Emissionen in Deutschland auf 995 Tonnen VOC reduziert werden. Die europäischen Richtlinien und die 31. BImSch-Verordnung sind für die Bandbeschichter bindend, die mehr als 25 Tonnen organische Lösemittel pro Jahr und für Zulieferer, die mehr als 100 Tonnen pro Jahr verbrauchen. Für den Umgang mit gefährlichen Stoffen, zu denen auch einige Lösemittel zählen, die in den Lacken eingesetzt werden, muss zudem die Gefahrstoff-Verordnung beachtet werden [13].

Mit dem Umweltrecht werden weiterhin auch die Abfall- und Abwasserströme reglementiert. Im Kreislaufwirtschafts-Abfallgesetz (KrW-/AbfG) wird der Umgang mit den in der Produktion anfallenden Abfällen geregelt [14]. Es schreibt vor, dass Abfälle zu vermeiden oder zu verwerten sind. Betriebe, die einen jährlichen Anfall von 2 Tonnen besonders überwachungsbedürftiger Abfälle bzw. 2.000 Tonnen überwachungsbedürftiger Abfälle überschreiten, müssen ein Abfallwirtschaftskonzept und eine Abfallbilanz erstellen. Die Abfallbilanz wird rückwirkend erstellt und gibt Auskunft über Art, Menge und Entsorgungsweg der Abfälle, die im Jahr zuvor angefallen sind. Das Abfallwirtschaftskonzept ist vorausschauend und muss zusätzlich zur Auskunft über Art, Menge und Entsorgungsweg die Maßnahmen zur Vermeidung, Verwertung und Beseitigung beschreiben. Es muss Begründungen für die Beseitigung aufweisen, Standort- und Anlagenplanung bei der Eigenentsorgung aufzeigen und die Nachweise über den Verbleib der Abfälle bei der Entsorgung innerhalb und außerhalb von Deutschland enthalten. Natürlich muss auch die Verpackungsverordnung von der Coil Coating Industrie beachtet werden, die ihr Pendant in der EU Directive 94/62/EC und ergänzend in der 2004/12/EG hat [15]. Sie schreibt auf europäischer Ebene Quoten für die stoffliche und energetische Verwertung vor, wobei die Recyclingquoten für die verschiedenen Abfälle variieren. Dies betrifft die Verpackungsmaterialien für alle Stoffe, die in der Bandbeschichtung eingesetzt werden.

Das Wasserhaushaltsgesetz (WHG) und die Landeswassergesetze legen den Umgang mit dem Oberflächen- und Grundwasser fest [16]. Dies betrifft vor allem Anlagenbetreiber, die Abwässer in den Vorfluter einleiten. In den Rechtsvorschriften werden die Substanzen in Abhängigkeit von der Konzentration und Gefährlichkeit der Schadstoffe in Wassergefährdungsklassen eingeteilt, woran Maßnahmen für den Umgang mit diesen Stoffen gekoppelt sind. Ein Teil der Einsatzstoffe, insbesondere die Lacke und die Reinigungs- und Vorbehandlungslösungen, ist als wassergefährdend eingestuft. Ferner werden Anforderungen an die Qualität der Abwässer gestellt, die in den Vorfluter eingeleitet werden dürfen. Die in der Bandbeschichtungsanlage anfallenden Abwässer müssen deshalb in der Regel behandelt werden, bevor sie in einen Vorfluter eingeleitet werden können.

Drei Vorschriften beeinflussen die Entwicklungsarbeiten in der Bandbeschichtung seit längerem: die EU Altauto-Verordnung [17], die RoHS- [18] und die WEE-Richtlinie [19]. Sie zielen darauf ab, Abfälle zu vermeiden, die gefährliche Stoffe enthalten, um damit die Möglichkeiten zur Wiederverwertung und zum Recycling zu erhöhen. Die EU-Altauto-Richtlinie verbietet seit 2003 Blei, Cadmium, Quecksilber in Werkstoffen und Bauteilen von Fahrzeugen und seit dem 1.7.2007 den Einsatz Chrom(VI)-haltiger Verbindungen in Korrosionsschutzschichten von Fahrzeugen. Die RoHS- und die WEE-Richtlinie wurden mit dem „Gesetz über das Inverkehrbringen, die Rücknahme und die umweltverträgliche Entsorgung von Elektro- und Elektronikgeräten" [20] Ende 2004 in deutsches Recht umgesetzt. Es verbietet seit dem 1.1.2006 besonders schädliche Substanzen wie Blei, Quecksilber, Cadmium, Chromate oder bestimmte Bromverbindungen in den meisten Elektro- und Elektronikgeräten. Diese Vorschriften haben besondere Relevanz für die Bandbeschichtung, betreffen sie doch die Korrosionsschutzsysteme, die auf Chrom(VI)-Verbindungen aufbauen, und die Bleipigmente. Sie läuteten in der Fahrzeug- und der Hausgeräteindustrie, zwei für die Coil Coating Industrie bedeutende Branchen, das Aus für die Chromate ein. Für die Vorbehandlungslösungen, die Grundierungen und einen Teil der Decklacke werden jetzt in Europa – in Deutschland und Österreich schon seit vielen Jahren – chromfreie Alternativen angeboten [21].

Zur Versorgung der Bandbeschichtungsanlage müssen Beschichtungsstoffe gelagert werden. Für die Lager der Bandbeschichtungsstoffe gelten die Betriebssicherheits-Verordnung und die Technischen Regeln für brennbare Flüssigkeiten [22]. Sie ordnen die Beschichtungsstoffe nach Flammpunkt und Wasserlöslichkeit bestimmten Gefahrenklassen zu. Entsprechend dieser Einstufung müssen Vorkehrungen gegen Brand, Explosion und Wassergefährdung getroffen werden. Es werden Höchstlagermengen, Art der Behälter und Größe und Art der Räume in Abhängigkeit der Gefahrenklasse vorgeschrieben.

Ein Gesetz, das die Branche, jedoch besonders die Hersteller von Lacken, Vorbehandlungslösungen und ihren Rohstoffen betrifft, ist das REACH Gesetz [23]. REACH steht für Registrierung, Evaluierung (Bewertung) und Autorisierung (Zulassung) von Chemikalien. Die Verordnung trat am 1.6.2007 in Kraft. Sie sieht vor, dass Unternehmen einen chemischen Stoff in der zentralen Chemikalienagentur in Helsinki registrieren lassen müssen, wenn sie diesen Stoff in Mengen ab einer Tonne pro Jahr herstellen oder in die EU einführen wollen. Rund 30.000 Stoffe, die sich heute auf dem europäischen Markt befinden, fallen unter diese Verordnung. Zu der Registrierung müssen die zu ihrer Bewertung notwendigen Daten der Chemikalien beschafft und anhand dieser Grundlage Maßnahmen zum sicheren Umgang festlegt werden. Es müssen auch isolierte Zwischenprodukte und die Stoffe registriert werden, die bei der normalen Verwendung entstehen. Die Hersteller müssen sich also mit den Risiken sämtlicher Verwendungen befassen, die ihnen von den Anwendern ihrer Produkte mitgeteilt werden. Besonders besorgniserregende, also karzinogene, mutagene und reproduktionstoxische Stoffe ebenso wie persistente oder sich in der Umwelt anreichernde Stoffe benötigen eine Zulassung. Das Zulassungssystem soll bewirken, dass die Unternehmen schrittweise zu sichereren Alternativen übergehen.

Da die Verbraucher künftig einen Anspruch darauf haben, zu erfahren, ob Produkte besonders besorgniserregende Stoffe enthalten, veröffentlicht die Chemikalienagentur nichtvertrauliche Informationen über Stoffe und ihre Gefahren in einer Internetdatenbank. Mit diesem neuen Ansatz im europäischen Chemikalienrecht wird die Beweislast vom Staat auf die Wirtschaft verlagert.

Diese Richtlinie betrifft fast alle Unternehmen in der Bandbeschichtungsbranche. Alle relevanten Chemikalien müssen registriert werden. Die Zulassung kann an bestimmte Bedingungen geknüpft werden. Es wird erwartet, dass zudem weitere Chemikalien vom

Markt genommen werden. Auf der anderen Seite wird die Richtlinie die Anwendung chrom- und chromatfreier Produkte forcieren.

7.2 Anlagenbezogener Umweltschutz

Die umweltrelevanten Prozesse und Einsatzstoffe bei der Bandbeschichtung werden im Folgenden an den einzelnen Verfahrensschritten der Bandbeschichtungsanlage erörtert.

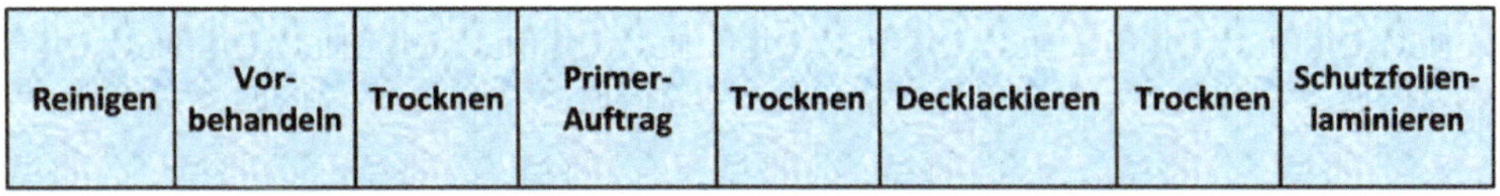

Bild 7.1 Schematischer Verfahrensablauf einer Bandbeschichtung. (Quelle: Urheberrecht beim Autor)

Bei der Bewertung einer Coil-Coating-Anlage unter Umweltschutzaspekten wird zunächst deutlich, dass es sich hier um eines der effizientesten Lackierverfahren handelt. Da das zu beschichtende Blech eine einfache zweidimensionale Fläche darstellt, ist mit einem Walzenauftrag eine fast 100-prozentige Übertragungsrate sichergestellt. Die Einsatzstoffe im Bandbeschichtungsprozess werden immer wieder unter dem Aspekt der verbesserten Eigenschaften, des verbesserten Oberflächenschutzes, der Kosten, der Arbeitssicherheit und des Umweltschutzes optimiert. Die Relevanz der Einsatzstoffe für den Umweltschutz (Tabelle 7.2) ist von der jeweiligen Anlagenkonfiguration und dem Spektrum der Beschichtungen abhängig.

Zu den Stoffen, die unter Umweltschutzgesichtspunkten im Coil-Coating-Prozess betrachtet werden müssen, gehören der Schrott und feste Abfälle wie kontaminierte Reinigungstücher, das Abwasser aus der Reinigung und Vorbehandlung, Kühlwasser aus den Abkühlprozessen, flüssige Abfälle wie Restmengen der Beschichtungsstoffe und Öle (Tabelle 7.3).

Außerdem müssen die Emissionen, die an der Coil-Coating-Anlage entstehen, erfasst werden. Dazu gehören:

- Nebel aus der Vorbehandlung,
- Lösemittelemissionen im Coaterraum und in den Trocknern,
- Emissionen, die beim Aufrühren der Beschichtungsstoffe entstehen und
- Emissionen, die beim Abkühlen des Bands entstehen.

Tab. 7.2 Weg der Einsatzstoffe im Bandbeschichtungsprozess

Material	Einsatzzweck	Verwertung/Entsorgung
Aluminium/Stahl	Substrat	Produkt oder Schrott
Reinigungstücher	Reinigung	Wiederverwertung
Lack	Beschichtung	Produkt/Entsorgung durch Fachfirma
Lösemittel	Reinigung/Verdünnung	Destillation/Entsorgung durch Fachfirma
Reinigungschemikalien	Reinigung des Bands	Abwasserbehandlung/Entsorgung durch Fachfirma
Vorbehandlungschemikalien	Vorbehandlung des Bands	Produkt/Abwasseraufbereitung/ Entsorgung durch Fachfirma
Lacklöser	Walzenreinigung	Entsorgung durch Fachfirma
Wasser	Spülen/Kühlung	Abwasseraufbereitung
Maschinenöl	Schmierstoff	Entsorgung durch Fachfirma
Schutzöle	Korrosionsschutz	Produkt/Entsorgung durch Fachfirma
Biozide	Schutz vor bakteriellem Befall des Wassers	Abwasseraufbereitung
Dampf/heißes Wasser	Bandtrocknung/Aufheizen der Behandlungslösungen	Kondensat/Abwasser
Gas	Brennstoff für Trockner	Verbrennungsprodukte
Wasserstoff	Kontrolle des Trockners	Verbrennungsprodukte
Ethylen	Kontrolle des Trockners	Verbrennungsprodukte

7.2.1 Substrate

Als Substrate werden Stahl und Aluminium unterschiedlicher Oberflächengüte beschichtet. Eine Eingangskontrolle stellt sicher, dass die geforderten Spezifikationen erfüllt werden, um Ausschuss (= Abfall) zu vermeiden. Stahl und Aluminium können zu 100 % recycelt werden. Die ausgedienten Produkte, z. B. Bauelemente oder Weiße Ware, können als Schrott wieder eingesetzt werden. Da die Bandbeschichtungen in Europa überwiegend in den Stahl- bzw. in den Aluminiumwerken oder angehörigen Servicecentern angesiedelt sind, wird in der Produktion anfallender Schrott direkt als Rohstoff wieder in den Herstellungsprozess zurückgeführt. Die organische Beschichtung wird bei den hohen Temperaturen, die im Konverter herrschen, verbrannt und liefert Energie für den Prozess. Die Rauchgase werden über Filter gereinigt [24]. Wie Untersuchungen bei Corus Steel [25] gezeigt haben, ist auch PVC-beschichteter Schrott unbedenklich im Konverter wieder zu verwenden (siehe Kapitel 7.3). Für die Substrate ergibt sich also unter Umweltschutzgesichtspunkten ein geschlossener Kreislauf. Das Verpackungsmaterial wie Papier, Pappe oder Kunststoffe wird üblicherweise dem Recycling zugeführt.

Tab. 7.3 Typische Abfälle, die im Bandbeschichtungsprozess entstehen

Prozessschritt	Abfall oder Nebenprodukt	Verwertung oder Entsorgung
Bandein- und -auslauf	Schrott	Verwertung
Beschichtung	Lackreste	Entsorgung durch Fachfirma
	Lösemittelabfall	Entsorgung durch Fachfirma
	Reste aus der Vorbehandlung	Abwasseraufbereitung/Entsorgung durch Fachfirma
	Alkalische Reiniger	Abwasseraufbereitung/Entsorgung durch Fachfirma
	Spülwasser	Abwasseraufbereitung/Entsorgung durch Fachfirma
	Kühlwasser	Kanalisation
Coil Coating Linie	Ölverschmutzte Materialien	Entsorgung durch Fachfirma
	Abfall/Verpackungsabfall	Abfallentsorgung
	Papierabfall	Verwertung
	Schmierstoffe	Entsorgung durch Fachfirma

7.2.2 Reinigung und Spülen

Der erste Verfahrensschritt in der Bandbeschichtung ist die Reinigungsstufe mit der anschließenden Spülstufe, in der mit heißem und kaltem Wasser gespült wird. Hier werden Öle, Schmierstoffe, Metallspäne und Schmutz, die eine gute Haftung verhindern könnten, durch stark alkalischen oder sauren Reinigungslösungen entfernt. Die Abwässer aus diesem Schritt müssen aufbereitet und entsorgt werden. Dazu wird der pH-Wert auf einen neutralen Wert eingestellt. Die Kontaminationen, Metallspäne, Öl oder Metallionen, wie Kupfer-, Nickel-, Zink-, Blei- oder Chromionen werden abgetrennt. Im integrierten Stahlwerk erfolgt die Neutralisation auch mit Hilfe der Abwässer aus der elektrolytischen Verzinkung.

Metallionen können mit Hilfe von Kalk oder Natriumhydroxid bei pH 9 bis 11 aus dem Abwasser ausgefällt und der Niederschlag mit Hilfe von Filterpressen abgetrennt werden. Der Filterkuchen kann in der Zinkhütte wieder in den Produktionsprozess zurückgeführt werden. Vielfach werden auch Zentrifugen und die Ultrafiltration zur Stofftrennung eingesetzt. Öl wird über einen Ölabscheider abgetrennt. Ein weiterer Parameter, der die Aufbereitung des Abwassers mit bestimmt, ist der chemische Sauerstoffbedarf (CSB-Gehalt), der sich unter anderem durch den Tensid- und Ölgehalt des Abwassers ergibt.

Das Spülwasser wird üblicherweise in Kaskaden geführt. Abquetschrollen oder Air-Knives verringern die Verschleppung von Kontaminationen in die nächste Stufe. Mit einer Mehrfachkaskade, bei der das Spülwasser im Gegenstrom geführt wird, kann man mit geringen Wassermengen einen sehr großen Spüleffekt erzielen (s. Kapitel 4.2).

7.2.3 Vorbehandlung

Die Vorbehandlungslösung wird im Sprüh- oder Tauchverfahren, aber auch im Walzenauftrag auf das Blech aufgebracht. Die Konversion erfolgt im Temperaturbereich von 20 bis 70 °C. Hier werden heute teilweise noch chromathaltige Lösungen eingesetzt. Chromate sind als kanzerogene Stoffe eingestuft und dementsprechende müssen die chromathaltigen Abwässer aufbereitet werden (Bild 7.2). Auch wenn die alkalische Passivierung selbst kein Chromat enthält, wird häufig mit einer Chrom(VI)-haltigen Lösung nachgespült. Sie ist sehr viel geringer konzentriert als chromathaltige Vorbehandlungslösungen, muss aber dennoch aufbereitet werden. Um die Chromate aus dem Abwasser zu eliminieren, können diese bei pH-Werten unterhalb von 2,5 mit Natriumhydrogensulfit zu Chrom(III)-Salzen reduziert und dann ausgefällt werden.

Die beim Sprühen mit chromathaltigen Lösungen entstehenden Nebel müssen erfasst und gereinigt werden. Dies kann über eine Absaugung und eine anschließende Gaswäsche erfolgen.

Unter Umweltschutzgesichtspunkten ist der Einsatz von chromfreien Vorbehandlungslösungen der beste Weg. So werden heute für viele Anwendungen, insbesondere für Beschichtungen, die für Weiße Ware gefertigt werden, chromfreie Vorbehandlungslösungen aufgebracht. Sie setzen sich europaweit immer weiter durch.

Bild 7.2 Abwasseraufbereitungsanlage an einer Coil-Coating-Anlage. (Quelle: ArcelorMittal, Belgien [26])

Um dem Anspruch des Sustainable Development gerecht zu werden und den Verbrauch an Chemikalien zu senken, kann das Auftragsverfahren für die Vorbehandlung vom Sprüh- oder Tauchverfahren auf die No-rinse- oder Dry-in-place-Technologie umgestellt werden. Hierbei werden die Vorbehandlungschemikalien aufgewalzt und damit zu fast 100 % ausgenutzt. Zudem ist der Materialeinsatz gering. Es fallen weder Abwasser noch Spülwasser, sondern nur eine kleine Restmenge an hoch konzentrierter Vorbehandlungslösung an, die entsorgt werden muss. Der weitere Vorteil ist, dass die Spülvorgänge nach diesem Schritt entfallen und somit die Abwassermenge reduziert wird.

Allerdings ist die Reaktionszeit für das Vorbehandlungsmedium sehr kurz, was in einigen Fällen zu Haftungsproblemen führt. Im No-rinse-Verfahren entstehen im Gegensatz zum Sprüh- oder Tauchverfahren keine Dämpfe. Somit ist eine Absaugung nicht notwendig. In Europa setzen inzwischen rund 60 % der Anlagen die No-rinse-Technologie ein.

Der Wasserverbrauch bei der Bandbeschichtung liegt im Bereich im Durchschnitt bei 5,8 l/m^2 Fertigprodukt [27]. Darin sind das Wasser für das Reinigen, das Spülen, die Vorbehandlung und das Kühlen enthalten. Der Vergleich zu den Post-Painting Prozessen mit flüssigen Lacken zeigt, dass die Bandbeschichtung beim Wasserverbrauch sehr viel günstiger ist. Die Flüssiglackierung von Weißer Ware verbraucht im Durchschnitt 26 l/m^2, die Automobillackierung 6 bis 8 l/m^2 und S. [28].

7.2.4 Beschichtung

Die nächsten Verfahrensschritte in der Bandbeschichtung nach dem Trocknen der Vorbehandlung sind die organischen Beschichtungen mit Grundierung und Decklack. Betrachtet man die beiden Stationen unter Umweltschutzgesichtspunkten, so sind hier vor allem die Lösemittel relevant. Die Lösemittel sind Bestandteile der Beschichtungsstoffe. Sie werden zum einen gebraucht, um die Viskosität einzustellen, damit die Lacke auf der Anlage optimal verarbeitet werden können, und zum anderen für die Reinigung der Anlage. Lösemittel-Emissionen entstehen auch beim Aufrühren der Lacke vor der Applikation. Alle Emissionen werden in modernen Anlagen erfasst und der thermischen Reinigung zugeführt. Diese vergleichsweise geringen Emissionen werden häufig jedoch noch als nicht signifikant angesehen. Deshalb werden die abgesaugten Gasmengen nicht durch die Abgasreinigung geführt, da die Volumenströme zwar sehr hoch, aber nur gering belastet sind.

In modernen Anlagen sind die Auftragsstationen jedoch eingehaust, um Lösemittelemissionen in die Umgebung zu vermeiden. Die Lösemittelgase, die sich hier während der Beschichtung und Reinigung entwickeln, werden aus dem Coaterraum abgesaugt und der Abgasreinigung zugeführt, die an die Trockner angeschlossen ist. Die Lösemittel-Konzentration im Coaterraum wird zudem verringert, indem die Lackvorratsbehälter abgedeckt, mit Lösemittel getränkte Wischtücher zum Reinigen und wenig Lösemittel verwendet werden.

Im Gegensatz zu anderen Beschichtungsverfahren fällt beim Walzenauftrag wenig Restlack an. Es gibt kein Overspray beim Coil-Coating, der Lack wird weitgehend ausgenutzt. Lediglich beim Farb- oder Chargenwechsel müssen Vorratswannen, Walzen und Zubehör gereinigt werden. Die Menge der Lack- und Lösemittelabfälle ist sehr stark von der mittleren Lackierzeit für einen Farbton abhängig. Restmengen aus dem Farbwechsel werden an einen Fachentsorger abgegeben, ebenso die Putzlappen. Die Gebinde für die Lackversorgung, meistens Fässer oder Container, werden gründlich entleert und einer Rekonditionierung zugeführt. Fässer werden auch als Stahlschrott bei der Stahlerzeugung weiter verwertet. Lösemittel, die zum Reinigen der Coater benötigt werden, gewinnt man durch Destillation zurück.

7.2.5 Trockner

In den Trocknern, die den Beschichtungsstationen nachgeschaltet sind, entstehen bei der Aushärtung und der Filmbildung der Beschichtungsstoffe große Mengen an organischen Lösemitteln (VOC = volatile organic compounds). Diese sogenannten VOC dürfen nicht in die Umwelt gelangen. Deshalb werden sie abgesaugt und einer thermischen Verwertung zugeführt, in der sie zu Kohlendioxid (CO_2) und Wasser (H_2O) und je nach Einsatzstoff geringeren Mengen Stickoxiden (NO_x,) und Kohlenmonoxid (CO) verbrannt werden (Tabelle 7.4).

Die Absaugung verursacht im Trockner einen geringen Unterdruck. Dieser verhindert, dass die Lösemittelgase in die Produktionshalle geraten können. Luftschleusen am Eingang und Ausgang des Trockners sorgen dafür, dass die flüchtigen Stoffe nicht entweichen. Zum Heizen der Trockner wird normalerweise Gas eingesetzt. Die Wärme wird zurückgewonnen und zur Dampferzeugung und Heißwasserbereitung genutzt oder um den Trockner für die Vorbehandlung zu heizen. Im integrierten Stahlwerk ist die Energierückgewinnung in das werkseigene Versorgungssystem eingebunden. Für die Abgasaufbereitung an der Bandbeschichtung (Bild 7.3) werden die thermische Nachverbrennung mit einer rekuperativen Ablufterwärmung (TNV) oder die regenerative Nachverbrennung (RNV) mit keramischen Wärmespeichermaterialien eingesetzt, in denen die Abgase bei 800 °C verbrannt werden. Eine Alternative ist die katalytische Nachverbrennung, bei der ein Mischoxidkatalysator dafür sorgt, dass das Abgas bei niedrigerer Temperatur als bei den beiden anderen Verfahren verbrannt wird.

In modernen Bandbeschichtungsanlagen werden alle Abgase aus diffusen Emissionsquellen, aus der Lackverarbeitung, der Reinigungsstation, aus dem Coaterhaus, der Vorbehandlungszone und aus den Abkühlstufen, die den Trocknern nachgeschaltet sind, zur Abgasaufbereitung geführt. Die Zersetzung der Abgase ist eine exotherme Reaktion und damit annähernd autark. Die Verbrennungsabgase werden zur direkten oder indirekten Heizung der Einbrennöfen verwandt, bevor ein Teilstrom abgekühlt in die Atmosphäre geblasen wird. Dabei werden in der Regel die zulässigen Emissionsgrenzwerte deutlich unterschritten.

Tab. 7.4 Übersicht über die Lösemittel in den unterschiedlichen Beschichtungsstoffen, die im Trockner eliminiert werden [29]

Beschichtungs-stoffe/Harztyp	Trockenfilm-dicke	Lösemit-telgehalt	Lösemitteltyp	Trocknungs-temperatur
Primer - Polyester - Polyurethan - Epoxy - Acryl	4 - 9 µm	40 - 50 %	Hochsiedende Aromaten, Alkohole, Hochsiedende Ester, Ester, Glykolether	210 - 230 °C
Rückseitenlacke - Polyester - Epoxy - Alkyd	4 - 15 µm	40 - 50 %	Hochsiedende Aromaten, Alkohole, Ester, Glykolether, Hochsiedende Ester	180 - 250 °C
Decklacke				
Polyester	18 - 25 µm	30 - 55 %	Hochsiedende Aromaten, Alkohole, Ester, Glykolether, Hochsiedende Ester	210 - 230 °C
Polyurethan	20 - 30 µm	30 - 50 %	Hochsiedende Aromaten, Ester, Glykolether, Hochsiedende Ester	220 - 240 °C
PVDF	20 - 25 µm	40 - 55 %	Hochsiedende Aromaten, Ester, Glykolether, Hochsiedende Ester	240 - 260 °C
PVC	100 - 200 µm	< 10 %	Hochsiedende Ester, Hochsiedende Aliphaten	190 - 210 °C
Folien	50 - 120 µm	0	Keine in Folie, aber im Primer oder Kleber	180 - 230 °C

Die heißen Bänder, die mit einer Temperatur von 60 bis 100 °C aus dem Vorbehandlungstrockner und mit mehr als 160 °C aus dem Decklacktrockner kommen, werden mit Wasser gekühlt. Das Wasser kann im Kreislauf gefahren werden, um seinen Verbrauch gering zu halten. Da es auch durch Lackreste, Öl, Metallionen, etc. leicht verunreinigt sein kann, muss es kontrolliert und ggf., wie oben geschildert, aufgereinigt werden. In einigen Fällen, z. B. in der Aluminiumindustrie, wird auch Luft zur Kühlung der Bänder eingesetzt.

Bild 7.3 Abgasaufbereitung für eine Bandbeschichtungsanlage. (Quelle: ArcelorMittal, Belgien)

Eine Alternative zu den gasbeheizten Trocknern sind Infrarottrockner. Die Infrarotstrahler werden elektrisch betrieben und sind besser regelbar als gasbeheizte Öfen. Während die Trocknung im gasbeheizten Ofen auf der Konvektion der heißen Luft beruht und hier sowohl das Metallband als auch die Beschichtung aufgeheizt wird, wird bei der IR-Trocknung die Trocknungs-Energie mit einer auf den Beschichtungsstoff abgestimmten Wellenlänge eingestrahlt. Sie wird überwiegend von der Beschichtung und weniger vom Metallband aufgenommen. Der Vorteil der Infrafot-Technologie ist die hohe Wärmeübertragung. Deshalb kann die Trocknerlänge um mehr als 50 % gegenüber den konventionellen Trocknern verkürzt werden.

7.2.6 Umweltstatistik der europäischen Coil-Coating-Industrie

Umweltrelevante Daten für die Bandbeschichtung werden von der Europäischen Coil Coating Association (ECCA) seit 2007 regelmäßig erfasst. Die Erhebung der Daten in den Mitgliedsunternehmen der ECCA erfolgt auf freiwilliger Basis. In den in 2010 publizierten Report gingen die Daten von 57 Coil-Coating-Anlagen ein, die rund 80 % der in der ECCA Statistik erfassten Anlagen repräsentieren. Ausgewertet wurden die Daten für den Energie- und Wasserverbrauch, für Abfallmengen, Lösemittelmengen und CO_2-Emissionen [27].

Energieverbrauch:
Die meiste Energie wird für die Trocknung der Lacke benötigt. Der Energieträger ist hier überwiegend Gas. Elektrische Energie wird für den Bandtransport und die benötigten Aggregate in der Produktion eingesetzt. Die Untersuchungen der ECCA haben ergeben, dass im Durchschnitt 0,39 kWh/m^2 Produkt an elektrischer Energie und 1,59 kWh/m^2 Produkt an Energie aus fossilen Brennstoffen verbraucht wird [27].

Wasserverbrauch:
Neben dem Standardwasserverbrauch in der Produktion wird in der Coil-Coating-Anlage Wasser für die Reinigung und das Spülen, die Vorbehandlung und zum Kühlen des heißen Bandes nach der Trocknung benötigt. Der Durchschnittsverbrauch liegt bei 5,8 l/m^2 Produkt. Der Wasserverbrauch wird in den nächsten Jahren noch weiter zurückgehen, da viele Anlagen auf die No-rinse-Technologie umgestellt werden. Dies zeigte sich auch schon im Statistikvergleich von 2009/2010, der eine Abnahme des Wasserverbauchs um 22 % verzeichnete [27].

Lösemittelbilanz:
Die in der Bandbeschichtung eingesetzten Lacke sind in der Regel lösemittelhaltig. Diese flüchtigen organischen Komponenten, die überwiegend bei der Trocknung, aber auch während der Beschichtung, z. B. beim Aufrühren der Lacke, oder bei der Reinigung der Anlage freigesetzt werden, müssen in der Bilanz berücksichtigt werden. Durchschnittlich wird eine Lösemittelmenge von 44,6 g/m^2 Produkt eingesetzt. Davon werden 85,3 % verbrannt, 11,6 % zurückgewonnen, 2,7 % sind flüchtige Emissionen und 0,4 % Punktemissionen. Die Effizienz der Verbrennung liegt bei 99,6 %.

Abfallanfall:
Wie in jedem Produktionsprozess fällt auch in der Bandbeschichtung Abfall an. Groß ist das Bestreben, diese immer weiter zu reduzieren. Die größte Menge ist der Schrott, der z. B. bei Coilwechsel, beim Wechsel des Lacks anfällt oder wenn die Anlageneinstellungen nicht optimal sind. Sein Anteil liegt bei 3,4 %. Im Durchschnitt fallen 24,2 g Abfall/m^2 Produkt an. Davon werden 69 % recycelt, 21 % verbrannt und 10 % deponiert.

CO_2-Emissionen:
Bei der Bandbeschichtung sind die Quellen für die CO_2-Emissionen die Einsatzstoffe für die Trockner (Gas oder Öl), die Lösemittel und die indirekten Emissionen, die sich aus dem Einsatz von Elektrizität ergeben. Der Gesamtausstoß an CO_2 aus der Bandbeschichtung wurde in dem ECCA Report auf 0,53 kg(CO_2)/m^2 Produkt berechnet. Davon stammen 52 % aus der Beheizung der Trockner, 27 % aus der Verbrennung der Lösemittel und 21 % aus der Erzeugung der für die Anlage benötigten elektrischen Energie.

7.3 Produktbezogener Umwelt- und Arbeitsschutz

Einige Einsatzstoffe in der Bandbeschichtung müssen unter dem Aspekt des Umwelt- und Arbeitsschutzes genauer betrachtet werden. Hier soll nur auf die wichtigsten Stoffe wie Chromate, Schwermetalle, Polyurethane und PVC eingegangen werden, die zurzeit in der Diskussion sind.

7.3.1 Chromate

Chrom kommt natürlicherweise in den Oxidationsstufen +3 und +6 als Chrom(III)- oder Chrom(VI)-Verbindungen vor. Chrom(VI)-Verbindungen sind gut wasserlöslich, werden aber in Gegenwart von organisch oxidierbaren Stoffen schnell zu weniger wasserlöslichen, stabilen Chrom(III)-Verbindungen reduziert. Die Rückreaktion verläuft sehr langsam. In alkalischem und neutralem Milieu liegt überwiegend die Chromatform (CrO_4^{2-}), in saurem Milieu die Dichromat- ($Cr_2O_7^{2-}$) Form vor.

Chromate sind als stark wassergefährdend in die Wassergefährdungsklasse WGK 3 eingestuft. Chrom(VI)-Verbindungen sind genetisch außerordentlich aktiv. Ihre karzinogene Wirkung gilt als gesichert [30]. Die Latenzzeit für exponierte Gruppen, d. h. die Zeit innerhalb der Menschen, die dem Stoff ausgesetzt waren, erkranken können, wird mit 10 bis 27 Jahren angegeben. Chromate sind mit den R-Sätzen R 49, R 43 und R 50/53 gekennzeichnet. (R 49: Kann beim Einatmen Krebs erzeugen/R 43: Sensibilisierung durch Hautkontakt möglich/R 50/53: Sehr giftig für Wasserorganismen, kann in Gewässern längerfristig schädliche Wirkungen haben).

Chrom(III)-Verbindungen sind genetisch weniger aktiv und eine karzinogene Wirkung konnte bisher nicht nachgewiesen werden [30]. Der Hauptaufnahmeweg verläuft über die Atmung. Wasserlösliche Verbindungen können auch über die Haut aufgenommen werden. Neben ihrer krebserzeugenden Wirkung können die Chromate Reizung und Verätzung von Schleimhäuten und Haut, Hautsensibilisierung/allergische Hauterkrankungen hervorrufen. Der IDLH-Wert (immediately dangerous to life or health) für Chromate und Chromsäure, d. h. die Konzentration, die akut giftig wirkt, wurde mit 15 mg $Cr(VI)/m^3$ abgeschätzt [31]. Als Folge der toxikologischen Erkenntnisse wurde in der Altauto-Verordnung und der Elektro- und Elektronikschrott-Verordnung der Einsatz von Schwermetallen verboten. Seit dem 1.7.2003 dürfen Werkstoffe und Bauteile in Fahrzeugen kein Blei, Cadmium, Quecksilber und sechswertige Chromverbindungen enthalten. Korrosionsschutzschichten müssen seit dem 1.7.2007 Chrom(VI)-frei sein.

Allerdings werden, da absolut schwermetallfreie Bauteile und Werkszeuge technisch nicht herstellbar sind, bis zu 0,1 Gewichtsprozent Blei, Quecksilber und sechswertiges Chrom im homogenen Material toleriert, wenn sie durch den Produktionsprozess z. B. beim Einsatz von recyceltem Material in das Bauteil gelangen, aber nicht wenn sie, wie beim Korrosionsschutz üblich , absichtlich aufgebracht werden, um bestimmte Eigenschaften zu erzielen.

In der Bandbeschichtung werden Chromate seit mehr als 50 Jahren zum Korrosionsschutz eingesetzt. Ihre Wirkung lässt sich auf die Redox-Eigenschaften und die Bildung schwerlöslicher Verbindungen wie Zinkchromat ($ZnCrO_4$) zurückführen (Kapitel 3.2). Ihr Gefährdungspotenzial muss bei der Produktion von chromathaltigen Primern und Decklacken in Betracht gezogen werden, wenn pulverförmige Ausgangsmaterialien eingesetzt werden, denn als atembare Stäube sind sie in hohem Maße toxisch und krebserzeugend. Bei der Lackherstellung müssen die Mitarbeiter durch aufwendige Maßnahmen vor einer Exposition geschützt werden. Sind die Pigmente erst einmal in den Lack eingearbeitet, ist das Gefährdungspotenzial deutlich reduziert.

Beim Verarbeiten auf der Coil-Coating-Anlage besteht bei Einhaltung der Vorschriften keine Gefahr. Jedoch können bei der Weiterverarbeitung zu den entsprechenden Bauteilen, bei der Montage oder auch bei der Reparatur, wenn die Bleche angeschliffen werden, Lackstäube entstehen, die gesundheitsgefährdend sind. An den offenen Schnittflächen können sie ausgelaugt werden. Aus diesem Grund wurden die chromatfreie Vorbehandlung und chromatfreie Primer eingeführt. Das erheblich reduzierte Gefährdungspotenzial zeigt sich deutlich in einem Vergleich der Sicherheitsdaten in Tabelle 7.5 [32].

Tab. 7.5 Vergleich der Sicherheitsvorschriften für chromathaltige und chromatfreie Vorbehandlungslösungen

Chromathaltige Vorbehandlung	**Chromfreie Vorbehandlung**
Einstufung und Kennzeichnung: Gefahrensymbole: T Giftig C Ätzend N Umweltgefährlich Gefahrenauslöser: Cr(III)-chromat Cr(VI)-oxid	Einstufung und Kennzeichnung: Gefahrensymbole: C Ätzend Gefahrenauslöser: Hexafluorzirkonsäure
R-Sätze: R 45: Kann Krebs erzeugen R 22: Gesundheitsschädlich beim Verschlucken R 35: Verursacht schwere Verätzungen R 43: Sensibilisierung durch Hautkontakt möglich R 50/53 Sehr giftig für Wasserorganismen, kann in Gewässern längerfristig schädliche Wirkungen haben.	R-Sätze: R 34: Verursacht Verätzungen
S-Sätze: S 53 Exposition vermeiden – Vor Gebrauch besondere Anweisungen einholen S 26: Bei Berührung mit den Augen sofort gründlich mit Wasser abspülen und Arzt konsultieren. S 36/37/39: Bei der Arbeit geeignete Schutzkleidung, Schutzhandschuhe und Schutzbrille/Gesichtsschutz tragen. S 45: Bei Unfall oder Unwohlsein sofort Arzt hinzuziehen (wenn möglich, dieses Etikett vorzeigen).	S-Sätze: S 26: Bei Berührung mit den Augen sofort gründlich mit Wasser abspülen und Arzt konsultieren. S 36/37/39: Bei der Arbeit geeignete Schutzkleidung, Schutzhandschuhe und Schutzbrille/Gesichtsschutz tragen. S 45: Bei Unfall oder Unwohlsein sofort Arzt hinzuziehen (wenn möglich, dieses Etikett vorzeigen).
Nationale Vorschriften: WGK = 3, stark wassergefährdendes Produkt.	Nationale Vorschriften: WGK = 2, wassergefährdendes Produkt

Chromathaltige Abwässer müssen entgiftet werden. Dies kann z. B. in saurer Lösung durch Reduktion mit Natriumbisulfit zu Chrom (II)-Salzen und anschließender Neutralisation erfolgen. Anschließend folgt die Sulfatfällung, zu der erhebliche Mengen Sulfat notwendig sind, die wiederum mit Calciumaluminat gefällt werden müssen, um die Einleitwerte für das Abwasser einzuhalten. Bei den chromfreien Verfahren reicht üblicherweise eine Behandlung mit Kalkmilch aus, um die Metallionen, wie Zirkon, Titan, Zink und Aluminium auszufällen [32].

7.3.2 Pigmente

Neben den Chromaten wird auch der Einsatz von Blei und Strontium in den Beschichtungen durch die Reach-Vorgaben limitiert. Dies trifft vor allem die anorganischen Pigmente wie Bleichromate oder Molybdänorange. Sie zeichnen sich u. a. durch gute Haltbarkeit und Hitzebeständigkeit aus. Ihr Ersatz allein durch organische Pigmente ist nicht ganz einfach. Für den Baubereich werden beispielsweise Haltbarkeiten für die Beschichtung von 30 Jahren angesetzt. Die Farbstabilität von organischen Pigmenten liegt häufig nur bei rund 15 Jahren [33]. Zudem beeinflusst die UV-Strahlung die recht reaktiven chemischen Doppelbindungen in den Pigmentmolekülen, die für die Farbe ausschlaggebend sind, so dass sich die Farbe unter UV-Einfluss mit der Zeit verändert. Eine weitere Schwierigkeit, unter den organischen Pigmenten einen geeigneten Ersatz zu finden, ist die Temperaturbeständigkeit. Sie muss für die bei der Bandbeschichtung notwendigen Trocknungstemperaturen bis zu 250 °C gewährleistet sein. Auch bei hohen Temperaturen darf die Beschichtung ihre Farbe nicht verändern.

Seit kurzem gibt es eine Anzahl an organischen und anorganischen Pigmenten, die einen Ersatz für Bleipigmente auf dem Markt bieten. Sie sind jedoch in der Regel teurer als die Bleipigmente. Für Pigmente, die die leuchtenden Orangefarbtöne erzeugen, gibt es allerdings noch keine Alternative [34]. Zu den Ideen, brillante Farbtöne auf der Oberfläche zu erzielen, gehören beispielsweise Schichtsysteme, bei denen ein Basecoat und ein Klarlack den gewünschten Farbton erzeugen, oder farbige Primer. Vielleicht muss man auch auf einige klassische Farbtöne verzichten und mit vorhandenen, unbedenklichen Pigmenten neue, etwas veränderte Farbtöne kreieren. Ein weiterer Weg könnte auch die Entwicklung von Hybridpigmenten sein [34].

7.3.3 PVC

Ein unter Umweltaspekten viel diskutiertes Thema ist der Einsatz von PVC. Der Grund ist sein Chlorgehalt. Von den jährlich weltweit verarbeiteten 25 Millionen Tonnen PVC werden 0,2 % als PVC-Plastisole im Coil-Coating für langlebige Beschichtungen eingesetzt. Diese Plastisole basieren auf PVC-Emulsionen. Grundbaustein für PVC ist Vinylchlorid, das als krebserzeugend eingestuft ist. In den 1970er Jahren wurden Arbeitssicherheitsbestimmungen für die Produktion von Vinylchlorid eingeführt. Seitdem wurden keine Erkrankungen bei Mitarbeitern aus der PVC-Produktion registriert [35], die sich auf Vinylchlorid als Ursache zurückführen lassen. Die Monomerkonzentration in PVC wurde zudem gesetzlich auf 1:1.000 000 begrenzt.

Bei der Plastisol Produktion werden PVC-Harze und pulverförmige Additive in einem Weichmacher bei moderaten Temperaturen dispergiert. Die flüssige Phase besteht aus hochsiedenden Komponenten. Hier findet keine chemische Reaktion statt. Betrachtet man hier die Auswirkungen auf die Umwelt, so sind nur die Abfallmengen aus der Produktion und der Reinigung relevant. Neben dem PVC stehen auch einige andere Additive in der Umweltdiskussion. Schwermetall-Stabilisatoren, wie Barium-Cadmium-Zink-Komplexe wurden schon vor langer Zeit gegen Barium-Zink oder Kalzium-Zink-Komplexe ausgetauscht. Cadmium ist seit 2001 als Stabilisator vom Markt verschwunden [36]. Zukünftig werden wohl auch die Barium- bzw. Calcium-Zink-Komplexe durch organisch basierte Stabilisatoren ersetzt werden.

Als Weichmacher für Plastisole werden in der Regel Phthalate benutzt. Sie stehen in der Diskussion, krebserzeugend zu sein, was bisher für den Menschen jedoch nicht bestätigt werden konnte. Nichtsdestotrotz werden heute in der Coil-Coating-Industrie phthalatfreie Weichmachersysteme eingesetzt. Die Phthalate können durch monomere oder polymere Adipinsäureester ersetzt werden. Verbesserte physikalische Eigenschaften, insbesondere bei niedrigen Temperaturen und eine gute UV-Stabilität sind weitere positive Nebenaspekte der Substitution. Unter Umweltaspekten wird über den Ersatz von Erdöl als Ausgangsbasis der Weichmacher durch Öl aus nachwachsenden Rohstoffen, z. B. durch Sonnenblumenöl, nachgedacht. Mit dem Einsatz von pflanzlichen Ölen könnte der Anteil an nachwachsenden Rohstoffen im PVC auf 80 % ansteigen [37].

Bei Unglücksfällen, im Brandfall, aber auch bei der thermischen Entsorgung von PVC beschichteten Objekten können saure Gase und vor allem Dioxine entstehen. Das Recycling von PVC beschichtetem Coil-Coating-Material im Stahlwerk bereitet jedoch keine Probleme [25]. Für PVC spricht unter dem Aspekt der Nachhaltigkeit und Ressourcenschonung vor allem die Langlebigkeit. Mit PVC bandbeschichtetes Blech für den Baubereich hat eine Lebensdauer von mehr als 30 Jahren.

7.3.4 PUR

Polyurethan (PUR)-Beschichtungen haben sich seit den frühen 1970er Jahren in der deutschen Coil-Coating-Industrie etabliert. Allerdings werden auch bei ihnen immer wieder Gesundheits- und Sicherheitsaspekte bei ihrer Handhabung diskutiert (vergl. Kapitel 8). Bei einer Betrachtung des gesamten Produktionsweges vom Monomer bis zur polymeren Beschichtung zeigt sich, dass von den Ausgangsstoffen, den monomeren Diisocyanaten eine Gesundheitsgefährdung ausgehen kann. Sie sind relativ flüchtig und sollten nicht eingeatmet werden, denn sie verursachen Reizungen im Atmungssystem, an Haut und Augen und können allergische Reaktionen beim Einatmen oder bei Hautkontakt auslösen. Aus diesem Grund werden sie auch nicht in dieser Form als Monomere in Beschichtungen eingesetzt, sondern sie werden vorher chemisch modifiziert. Dadurch vermindern sich Gesundheitsgefahr und Expositionsrisiko erheblich. Diese Polyisocyanate sind praktisch nicht flüchtig und nur gering toxisch, wenn sie eingeatmet werden. Sie sind nicht reizend und gar nicht oder nur schwach Allergie auslösend [38].

Die Ein-Komponenten-Polyurethan-Systeme für die Bandbeschichtung werden aus diesen modifizierten Polyisocyanaten und Polyolen durch Mischen der beiden Bestandteile bei Raumtemperatur erzeugt. Sie sind sowohl bei Raumtemperatur als auch bei höheren Temperaturen vollkommen stabil und somit ergibt sich bei ihrer Handhabung kein größeres Risiko als beim Umgang mit anderen Lacken, z. B. mit Polyestern. Auch während des Einbrenn-Prozesses, in dem das modifizierte Polyisocyanat mit dem Polyol unter Abspaltung des Blockierungsmittels reagiert und sich ein hochmolekulares Polyurethan-Polymernetzwerk bildet, werden so gut wie keine Diisocyanate frei gesetzt. Zudem hat die heute übliche Einhausung der Lackieranlagen zu sicheren Arbeitsbedingungen geführt. Der einzige Bereich, in dem die Arbeitsplatzkonzentration überschritten werden könnte, ist der Trockner. Aber auch dort werden die Konzentrationen unterhalb der Arbeitsplatzkonzentrationen gehalten [38].

7.4 Arbeitssicherheit

Sicherheitsmaßnahmen sollen vor allem die Gesundheit der Arbeitnehmer an ihrem Arbeitsplatz erhalten. Sie dienen aber auch der Qualitätssicherung und dem Umweltschutz. Die Vorschriften beziehen sich sowohl auf die Ausstattung der Werkhalle, die Wände, Fußböden, Verkehrswege, etc. als auch auf die Anlagen, Maschinen, Werkzeuge und Einsatzstoffe. Es wurde vom Gesetzgeber eine Reihe von Gesetzen und Verordnungen erlassen. Dazu gehören das Chemikalienrecht, die Gefahrstoff-Verordnung, die Explosionsschutz-Richtlinien und die technischen Regeln für Gefahrstoffe. Die Berufsgenossenschaft hat ebenfalls eine Reihe von Vorschriften und Regeln aufgestellt, die eingehalten werden müssen. Sie haben verbindlichen Charakter, da sie die Grundlage für den Versicherungsschutz darstellen und basieren auf Analysen von Unfallereignissen. So gibt es generelle Vorschriften zur Unfallverhütung [39] und spezielle für den Umgang mit Maschinen und Ausrüstung oder stoffbezogene, die den Umgang mit gesundheitsschädlichen Stoffen zum Inhalt haben.

An der Bandbeschichtungsanlage muss sowohl der Schutz vor mechanischen Verletzungen als auch vor Verletzungen durch Chemikalien, Explosion oder Brand gewährleistet sein. Der technische Arbeitsschutz bezieht sich auf die Ausrüstung von Maschinen und Werkzeugen. Er muss auf den Betrieb von schnell laufenden Metallbändern, die über diverse Umlenkrollen geführt werden, abgestellt sein. Hier ist vor allem Vorsorge vor Schnitt- oder Quetschverletzungen zu tragen. Die Coils sind bis zu 20 Tonnen schwer, so dass der Transport zu und von der Lackieranlage den Sicherheitsmaßstäben für den Umgang mit schweren Lasten genügen muss. Absperrgitter an der Bandbeschichtungsanlage sollen verhindern, dass sich die Mitarbeiter am schnell laufenden Band verletzen.

Der Schwerpunkt der Sicherheitsmaßnahmen liegt im Bereich der Beschichtung. Der Betrieb der Walzencoater muss so gesichert sein, dass nicht aus Versehen Hände oder Teile der Bekleidung in die Walzenspalte hineingezogen werden. Dafür werden Abdeckungen installiert und beim Reinigen wird die Drehrichtung der Walzen auswerfend eingestellt, um die Gefahr des Hineinziehens auszuschalten. Adäquate Sicherungseinrichtungen verhindern außerdem Verbrennungen an heißen Trocknerteilen oder den heißen Bändern.

Der hohe Gehalt an Lösemitteln in den Lacken erfordert Vorkehrungen zum Explosionsschutz. Dies betrifft die elektrischen Anlagen. Die erste Priorität hat jedoch das Vermeiden von explosionsfähigen Gasgemischen, das sich durch entsprechende Luftführung im Coaterraum und in den Trocknern realisieren lässt. Hier muss ein ganz bestimmter Luftaustausch (z. B. 40 x pro Stunde) erzielt werden. Als messtechnische Maßnahme wird die untere Explosionsgrenze (UEG) überwacht.

Neben dem technischen Arbeitsschutz steht die persönliche Schutzausrüstung. Diese muss vom Arbeitgeber zur Verfügung gestellt werden und von den Arbeitnehmern getragen werden. So müssen an der Bandbeschichtungsanlage lösemittelbeständige und schnittfeste Handschuhe, Schutzbrille und Sicherheitsschuhe getragen werden. In den meisten Bereichen besteht Helmpflicht. Ein wichtiger Aspekt des Arbeitsschutzes ist auch der Schutz vor Lärm, der durch Motoren, Lüftungen und mechanische Bewegungen und Reibungen entsteht. Die Anlagen stehen in großen Hallen, die zum Umfeld hin für Schallschutz sorgen. Für die Mitarbeiter sind an den meisten Dauerarbeitsplätzen schallgedämpfte Arbeitskabinen installiert. In einigen Bereichen muss aber ein Gehörschutz getragen werden.

Auf Grund ihres Lösemittelgehaltes fallen viele Beschichtungsstoffe unter die Gefahrstoff-Verordnung. Um den sicheren Umgang mit diesen Stoffen zu ermöglichen, werden Sicherheitsdatenblätter von den Herstellern erstellt. Sie müssen alle sicherheitsrelevanten Informationen enthalten wie [13]:

- Zusammensetzung, physikalische und chemische Eigenschaften
- Stabilität und Reaktivität
- Angaben zur Toxikologie
- Angaben zur Ökologie
- Entsorgung
- Gefahrenpotenzial
- Expositionsbegrenzung
- Persönliche Schutzausrüstung
- Erste-Hilfe-Maßnahmen
- Maßnahmen zur Brandbekämpfung
- Maßnahmen bei unbeabsichtigter Freisetzung
- Handhabung und Lagerung
- Transport
- Vorschriften

Um die gesundheitlichen Risiken zu kennzeichnen, wurden in der Gefahrstoff-Verordnung Symbole eingeführt, die die Gefahren charakterisieren (Bild 7.4). Außerdem ist eine Einordnung der Stoffe mit Hilfe der sogenannten R–Sätze (Risiko-Sätze), die das Risiko definieren, und der S-Sätze (Sicherheits-Sätze), die die Sicherheitsmaßnahmen festlegen, möglich. So können beispielsweise Polyurethanlacke, je nach Zusammensetzung und Pigmentierung, als reizend und umweltgefährlich eingestuft und mit Gefahrenhinweisen versehen sein wie:

- R10 – Entzündlich
- R43 – Sensibilisierung durch Hautkontakt möglich.
- R51/53 – Giftig für Wasserorganismen, kann in Gewässern längerfristig schädliche Wirkungen haben.
- R66 – Wiederholter Kontakt kann zu spröder oder rissiger Haut führen.
- R67 – Dämpfe können Schläfrigkeit und Benommenheit verursachen.

Als Sicherheitsmaßnahmen werden für diese Stoffe beispielsweise angegeben:

- S24 – Berührung mit der Haut vermeiden.
- S37 – Geeignete Schutzhandschuhe tragen.
- S51 – Nur in gut gelüfteten Bereichen verwenden.
- S61 – Freisetzung in die Umwelt vermeiden. Besondere Anweisungen einholen/ Sicherheitsdatenblatt zu Rate ziehen.

Bild 7.4 Gefahrstoffsymbole zur Kennzeichnung von Chemikalien.
(Quelle: Hauptverband der Berufsgenossenschaften)

Um die Arbeitsplätze sicherer zu gestalten, werden in der Gefahrstoff-Verordnung für die relevanten Stoffe AGW-Werte (Arbeitsplatzgrenzwerte) aufgeführt [12]. Sie geben eine zeitlich gewichtete, durchschnittliche Konzentration eines Stoffes in der Luft am Arbeitsplatz in Bezug auf einen Referenzzeitraum an. Der AGW-Wert entspricht also einer Konzentration eines Stoffe in der Luft am Arbeitsplatz, bei der akute oder auch chronische schädliche Auswirkungen nach heutigen Erkenntnissen nicht zu erwarten sind. Werden diese Werte überschritten, müssen Schutzmaßnahmen getroffen werden. Im Bandbeschichtungsprozess sind Mitarbeiter beim Aufrühren der Lacke und im Coaterraum, besonders beim Reinigen, Lösemitteln ausgesetzt. Bei modernen Anlagen mit guter Absaugung werden die Arbeitsplatzgrenzwerte eingehalten oder auch unterschritten, so dass keine besonderen persönlichen Schutzmaßnahmen ergriffen werden müssen. Beim Umgang mit aggressiven wässrigen Lösungen für die Reinigung und die Vorbehandlung gewährleisten Pumpen und Rohrleitungen das sichere Umfüllen.

7.5 Zukünftige Entwicklungen

Die Bestrebungen der Coil Coating Industrie im Umweltbereich weitere Verbesserungen vorzunehmen zielen vor allem auf einen geringeren Einsatz von Energie, aber auch auf:

- Die Eliminierung gefährlicher Einsatzstoffe und Schwermetalle
- Beschichtungen mit geringem Gehalt an flüchtigen organischen Komponenten (VOC) [40]

Über die Entwicklungen, gefährliche Einsatzstoffe aus dem Prozess zu entfernen, wurde in Kapitel 7.4 berichtet. Ansätze, die Lösemittelemissionen zu reduzieren, wurden schon vielfach unternommen, aber bisher hat sich noch keine Technologie richtig durchgesetzt, meistens auf Grund verfahrenstechnischer Schwierigkeiten. So ist eine Möglichkeit, organische Lösemittel zu vermeiden, der Einsatz wasserbasierter Systeme. Diese haben in der Bandbeschichtung bisher keine Anwendung gefunden, weil die Benetzung nicht ausreichend war und große Probleme durch Kontaminationen auftraten.

Ganz ohne Lösemittel kommen Pulverlacke aus. Sie sind eine attraktive Alternative, da sie mit sehr hohen Schichtdicken aufgetragen werden können. Es gibt auch einige Coil-Coating-Anlagen, auf denen Pulverlack appliziert wird, allerdings ist ihre Bandgeschwindigkeit sehr gering. Ansätze mit anderen Auftragstechniken haben sich bislang nicht durchgesetzt.

High-Solid-Lacke, Beschichtungsstoffe mit sehr hohem Festkörper- und geringem Lösemittelgehalt lassen sich ähnlich wie die herkömmlichen Lacke verarbeiten. Sie zeigen auch ähnliches Verhalten, aber ihre Schichtdicke ist schlecht zu kontrollieren.

Ein weiterer Ansatz in der Bandbeschichtung sind strahlenhärtende Lacke. Sie benötigen so gut wie keine Lösemittel. Allerdings gibt es bisher immer noch keine ausreichenden Erfahrungen auf der Coil-Coating-Anlage. Sie müssen noch auf diese Applikation noch angepasst werden.

7.6 Literatur zu Kapitel 7

[1] The World Commission on Environment and Development (Brundtland Commission): Our Common Future. Oxford: Oxford University Press, 1987

[2] French-German Institute for Environmental Research (Veranst.): ISACOAT (Network on Integrated Scenario Analysis of metal COATing) Conference (Karlsruhe 2004). Karlsruhe: French-German Institute for Environmental Research, 2004. – Conference proceedings: Clift, R.; Nebel, B.; France, Ch.: Coating processes: Trends and drivers

[3] Mitchell, P: Present and proposed European environmental legislation and its impact on coil coating processes. Düsseldorf: Henkel Technologies, 2005

[4] Richtlinie 96/61/EC. Directive on Integrated Pollution Prevention an Control (IPPC – Direktive)/Richtlinie über die integrierter Vermeidung und Verminderung der Umweltverschmutzung vom 24.9.1996, Abl Nr. L257/26 (IVU-Richtlinie)

[5] Richtlinie 2010/75/EU des Europäischen Parlaments und des Rates über Industrieemissionen (integrierte Vermeidung und Verminderung der Umweltverschmutzung) vom 17. Dezember 2010, ABl. EG L 334, S. 17–119

[6] Gesetz zum Schutz vor schädlichen Umwelteinwirkungen durch Luftverunreinigungen, Geräusche, Erschütterungen und ähnliche Vorgänge (Bundes-Immissionsschutzgesetz – BImSchG), in der Fassung der Bekanntmachung vom 26. September 2002 (BGBl. I S. 3830), zuletzt geändert durch Artikel 1 des Gesetzes vom 26. November 2010 (BGBl. I S. 1728)

[7] Verordnungen des Bundesimmissionsschutzgesetzes, relevant für die Bandbeschichtung:
4. Verordnung zur Durchführung des Bundesimmissionsschutzgesetzes vom 24. Juli. 1985, BGBl I 1985, 1586, zuletzt geändert durch Art. 5 V vom 23. Dezember 2004 I 3758 (Verordnung über genehmigungsbedürftige Anlagen)
12. Verordnung zur Durchführung des Bundesimmissionsschutzgesetzes vom 26. April 2000, BGBl I 2000, 603 (Störfall-Verordnung). Neugefasst durch Bekanntmachung vom 8. Juni 2005 (BGBl. I S. 1598). Zuletzt geändert durch Artikel 5 Absatz 4 der Verordnung vom 26. November 2010 (BGBl. I S. 1643)
31. Verordnung zur Begrenzung der Emissionen flüchtiger organischer Verbindungen bei der Verwendung organischer Lösemittel in bestimmten Anlagen vom 21. August 2001, BGBl I 2001, 2180, geändert durch Art. 4 V v. 23.12.2004 I 3758. zuletzt geändert durch Artikel 2 der Verordnung vom 20. Dezember 2010 (BGBl. I S. 2194
32. Verordnung zur Durchführung des Bundesimmissionsschutzgesetzes vom 29. August 2002, BGBl I 2002 3478, zuletzt geändert durch Artikel 6 Abs. 5 der Verordnung vom 6. März 2007 (BGBl. I S. 261),
39. Verordnung zur Durchführung des Bundes-Immissionsschutzgesetzes – Verordnung über Luftqualitätsstandards und Emissionshöchstmengen vom 2. August 2010, BGBl. I S. 1065

[8] Technische Anleitung zur Reinhaltung der Luft – TA Luft, Erste Allgemeine Verwaltungsvorschrift zum Bundesimmissionsschutzgesetz vom 24. Juli 2002, GMBL. 2002, Heft 25–29

[9] Technische Anleitung zum Schutz gegen Lärm– TA Lärm, Sechste Allgemeine Verwaltungsvorschrift zum Bundesimmissionsschutzgesetz vom 28. August 1998, GMBl. Nr. 26 vom 28. August 1998, S. 503

[10] Richtlinie 2003/87/EG. Richtlinie über ein System für den Handel mit Treibhausgasemissionszertifikaten in der Gemeinschaft und zur Änderung der Richtlinie 96/61/EG vom 13. Oktober 2003, Abl Nr. L275/32. geändert in 2009/29/EG vom 23. April 2009

[11] Richtlinie 2001/81/EG: des Europäischen Parlaments und Rates vom 23. Oktober 2001 über nationale Emissionshöchstmengen für bestimmte Luftschadstoffe (NEC-Richtlinie). Amtsblatt 6309 vom 27. November 2001, S 0022–0033

[12] Richtlinie 2004/42/EG. des Europäischen Parlaments und des Rates vom 21. April 2004 über die Begrenzung der Emissionen flüchtiger organischer Verbindungen aufgrund der Verwendung organischer Lösemittel in bestimmten Farben und Lacken und in Produkten der Fahrzeugreparaturlackierung sowie zur Änderung der Richtlinie 1999/13/EG. Amtsblatt Nr. L 143 vom 30. April 2004, S. 0087–0096

[13] Verordnung zum Schutz vor Gefahrstoffen (Gefahrstoffverordnung - GefStoff-V) vom 26. November 2010 BGBl. I S 1643, geändert durch Artikel 2 der Verordnung vom 28. Juli 2011 BGBl. I S 1622, 1625

[14] Gesetz zur Förderung der Kreislaufwirtschaft und Sicherung der umweltverträglichen Beseitigung von Abfällen vom 1. Juni 2012 BGBl. IS. 212

[15] Richtlinie 2004/12/EG über Verpackungen und Verpackungsabfälle vom 11. Februar 2004 und Richtlinie 94/62/EG vom 18. Februar 2004 Amtsblatt Nr. L 047 vom 18.02.2004 S. 0026–0032

[16] Gesetz zur Ordnung des Wasserhaushalts (WHG - Wasserhaushaltsgesetz) vom 31. Juli 2009 (BGBl. I S. 2585), zuletzt geändert durch Artikel 5 Absatz 9 vom 24. Februar 2012 BGBl. I S. 212

[17] Richtlinie 2000/53/EG des Europäischen Parlaments und des Rates vom 18. September 2000 über Altfahrzeuge, Amtsblatt Nr. L 269 vom 2110.2000 S. 0034–0043 und
Richtlinie 2005/293/EG: Entscheidung der Kommission vom 1. April 2005 zur Festlegung der Einzelheiten für die Kontrolle der Einhaltung der Zielvorgaben für Wiederverwendung/Verwertung und Wiederverwendung/Recycling gemäß der Richtlinie 2000/53/EG des Europäischen Parlaments und des Rates über Altfahrzeuge (Bekannt gegeben unter Aktenzeichen K(2004) 2849), Amtsblatt Nr. L 094 vom 13/04/2005 S. 0030–0033

[18] Richtlinie 2002/95/EG des Europäischen Parlaments und Rates vom 27. Januar 2003 zur Beschränkung der Verwendung bestimmter gefährlicher Stoffe in Elektro- und Elektronikgeräten (RoHS-Richtlinie), ABl EU 37 S19

[19] Richtlinie 2002/96/EG vom 27. Januar 2003 über Elektro- und Elektronik-Altgeräte (WEE), ABl. EU Nr. L 37 S. 24, zuletzt geändert durch die Richtlinie 2003/108/EG vom 8. Dezember 2003, ABl. EU Nr. L 345 S. 106

[20] Gesetz über das Inverkehrbringen, die Rücknahme und die umweltverträgliche Entsorgung von Elektro- und Elektronikgeräten (Elektro- und Elektronikgerätegesetz - ElektroG), Bundesgesetzblatt Jahrgang 2005 Teil I Nr. 17, ausgegeben zu Bonn am 23. März 2005

[21] European Coil Coating Association (Veranst.): 45. Hauptversammlung (Berlin 2011). Brüssel: ECCA, 2011. - Ben Saad, M.: Toward green organic coatings

[22] Technischen Regeln für brennbare Flüssigkeiten (TRbF): <http.//www.umwelt-online.de/recht/t_regeln/trbf/trbf0/uete.htm>, 12. Februar 2005

[23] Verordnung (EG) Nr. 1907/2006 des Europäischen Parlaments und Rates vom 18. Dezember 2006 zur Registrierung, Bewertung, Zulassung und Beschränkung chemischer Stoffe (REACH), zur Schaffung einer Europäischen Chemikalienagentur, zur Änderung der Richt linie 1999/45/EG und zur Aufhebung der Verordnung (EWG) Nr. 793/93 des Rates, der Verordnung (EG) Nr. 1488/94 der Kommission, der Richtlinie 76/769/EWG des Rates sowie der Richtlinien 91/155/EWG, 93/67/EWG, 93/105/EG und 2000/21/EG der Kommission, Abl Nr. L136/3

[24] European Coil Coating Association (Veranst.): 35. Herbstkongress (Brüssel 2001). Brüssel: ECCA, 2001. - Birat, J.-P.: Recycling of precoated steel

[25] European Coil Coating Association (Veranst.): 36. Hauptversammlung (Sorrent 2002). Brüssel: ECCA, 2002. -Russon, I.; Anderson, D. R.; Fisher, R., Leonard R. A.: Recycling of organic coated steels and the potential for dioxin emissions

[26] [24] European Coil Coating Association (Veranst.): 36. Herbstkongress (Brüssel 2002). Brüssel: ECCA, 2002. – van Heirseele, G.: Decosteel 2: Clean technology for coil coated products
[27] Peacock, P.: Coil Coating: Driving Sustainability – Environmental Statistics of the European Coil Coating Industry. Brüssel; ECCA, 2010
[28] European Coil Coating Association (Veranst.): 32. Hauptversammlung (Rom 1998). Brüssel: ECCA, 1998. – Mitchell, P. J.: A survey of water consumption on coil lines and its correlation with pre-treatment processes
[29] European Coil Coating Association: Final Draft BAT (Best Available Technique) (Surface treatments using organic solvents). EIPPCB, January 2007
[30] Koch, R.: Umweltchemikalien. Weinheim: VCH Verlagsgesellschaft, 1991, ISBN 3-527-28301-3
[31] Hauptverband der Berufsgenossenschaften: <http.//www. hvbg.de/bgia/stoffdatenbank>, Gestis Stoffdatenbank
[32] ECCA Deutschland: Projekt Chromfreie Systeme für Coil Coating – Stand der Erfahrungen. Solingen: ECCA Deutschland, 2004
[33] European Coil Coating Association (Veranst.): 34. Herbstkongress (Brüssel 2000). Brüssel: ECCA, 2000. – Meier, M.A.: Organic colour pigments for coil coating – a future challenge
[34] European Coil Coating Association (Veranst.): 44. Herbstkongress (Brüssel 2010). Brüssel: ECCA, 2010. – Korona, E.: Lead-free Pigments for Coil Coating
[35] European Coil Coating Association (Veranst.): 36. Hauptversammlung (Sorrent 2002). Brüssel: ECCA, 2002. –Johnson, S.: The voluntary commitment of the PVC industry to the sustainable development of PVC
[36] Europe's manufacturing federations for PVC (ECVM), plasticizers (ECPI) and stabilizers (ESPA), and the plastics converters' federation (EuPC) (Hrsg.): The voluntary Commitment of the PVC industry. Progress report 2001: http://www.pvcinitiative.com/Brochures/PCV-INITIATIVE.htm
[37] European Coil Coating Association (Veranst.): 39. Hauptversammlung (Warschau 2005). Brüssel: ECCA, 2005. – Davies, P.: New Technologies for PVC Plastisols
[38] European Coil Coating Association (Veranst.): 36. Herbstkongress (Brüssel 2002). Brüssel: ECCA, 2002. – Meuthen, B.: One-component polyurethane Systems for coil coating: 30 years of experience
Jandel, A.-S.: Hart und flexibel: Polyurethan-Systeme für die Bandbeschichtung. In: JOT 43 (2003), Heft 2, S. 38–41
[39] Hauptverband der Berufsgenossenschaften: <http.//www. hvbg.de>, Arbeitsschutz und Unfallverhütungsvorschriften
[40] European Coil Coating Association (Veranst.): 37. Herbstkongress (Brüssel 2003). Brüssel: ECCA, 2003. – Lewarchik, R.: Coil Coating product development: Innovative solutions for a cleaner environment

Die Coil-Coating-Industrie und ihre Fachverbände

8

8.1 Die Coil-Coating-Industrie

Wie bei vielen anderen Produkten auch, ist der Absatz von bandbeschichtetem Blech den Schwankungen unterworfen, die durch die wirtschaftliche Situation hervorgerufen werden. Derzeit entwickeln sich die Märkte regional sehr unterschiedlich. Der europäische Coil-Coating-Markt verzeichnete 2011 ein Volumen von rund 6 Millionen Tonnen [1]. Die Wirtschaftskrise 2008/2009 hatte zu einem Produktionsrückgang um 22 % geführt, den die Industrie bis heute nur teilweise wieder aufgeholt hat (Bild 8.1). In 2010 wurden mit 5,1 Millionen Tonnen 84 % des Absatzes aus dem Jahr 2007 erreicht, das als das beste Jahr für die europäische Bandbeschichtung angesehen wird. Bei bandbeschichtetem Stahl ging der Absatz 2011 noch einmal um 2 % zurück. Der Absatz von bandbeschichtetem Aluminium konnte das Niveau von 2010 halten. Die Analysten der European Steel Association Eurofer gehen davon aus, dass sich der europäische Markt ab 2013 zunehmend wieder belebt.

Im Jahr 2011 wurden insgesamt 4,6 Millionen Tonnen bandbeschichteter Stahl und 370.000 Tonnen bandbeschichtetes Aluminium abgesetzt. Zwei Drittel des in Europa bandbeschichteten Stahls wird in Westeuropa verarbeitet, rund 31 % in Zentral- und Osteuropa. Aluminium wird überwiegend in Westeuropa nachgefragt. Nur 15 % werden in Mittel- und Osteuropa abgesetzt.

Zum Rückgang der Produktion trugen auch die vermehrten Importe bei. Sie stiegen auf den bisher höchsten Wert von 1,2 Millionen Tonnen (Bild 8.2). Hauptimporteur war mit etwa 700.000 Tonnen China. Aus Indien wurden etwa 200.000 Tonnen eingeführt. Nennenswerte Mengen kommen zudem aus Taiwan und Australien. Stieg der Import nach Europa 2011 um 36 %, so ging der Export aus Europa hinaus um 1 % zurück. Nach Angaben von Eurofer lag diese Menge 2011 bei 432.000 Tonnen. Hauptabnehmer waren Russland und die Ukraine.

A.-S. Jandel, B. Meuthen, *Coil Coating*,

DOI 10.1007/978-3-8348-2354-0_8,

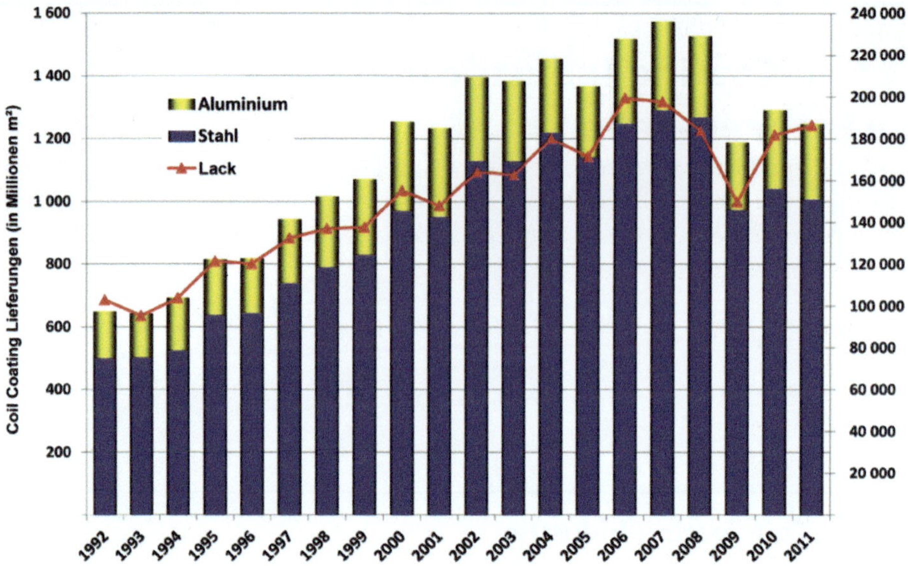

Bild 8.1 Entwicklung des Coil-Coating-Marktes in Europa. (Quelle: ECCA, Brüssel)

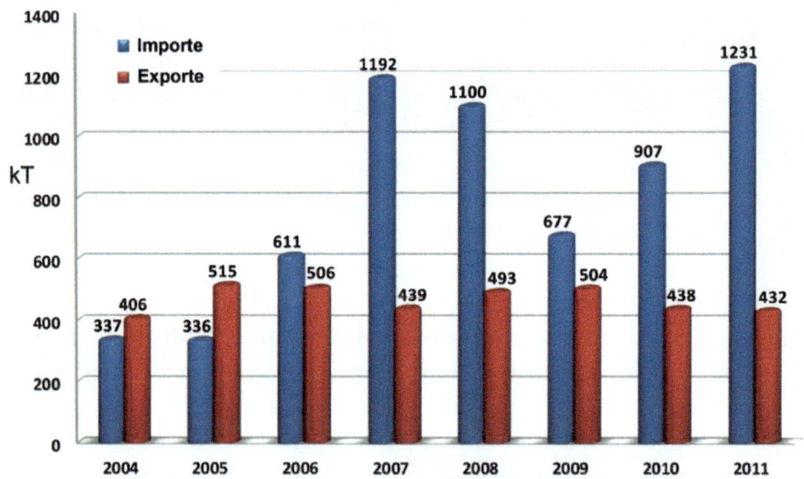

Bild 8.2 Die Importe von bandbeschichtetem Material in die EU haben in den letzten Jahren stark zugelegt. (Quelle: ECCA, Brüssel)

Eine Gesamtübersicht über den Welt-Coil-Coating-Markt ist zurzeit nicht verfügbar, da keine belastbaren Daten aus Ostasien zur Verfügung stehen.

Während der europäische Coil-Coating-Markt die Wirtschaftskrise 2008/2009 noch nicht überwunden hat, ist der nordamerikanische Markt in den letzten beiden Jahren stark gewachsen. Die NCCA (National Coil Coating Association) verzeichnete bei beschichtetem Aluminium in 2010 einen Zuwachs von 48 % gegenüber 2009 und in 2011 wuchs der Markt noch einmal um 11 % auf jetzt 431.000 Tonnen. Die Erholung war auf der Stahlseite nicht so stark. Hier gab es einen Zuwachs um 15,3 % in 2010 gegenüber 2009 und um weitere 7 % in 2011 auf nunmehr 3.696 000 Tonnen [1].

Der nordamerikanische Markt ist also mit rund 4 Millionen Tonnen kleiner als der europäische. Auch die Importe sind im Vergleich gering. Während 2011 nach Europa 1,2 Millionen Tonnen importiert wurden, lag der Import in die USA bei rund 300.000 Tonnen. Hauptimporteuer sind Taiwan und China, gefolgt von Korea, Kanada und Mexiko. Die Importstruktur hat sich hier im Vergleich zum Beginn des 21. Jahrhunderts stark gewandelt. Damals waren Korea, Kanada und Mexiko die Hauptimporteure (Bild 8.3).

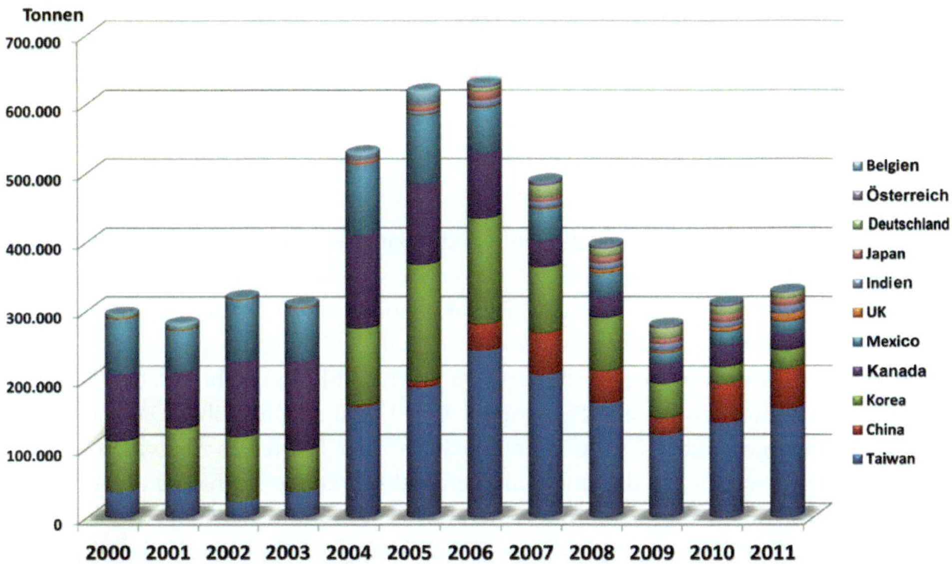

Bild 8.3 Waren Korea, Kanada und Mexico noch zu Beginn des 21. Jahrhunderts die Hauptimporteuer nach USA, so ist China heute als wesentlicher Importeur nach Taiwan auf den zweiten Platz gerückt. (Quelle: ECCA, Brüssel)

Im Mittleren Osten und Nordafrika (MENA – Middle East and North Africa) übersteigen die Produktionskapazitäten derzeit die Nachfrage nach bandbeschichteten Material um mehr als 40 % (Bild 8.4). Aber der Boom im Immobiliensektor und die Investitionen der Gewinne aus dem Ölexport erzeugen eine große Nachfrage nach Stahl und auch nach bandbeschichtetem Material. Der Markt im MENA-Raum, dazu gehören Saudi-Arabien, Kuweit, Quatar, die Vereinigten Arabischen Emirate, Ägypten und Jordanien, hat derzeit ein Volumen von etwa 350.000 Tonnen [2].

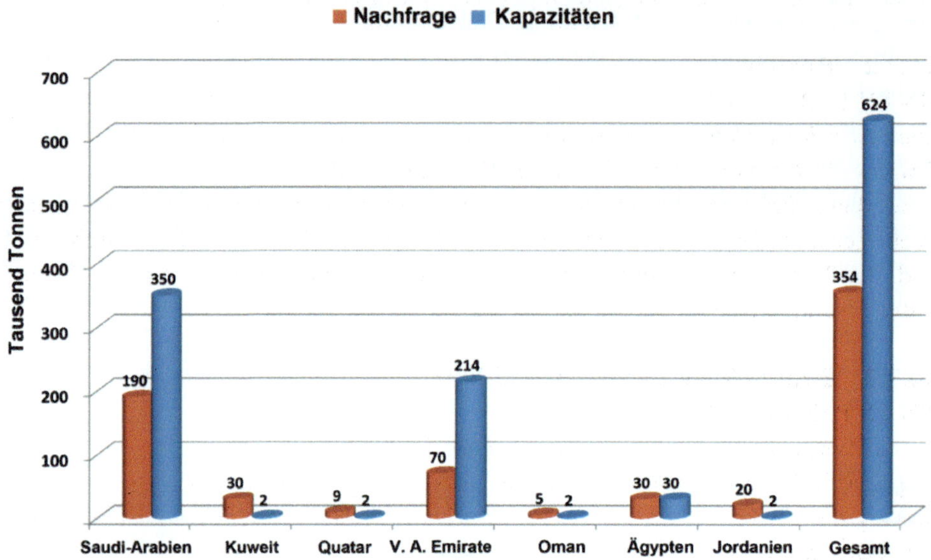

Bild 8.4 Die Produktionskapazitäten im Mittleren Osten und Nordafrika sind erheblich größer als die dortige Nachfrage. (Quelle: ECCA, Brüssel)

In Russland wird fast ausschließlich Stahl für die Bandbeschichtung eingesetzt. 95 % des dort produzierten Materials werden mit Polyestern für den Baubereich beschichtet. Die Nachfrage ist sehr hoch. Sie stieg von 600.000 Tonnen in 2005 auf über 1,8 Millionen Tonnen im letzten Jahr. Für das Jahr 2020 wird ein Bedarf von 3,5 Millionen Tonnen erwartet [3]. Aber die im Land produzierte Menge reicht längst nicht aus, den Bedarf zu decken. Deshalb wurden im Jahr 2011 rund 850.000 Tonnen eingeführt. Das war ein Zuwachs von 14 % gegenüber 2010 und entspricht fast der Hälfte des russischen Marktes. Importe sind notwendig, da die einheimischen Stahlwerke die Nachfrage nicht befriedigen können. Die drei wichtigsten Produzenten verfügen zusammen über 80 % der Gesamtkapazität. Experten erwarten ein kontinuierlich steigendes Wachstum des russischen Coil-Coating-Marktes (Bild 8.5). Die notwendige Produktionskapazität müsste bis 2020 um 1,2 Millionen Tonnen gesteigert werden, um die Nachfrage befriedigen zu können.

Für die etwa fünf Millionen Tonnen Stahl und Aluminium, die im Jahre 2011 in Europa organisch beschichtet wurden, wurden rund 187.000 Tonnen Lack benötigt [1]. Davon werden 58,6 % als Decklacke, 24,5 % als Primer und 16,9 % als Rückseitenlacke eingesetzt. Damit ist die Coil-Coating-Industrie ein nicht unbeträchtliches Marktsegment in der industriellen Lackierung.

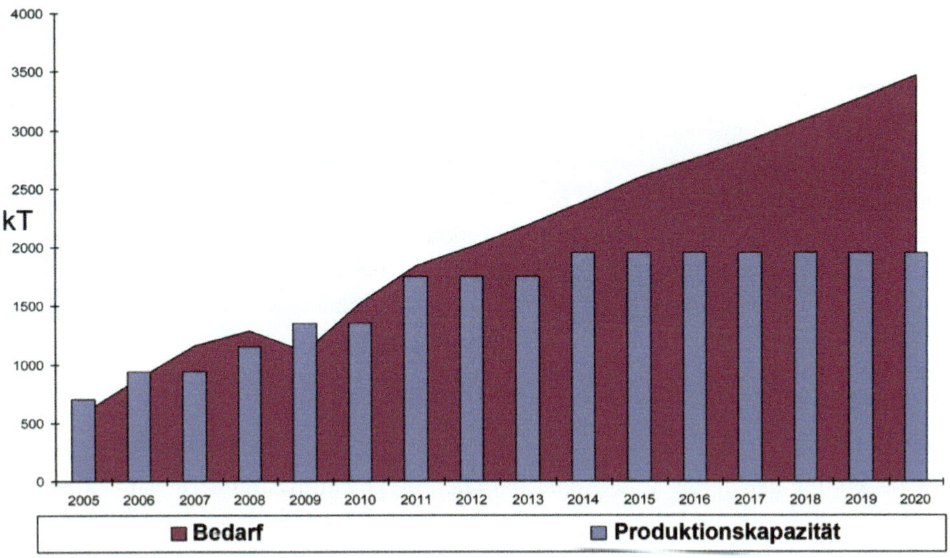

Bild 8.5 In Russland wird ein kontinuierlicher Anstieg der Nachfrage nach Coil-Coating-Material für die nächsten Jahre erwartet. (Quelle: ECCA, Brüssel)

Als Beschichtungsstoffe werden überwiegend Flüssiglacke eingesetzt. Unter ihnen dominieren Polyester aller Art (72 %) und Polyurethan-Systeme (13 %), gefolgt von PVC-Plastisolen (11 %). Ein Nischenprodukt sind PVDF-Beschichtungen (3 %), die eine sehr hochwertige und belastungsfähige, aber recht teure Oberfläche liefern (Bild 8.6). Nur rund ein Prozent sind Lacke auf wasserverdünnbarer Basis oder Pulverlacke. Der Anteil von folienbeschichtetem Metall an den Gesamtlieferungen ist in den letzten Jahren auf etwa 25 Millionen Quadratmeter mit Folie beschichtetes Material, das entspricht etwa 2 % der europäischen Gesamtlieferungen, zurückgegangen.

Der größte Markt für Coil-Coating ist immer noch der Baubereich, in dem 73 % bandbeschichteter Stahl bzw. 76 % Aluminium verarbeitet werden. Aluminium wird in größeren Mengen (12 %) im Fahrzeugbau für Lastwagenaufbauten, für Chassis und Aufbauten für Wohnmobile eingesetzt. Für bandbeschichteten Stahl sind der Fahrzeugbau (9 %) und die Hausgeräteindustrie (7 %) weitere Abnehmer [1]. So werden unter anderem Gehäuse für Waschmaschinen, Kühl- und Gefrierschränke, Geschirrspüler oder Elektronikgeräte vielfach aus vorlackiertem Stahl hergestellt. Im Fahrzeugsektor sind es die fertiglackierten LKW-Aufbauten, Wohnwagen und Automobil-Zubehörteile aber auch die Dünnfilmbeschichtungen für den Korrosionsschutz, mit denen die Bandbeschichtung hier Marktanteile besitzt. (Siehe auch Kapitel 2.)

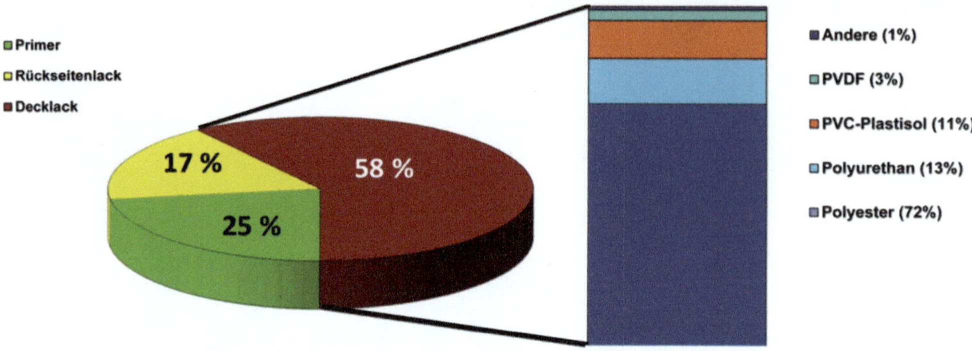

Bild 8.6 Lacklieferungen in Europa 2011. (Quelle: ECCA, Brüssel)

Die Bedeutung der mittel- und osteuropäischen Beschichtungsindustrie hat erwartungsgemäß, auch durch die Schaffung erheblicher Kapazitäten, in den letzten Jahren zugenommen. Mit der Öffnung der Europäischen Union für die Länder Mittel- und Osteuropas stieg dort der Bedarf an bandbeschichtetem Blech an. In der Slowakei wurde 1973 die erste Bandbeschichtungsanlage errichtet. Belieferten die Bandbeschichter damals überwiegend den Baubereich, so sind heute die Hausgeräte- und die Automobilindustrie in einem beachtlichen Ausmaß dazugekommen. Unter den neuen EU-Ländern Ungarn, Polen, Tschechische Republik und der Slowakei ist Polen heute der größte Produzent von kaltgewalztem Blech. Die Beschichtungskapazität wird durch die neu errichteten Beschichtungslinien erhöht [4].

Zu den heute stark wachsenden Coil-Coating-Märkten gehört China. Die Auswirkungen dieses Wachstums machen sich in Europa drastisch bemerkbar. Rohstoffe wie Erz, Kohle, Schrott sind knapper und teurer geworden, da sie in die überproportional wachsende chinesische Produktion wandern. So verknappte sich auch das Angebot an Stahl, der beschichtet werden konnte. Zum anderen drängen chinesische Unternehmen mit ihren Produkten auf den europäischen Markt.

Die erste Bandbeschichtungsanlage mit deutscher Technologie wurde in China 1987 bei Wuhan Iron & Steel in Betrieb genommen [5]. Bis Ende 2004 waren mehr als 150 Coil-Coating-Anlagen aller Größenordnungen im Einsatz. Schon 2003 wurden in China rund 3 Millionen Tonnen bandbeschichteter Stahl verbraucht. Damals wurden 2 Millionen Tonnen im Land gefertigt und wurden 1,1 Millionen Tonnen importiert. Heute liegen keine Zahlen über die aktuellen Produktions- und Verbrauchskapazitäten vor.

Mit dem wachsenden Markt hat sich natürlich auch die Anzahl der Anlagen auf allen Kontinenten vervielfacht (Tabelle 8.1). In mehr als 60 Ländern wird heute Band beschichtet. Kennzeichnend für die derzeitige Situation der Coil-Coating-Industrie sind neue Unternehmen und neue Anlagen vor allem auch in Ländern, in denen es bisher keine Bandbeschichtung gab, Fusionen, Übernahmen und Namensänderungen von Unternehmen und vor allem das stürmische Wachstum in China, Indien und Russland.

Die europäischen Bandbeschichter betreiben derzeit etwa 200 Anlagen aller Größenordnungen. Bei dieser Zahl sind die Einzweck-Emballagen-Lackieranlagen, die Anlagen für Finstock und die Verzinkungsanlagen mit organischer Nachbehandlung nicht mitgezählt. Auf vielen Stahl- und Aluminium-Anlagen mittelständischer Unternehmen, deren Bandbreiten unter 600 mm liegen, werden Bänder für Rollläden (Sonnenschutzsysteme) beschichtet [6].

Tab. 8.1 Weltweite Verbreitung von Beschichtungsanlagen

Regionen	**Länder**
Westeuropa	Belgien, Dänemark, Deutschland, Finnland, Frankreich, Griechenland, Großbritannien, Italien, Niederlande, Norwegen, Österreich, Portugal, Schweden, Schweiz, Spanien
Mittel- und Osteuropa	Bulgarien, Kroatien, Makedonien, Polen, Rumäien, Russland, Serbien und Montenegro, Slowakei, Slowenien, Tschechische Republik, Türkei, Ukraine, Weißrussland
Afrika	Ägypten, Algerien, Ghana, Kenia, Libyen, Marokko, Nigeria, Südafrika
Naher Osten	Iran, Israel, Jordanien, Saudi-Arabien, Syrien, Vereinigte Arabische Emirate
Asien	V. R. China, Indien, Indonesien, Japan, Kasachstan, Malaysia, Nepal, Philippinen, Südkorea, Taiwan, Thailand, Vietnam
Australasien	Australien, Neuseeland
Nordamerika	Kanada, USA
Mittel- und Südamerika	Argentinien, Brasilien, Chile, Costa Rica, Kolumbien, Mexiko

Seit einigen Jahren ist zu beobachten, dass besonders in Europa eine Zahl von Anlagen für die Inline-Kombination der Prozesse, insbesondere für das Schmelztauchverzinken und Bandbeschichten – seltener für das elektrolytische Verzinken – bzw. bei Aluminium für das Glühen und Bandbeschichten, ausgelegt worden sind. In den letzten Jahren wurden neue kombinierte Anlagen in Deutschland, Frankreich, Italien, in den Niederlanden und in Spanien in Betrieb genommen. Die Zunahme der Beschichtungskapazität zeigt deutlich, dass sich die Bandbeschichtung als industrielles Beschichtungsverfahren weltweit etabliert hat.

Über die Anzahl der Anlagen in Nordamerika gibt es nur eine alte Übersicht, die die National Coil Coating Association erstellt hat. Darin wird eine Gesamtzahl von 165 Anlagen genannt [7].

Die Coil-Coating-Industrie in Europa, Asien und Nordamerika weist deutliche Unterschiede hinsichtlich ihrer Strukturen auf. In Europa und Asien entwickelte sie sich seit den 1960er Jahren vor allem innerhalb der Stahl- und Aluminiumunternehmen. Die

Konzerne haben die Bandbeschichtungstechnologie in ihren Produktionsablauf vom gewalzten bis zum oberflächenveredelten Erzeugnis hin integriert.

Auf dem nordamerikanischen Markt hingegen, insbesondere in den USA, wird die Beschichtung von Stahl und Aluminium überwiegend von Lohnbeschichtern durchgeführt. Die unabhängigen Unternehmen lackieren die Coils, ohne an einen bestimmten Lieferanten für das Substrat oder die Beschichtungsstoffe gebunden zu sein. Dies impliziert eine völlig andere Kunden-Lieferanten-Beziehung. Während in Europa die Stahl- bzw. Aluminiumwerke mit ihrem Kunden, beispielsweise einem Hausgerätehersteller, der das fertig lackierte Blech verarbeitet, über die Spezifikation der Beschichtung verhandelt und dann beim Lacklieferanten die notwendigen Beschichtungsstoffe bestellt, verhandelt in den USA der Lacklieferant mit dem Endanwender. Sie wählen die für das Produkt geeignete Beschichtung aus und suchen dann den Beschichter aus, der den Lack auf seiner Anlage verarbeiten kann. Oder aber der Stahllieferant und der Endanwender suchen die Beschichtungsstoffe aus, die der Lohnlackierer dann einkauft. Im Gegensatz zu Europa wird also der Lacke hier hauptsächlich vom Anwender ausgewählt. Aluminium wird hingegen auch in Nordamerika meist intern bei den Substratherstellern beschichtet [8].

8.2 European Coil Coating Association (ECCA)

8.2.1 Der Verband

Die European Coil Coating Association (ECCA) mit Sitz in Brüssel wurde 1967 gegründet. Sie hat den Status als INPAs (International Non-Profit Association with Scientific Purpose)/AISBL (Association Internationale Sans But Lucratif). Die ECCA hat sich der Förderung des Einsatzes von bandbeschichtetem Metall als umweltschonendem, kostengünstigen und qualitativ hochwertigen Beschichtungsverfahren verschrieben [9,10]. Ihre Ziele sind die:

- Förderung des Einsatzes von bandbeschichtetem Aluminium und Stahl als ressourcen- und umweltschonende, kostengünstige und qualitativ hochwertige Alternative zur Stückbeschichtung
- Förderung neuer Technologien zur Herstellung und Weiterverarbeitung von bandbeschichtetem Material
- Anwendungstechnische Unterstützung und Hilfestellung bei der Weiterverarbeitung bandbeschichteter Erzeugnisse
- Festlegung von einheitlichen Qualitätsstandards
- Interessenvertretung und Mitarbeit bei der europäischen Normung für bandbeschichtete Werkstoffe und Prüfverfahren, bei der Umsetzung der europäischen Gesetzgebung für umweltgerechte Oberflächenbehandlungsanlagen

- Bildung eines Forums für den Gedankenaustausch zwischen Chemie- und Lackindustrie, Bandbeschichtern, Weiterverarbeitern und Fachverbänden
- Mitarbeit in den Gremien und Vertretung der regionalen Interessen in Fachverbänden.

Zur Gründung der ECCA fanden sich 1967 einige westeuropäische Unternehmen zusammen. Es handelte sich um elf Bandbeschichter aus Belgien, Frankreich, Deutschland, Großbritannien, Italien und der Schweiz, deren Namen alle heute nicht mehr als solche existieren, sowie 26 Unternehmen der Zulieferindustrie [11]. Heute zählt die ECCA, nicht zuletzt im Zuge der Globalisierung und breiten Anerkennung, über 140 Mitgliedsunternehmen weltweit. Dazu gehören die Bandbeschichter der großen Stahl- und Aluminiumkonzerne mit integrierter Band-Oberflächenveredelung und teilweise eigenen Bauteilwerken sowie mittelständische Unternehmen, der große Bereich der Zulieferindustrie, wie die chemische Industrie, die Lackindustrie, Anlagen- und Gerätehersteller, Service Centers, Institute und Fachverbände.

Die Organe des Verbandes sind die Mitgliederversammlung, der Verwaltungsrat mit dem Präsidenten, dem Vizepräsident und Vertretern ordentlicher europäischer Mitgliedsunternehmen, der Exekutivausschuss, das Sekretariat, der Marketingausschuss (MC) und der Technische Ausschuss (TC). Der Präsident wird für jeweils 2 Jahre gewählt (Tabelle 8.2). Bei der Zusammensetzung der Gremien wird darauf geachtet, dass möglichst alle Länder und Regionen sowie die unterschiedlichen Firmenbereiche vertreten sind.

Bei allen Aktionen der ECCA bleiben der freie Wettbewerb und spezifische Handelsfragen unberührt. Die ECCA umfasst keine Aktivitäten in Geschäftsbereichen mit ähnlicher Bandveredelungstätigkeit, insbesondere nicht für bandbeschichtete Emballagen und dergleichen.

Nationale Mitglieder haben sich auf freiwilliger Basis in mehreren nationalen bzw. regionalen Verbänden, zum Teil mit registriertem Verbandsstatus, organisiert. Diese sind zwar satzungsgemäß keine ECCA-Mitglieder, arbeiten aber nach ihren Vorgaben. Sie engagieren sich in der Ausbildung und Öffentlichkeitsarbeit, z. B. durch die Publikation eigener Websites und durch Seminare, in großen Umfang auch durch Delegierte in den ECCA-Gremien, bei Projekten und durch Vorträge (www.prepaintedmetal.eu).

In den USA wurde 1962 der nordamerikanische Dachverband, die National Coil Coating Association (NCCA) gegründet. Die enge Zusammenarbeit mit diesem in Cleveland, Ohio, ansässigen Verband, der ebenfalls weltweit ausgerichtet ist [12], hat sich seit vielen Jahren beim Informationsaustausch und bei gemeinsamen Projekten bewährt. Dazu gehört die jährliche Präsentation der NCCA-Statistik [13]. Über zehn Jahre wurde ein gemeinsames weltweites Freibewitterungsprogramm durchgeführt [14, 15].

Neben den Projektgruppen, die spezielle Aufgaben bearbeiten – ein aktuelles Projekt ist ein Quality Label – gibt es drei ständige Komitees (Tabelle 8.3).

Tab. 8.2 Liste der ECCA-Präsidenten (1967–2012)

1967	M. Reimann	(Trierer Walzwerk, D), Gründungspräsident
1970	D. H. Davies	(British Steel, GB)
1972	M. Couëtoux	(Cegedur Pechiney, F)
1974	J. Dubois	(Phenix Works, B)
1976	D. Talluri	(La Magona d'Italia, I)
1978	K. Niederstein	(Siegener AG, D)
1980	J.-M. Rozier	(Galvanor-Coloracier, F)
1982	N. Makins	(British Steel, GB)
1984	H. Otto	(Hunter Douglas Europe, NL)
1984	P. Rocholl	(Hunter Douglas Europe, NL)
1986	V. Moreau	(Phenix Works, B)
1988	C. Coccia	(Alcan Alluminio, I)
1990	A. Coustenoble	(Sollac, F)
1992	P. Burling	(British Steel, GB)
1994	B. Meuthen	(Krupp Hoesch Stahl, D)
1996	J. Dawance	(Cockerill Sambre, B)
1998	L. Pisa	(Alcan Alluminio, I)
2000	Y. Donon	(Usinor-Sollac, F)
2002	J. Lamesch	(Arcelor FCS Commercial, L)
2004	F. Eschauzier	(Hunter Douglas Europe, NL)
2006	T. Goodwin	(Corus Colors, GB)
2008	A. Ranta-Eskola	(Ruuki Constraction, FI)
2010	H. Höfler	(Hydro Aluminium, D)
2012	J. Lang	(US Steel, SK)

Tab. 8.3 ECCA Projekt Teams

Marketing Committee (MC)	
Technical Committee (TC)	TC3: Standardization TC4: Test methods TC8: Outdoor exposure (EURODES)
Environmental Sustainability Committee (ESC)	

8.2.2 Statistik

Die ECCA hat seit 1970 detaillierte Lieferstatistiken der westeuropäischen Mitgliedsunternehmen erstellt. Die Datenerhebung wurde 2002 auf das gesamte Europa, d. h., einschließlich Mittel- und Osteuropa sowie der Türkei ausgedehnt. Diese Statistik, die auf den vertraulich behandelten Einzelangaben der Mitgliedsunternehmen basiert, gibt einen Trend wieder. Weitere Statistiken werden zum Teil in detaillierter Form und vertraulich nur für Mitgliedsunternehmen erarbeitet. So werden die Lieferungen von bandbeschichtetem Metall, getrennt für lackiertes bzw. folienbeschichtetes Material, nach Absatzmärkten gelistet. Es werden die Lieferströme für beschichteten Stahl und Aluminium innerhalb Europas dargestellt. Außerdem gibt die ECCA eine Übersicht über die Mengen der eingesetzten Flüssig- und Pulverlacke, basierend auf den europäischen Lacklieferungen. Die Statistik unterscheidet hier nach wesentlichen Bindemittelklassen und Einsatzzwecken, wobei eine Einteilung nach Primer, Decklacke und Rückseitenlacke praktiziert wird.

8.2.3 ECCA Projekte

Zu den wichtigsten Aufgaben zählt die ECCA bandbeschichtetes Material und seine Anwendungen bekannt zu machen. Dazu hat die ECCA ein Selbstlernprogramm im Internet eingerichtet, mit dem sämtliche Fragestellungen rund um Produktion und Eigenschaften selbständig erarbeitet werden können. Neue Entwicklungen auf dem Arbeitsgebiet werden auf den beiden Konferenzen, die die ECCA im Frühjahr und im Herbst organisiert, diskutiert.

Eine wichtige ECCA-Initiative für ihre Mitglieder war die Errichtung von Freibewitterungsständen mit typischen klimatischen Bedingungen entlang der westeuropäischen Atlantikküste, EURODES® (European Outdoor Exposure Sites) [16]. Diese Freibewitterungsstände werden seit 1990 an Orten mit unterschiedlichen klimatischen Bedingungen eingerichtet. Es sind:

- Hoek van Holland (NL) mit Industrie- und Meeresatmosphäre (C1)
- Lissabon/Lumiar (PT) mit starker UV-Strahlung (C1)
- Brest (FR) mit Meeresatmosphäre (C2)

Auf diesen Ständen werden Proben entsprechend den Normen (DIN) EN 13523-19 und -21 [17] für unterschiedlich lange Zeiten ausgelegt, die dann unter Beteiligung von renommierten Instituten ausgewertet werden. Die Nutzung dieser Freibewitterungsstände steht auch ECCA-Nichtmitgliedern zur Verfügung.

Eine weitere Aufgabe des Verbandes ist die Erarbeitung von Prüfverfahren, um die Qualität des Produktes einheitlich bewerten zu können. So wurden seit 1977 von der Technischen Kommission viele Prüfverfahren (T1-T17) für bandbeschichtete Metalle veröffentlicht und 1985 revidiert bzw. ergänzt (T1-T18) [11]. Eine weitere Überarbeitung und Erweiterung erfolgte bis 1996 (T1-T10, T13-T15, T17-T23). Seit 1995 werden diese

Prüfverfahren zusammen mit dem DIN, Sekretariat des CEN TC 139 „Lacke und Anstrichstoffe/WG 9 – Coil coated metals – test methods“, unterstützt von der ECCA und einem ECCA Projekt Team, stufenweise in eine EN-Fassung gebracht. In der Reihe EN 13523 sind bis heute 29 Teile in dreisprachiger Ausgabe (deutsch, englisch, französisch) erschienen [9,18]. Weitere Teile liegen derzeit als Normentwürfe vor oder sind in der Vorbereitung. Damit werden zahlreiche andere Normen wie ISO-, ASTM- und EN-Normen, wo immer möglich, durch die produkttypischen Fassungen ersetzt und ergänzt.

8.3 ECCA-Gruppe Deutschland

8.3.1 Der Verband

Die ECCA-Gruppe Deutschland e. V., Fachverband Bandbeschichtung, wurde 1991 innerhalb der European Coil Coating Association als größte regionale Gruppe gegründet. Inzwischen gehören ihr 29 Unternehmen aus Deutschland, Österreich und der Schweiz an. Die Ziele des Fachverbandes wurden analog zu denen der ECCA festgelegt, wobei die erste Priorität ist, den Einsatz von bandbeschichtetem Material zu fördern. Schon seit Ende der 1960er Jahre, nachdem die ECCA gegründet worden war, haben sich die deutschen Mitglieder der ECCA als nicht eingetragener Verband getroffen. Zu den Aktivitäten gehörten Fachveranstaltungen wie die:

- 1. Fachtagung „Coil-Coating-Material – Stahl und Aluminium; wirtschaftliche Werkstoffe für Konstruktion und Gestaltung“, Düsseldorf, 24.03.1977
- 2. Fachtagung „Stahl und Aluminium bandbeschichtet – Anwendung und Verarbeitung“ Düsseldorf, 18.03. 1980 und
- JOT-Fachtagung „Coil Coating – Alternative zum Stücklackieren“, München, 25./26.10. 1990

Später kamen hinzu die:

- JOT/ECCA-D-Fachtagung „Coil Coating ´92“, München, 21./22.5.1992
- Lehrgang Technische Akademie Esslingen (TAE)/ ECCA-Gruppe Deutschland, „Organisch bandbeschichtete Werkstoffe – Aluminium und Stahl für die blechverarbeitende Industrie: Vorveredelung als Alternative zur Stückveredelung“, Esslingen, 21.10.1997
- Bandbeschichtete Metalle – Eine umweltfreundliche Alternative für die blechbearbeitende Industrie, Haus der Technik Essen e. V., Außeninstitut der RWTH Aachen, Essen, 20.9.2005
- Coil Coating (Bandbeschichtung), FHTE (Hochschule Technik Esslingen), Esslingen – dieses Seminar wird regelmäßig im Zweijahresrhythmus durchgeführt.

8.3.2 Projekte

8.3.2.1 1K-PUR-Systeme für Coil Coating

In den letzten Jahren haben sich kleine Arbeitsgruppen von Experten etabliert, die sich spezielle Projekte vorgenommen haben. So wurde 2002 das Projekt „1K-PUR-Systeme für Coil Coating" bearbeitet [19], weil Polyurethan unter Arbeitsschutz- und Gesundheitsaspekten in die Diskussion gekommen war.

1K-Polyurethansysteme wurden vor 30 Jahren in der deutschen Coil-Coating-Industrie eingeführt. Sie haben sich erfolgreich und vielseitig für Primer, Rückseiten- und Decklacke sowie für spezielle Haftvermittler bewährt. Aufgrund ihrer dekorativen, schützenden und funktionellen Eigenschaften haben sie viele Anwendungen im Bauwesen, in der allgemeinen blechbearbeitenden Industrie und im Transportwesen gefunden. Dabei reicht die Palette vom schweißbaren Korrosionsschutzprimer bis hin zum Dickschichtsystem. Im Detail wurden in dem Projekt die Gesundheits- und Sicherheitsaspekte während der einzelnen Fertigungsstufen, ausgehend vom monomeren Diisocyanat bis zur fertigen Polyurethanbeschichtung, aufgezeigt. Es wurde gezeigt, dass der Umgang mit diesem Lacksystem kein höheres Risiko darstellt als der Umgang mit anderen Beschichtungssystemen.

Monomere Basis-Diisocyanate wie HDI oder IPDI sind verhältnismäßig flüchtig und weisen zugleich eine hohe akute Inhalationstoxizität auf. Sie werden als reizend auf Haut, Augen und Atemtrakt eingestuft und können auch eine Sensibilisierung von Haut und Atemwegen bewirken. Eine Exposition gegenüber Diisocyanaten kann durchaus eine Beeinträchtigung der Gesundheit zur Folge haben. Aus diesem Grund werden Diisocyanate für den Beschichtungsbereich nicht monomer, sondern nur in modifizierter Form eingesetzt. Durch Überführung in Polyisocyanate werden sowohl die toxikologischen Eigenschaften als auch das Risiko einer Exposition drastisch reduziert.

Polyisocyanate sind praktisch nicht flüchtig und besitzen nur eine geringe bis moderate Inhalationstoxizität. Sie werden nicht als reizend eingestuft und erwiesen sich nicht oder allenfalls als schwache Sensibilisatoren. Für Coil-Coating-Anwendungen werden Polyisocyanate mit sogenannten Blockierungsmitteln nochmals chemisch modifiziert. Sie sind dann bei Raumtemperatur sowie bei erhöhten Temperaturen stabil und spalten unter diesen Bedingungen keinerlei monomere Diisocyanate ab.

Für 1K-PUR-Systeme werden sie mit OH-funktionellen Polyestern bei Raumtemperatur gemischt. Auch diese Systeme sind selbst bei erhöhten Temperaturen stabil. Somit stellt der Umgang mit diesem Lacksystem kein höheres Risiko als der Umgang mit anderen Beschichtungssystemen dar. Beim Bandbeschichtungsprozess entsteht im Trockner bei entsprechender PMT (Peak Metal Temperature) von über 200 °C unter Abspaltung des Blockierungsmittels die PUR-Beschichtung mit einem hochmolekularen Netzwerk.

Die thermische Stabilität der 1K-PUR-Systeme und die Arbeitsweise der modernen Coil-Coating-Trockner mit der integrierten thermischen Nachverbrennung der Abgase gestatten sehr sichere Arbeitsplatzbedingungen. Es ist durch eine Reihe analytischer Messungen während der betrieblichen Fertigung mehrfach bestätigt worden, dass, wenn überhaupt, nur sehr geringe Konzentrationen an freien Diisocyanaten weit unterhalb der zulässigen maximalen Arbeitsplatzkonzentration auftreten.

8.3.2.2 Chromfreie Systeme für Coil Coating – Stand der Erfahrungen

Ein anderes Projekt befasste sich mit chromfreien Systemen. Ziel des Projektes „Chromfreie Systeme für Coil Coating – Stand der Erfahrungen" war es, die im industriellen Einsatz gesammelten Erfahrungen mit diesen Systemen zusammenzutragen und zu ordnen [20].

Sechswertiges Chrom ist als karzinogen eingestuft und wurde in vielen Teilen der Welt durch Gesetze z. B. die europäische Altfahrzeugrichtlinie und die Richtlinie zur Beschränkung der Verwendung bestimmter gefährlicher Stoffe in Elektro- und Elektronikgeräten verboten. Die Lieferanten von Chemikalien und Lacken haben sich auf die Entwicklung chromfreier Vorbehandlungen und Lacke konzentriert. Neben der Aufgabe, die gesetzlichen Vorschriften zu erfüllen, lassen sich beim Einsatz schwermetallfreier Systeme auch die Kosten für die Abwasserentsorgung und die Beseitigung von Schwermetallen senken. Chromfreie Vorbehandlungen und Lacke werden heute überwiegend eingesetzt. In dem Projekt wurde der Einsatz von Chromverbindungen in den einzelnen Prozessstufen untersucht und bewertet.

8.3.2.3 Messtechnik

Um die Qualität bandbeschichteter Produkte zu bestimmen, wird eine Vielzahl von Messmethoden eingesetzt. Da die Methoden mit unterschiedlichen Messungenauigkeiten behaftet sind, werden geeigneten Referenzmessmethode benötigt. Auch wird die Eignung eines eingesetzten Messmittels häufig in Frage gestellt.

Das Projekt der deutschen Gruppe der ECCA hatte zum Inhalt, die Eignung der in der Praxis am häufigsten verwendeten Messmethoden zu bewerten [21]. Es wurden die Erwartungen, die ein Anwender an die Genauigkeit und Reproduzierbarkeit von Messmethoden stellen kann, quantifiziert und die Grenzen der Messmethoden aufgezeigt. Zudem wurden Empfehlungen für Referenzmethoden erarbeitet. Zudem zeigte sich, dass die untersuchten Messverfahren zur Schichtdickenmessung keine befriedigenden Ergebnisse lieferten. Fehlende Prüfnormale, die exakte Einhaltung der Prüf- und Kalibriervorschriften und auch die Wartung der Prüfgeräte stellten sich als Diskussionspunkte heraus. In einem weiteren Projekt wird nun die Messmethode zur Schichtdickenbestimmung weiter untersucht.

8.3.2.4 Laminate

In der Bandbeschichtung werden seit vielen Jahren Laminate eingesetzt. In diesem Projekt der ECCA Gruppe wurde ein Überblick über die Produkte und Einsatzzwecke zusammengestellt und zukünftige Chancen eruiert. Das erste erfolgreiche Kaschieren einer Folie im Bandbeschichtungsverfahren fand zu Beginn der 1960er Jahre statt. Seitdem wurde eine Vielzahl von Folien entwickelt, die in ihren chemischen Zusammensetzungen und Eigenschaften variierten, um neben dem dekorativen Aspekt auch den unterschiedlichen technischen Anforderungen der Anwender gerecht zu werden, die aus dem Baubereich, dem Transportgewerbe, der Hausgeräteindustrie oder der pharmazeutischen und der Nahrungsmittelindustrie kamen. Die Laminate haben sich über die Jahre erfolgreich durchgesetzt, weil sie den Anforderungen gerecht wurden. Sie bieten viele Möglichkeiten hinsichtlich Design und technischer Eigenschaften. Damit weisen sie auch den Weg für zukünftige Applikationen im Bereich der Energieeinsparungen oder im Leichtbau [22].

8.4 Literatur zu Kapitel 8

[1] European Coil Coating Association (Veranst.): 46. Hauptversammlung (Palma de Mallorca 2012). Brüssel: ECCA, 2012. – Hauchard, E.: ECCA statistics

[2] European Coil Coating Association (Veranst.): 46. Hauptversammlung (Palma de Mallorca 2012). Brüssel: ECCA, 2012. – Al-Hussain, S.: The coil coating market in MENA

[3] European Coil Coating Association (Veranst.): 46. Hauptversammlung (Palma de Mallorca 2012). Brüssel: ECCA, 2012. – Pavlov, D.: The coil coating market in the Russian Federation

[4] European Coil Coating Association (Veranst.): 38. Hauptversammlung (Salzburg 2004). Brüssel: ECCA, 2004. – Talarek, R.: Coated sheet products in peco countries: manufacturing and qualities in Poland. Expectations, threats and opportunities

[5] European Coil Coating Association (Veranst.): 38. Hauptversammlung (Salzburg 2004). Brüssel: ECCA, 2004. – Zhang, M.: P.R. China: a booming coil coating market

[6] European Coil Coating Association (Veranst.): 35. Hauptversammlung (Budapest 2001). Brüssel: ECCA, 2001. – Meuthen, B.: ECCA/NCCA coil coating lines – a concerted project: a preliminary report on a worldwide survey

[7] National Coil Coating Association (Veranst.) Fall Meeting (St. Louis 2002). NCCA Conference Proceedings – O'Neal, R.: World wide coil lines NCCA/ECCA

[8] Kendall, J.: Der Markt für Coil Coatings in der NAFTA Region. BASF Coatings AG, 2000, Pressekonferenz 21.06.2000

[9] Pre-painted steel or aluminium coils/sheets: Finish first – Fabricate later. 1. Aufl., Brüssel: European Coil Coating Association, 2004

[10] National Paint Coatings Industry (Veranst.): 21th National Coatings Industry Annual Conference (Bejing 2004). Beijing: National Paint Coatings Industry, 2004. Simmons, G. A.: The European coil coating association – an introduction, S.177–180

[11] European Coil Coating Association (Veranst.): ECCA-Kongress zum 25. Jubiläum (Brüssel 1992). Brüssel: ECCA, 1992. – Walters, R.: 25 years ECCA steel and aluminium statistics and future trends in coil coated aluminium

[12] Focus on coil processing: Meeting the challenges (Interview mit P. J. Franck), Pushing the envelope (NCCA). In: International Sheet Metal Review (ISMR) 5 (2003), Heft 6, S. 54, 56, 58

[13] European Coil Coating Association (Veranst.): 38. Herbstkongress (Brüssel 2004). Brüssel: ECCA, 2004. – Parks, C.: NCCA Statistics 2003

[14] European Coil Coating Association (Veranst.): Herbstkongress (Brüssel 1994). Brüssel: ECCA, 1994. – Hamilton, L.: NCCA/ECCA worldwide exposure series: final report – 10 years

[15] European Coil Coating Association (Veranst.): 31. Hauptversammlung (Lissabon 1997). Brüssel: ECCA, 1997 – Vanderlinden, E.: Comparisons of test sites after 10 years joint NCCA/ECCA programme of exposures

[16] European Coil Coating Association (Veranst.): 27. Hauptversammlung (Kopenhagen 1993). Brüssel: ECCA, 1993. – Franck, P. J.: EURODES
European Coil Coating Association (Veranst.): 27. Herbstkongress (Brüssel 1993). Brüssel: ECCA, 1993. – Franck, P. J.: EURODES
European Coil Coating Association (Veranst.): 31. Hauptversammlung (Lissabon 1997). Brüssel: ECCA, 1997 – Almeida, M. E.; Santos, D.: ECCA own programme: its first year of life
European Coil Coating Association (Veranst.): 35. Hauptversammlung (Budapest 2001). Brüssel: ECCA, 2001. – Almeida, M. E.; Santos, D.: ECCA Eurodes own programme after 5 years exposure: main results

[17] EN 13523-19:2004, Bandbeschichtete Metalle – Prüfverfahren – Teil 19: Probenplatten und Verfahren zur Freibewitterung
EN 13523-21:2003, Bandbeschichtete Metalle – Prüfverfahren – Teil 21: Bewertung von freibewitterten Probenplatten

[18] European Coil Coating Association (Veranst.): 38. Hauptversammlung (Salzburg 2004). Brüssel: ECCA, 2004. – Ferron, F.: European standards for coil coated metals – test methods (EN 13523)

[19] European Coil Coating Association (Veranst.): 36. Herbstkongress (Brüssel 2002). Brüssel: ECCA, 2002. – Meuthen, B.: One-component polyurethane systems for coil coating: 30 years of experience
(AJA): Hart und flexibel: Polyurethan-Systeme für die Bandbeschichtung. In: JOT 43 (2003), Heft 2, S. 38–41
7th Nürnberg Congress/European Coatings Show (ECS) (Nürnberg 2003). Nürnberg: ECS, 2003. – Meuthen, B.: Polyurethane systems for coil coating. Congress Papers, Vol. II, session XI.5. S. 525–541
20th National Coatings Industry Annual Congress (Asia Coat Seminar) (Shanghai 2003). 2003. – Meuthen, B.: Polyurethane systems for coil coating. Conference Proceedings, S. 43–53
GDCh (Veranst.): 68. Jahrestagung der GDCh-Fachgruppe „Anstrichstoffe und Pigmente" (APi) (Warnemünde 2003). Frankfurt: GDh, 2003.– Meuthen, B.: 1K-Polyurethansysteme für Coil Coating
Meuthen, B.: Safe working environments – One component PUR systems for coil coating. In: European Coatings Journal (ECJ) (2004), Heft 3, S. 34, 41–42, 44–45
National Paint Coatings Industry (Veranst.): 21th National Coatings Industry Annual Conference (Beijing 2004). Beijing: National Paint Coatings Industry, 2004. – Baumbach, B.: Polyurethane systems for coil coating. Conference Proceedings, S. 51–63

[20] European Coil Coating Association (Veranst.): 40. Herbstkongress (Brüssel 2006). Brüssel: ECCA, 2006. – Schinzel, M.: Chrome-free systems for coil coating

[21] European Coil Coating Association (Veranst.): 43. Herbstkongress (Brüssel 2009). Brüssel: ECCA, 2009. – Pirklbauer, M.: Evaluation of measuring techniques for coil coating material

[22] European Coil Coating Association (Veranst.): 45. Herbstkongress (Brüssel 2011). Brüssel: ECCA, 2011. – Heckmann, G.: Coil coating laminates

Ausblick und Trends 9

Nachhaltigkeit ist auch in der Coil-Coating-Branche ein treibender Faktor für neue Entwicklungen geworden. Unter dem Druck des zunehmenden Verbrauchs, aber sinkender Verfügbarkeit von Ressourcen, globalisierter Märkte und des sich abzeichnenden Klimawandels vollzieht sich ein Wertewandel. Die Industrie hat akzeptiert, dass Nachhaltigkeit einen maßgeblichen Faktor der Firmenphilosophie darstellt und bindet ihn in ihre Entscheidungsprozesse ein. Bandbeschichtetes Material und der Bandbeschichtungsprozess werden unter dem Aspekt der Nachhaltigkeit positiv bewertet.

Der Prozess der Bandbeschichtung ist hoch automatisiert und umweltfreundlich. Er gilt zudem als eines der preiswertesten Beschichtungsverfahren für Stahl und Aluminium. Die Bandbeschichtung steht in einem harten Wettbewerb mit den anderen Beschichtungstechniken. Der Druck, den der weltweite Wettbewerb auf die Kosten ausübt, wird immer stärker. Zudem hat die Wirtschaftskrise 2009/2010 deutliche Spuren hinterlassen. Die Unsicherheit über die weltweite Entwicklung hat dazu geführt, dass die Umsetzung neuer Ideen, z. B. die Integration neuer Trocknungstechnologien, wie die UV- oder Strahlentrocknung, erst einmal aufgeschoben wurden. Andererseits führen die steigenden Energiepreise dazu, dass zurzeit auf allen Gebieten nach Möglichkeiten zur Energieeinsparung gesucht wird.

So werden heute vor allem Produkte und Verfahren unter dem Aspekt der Energieeffizienz und Umweltfreundlichkeit betrachtet. Energieeffizienz ist eine treibende Kraft für Innovationen rund um den Prozess und die Produkte und das bedeutet auch, dass alte Anlagen hinsichtlich des Energieeinsatzes ertüchtigt werden.

Um die Energieeffizienz der Coil-Coating-Anlage zu verbessern, werden die Mess- und Regelkonzepte erneuert und ausgebaut. Dazu gehört z. B. eine intensive Temperaturkontrolle in allen Ofenzonen. Dann lässt sich mit Hilfe einer speziellen Software, u.a. gesteuert über die aktuellen Gaspreise, die beste Fahrweise für die thermischen Prozesse finden [1].

A.-S. Jandel, B. Meuthen, *Coil Coating*,
DOI 10.1007/978-3-8348-2354-0_9, © Springer Fachmedien Wiesbaden 2013

Andere Maßnahmen basieren auf der Hardware. So lassen sich unter anderem die Zuluftverluste minimieren, indem Lecks in der Anlage systematisch eliminiert werden oder Dehnfugen im Ofen isoliert werden. Allein mit Hilfe diese Maßnahmen lassen sich nennenswerte Mengen an Energie einsparen [1].

Eine andere Maßnahme zur Energieoptimierung ist die Nutzung der Prozesswärme. Bei der Bandbeschichtung wird in der Nachverbrennung der aus der Beschichtung entweichenden Lösemittel viel Wärme freigesetzt. Um diese Wärme optimal zu nutzen, kann ein zusätzlicher Wärmetauscher hinter der Abgasreinigung der Coil-Coating-Anlage installiert werden. Die dort gewonnene Wärme kann, wenn sie nicht im Unternehmen gebraucht wird, in ein dezentrales, lokales Fernwärmenetz eingespeist werden [2].

Eine effiziente Abgasreinigung und Energierückgewinnung soll auch die Kombination eines Induktionsofens für die Bandbeschichtung mit einer thermisch regenerativen Nachverbrennung erbringen. So wurde eine neue Coil-Coating-Sektion, die in eine Verzinkungslinie bei ArcelorMittal in Lesaka in Spanien integriert wird. Es ist das erste Mal, dass eine Induktionstrocknung mit einer thermisch regenerativen Nachverbrennung kombiniert wird. Die Investitionen sind zwar höher als für eine rekuperative Anlage, aber sie werden voraussichtlich auf lange Sicht aufgrund der Energierückgewinnung günstiger sein [3].

Die Leistungsfähigkeit des Bandbeschichtungsprozesses steht permanent auf dem Prüfstein. Für die Reinigung und Vorbehandlung zeichnen sich neue Lösungen ab. So könnte anstelle der chemischen Reinigung des Bandes vor der Lackierung die Plasmareinigung eingesetzt werden. Sie wurde erstmals 2007 als Feinreinigung von Aluminiumbändern in der Schweiz eingesetzt. Der Prozess läuft unter Normaldruck ab. Mit Hilfe eines in einer Düse gezündeten Lichtbogens wird ein Plasma erzeugt, das in einem Luftstrom auf die Oberfläche gelenkt wird und diese dann reinigt. Der Vorteil ist hier, dass kein Abwasser anfällt, das entsorgt werden muss [4].

Steigende Investitions- und Energiekosten führen zu Überlegungen, die Anlagen zu vereinfachen und Aggregate einzusparen. Ein neuer Ansatz ist beispielsweise, die Funktionen von Vorbehandlung und Primer zu kombinieren. Die klassische Vorbehandlung, die viele wasserverbrauchende Spülschritte umfasst (Bild 9.1), wurde teilweise schon durch No-Rinse-Systeme ersetzt. Hierbei wird die Vorbehandlungslösung in einem einzigen Schritt mit einer Walze in einem Chemcoater aufgetragen (siehe Kapitel 4.2). Dieser Auftrag ist sehr effektiv, da die Vorbehandlungsschicht sehr gleichmäßig über das Band verteilt aufgerollt wird. Zudem erlaubt das Aufwalzen eine bessere Ausnutzung der Chemikalien und es werden große Mengen Spülwasser eingespart, da keine weiteren Spülschritte notwendig sind (Bild 9.2).

Die neuen Entwicklungen zielen nun auf einen wasserbasierten Primer, der gleichzeitig die Funktion der Vorbehandlung mit erfüllt [5]. Damit könnten in der Bandbeschichtung zwei Prozessstufen (Vorbehandlung und Passivierung) komplett entfallen (Bild 9.3). Wird der neue Primer (Pretreatment-Primer) mit Hilfe der NIR- oder UV-Strahlung getrocknet, ist dieses System geeignet, eine wichtige Rolle in den Kombinationsanlagen zu übernehmen.

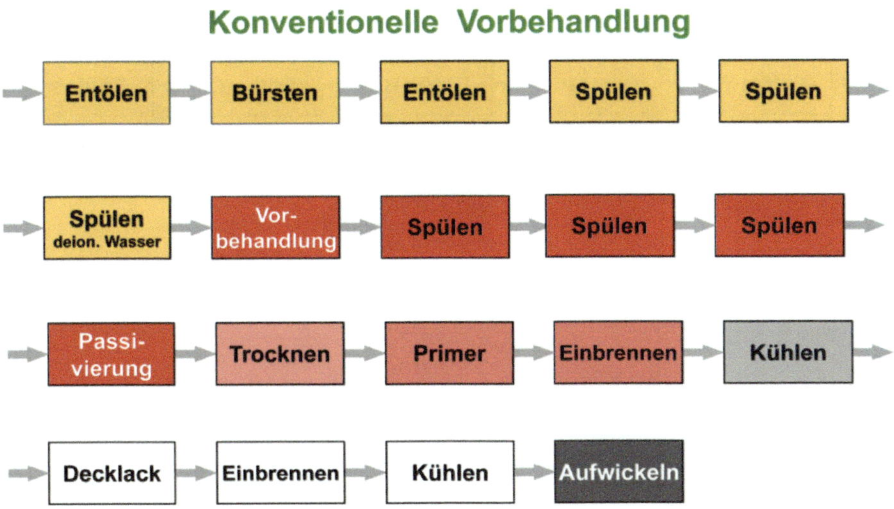

Bild 9.1 In dem klassischen Bandbeschichtungsprozess muss nach der Vorbehandlung mehrfach gespült und dann passiviert werden [6]. (Quelle: ECCA, Brüssel)

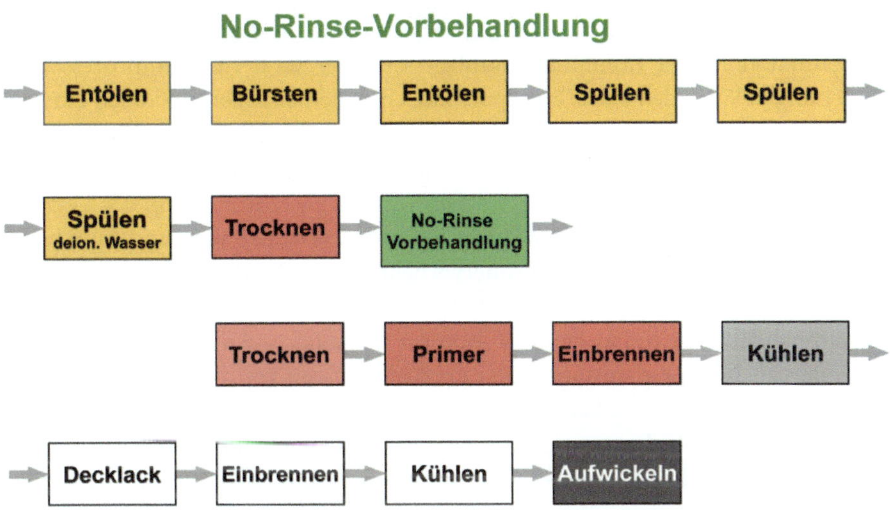

Bild 9.2 Beim Einsatz von No-rinse-Systemen zur Vorbehandlung entfallen die Spülschritte und die Passivierung [6]. (Quelle: ECCA, Brüssel)

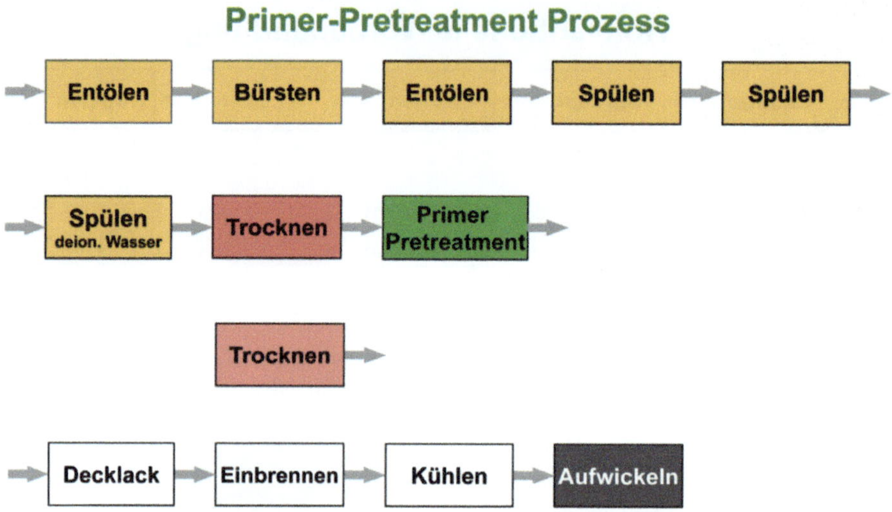

Bild 9.3 Beim Einsatz eines Pretreatment-Primers können zwei weitere Prozessschritte eingespart werden [6]. (Quelle: ECCA, Brüssel)

Kombinierte Verzinkungs- und Lackieranlagen bieten größere Effektivität hinsichtlich des gesamten Produktionsprozesses. Im Vergleich zur Produktion auf zwei Anlagen ist die Produktion auf der Kombinationsanlage schneller, da der Gesamtprozess ohne Unterbrechung abläuft, denn der Transport zwischen den Anlagen und auch einige Reinigungsschritte entfallen (Bild 9.4). Allerdings ist die Flexibilität beim Lackieren eingeschränkt und die Effizienz wird vom langsamsten Verfahrensschritt bestimmt und das ist bisher die Lackierung [5]. In neuen Anlagen wird die Synchronisation der Verzinkungs- und Lackierungsgeschwindigkeiten besser realisiert werden können und dann kann beim Einsatz einer schnelltrocknenden Primervorbehandlung die Bandgeschwindigkeit besser auf die Verzinkung angepasst werden. Der Einsatz der Primervorbehandlung würde auch ermöglichen, die Kapazität des Trockners und aufgrund der geringeren Lösemittelemissionen auch den Luftaustausch zu reduzieren. Damit verringerte sich dann auch der Investitionsaufwand für die Lackierung in der Verzinkungslinie.

Große Chancen, die konventionelle Trocknertechnologie mit gasbeheizten Trocknern abzulösen, werden dem Infrarot-Trocknungsprozess und der UV-Härtung eingeräumt. Der Vorteil der Infrarot-Trocknungs-Technologie ist die hohe Wärmeübertragung, wodurch die Trocknerlänge um mehr als 50 % gegenüber konventionellen Trocknern verkürzt werden kann. Ein Problem besteht aber noch darin, eine gute Temperaturverteilung auf dem Band zu erzielen. Deshalb werden zusätzlich Zonen für die Konvektion im Trockner eingerichtet [7].

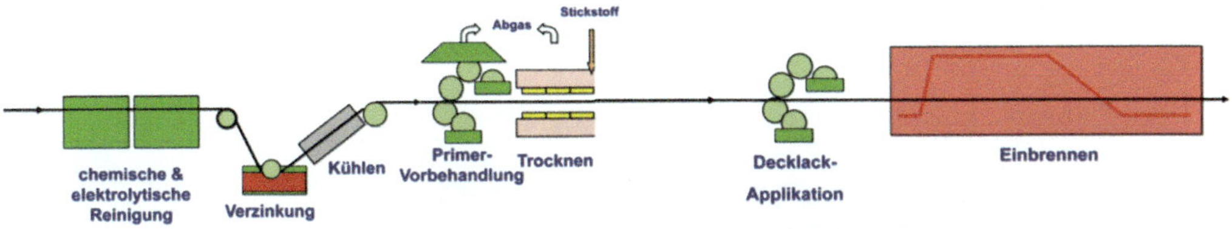

Bild 9.4 Große Effizienz für den Produktionsprozess bietet die kombinierte Verzinkungs- und Lackieranlage. (Quelle: ECCA, Brüssel)

Nutzt man den kürzeren Wellenlängenbereich, den NIR (Nahen Infrarot)-Bereich, für die Trocknung, so kann die Wärmeübergangsleistung erhöht werden und der Platzbedarf für die Strahler wird noch kleiner. Die Trocknungszeiten liegen bei 1 bis 3 Sekunden. Diese Methode erfordert allerdings sehr ebene Bänder. Es muss eine konstante Entfernung zwischen Band und Strahler gewährleistet und die Leistung des Infrarot-Strahlers exakt beherrscht werden. Die Verweilzeit in der Strahlerzone liegt im Sekundenbereich.

Die Beschichtungssysteme für die Infrarot-Trocknung ähneln den konventionellen. Auf Grund der hohen Aushärtegeschwindigkeit müssen aber Harze, Vernetzer und Katalysatorsystem sorgfältig ausgewählt und aufeinander abgestimmt werden. Dies gilt auch für die Lösemittel, die innerhalb von 2 Sekunden aus der Beschichtung entweichen müssen [7]. Die Infrarot-Trocknungs-Technologie ist für den Einsatz in Kombinationsanlagen geeignet.

Eine alternative Trocknungsmethode ist die UV-Trocknung. Sie erfordert eine komplette Abkehr von traditionellen Harzen und ihrer Vernetzungs-Chemie. Zu ihren Vorteilen zählt neben den sehr kurzen Trocknungszeiten, dass die Beschichtungsstoffe frei von organischen Lösemitteln sind, so dass deren Entfernung aus dem Prozess entfällt [7]. Erste Primersysteme für die Bandbeschichtung, die mit Hilfe von UV-Strahlen gehärtet werden, wurden auf den Beschichtungsanlagen eingesetzt. Dabei zeichnen sich einige einschneidende Veränderungen ab. So können UV-Primer direkt auf das gereinigte Blech aufgebracht werden und die beiden Schritte, Vorbehandlung und Nachspülen, können entfallen. Der Einsatz von Wasser als alleinigem Lösemittel erleichtert die Arbeitsweise. Es wird nur benötigt, damit der Primer mit der konventionellen Walzenapplikation verarbeitet werden kann (Bild 9.5). Die Trocknungszone in der Anlage ist kürzer und weniger komplex als in einer konventionellen Anlage. Es muss kein Lösemittel nachverbrannt werden.

Der Platzbedarf für einen UV-Trockner ist sehr gering. Deshalb können Anlagen für die Applikation und Trocknung mit relativ geringem Aufwand z. B. auch im Auslaufbereich von Bandverzinkungsanlagen installiert und betrieben werden. Außer für einige spezielle Anwendungen hat die UV-Trocknung bisher aber in der Bandbeschichtung noch keine Verbreitung gefunden.

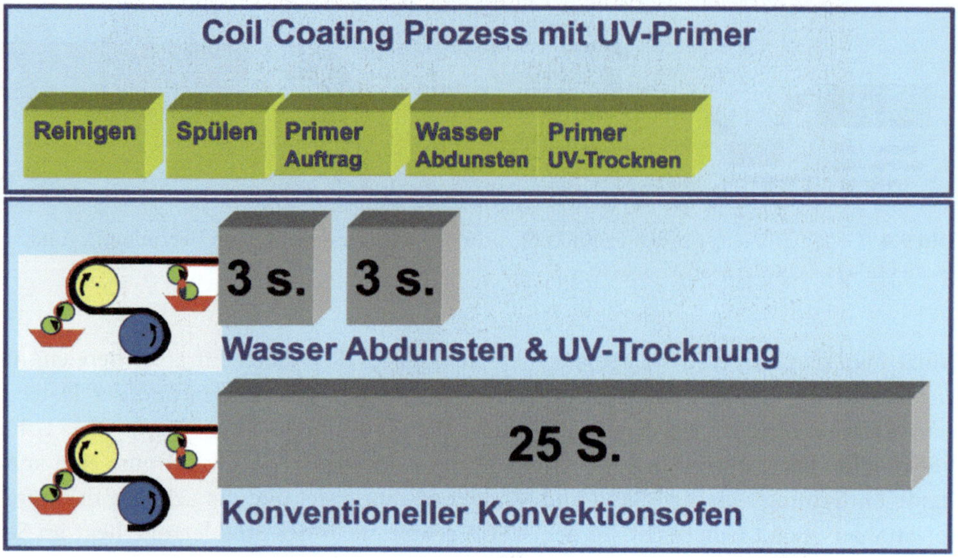

Bild 9.5 Das Schema zeigt die Vorteile und die Prozessvereinfachung, die sich beim Einsatz der UV-Trocknung ergeben. (Quelle: BASF Coatings GmbH, Münster)

Die Entwicklungen für die Bandbeschichtung werden immer mehr durch die Gesetzgebung beeinflusst, insbesondere auch durch REACH. So müssen, initiiert durch die REACH-Regelungen, in den nächsten Jahren Bleichromatpigmente, die den Coil-Coating-Beschichtungen die exzellenten roten, orangen und gelben Farbtöne verleihen, substituiert werden. Es gibt bereits eine Anzahl an organischen und anorganischen Pigmenten als Ersatz für Bleipigmente auf dem Markt. Jedoch sind diese in der Regel teurer als die Bleipigmente. Zudem gibt es noch keinen adäquaten Ersatz für die Pigmente, die die leuchtenden Orangefarbtöne erzeugen. Hier müssen noch Alternativen entwickelt werden. Dies könnten beispielsweise Schichtsysteme sein, bei denen ein BaseCoat und ein Klarlack den gewünschten Farbton erzeugen, oder es könnten farbige Primer eingesetzt werden. Man könnte auch auf einige klassische Farbtöne verzichten und mit vorhandenen, unbedenklichen Pigmenten neue, etwas veränderte Farbtöne kreieren. Ein weiterer Weg könnte auch die Entwicklung von Hybridpigmenten sein [8].

Mit dem Blick auf die Nachhaltigkeit sollen auch die Einsatzstoffe umweltfreundlich und vor allem gesundheitlich unbedenklich sein. Deshalb gibt es Ansätze, die Vorbehandlungslösungen und Lacke mit nachhaltigen Chemikalien zu formulieren. Einige chromfreie oder allgemeiner schwermetallfreie Produkte für die Vorbehandlung, Primer und Decklacke sind schon auf dem Markt oder in der Entwicklung. Die chromfreie Technologie für Polyesterbeschichtungen für den Baubereich hat sich als gleichwertig mit der chromathaltigen erwiesen. Die Entwicklung chromfreier Polyurethanbeschichtungen ist soweit fortgeschritten, dass diese bald im Produktionsmaßstab hergestellt werden können. Zudem werden auch chromfreie PVC-Beschichtungen untersucht [9].

Die organischen Harze, die heute in den Lacken eingesetzt werden, werden in der Regel aus Erdöl gewonnen. Da dieses bekanntermaßen ein endlicher Rohstoff ist, gibt es Überlegungen, Lacke auf der Basis von Biomasse anstelle von Erdöl herzustellen. So wurden beispielsweise in einem Projekt Fettsäurealkylester als reaktive Verdünnungsmittel in Coil-Coating-Lacken eingesetzt. Diese reagieren sowohl als Lösemittel, werden jedoch während der Aushärtereaktion auch in den Lackfilm eingebaut. Auf diese Weise könnten 40 % der Lösemittel eines konventionellen Ansatzes ersetzt werden. In den Tests, z. B. zur Witterungsbeständigkeit, zeigen diese Lacke gute Ergebnisse. Jedoch werden sie heute noch nicht kommerziell produziert [10].

Auch über den Ersatz erdölbasierter Harze durch Bio-Vorprodukte wie Soja-, Rizinusöl, Rindertalg oder Zellulose wird nachgedacht. Ihr Einsatz setzt allerdings eine umfangreiche, langwierige Prüfung voraus, denn es muss abgeklärt werden, ob die Produkte mit Harzen auf Biobasis überhaupt alle geforderten Eigenschaften aufweisen können. So ist mit dem Einsatz solcher Harze jedoch erst in ein paar Jahren zu rechnen. Sicher ist jedoch schon heute, dass diese Harze teurer werden als die heutigen Produkte auf Erdölbasis [11].

Im Bereich der Lackrohstoffe gibt es die neuen Novomer-Harze, die aus Kohlendioxid als Grundbaustein aufgebaut werden. Kohlendioxid wird hier anstelle von erdölbasierten Grundstoffen eingesetzt. Ein bedeutender Vorteil neben der Einsparung von Gas und Öl ist auch, dass die Polymerisation bei Raumtemperatur abläuft und somit weniger Energie verbraucht als andere Polymerisationsreaktionen [12].

Zukunftsforscher wie Tim Jones erwarten, dass sich die Produktivität in den nächsten Jahren verdoppelt, ohne dass jedoch der Ressourcenverbrauch ansteigt. Zudem soll die Individualisierung der Produkte immer dichter an den Kunden heranreichen. Erst auf einer sehr späten Produktionsstufe wird das endgültige Design des Produkts den Kundenwünschen angepasst [13]. Für die Coil-Coating-Produktion heißt das: Es werden flexiblere Abläufe in der Produktion gefordert, um den Anforderungen des Marktes schneller nachzukommen. So wird z. B. die Anzahl der verlangten Farbtöne größer werden, gleichzeitig wird aber die Menge, die produziert werden muss, sinken. Dies verlangt kleinere modular aufgebaute Anlagen [14,15], die weniger Platz benötigen und einen geringen Energieverbrauch als Großanlagen haben. Der auf diesen Anlagen schnellere Produktwechsel ermöglicht kürzere Lieferzeiten. Da die Investitionskosten für diese Anlagen nicht so hoch sind, amortisieren sie sich schnell.

Als positiv könnten sich zukunftsorientierte Konzepte für das Management des Beschichtungsprozesses erweisen. Viele Unternehmen ziehen sich auf ihre Kernkompetenzen zurück und lagern Produktionsschritte aus. Konzepte, die in der Automobilfertigung innerhalb weniger Jahre zu substanziellen Einsparungen geführt haben, lassen sich auch auf die Bandbeschichtungsindustrie übertragen [16]. Der Prozess des Lack-Managements für die Bandbeschichtung wird auf vier Ebenen definiert:

- Die 1. Ebene betrifft die logistische Unterstützung. Just-in-Time-Lieferungen, lokale Lagerung, Warenein- und -ausgangskontrolle und die Wiedergewinnung von Lack und Reinigungslösemitteln übernimmt der Lacklieferant.

- Die Ebene 2 umfasst auch die Vorbereitung aller Lacke für die Verarbeitung auf der Beschichtungslinie (Eingangsqualitätskontrolle), die eine ständige Anwesenheit an der Beschichtungslinie und der innerbetrieblichen Lackproduktion einschließt.
- In der Ebene 3 trägt das Lackmanagement die Verantwortung für die Vorratshaltung und die Qualität aller Beschichtungs- und Hilfsstoffe.
- Auf der Ebene 4 hat der Zulieferer die volle Verantwortung für die Lieferung der Betriebsmittel und das Betreiben der Bandbeschichtungsanlage.

Die Dienstleistungen der ersten Stufe werden heute einzeln oder auch komplett angeboten. In der Stufe 2 werden einige Operationen übernommen, die traditionell vom Coil Coater selbst erbracht werden. Damit vergrößert sich die Verantwortlichkeit des Lacklieferanten, sobald er den eigenen Lack für die Linie qualifiziert hat. Auf der Ebene 3 wird eine Schnittstelle mit der Kundenlogistiksoftware eingerichtet, um sicher zu stellen, dass Erzeugnisse pünktlich geliefert werden und bei Problemen schnell reagiert wird. Der Coil Coater kann sein eigenes Lagerhaus aufgeben oder es vom Lacklieferanten übernehmen lassen. Hier wird dann auch der Vorrat gelagert, den die Wettbewerber liefern. In der Endstufe erfordert das Konzept, dass der Bandbeschichter die gesamte Verantwortung über die Bandbeschichtungsanlage abgibt und zum Kunden seiner Beschichtungslinie wird. Er beschränkt sich dann auf Verkauf und Vertrieb der beschichteten Erzeugnisse und auf die Forschung und Entwicklung von neuen Produkten, um neue Märkt zu erschließen. Das Konzept setzt voraus, dass die Zulieferer miteinander Übereinstimmung erzielen, wechselseitig ihre Produkte in ihren Lagerhäusern zu halten.

Viel Entwicklungspotenzial für die Bandbeschichtungsbranche liegt noch im Baubereich. In diesem für die Bandbeschichtung größten Markt wurde bisher überwiegend nur das Segment Industriebau bedient. Der private Wohnungsbau spielte außer in Skandinavien bisher keine große Rolle. Nur 8 % des im Baubereich verarbeiteten Materials gehen in den privaten Hausbau. Das Potenzial für Coil-Coating-Material für den Wohnungsbau wird bei einem jährlichen Bauvolumen von 2,5 bis 3 Millionen Häusern in der EU auf 1 Million Tonnen geschätzt. Von dieser möglichen Menge werden bisher 30 % aus der Coil-Coating-Industrie geliefert. Somit liegt im Wohnungsbau noch ein Wachstumspotenzial von 700.000 Tonnen [17]. Für ein erfolgreiches Eindringen in diesen Markt ist es notwendig, dass neue Ideen kreiert werden, die ein attraktiveres Design, Transparenz, z. B. durch die Integration von Glas, oder die Anpassung an Umweltbelange ermöglichen. Unter dem Aspekt der Energieeinsparung könnten wärmereflektierende Bauelemente als neues Segment für bandbeschichtete Produkte interessant werden.

Um die Vorteile, die mit dem Einsatz von bandbeschichtetem Material für den privaten Wohnungsbau einhergehen, darzustellen, wurde auf dem Gelände der Universität Nottingham in England ein Passivhaus errichtet. Die Baumaterialien wurden im Hinblick auf Nachhaltigkeit ausgewählt. Bandbeschichtetes Material mit einer entsprechenden Isolierung wurde für das Dach und auch für die Wände eingesetzt. Die Dachbeschichtung enthält IR-reflektierende Pigmente, so dass sich das Dach nicht sehr stark aufheizt.

Bild 9.6 Das als Modell erstellte Wohnhaus mit Dach und Wänden aus bandbeschichtetem Material erfüllt die Anforderungen an ein Passivhaus. (Quelle: BASF Coatings GmbH, Münster)

Nachdem das Haus drei Jahre bewohnt war, zeigte sich, dass es die Anforderungen erfüllt, die an ein Passivhaus gestellt werden. Der Gesamtenergieverbrauch für Licht, Heizung und heißes Wasser liegt bei nur 36 kWh/m^2 und damit bei nur einem Drittel des vom Bauherrn erwarteten Bedarfs. Für die Heizung werden etwa 12 kWh/m^2 benötigt, was deutlich unter dem Kriterium für ein Passivhaus (15 kWh/m^2) liegt [18].

Ein weiteres Einsatzgebiet für bandbeschichtete Dachelemente, das in Zukunft wahrscheinlich stark wachsen wird, ist die Photovoltaik. In Kombination mit bandbeschichtetem Material gibt es drei Möglichkeiten, Solarzellen auf dem Dach zu integrieren: So werden heute Dachpaneele über einen Gerüstaufbau mit Solarelementen versehen. Eine Alternative ist das Verkleben von Dachpaneelen mit den Photovoltaik-Laminaten [19]. Außerdem wird untersucht, wie organische Photovoltaik-Systeme mit bandbeschichteten Paneelen zu kombinieren sind.

9.1 Literatur zu Kapitel 9

[1] European Coil Coating Association (Veranst.): 45th Autumn Congress (Brüssel 2011). Brüssel: ECCA, 2011. – Barcikowski, F.: Increase of energy efficiency at the coil coating line of Salzgitter Flachstahl GmbH

[2] European Coil Coating Association (Veranst.): 45th Autumn Congress (Brüssel 2011). Brüssel: ECCA, 2011. – Hirsch, T.: Recovering energy from the painting process

[3] European Coil Coating Association (Veranst.): 45th Autumn Congress (Brüssel 2011). Brüssel: ECCA, 2011. – Gil, S.: Induction curing and regenerative thermal oxidizer

[4] Melamies, I. A.: Plasma ersetzt chemische Vorreinigung. In: mo 62 (2008), 12, S. 18–20

[5] European Coil Coating Association (Veranst.): 45th Autumn Congress (Brüssel 2011). Brüssel: ECCA, 2011. – Jandel, L.: Coating in galvanizing lines – Performance through organic and inorganic layers

[6] European Coil Coating Association (Veranst.): 43th Autumn Congress (Brüssel 2009). Brüssel: ECCA, 2009. – Mitchell, P.: The history and development of coil coating pretreatments

[7] European Coil Coating Association (Veranst.): 39th Autumn Congress (Brüssel 2004). Brüssel: ECCA, 2004. – Jandel, l.: Coil coating technologies leading into the future

[8] European Coil Coating Association (Veranst.): 44th Autumn Congress (Brüssel 2010). Brüssel: ECCA, 2010. – Korona, E.: Lead-free pigments for coil coating

[9] European Coil Coating Association (Veranst.): 45th General Meeting (Berlin 2011). Brüssel: ECCA, 2011. – Ben Saad, M.: Organic coated steel and green aspects

[10] European Coil Coating Association (Veranst.): 45th Autumn Congress (Brüssel 2011). Brüssel: ECCA, 2011. – Sundell, P.-E.: Biomass based reactive diluents for thermal cure coatings

[11] European Coil Coating Association (Veranst.): 44th Autumn Congress (Brüssel 2010). Brüssel: ECCA, 2010. – Lowe, C.: You can have any colour You like as long as it is green

[12] European Coil Coating Association (Veranst.): 45th General Meeting (Berlin 2011). Brüssel: ECCA, 2011. – Michel, A.: Comparison of the sustainability of different coating resin technologies

[13] European Coil Coating Association (Veranst.): 45th General Meeting (Berlin 2011). Brüssel: ECCA, 2011. – Jones,T.: Future drivers of change in manufacturing

[14] European Coil Coating Association (Veranst.): 37th Autumn Congress (Brüssel 2003). Brüssel: ECCA, 2003. – Blazquez, M.: Compact coil coating lines: A new generation of equipments

[15] European Coil Coating Association (Veranst.): 38th General Meeting (Salzburg 2004). Brüssel: ECCA, 2004. – Halkein, J.-Y. Bidaut, J.-C.: A new vision of the coil coating lines; how to focus on markets of 30.000 t/year

[16] Brown, N.; Jandel, A.-S.: Lack-Management – Ein Konzept für die Bandbeschichtung? In: Metalloberfläche 55 (2001), Heft 9, S. 45–46

[17] European Coil Coating Association (Veranst.): 41th General Meeting (Cardiff 2006). Brüssel: ECCA, 2006. – Coustenoble, A.: Is Coil Coating still on Track?

[18] European Coil Coating Association (Veranst.): 45th General Meeting (Berlin 2011). Brüssel: ECCA, 2011. – Brown, N.: Sustainability in construction: The Nottingham house 2 years on

[19] www.kalzip.com/kalzip/de/products/solar-and-roof-systemd.html

10 Anhang

10.1 Weltweite Normung

10.1.1 DIN – Bedeutung der Normung

Das folgende Kapitel zur Normung und zum Procedere für die Erstellung der Normen basiert auf: Normung ist Chefsache, Auszüge aus Beilage zum Jahresbericht 2006, Normenausschuss Beschichtungsstoffe und Beschichtungen (NAB) im DIN.

DIN-Normen sind Empfehlungen. Sie besitzen aus sich heraus keine rechtliche Verbindlichkeit. Sie setzen sich durch, wenn sie die Marktrelevanz und einen Nutzen für die Anwender erfüllen. Wer die DIN-Normen anwendet, folgt einer von der repräsentativen Fachwelt aufgestellten und getragenen Empfehlung. Er wendet damit in der Regel den neuesten Stand der Technik an. Häufig verweist der Gesetz- oder Verordnungsgeber auf DIN-Normen durch Bezugnahme in Rechts- und Verwaltungsvorschriften. Sie werden rechtsverbindlich, wenn sie z. B. in Lieferverträgen zitiert oder wenn sie staatlicherseits zur Ausfüllung unbestimmter Rechtsbegriffe herangezogen werden. Zurzeit werden etwa 20 % der DIN-Normen zur Konkretisierung von technischen Sachverhalten und Rechtsvorschriften herangezogen.

Eine hohe Wertschätzung wird den DIN-Normen auch vor Gericht entgegengebracht. Im Rechtsfalle geht ein Richter vom Beweis des ersten Anscheins, d. h. von der Richtigkeit technischen Handelns aus, wenn jemand DIN-Normen angewendet hat.

Normung ist keine endgültig abgeschlossene Aufgabe, sondern ein ständiger Optimierungsprozess. Normen werden dem sich ändernden Stand der Technik kontinuierlich angepasst.

DIN-Normen müssen spätestens 5 Jahre nach der Veröffentlichung auf ihre inhaltliche Aktualität geprüft werden. Daher hat das DIN einen entsprechenden Benutzerhinweis veröffentlicht:

A.-S. Jandel, B. Meuthen, *Coil Coating*,
DOI 10.1007/978-3-8348-2354-0_10, © Springer Fachmedien Wiesbaden 2013

- DIN-Normen stehen jedermann zur Anwendung frei. Eine Anwendungspflicht kann sich aus Rechts- oder Verwaltungsvorschriften, Verträgen oder sonstigen Rechtsgrundlagen ergeben.
- DIN-Normen sind als Ergebnis technisch-wissenschaftlicher Gemeinschaftsarbeit aufgrund ihres Zustandekommens nach hierfür geltenden Grundsätzen und Regeln fachgerecht. Sie sind in aller Regel eine wichtige Erkenntnisquelle für fachgerechtes Verfahren im Normalfall. Sie können nicht alle möglichen Sonderfälle erfassen, in denen weitergehende oder einschränkende Maßnahmen geboten sein können. Dennoch bilden sie einen Maßstab für einwandfreies technisches Verhalten. Dieser Maßstab ist auch im Rahmen der Rechtsordnung von Bedeutung. DIN-Normen spiegeln die anerkannten Regeln der Technik wider." [Grundlagen der Normungsarbeit des DIN, Normenheft 10, 7. Auflage 2001, S. 528]

10.1.2 Entstehung einer DIN-Norm

Normung versteht sich als die planmäßige Gemeinschaftsarbeit der interessierten Kreise zur Vereinheitlichung von materiellen und immateriellen Gegenständen. Nach den Grundsätzen der Normungsarbeit darf sie nicht zu einem individuellen Sondervorteil führen, sondern hat dem gesamtgesellschaftlichen Nutzen zu dienen. Für Deutschland wird der volkswirtschaftliche jährliche Nutzen auf ca. 15 Milliarden Euro geschätzt.

Tab. 10.1 Werthaltigkeit von Normen

Werthaltigkeit von Normen	Qualitätsmerkmale der konsensbasierten Normung
- Freiwilligkeit	- Kartellrecht
- breite Beteiligung	- Verbraucherakzeptanz
- Konsens	- Legitimation
- Einheitlichkeit	- Akzeptanz der klein- und mittelständischen Unternehmen
- Widerspruchsfreiheit	- weltweite Verfügbarkeit
- Sachbezogenheit	- globale Akzeptanz
- Stand der Wissenschaft	
- Stand der Technik	
- Wirtschaftlichkeit	
- allgemeiner Nutzen	
- Internationalität	

In den Normenausschüssen selbst leisten Experten, die von der sie entsendenden Stelle autorisiert und entscheidungsbefugt sein müssen, die fachliche Arbeit und werden dabei von hauptamtlichen Mitarbeitern des DIN unterstützt. Der Normungsprozess selbst kann in sechs Entwicklungsstufen unterteilt werden:

Das Einleiten von Normungsarbeiten kann von jedem Interessierten beantragt werden, indem ein begründeter **Normungsantrag** gestellt wird. Der zuständige Normenausschuss bearbeitet den entsprechenden Antrag und entscheidet in seinem zuständigen Gremium innerhalb von drei Monaten über dessen Annahme bzw. Ablehnung. Für die Entscheidung ist zu klären, ob für den Normungsgegenstand ein Bedarf besteht bzw. zu erwarten ist und ob die interessierten Kreise bereit sind, am Normungsvorhaben mitzuarbeiten und zur Finanzierung beizutragen. Zudem ist zu prüfen, ob ein europäischer oder internationaler Normungsprozess besteht bzw. der Normungsvorschlag für diese Ebene in Betracht zu ziehen ist. Wird der Normungsantrag angenommen, erfolgt eine Veröffentlichung im DIN-Anzeiger für technische Regeln, um auf diese Wiese die interessierten Kreise über das Normungsvorhaben zu informieren.

Liegt dem Normungsantrag ein Vorschlag zu Grunde, so bildet dieser die erste Norm-Vorlage. Ist dies nicht der Fall, erstellt in der Regel ein kleiner Arbeitskreis eine Vorlage. Diese bildet den Ausgangspunkt der Beratungen im Ausschuss. In ihm treffen die interessierten Kreise aufeinander und erarbeiten auf Basis der Norm-Vorlage eine Norm. Sofern die Beratungen soweit fortgeschritten sind, dass ein konsensuales Ergebnis der Öffentlichkeit vorgestellt werden kann, wird der **Norm-Entwurf** verabschiedet und ein Manuskript erstellt. Dieses wird der Normenprüfstelle vorgelegt, die innerhalb von vier Wochen prüft, ob die geltenden Grundsätze der Normungsarbeit berücksichtigt worden sind. Sofern keine Bedenken vorliegen, wird das Manuskript als Norm-Entwurf freigegeben. Um die Öffentlichkeit über den Norm-Entwurf zu informieren, erfolgt wiederum eine Anzeige im DIN-Anzeiger für Technische Regeln; ab diesem Datum steht eine viermonatige Frist zur Stellungnahme zur Verfügung. Darüber hinaus zeigen zahlreiche Normenausschüsse ihre Normentwürfe zusätzlich in Fachzeitschriften an, um eine entsprechende Information des Fachpublikums zu erzielen.

Weitere drei Monate stehen dem Arbeitsausschuss zur Verfügung, um die eingegangenen Stellungnahmen zu beraten. Ist ein Einsprecher mit dem vorliegenden Ergebnis nicht zufrieden, so kann er innerhalb von vier Wochen ein Schlichtungsverfahren beim Vorsitzenden des Normenausschusses beantragen. Sofern nach zwei Monaten kein Ergebnis vorliegt, kann bei der Geschäftsleitung des DIN Schlichtung beantragt werden. Führt auch dieser Prozess zu keinem Ergebnis, beträgt die abzuwartende Zeitdauer wiederum zwei Monate; dann kann das Präsidium des DIN angerufen werden, das – von besonderen Fällen abgesehen – unverzüglich einen Schiedsausschuss einsetzt, der den Fall endgültig klärt.

Hat der zuständige Arbeitsausschuss alle zu dem Norm-Entwurf eingegangenen Stellungnahmen behandelt und sich über die Fassung der herauszugebenden Norm geeinigt, wird diese Fassung vom Arbeitsausschuss verabschiedet. Der hauptamtliche Bearbeiter reicht das **Manuskript** der NP-Geschäftsstelle (NP: Normenprüfstelle) mit sämtlichen erforderlichen Angaben und Unterlagen mit seiner Unterschrift ein. Die NP-Geschäftsstelle prüft das Manuskript abschließend daraufhin, ob die für die Herausgabe von Deutschen Normen geltenden Grundsätze und Regeln eingehalten sind, insbesondere, ob die zusammenfassende Stellungnahme der NP beachtet worden ist.

Der Geschäftsführer der NP gibt das Manuskript zum Anfertigen des Kontrollabzuges frei, wenn die vorgebrachten Stellungnahmen berücksichtigt wurden oder geklärt worden sind und sich keine neuen Bedenken ergeben haben. Der **Kontrollabzug** wird dem hauptamtlichen Bearbeiter zugeleitet, der ihn auf Übereinstimmung mit dem Manuskript prüft und mit seiner Unterschrift an die NP-Geschäftsstelle zurückreicht.

Die NP nimmt den Kontrollabzug im Auftrag des Präsidiums als Deutsche Norm in das Deutsche Normenwerk auf. Der Kontrollabzug ist die Norm-Urkunde. Diese wird an den Beuth Verlag weitergegeben. Aufgrund der Norm-Urkunde veranlasst der Beuth Verlag den Druck der Deutschen Norm und gibt den Verkauf frei.

10.1.3 Entstehung einer Europäischen Norm (EN)

CEN wurde 1961 als rechtlich unabhängig Organisation der Normungsinstitutionen von EEC (European Economic Committee) und EFTA (European Free Trade Association) mit dem Central Secretariat in Brüssel gegründet (**CEN – European Committee for Standardization**/Europäisches Komitee für Normung/Comité Européen de Normalisation, Brussels, www.cen.eu). Inzwischen gibt es 30 nationale Mitgliedsorganisationen. Dazu kommen:

- „Associates", europäische Organisationen aus verschiedenen Bereichen
- „Counsellors", die Europäische Kommission und das EFTA Sekretariat
- „Affiliates", Länder aus Mittel- und Osteuropa, potentielle EU-Mitglieder
- „Partner Standardization Bodies", korrespondierende Normungsinstitutionen/ISO-Mitglieder
- „Associated Standards Bodies" (u.a. ECISS).

Die Erarbeitung der Europäischen Normen – sofern sie nicht durch Übernahme Internationaler Normen entstehen und dann auch mittels anderer Verfahren bearbeitet werden können – vollzieht sich in den Technischen Komitees (TCs), vor allem aber in den Arbeitsgruppen (Working Groups, WGs). Alle CEN-Mitglieder sind grundsätzlich Mitglied in jedem TC und/oder SC (Sub-Committee) und dürfen in allen WGs mitarbeiten. Die Wahlmöglichkeit eines bestimmten Status gibt es dabei nicht – im Gegensatz zur ISO, wo die Mitglieder zwischen dem P-Status (Participating), der ihnen volle Mitarbeit gewährt, und dem O-Status (Observer), der lediglich vollständige Information sicherstellt, wählen oder sich einer Mitarbeit in einzelnen TCs auch ganz enthalten können.

Die Arbeit der TCs, SCs und WGs ist (wie bei der ISO) dezentralisiert; die Sekretariate dieser Gremien werden jeweils durch ein CEN-Mitglied betreut. Das CEN-Management-Zentrum (CMC) in Brüssel ist zuständig für die allgemeine Verwaltung, die übergreifende Planung und Koordinierung der Facharbeit, die Durchführung der Umfrage- und Annahmeverfahren, die Verteilung von Europäischen Normen zur Übernahme und die Betreuung der CEN-Organe (außer den Technischen Komitees und ihren Arbeitsgruppen). Die Facharbeit (Erarbeitung Europäischer Normen und sonstiger normativer Dokumente) läuft in Stufen ab.

Vorschlagstufe

Vorschläge für die Erarbeitung Europäischer Normen, Technischer Spezifikationen und Technischer Berichte, einschließlich deren Überarbeitung oder Änderung, können von den CEN-Mitgliedern, allen technischen CEN-Gremien, der Europäischen Kommission und dem EFTA-Sekretariat, ferner auch von internationalen oder europäischen Organisationen eingebracht werden. Fällt der Vorschlag in den Arbeitsbereich eines CEN/TC, führt dieses anhand einer Kriterienliste, die insbesondere die Marktrelevanz sowie den Nutzen des beantragten Normprojekts und die Durchführbarkeit abfragt, eine Beurteilung durch. Dies erfolgt auf Basis der durch den Antragsteller in seinem Antrag bereitgestellten Informationen.

Bei positivem Ergebnis kann das TC das neue Projekt mit einer „Delegated Decision" in sein Arbeitsprogramm aufnehmen. Voraussetzung hierfür sind das Interesse von mindestens fünf CEN-Mitgliedern an einer aktiven Mitarbeit sowie die begründete Aussicht, den vorgegebenen 3-Jahres-Zeitplan einhalten zu können. Das Vorliegen eines ersten Arbeitsdokuments ist in jedem Falle hilfreich.

Ähnlich ISO kann ein CEN/TC auch vorläufige Normprojekte in sein Arbeitsprogramm aufnehmen, die für eine Bearbeitung noch nicht reif sind. Sie werden auf einer Vorstufe (Preliminary Stage) gehalten und vom Komitee regelmäßig auf ihre Bearbeitbarkeit (sachlich wie auch bezüglich des Zeitplans) überprüft.

Bearbeitungsstufe

Die Bearbeitungsstufe umfasst die Ausarbeitung eines Arbeitsdokumentes, normalerweise auf Arbeitsgruppenebene. Mindestens eine Version des Arbeitsdokuments wird dabei an das TC zur Information gegeben. Meist sind mehrere aufeinander folgende Versionen erforderlich, bis ein stabiles Arbeitsergebnis erreicht wird. Zu diesem Zeitpunkt entscheiden WG-Convenor, TC-Vorsitzender und TC-Sekretariat über das Einleiten der CEN-Umfrage.

Wie schon erwähnt, resultiert ein großer Teil der europäischen Normen aus der Übernahme internationaler Normen. Statt der Ausarbeitung eines Arbeitsdokuments findet hierfür die Auswahl eines Referenzdokumentes statt und anstelle einer CEN-Umfrage wird ein Fragebogenverfahren (Questionnaire Procedure) durchgeführt. Selbstverständlich kann dies im Rahmen seines Arbeitsgebietes von einem Technischen Komitee erledigt werden.

Gleichgültig, welcher Weg zur Herausgabe einer EN eingeschlagen wird, es gilt die Stillhaltevereinbarung (Stand Still). Danach dürfen die CEN-Mitglieder keine abweichende nationale Norm mehr veröffentlichen, sobald die europäischen Arbeiten begonnen wurden. Dies gilt nicht bei der Erarbeitung Technischer Spezifikationen. Auch ist während der Erarbeitung Europäischer Normen nationale Arbeit zum Zweck der Meinungsbildung und europäischen Zuarbeit – bis hin zur Veröffentlichung eines nationalen Norm-Entwurfs zur Befragung der Öffentlichkeit – erlaubt. Weitere Ausnahmen, z. B. bei Aufträgen des nationalen Gesetzgebers in Sicherheitsfragen, sind möglich.

Umfragestufe

In der Umfragestufe wird der europäische Norm-Entwurf (prEN, Draft European Standard, Enquiry Draft) allen CEN-Mitgliedern zur Prüfung und Abstimmung innerhalb von fünf Monaten vorgelegt. Die CEN-Mitglieder haben dabei anzugeben, ob ihnen eine Annahme als EN möglich oder nicht möglich erscheint. Fachliche Kommentare können eingereicht werden (für CEN-Mitglieder, die keine Experten in die zuständige WG geschickt haben, ist dies die erste förmliche Gelegenheit hierzu). Eventuelle Abweichungen sind spätestens jetzt anzumelden.

Nach Ablauf der Umfrage erarbeitet das Sekretariat einen Bericht an das TC über das Umfrageergebnis und die eingegangenen Kommentare. Das TC oder die von ihm beauftragte WG oder auch Ad-hoc-Gruppe diskutiert und verarbeitet die Kommentare. Das TC entscheidet dann über das weitere Vorgehen. Es kann einen Schluss-Entwurf für die formelle Abstimmung verabschieden, einen zweiten Norm-Entwurf in Betracht ziehen, das Arbeitsergebnis zu einer Technischen Spezifikation degradieren oder einen Abbruch der Arbeit beschließen. Eine förmliche Auszählung der Ja- und Nein-Stimmen und deren Beurteilung entsprechend den offiziellen Annahmekriterien wird erst bei der formellen Abstimmung vorgenommen.

Annahmestufe

In der Annahmestufe wird der Europäische Schluss-Entwurf (FprEN, Final Draft European Standard) allen CEN-Mitgliedern zur Abstimmung innerhalb von zwei Monaten unterbreitet (er wird üblicherweise der Öffentlichkeit nicht mehr verfügbar gemacht). In der Annahmestufe kann der Schluss-Entwurf sachlich nicht mehr geändert, sondern nur noch angenommen oder – mit entsprechender Begründung – abgelehnt werden. Redaktionelle Kommentare und Fehlerberichtigungen sind aber möglich. Für die Annahme gelten die Bedingungen der gewichteten Abstimmung: 71 % oder mehr der abgegebenen Stimmen, ohne Enthaltungen, müssen positiv sein.

Zu erwähnen ist an dieser Stelle das UAP-Verfahren (Unified Approach Procedure), das CEN/CENELEC-Umfrage und formelle Abstimmung zu einem Arbeitsgang verbindet. Es wird vor allem angewendet, wenn es sich um die Abstimmung über ein wohlbekanntes technisches Dokument (z. B. eine ISO-Norm) handelt und mit substantiellen neuen Kommentaren nicht gerechnet wird.

Implementierungsstufe und periodische Überprüfung

Es schließt sich die Implementierungsstufe an, in der das CEN Management-Zentrum (falls erforderlich gemeinsam mit dem TC-Sekretariat) die Europäische Norm endgültig bearbeitet und übersetzen lässt und sie dann zur nationalen Übernahme an die CEN-Mitglieder verteilt. Die offiziellen Sprachversionen sind in Deutsch, Englisch und Französisch.

Mindestens alle fünf Jahre ist eine Europäische Norm zu überprüfen (Systematic Review). Dabei kann beschlossen werden, die Norm zu bestätigen, sie zu überarbeiten, sie durch eine zwischenzeitlich veröffentlichte ISO-Norm zu ersetzen oder sie zurückzuziehen. Die Schritte zur vollständigen Überarbeitung der Europäischen Norm folgen dem zuvor geschilderten Arbeitsablauf für eine neue Norm. Kleinere Änderungen können durch Berichtigungen (Technical Corrigenda) oder Änderungen (Amendments) durchgeführt werden. In diesem Fall werden nur die zu ändernden Teile der Europäischen Norm bearbeitet und veröffentlicht, bisher als getrennte Dokumente, künftig als konsolidierte Fassungen. Eine enge Zusammenarbeit besteht mit CENELEC (European Committee for Electrotechnical Standardization).

Tab. 10.2 Entwicklungsstufen einer Europäischen Norm

	Europäische Aktivitäten in CEN/CENELEC	**Nationale Aktivitäten (z. B. im DIN)**
Vorschlagsstufe	Neues Projekt (New Work Item, NWI) angenommen durch BT, oder durch TC in dessen Arbeitsbereich	Bekanntgabe im nationalen Bulletin (z. B. im Norm-Anzeiger der DIN-Mitteilungen), Stillhalteverpflichtung tritt in Kraft
Bearbeitungsstufe	Auswahl Bezugsdokument (Reference Document, RD, z. B. Internationale Norm) durch BT oder TC, oder Erarbeitung eines Arbeitsdokuments durch eine WG	Mitarbeit nationaler Vertreter, Delegierter oder Experten
Umfragestufe	Fragebogenverfahren (Primary Questionnaire, PQ) oder CEN/CENELEC-Umfrage über Europäischen Norm-Entwurf (Projet de Norme Européenne, prEN)	üblicherweise Veröffentlichung eines nationalen Norm-Entwurfs zur Stellungnahme durch die Öffentlichkeit, anschließend Erarbeitung und Abgabe des nationalen Kommentars
	Behandlung der Ergebnisse (insbesondere der Kommentare) durch TC und beauftragte Gruppen	Mitarbeit nationaler Delegierter und Experten in TC, WG, Ad-hoc-Gruppe, Redaktionskomitee, usw.
Annahmestufe	Formelle (Schluss-Abstimmung („Formal Vote")über Schluss-Entwurf (FprEN)mit Stimmengewichtung	Nationales Votum zum Schluss-Entwurf; erforderliche Mehrheit für Annahme: 71 % der gewichteten Stimmen
Implementierungsstufe	Ratifizierung der Europäischen Norm	Übernahme als nationale Norm, z. B. als DIN-EN-Norm
	Periodische Überprüfung der EN	Nationales Votum zum TC Letter Ballot

10.1.4 ECISS

ECISS (European Committee for Iron and Steel Standardization) ist seit 1986 Associated Standards Body des CEN, zwar unabhängig, aber nach den Regeln des CEN arbeitend. Es ist zuständig für die Erstellung von Normentwürfen für Definition, Klassifizierung, Prüfverfahren, chemische Analyse und technische Lieferbedingungen von Erzeugnissen der Stahlindustrie. Diese werden an das CEN Management Centre, Brüssel, für die endgültige Fassung als EN-Normen und ihre formelle Übernahme weitergeleitet.

Die Anfänge dieses Gremiums gehen bis zum Anfang der 1950er Jahre zurück, als die Montanunion als erste europäische Institution für Kohle und Stahl durch den Pariser Vertrag 1952 ratifiziert worden war – der erste Schritt zur europäischen Integration. Die seit 1953 veröffentlichten Euronormen (EU) waren auf freiwilliger Basis.

10.1.5 Entstehung einer ISO-Norm

ISO (International Organization for Standardization) wurde 1947 als weltweit agierende Föderation nationaler (non-governmental) Normungsorganisationen mit dem Central Secretariat gegründet. Sie hat 103 Voll-Mitglieder und 46 korrespondierende Mitglieder. Bisher wurden über 16.000 Normen herausgegeben (**ISO International Organization for Standardization**, Genf, www.iso.org)

Vorschläge für eine ISO-Norm können von einem ISO-Mitglied (einer nationalen Normungsorganisation), vom Sekretariat des zuständigen oder eines anderen Technischen Komitees (TC) oder Unterkomitees (SC), von einer internationalen Fachorganisation mit Liaisonstatus, vom Technischen Lenkungsgremium der ISO (TMB) oder vom ISO-Generalsekretär eingebracht werden. Stimmt die einfache Mehrheit der aktiven nationalen Normungsorganisationen (P-Mitglieder) dem Vorschlag zu und verpflichten sich mindestens fünf P-Mitglieder zur aktiven Mitarbeit, z. B. zur Entsendung von Experten in eine Arbeitsgruppe (WG), wird er in das Arbeitsprogramm des TC oder SC aufgenommen. Bereits hier wird der Anwendungsbereich der künftigen Norm formuliert.

Hat sich die Arbeitsgruppe auf einen **Komitee-Entwurf** (CD) geeinigt, nehmen TC oder SC dazu innerhalb von drei Monaten schriftlich Stellung. Dies ist gegenüber der europäischen Normung eine Besonderheit und eine wichtige Gelegenheit, fachliche Kommentare einzubringen. Bei zwei oder mehr ablehnenden Stimmen gegen die Registrierung des Entwurfes für die Umfragestufe oder die Herausgabe eines überarbeiteten Komitee-Entwurfes muss über das weitere Vorgehen auf einer Sitzung beraten werden.

Die **öffentliche Umfrage** unter den nationalen Normungsorganisationen erfolgt in einem Zeitraum von fünf Monaten auf der Basis des Internationalen Norm-Entwurfs (DIS). In Deutschland wird dazu oftmals ein DIN-ISO-Entwurf veröffentlicht, bei paralleler Abstimmung gemäß der Wiener Vereinbarung ein DIN-EN-ISO-Entwurf. Ein nationaler DIN-Spiegelausschuss berät in einer Einspruchssitzung über die eingegangenen Stellungnahmen und entscheidet über die Stimmabgabe des DIN (Ja, Nein, Enthaltung). Fachliche Kommentare können eingereicht werden, deren Umsetzung darf bei einer Ja-Stimme aber nicht zu Bedingung gemacht werden. Die Annahme des DIS erfordert eine Zwei-Drittel-Mehrheit der P-Mitglieder des zuständigen TC oder SC und zugleich eine Drei-Viertel-Mehrheit sämtlicher abgegebenen Stimmen (d. h. auch von ISO-Mitgliedern außerhalb des TC oder SC). Dabei hat im Gegensatz zur gewichteten Stimmabgabe bei CEN jedes Mitglied nur eine Stimme.

Anschließend wird der **Internationale Schluss-Entwurf** (FDIS) allen ISO-Mitgliedern zur Abstimmung innerhalb von zwei Monaten unterbreitet. Diese kann entfallen, wenn zum DIS keine Nein-Stimmen und fachlichen Kommentare abgegeben wurden. In der Annahmestufe kann der FDIS nicht mehr geändert, sondern nur noch angenommen oder begründet abgelehnt werden. Für die Annahme gelten die gleichen Bedingungen wie in der Umfragestufe.

Tab. 10.3 Wesentliche Unterschiede zwischen ISO und CEN

ISO	CEN
Mitglieder weltweit	Mitglieder aus EU, EFTA (EWR) und Beitrittskandidaten
Komiteestufe mit CD	Bei CEN nicht vorhanden
CEN-Mitglieder können überall teilnehmen.	Teilnahme ISO-Mitglieder außerhalb CEN nur über Vienna Agreement.
Ein Land, eine Stimme. Extra-Zählung für stimmberechtigte Mitglieder (P-Members) der Technischen Komitees (TCs).	Gewichtete Abstimmung aller CEN-Mitglieder über EN, TS und HD. Keine Wahl zwischen P- oder O-(Observer)-Status in den TCs.
ISO-Normen als eigene Publikationen. Möglichkeit, aber keine Pflicht zur Übernahme als nationale Norm. Zurückziehung abweichender nationaler Normen aufgrund nationaler Regeln.	EN nur als nationale Versionen. Übernahmeverpflichtung und Zurückziehung abweichender nationaler Normen. Ab Projektbeginn Stillhalteverpflichtung.
Deliverables: Kein HD.	*Deliverables*: Kein PAS.
Politisch weitgehend neutral.	Einfluss politischer Gremien: Neues Konzept.

EN = Europäische Norm, TS = Technische Spezifikation, CD = Komitee -Entwurf, HD = Harmonisierungsdokument, PAS = Öffentlich verfügbare Spezifikation (Publicly Available Specification)

Es schließt sich die Veröffentlichungsstufe an, in der das Zentralsekretariat der ISO die Internationale Norm in englischer und französischer Sprache veröffentlicht. Eine Internationale Norm verpflichtet die ISO-Mitglieder nicht zur Übernahme in das nationale Normenwerk. Nur wenn die Norm auch auf europäischer Ebene angenommen wurde, muss sie übernommen werden (DIN EN ISO, NF EN ISO usw.). Hat die Norm keinen EN-Status, steht es dem nationalen Normungsinstitut frei, die Norm unverändert (DIN

ISO, NF ISO usw.), in modifizierter Form als rein nationale Norm oder überhaupt nicht zu übernehmen. Als Richtwert ist in den ISO/IEC-Richtlinien ein Erarbeitungszeitraum von 36 Monaten bis zur Veröffentlichung der Norm angegeben. Dieser kann jedoch von TC/SC bei Bedarf angepasst werden. Hat ein Normprojekt nach fünf Jahren nicht die Annahmestufe erreicht, wird es aus dem Arbeitsprogramm gestrichen. Mindestens alle fünf Jahre wird überprüft, ob eine ISO-Norm bestätigt, überarbeitet oder zurückgezogen werden soll.

Die wesentlichen Unterschiede zwischen ISO und CEN in der Organisation und bei der Normung werden in Tabelle 10.3 herausgestellt.

10.1.6 ASTM International

Die 1883 gegründete ASTM (American Society for Testing and Materials) ist heute als ASTM International eine weltweit agierende non-profit-Normungsorganisation. Sie kollidiert dadurch mit der ISO. ASTM Normen sind in den *Annual Books of ASTM Standards* enthalten und werden regelmäßig aktualisiert. (**ASTM International,** West Conshohocken, PA, USA, www.astm.org)

10.2 Normen und Regelwerke

10.2.1 Produktnormen für bandbeschichtete Metalle

DIN EN 1396:2007, Aluminium und Aluminiumlegierungen – Bandbeschichtete Bleche und Bänder für allgemeine Anwendungen – Spezifikationen
EN 1396:2007, Aluminium and aluminium alloys – Coil coated sheet and strip for general applications – Specifications

DIN EN 10169:2012-06, Kontinuierlich organisch beschichtete (bandbeschichtete) Flacherzeugnisse aus Stahl – Technische Lieferbedingungen; Deutsche Fassung EN 10169:2010+A1:2012
Continuously organic coated (coil coated) steel flat products Technical delivery conditions; German version EN 10169:2010+A1:2012

10.2.2 Substrate von bandbeschichteten Metallen

10.2.2.1 Bandbeschichtetes Aluminium

DIN EN 485-1:2010, Aluminium und Aluminiumlegierungen – Bänder, Bleche und Platten – Teil 1: Technische Bedingungen für Inspektion und Lieferung
EN 485-1:2009, Aluminium and aluminium alloys – Sheet, strip and plate – Part 1: Technical conditions for inspection and delivery

DIN EN 485-2:2007, Aluminium und Aluminiumlegierungen – Bänder, Bleche und Platten – Teil 2: Mechanische Eigenschaften
EN 485-2:2006, Aluminium and aluminium alloys – Sheet, strip and plate – Part 2: Mechanical properties

DIN EN 485-4:1994, Aluminium und Aluminiumlegierungen – Bänder, Bleche und Platten – Teil 4: Grenzabmaße und Formtoleranzen für kaltgewalzte Erzeugnisse
EN 485-4:1993, Aluminium and aluminium alloys – Sheet, strip and plate – Part 4: Tolerances on shape and dimensions for cold-rolled products

DIN EN 515:1993, Aluminium und Aluminiumlegierungen – Halbzeug – Bezeichnungen der Werkstoffzustände
EN 515:1993, Aluminium and aluminium alloys – Wrought products – Temper designations

DIN EN 541:2007, Aluminium und Aluminiumlegierungen – Walzerzeugnisse für Dosen, Verschlüsse und Deckel – Spezifikationen
EN 541:2006, Rolled products for cans, closures and lids – Specifications

DIN EN 573-1:2005, Aluminium und Aluminiumlegierungen – Chemische Zusammensetzung und Form von Halbzeug – Teil 1: Numerisches Bezeichnungssystem
EN 573-1:2005, Aluminium and aluminium alloys – Chemical composition and form of wrought products – Part 1: Numerical designation system

DIN EN 573-2:1994, Aluminium und Aluminiumlegierungen – Chemische Zusammensetzung und Form von Halbzeug – Teil 2: Bezeichnungssystem mit chemischen Symbolen
EN 573-2:1994, Aluminium and aluminium alloys – Part 2: Chemical symbol based on designation system

DIN EN 573-3:2009, Aluminium und Aluminiumlegierungen – Chemische Zusammensetzung und Erzeugnisformen von Halbzeug – Teil 3: Chemische Zusammensetzung
EN 573-3:2008, Aluminium and aluminium alloys – Chemical composition and form of wrought products – Part 3: Chemical composition

DIN EN 602:2004, Aluminium und Aluminiumlegierungen – Kneterzeugnisse – Chemische Zusammensetzung von Halbzeug für die Herstellung von Erzeugnissen, die in Kontakt mit Lebensmitteln kommen
EN 602:2004, Aluminium and aluminium alloys – Wrought products – Chemical composition of semi-finished products used for the fabrication of articles for use in contact with food-stuff

DIN EN 683-1:2007, Aluminium und Aluminiumlegierungen – Vormaterial für Wärmeaustauscher [Finstock] – Teil 1: Technische Lieferbedingungen
EN 683-1:2006, Aluminium and aluminium alloys – Finstock – Part 1: Technical conditions for inspection and delivery

DIN EN 683-2:2006, Aluminium und Aluminiumlegierungen – Vormaterial für Wärmeaustauscher [Finstock] – Teil 2: Mechanische Eigenschaften
EN 683-2:2006, Aluminium and aluminium alloys – Finstock – Part 2: Mechanical properties

DIN EN 683-3:2007, Aluminium und Aluminiumlegierungen – Vormaterial für Wärmeaustauscher [Finstock] – Teil 3: Grenzabmaße und Formtoleranzen
EN 683-3:2006, Aluminium and aluminium alloys – Finstock – Part 3: Tolerances on dimensions and form

DIN EN 15530:2008, Aluminium und Aluminiumlegierungen – Umweltaspekte von Aluminiumerzeugnissen – Allgemeine Leitlinien für ihre Berücksichtigung in Normen
EN 15530:2008, Aluminium and aluminium alloys – Environmental aspects of aluminium products – General guidelines for their inclusion in standards

10.2.2.2 Bandbeschichteter Stahl

Allgemeine Bestimmungen

DIN EN 606:2004, Strichcodierung – Etiketten für den Transport und die Handhabung von Stahlerzeugnissen
EN 606:2004, Bar coded transport and handling labels for steel products

DIN EN 10020:2000, Begriffsbestimmungen für die Einteilung der Stähle
EN 10020:2000, Definition and classification of grades of steel

DIN EN 10021:2007, Allgemeine technische Lieferbedingungen für Stahlerzeugnisse
EN 10021:2006, General technical delivery conditions for steel products

DIN EN 10027-1:2005, Bezeichnungssysteme für Stähle – Teil 1: Kurznamen
EN 10027-1:2005, Designation systems for steels – Part 1: Steel names

DIN EN 10027-2:1992, Bezeichnungssysteme für Stähle – Teil 2: Nummernsystem
EN 10027-2:1992, Designation systems for steels – Part 2: Numerical system

DIN EN 10079:2007, Begriffsbestimmungen für Stahlerzeugnisse
EN 10079:2007, Definition of steel products

DIN EN 10168:2004, Stahlerzeugnisse – Prüfbescheinigungen – Liste und Beschreibung der Angaben
EN 10168:2004, Steel products – Inspection documents – List of information and description

DIN EN 10204:2005, Metallische Erzeugnisse – Arten von Prüfbescheinigungen
EN 10204:2004, Metallic products – Types of inspection documents CR 10313:2000, Classification of grades of steel – Examples of classification related to European Standards

Kaltgewalzte Stahl-Substrate

DIN EN 10130:2007, Kaltgewalzte Flacherzeugnisse aus weichen Stählen zum Kaltumformen – Technische Lieferbedingungen
EN 10130:2006, Cold rolled low carbon steel flat products for cold forming – Technical delivery conditions

DIN EN 10131:2006, Kaltgewalzte Flacherzeugnisse aus weichen Stählen sowie aus Stählen mit höherer Streckgrenze zum Kaltumformen – Grenzabmaße und Formtoleranzen
EN 10131:2006, Cold rolled uncoated and zinc or zinc-nickel electrolytically coated low carbon and high yield strength steel flat products for cold forming – Tolerances on dimensions and shape

DIN EN 10139:1997, Kaltband ohne Überzug aus weichen Stählen zum Kaltumformen
EN 10139:1997, Cold rolled uncoated mild steel narrow strip for cold forming – Technical delivery conditions

DIN EN 10140:2006, Kaltband – Grenzabmaße und Formtoleranzen
EN 10140:2006, Cold rolled steel narrow strip – Tolerances on dimensions and shape

DIN EN 10268:2006, Kaltgewalzte Flacherzeugnisse aus Stählen mit hoher Streckgrenze zum Kaltumformen –Technische Lieferbedingungen
EN 10268:2006, Cold rolled steel flat products with high yield strength for cold forming – Technical delivery conditions

DIN EN 10338:2007, Warmgewalzte, kaltgewalzte und unbeschichtete Flacherzeugnisse aus Mehrphasenstählen zum Kaltformen – Technische Lieferbedingungen
EN 10338:2007, Hot and cold rolled non-coated flat products of multiphase steels for cold forming – Technical delivery conditions

Metallisch oberflächenveredelte Stahl-Substrate (außer Verpackungsblech)

DIN EN 10143:2006, Kontinuierlich schmelztauchveredeltes Blech und Band aus Stahl – Grenzabmaße und Formtoleranzen
EN 10143:2006, Continuously hot-dip coated steel sheet and strip – Tolerances on dimensions and shape

DIN EN 10152:2009, Elektrolytisch verzinkte kaltgewalzte Flacherzeugnisse aus Stahl zum Kaltumformen – Technische Lieferbedingungen
EN 10152:2009, Electrolytically zinc coated cold rolled steel flat products for cold forming – Technical delivery conditions

DIN EN 10271:1998, Flacherzeugnisse aus Stahl mit elektrolytisch abgeschiedenen Zink-Nickel (ZN)-Überzügen – Technische Lieferbedingungen
EN 10271:1998, Electrolytically zinc-nickel (ZN) coated steel flat products – Technical delivery conditions

DIN EN 10346:2009, Kontinuierlich schmelztauchveredelte Flacherzeugnisse aus Stahl – Technische Lieferbedingungen
EN 10346:2009, Continuously hot-dip coated steel flat products – Technical delivery conditions

DIN EN 10152:2009/ber. 2012, Elektrolytisch verzinkte kaltgewalzte Flacherzeugnisse zum Kaltumformen – Technische Lieferbedingungen
EN 10152:2009/Cor. 2012, Electrolytically zinc coated cold rolled steel flat products for cold forming – Technical delivery conditions

Weitere kaltgewalzte und oberflächenveredelte Stahl-Substrate – Verpackungsblech

DIN EN 10202:2001/AC:2003, Kaltgewalzte Verpackungsblecherzeugnisse – Elektrolytisch verzinnter und spezialverchromter Stahl
EN 10202/AC:2003, Cold reduced tinmill products – Electrolytic tinplate and electrolytic chromium/chromium oxide coated steel

DIN EN 10205:1992, Kaltgewalztes Feinstblech in Rollen zur Herstellung von Weißblech oder von elektrolytisch spezialverchromtem Stahl
EN 10205:1991, Cold reduced blackplate in coil form for the production of tinplate or electrolytic chromium/chromium oxide coated steel

DIN EN 10333:2005, Verpackungsblech – Flacherzeugnisse aus Stahl für die Verwendung in Berührung mit Lebensmitteln, Produkten und Getränkedosen für den menschlichen und tierischen Verzehr – Verzinnter Stahl (Weißblech)
EN 10333:2005, Steel for packaging – Flat steel products intended for use in contact with foodstuffs, products and beverages for human and animal consumption – Tin coated steel (tinplate) – Non alloyed electrolytic chromium/chromium oxide coated steel

DIN EN 10334:2005, Verpackungsblech – Flacherzeugnisse aus Stahl für die Verwendung in Berührung mit Lebensmitteln, Produkten und Getränke für den menschlichen und tierischen Verzehr – Unbeschichteter Stahl (Feinstblech)
EN 10334:2005 Steel for packaging – Flat steel products intended for use in contact with foodstuffs, products and beverages for human and animal consumption – Non-coated steel (blackplate) consumption

DIN EN 10335:2005, Verpackungsblech – Flacherzeugnisse aus Stahl für die Verwendung in Berührung mit Lebensmitteln, Produkten und Getränken für den menschlichen und tierischen Verzehr – Unlegierter elektrolytisch spezialverchromter Stahl
EN 10335: 2005, Steel for packaging – Flat steel products intended for use in contact with foodstuffs, products and beverages for human and animal consumption – Non alloyed electrolytic chromium/chromium oxide coated steel

Warmgewalzte Stahl-Substrate

DIN EN 10025-1:2005, Warmgewalzte Erzeugnisse aus Baustählen – Teil 1: Allgemeine Technische Lieferbedingungen
EN 10025-1:2004, Hot rolled products of structural steels – Part 1: General technical delivery conditions

DIN EN 10025-2:2005, Warmgewalzte Erzeugnisse aus Baustählen – Teil 2: Technische Lieferbedingungen für unlegierte Baustähle
EN 10025-2:2004, Hot rolled products of structural steels – Part 2:Technical delivery conditions for non-alloy structural steels

DIN EN 10048:1996, Warmgewalzter Bandstahl – Grenzabmaße und Formtoleranzen
EN 10048:1996, Hot rolled narrow strip – Tolerances on dimensions and shape

DIN EN 10051:2011, Kontinuierlich warmgewalztes Band und Blech abgelängt aus Warmbreitband aus unlegierten und legierten Stählen – Grenzabmaße und Formtoleranzen
EN 10051:2010, Continuously hot-rolled uncoated plate, sheet and strip of non-alloy and alloy steels – Tolerances of dimensions and shape

DIN EN 10111:2008, Kontinuierlich warmgewalztes Band und Blech aus weichen Stählen zum Kaltumformen – Technische Lieferbedingungen
EN 10111:2008, Continuously hot-rolled low carbon steel sheet and strip for cold forming – Technical delivery conditions

Elektroblech

DIN EN 10106:2007, Kaltgewalztes nicht kornorientiertes Elektroblech und -band im schlussgeglühten Zustand
EN 10106:2007, Cold rolled non-oriented electrical steel sheet and strip delivered in the fully processed state

DIN EN 10107:2005, Kornorientiertes Elektroblech und -band im schlussgeglühten Zustand
EN 10107:2005, Grain-oriented electrical steel sheet and strip delivered in the fully processed state

DIN EN 10265:1996, Magnetische Werkstoffe – Anforderungen an Blech und Band aus Stahl mit festgelegten mechanischen und magnetischen Eigenschaften
EN 10265:1995, Magnetic materials – Specification for steel sheet and strip with special mechanical properties and magnetic permeability

DIN EN 10303:2001, Dünnes Elektroblech und -band aus Stahl zur Verwendung bei mittleren Frequenzen
EN 10303:2001, Thin magnetic steel sheet and strip for use at medium frequencies

DIN EN 10341:2006, Kaltgewalztes Elektroblech und -band aus unlegierten und legierten Stählen im nicht schlussgeglühten Zustand
EN 10341:2006, Cold rolled electrical non-alloy and alloy steel sheet and strip delivered in the semi-processed state

DIN EN 10342:2005, Magnetische Werkstoffe – Einteilung der Isolationen auf Elektroblech und -band und daraus gefertigten Stanzteilen
EN 10342:2005, Magnetic materials – Classification of surface insulations of electrical steel sheet, strip and laminations

Nichtrostende Stähle

DIN EN 10088-1:2005, Nichtrostende Stähle – Teil 1: Verzeichnis der nichtrostenden Stähle
EN 10088-1:2005, Stainless steels – Part 1: List of stainless steels

DIN EN 10088-2:2005, Nichtrostende Stähle – Teil 2: Technische Lieferbedingungen für Blech und Band aus korrosionsbeständigen Stählen für allgemeine Anwendungen
EN 10088-2:2005, Stainless steels – Part 2: Technical delivery conditions for sheet/plate and strip of corrosion resisting steels for general purposes

DIN EN 10088-4:2009, Nichtrostende Stähle – Teil 4: Technische Lieferbedingungen für Blech und Band aus korrosionsbeständigen Stählen für das Bauwesen
EN 10088-4:2009, Stainless steels – Part 4: Technical delivery conditions for sheet/plate and strip of corrosion resisting steels for construction purpose

10.2.3 Bandbehandlungsanlagen

DIN EN 1539:2010, Trockner und Öfen, in denen brennbare Stoffe freigesetzt werden – Sicherheitsanforderungen
EN 1539:2010, Dryers and ovens, in which flammable substances are released – Safety requirements

DIN EN 12753:2011, Thermische Reinigungssysteme für Abluft aus Anlagen zur Oberflächenbehandlung – Sicherheitsanforderungen
EN 12753:2010, Thermal cleaning systems for exhaust gas from surface treatment equipment – Safety requirements

DIN EN 12921-1:2011, Maschinen zur Oberflächenreinigung und -vorbehandlung von industriellen Produkten mittels Flüssigkeiten oder Dampfphasen – Teil 1: Allgemeine Sicherheitsanforderungen
EN 12921-1:2011, Machines for surface cleaning and pre-treatment of industrial items using liquids or vapours – Part1: Common safety requirements

DIN EN 12921-2:2010, Maschinen zur Oberflächenreinigung und -vorbehandlung von industriellen Produkten mittels Flüssigkeiten oder Dampfphasen – Teil 2: Anlagen, in denen wässrige Reinigungsmittel verwendet werden
EN 12921-2: 2005+A1:2008, Machines for surface cleaning and pre-treatment of industrial items using liquids or vapours – Part 2: Safety of machines using water based cleaning liquids

DIN EN 14462:2010, Oberflächenbehandlungsgeräte – Geräuschmessverfahren für Oberflächenbehandlungsgeräte, einschließlich ihrer Be- und Entladeeinrichtungen – Genauigkeitsklassen 2 und 3
EN 14462:2005+A1:2009, Surface treatment equipment -Noise test code for surface treatment equipment including its ancilliary handling equipment – Accuracy grades 2 and 3

DIN EN 15061:2009, Sicherheit von Maschinen – Sicherheitsanforderungen an Bandbehandlungsanlagen und Einrichtungen
EN 15601:2007+A1:2008, Safety of Machinery – Safety requirements for strip processing line machinery and equipment

DIN EN 50271:2011, VDE 0400-21, Elektrische Geräte für die Detektion und Messung von brennbaren Gasen, giftigen Gasen oder Sauerstoff – Anforderungen und Prüfungen für Warngeräte, die Software und/oder Digitaltechnik nutzen
EN 50271:2010, Electrical apparatus for the detection and measurement of combustible gases, toxic gases or oxygen – Requirements and tests for apparatus using software and/or digital technologies

Richtlinie 94/9/EG des Europäischen Parlaments und des Rates vom 23.3.1994 zur Angleichung der Rechtsvorschriften der Mitgliedsstaaten für Geräte und Schutzsysteme zur bestimmungsgemäßen Verwendung in explosionsgefährdeten Bereichen, zuletzt geändert am 26.1.2000 (Abl. EG vom 26.1.2000 Nr. L 21 S. 42) (ATEX 95) [Explosionsschutzanforderungen für Maschinen und Geräte]

Richtlinie 1999/13/EG des Rates vom 1.3.1999 über die Begrenzung von Emissionen flüchtiger organischer Verbindungen, die bei bestimmten Tätigkeiten und in bestimmten Anlagen bei der Verwendung organischer Lösungsmittel entstehen (auch VOC-Richtlinie genannt – VOC = volatile organic compounds = flüchtige organische Verbindungen)

Richtlinie 2002/95/EG des europäischen Parlaments und Rates vom 271.2003 zur Beschränkung der Verwendung bestimmter gefährlicher Stoffe in Elektro- und Elektronikgeräten

10.2.4 Bandbeschichtete Metalle – Prüfverfahren

DIN EN 13523-0:2001, Bandbeschichtete Metalle – Prüfverfahren – Teil 0: Allgemeine Einleitung und Liste der Prüfverfahren
EN 13523-0:2001, Coil coated metals – Test methods – Part 0: General introduction and list of test methods

DIN EN 13523-1:2010, Bandbeschichtete Metalle – Prüfverfahren – Teil 1: Schichtdicke
EN 13523-1:2009, Coil coated metals – Test methods – Part 1: Coating thickness

DIN EN 13523-2:2001, Bandbeschichtete Metalle – Prüfverfahren – Teil 2: Glanz
EN 13523-2:2001, Coil coated metals – Test methods – Part 2: Specular gloss

DIN EN 13523-3:2001, Bandbeschichtete Metalle – Prüfverfahren – Teil 3: Farbabstand – Farbmetrischer Vergleich
EN 13523-3:2001, Coil coated metals – Test methods – Part 3: Colour difference – Instrumental comparison

DIN EN 13523-4:2001, Bandbeschichtete Metalle – Prüfverfahren – Teil 4: Bleistifthärte
EN 13523-4:2001, Coil coated metals – Test methods – Part 4: Pencil hardness

DIN EN 13523-5:2001, Bandbeschichtete Metalle – Prüfverfahren – Teil 5: Widerstandsfähigkeit gegen schnelle Verformung (Schlagprüfung)
EN 13523-5:2001, Coil coated metals – Test methods – Part 5: Resistance to rapid deformation (impact test)

DIN EN 13523-6:2002, Bandbeschichtete Metalle – Prüfverfahren – Teil 6: Haftfestigkeit nach Eindrücken (Tiefungsprüfung)
EN 13523-6:2002, Coil coated metals – Test methods – Part 6: Adhesion after indentation (cupping test)

DIN EN 13523-7:2001, Bandbeschichtete Metalle – Prüfverfahren – Teil 7: Widerstandsfähigkeit gegen Rissbildung beim Biegen (T-Biegeprüfung)
EN 13523-7:2001, Coil coated metals – Test methods – Part 7: Resistance to cracking on bending (T-bend test)

DIN EN 13523-8:2010, Bandbeschichtete Metalle – Prüfverfahren – Teil 8: Beständigkeit gegen Salzsprühnebel
EN 13523-8:2010, Coil coated metals – Test methods – Part 8: Resistance to salt spray (fog)

DIN EN 13523-9:2001, Bandbeschichtete Metalle – Prüfverfahren – Teil 9: Beständigkeit gegen Eintauchen in Wasser
EN 13523-9:2001, Coil coated metals – Test methods – Part 9: Resistance to water immersion

DIN EN 13523-10:2010, Bandbeschichtete Metalle – Prüfverfahren – Teil 10: Beständigkeit gegen fluoreszierende UV-Strahlung und Kondensation von Wasser
EN 13523-10:2010, Coil coated metals – Test methods – Part 10: Resistance to fluorescent UV light and water condensation

DIN EN 13523-11:2011, Bandbeschichtete Metalle – Prüfverfahren – Teil 11: Beständigkeit gegen Lösemittel (Reibtest)
EN 13523-11:2011, Coil coated metals – Test methods – Part 11: Resistance to solvents (rubbing test)

DIN EN 13523-12:2005, Bandbeschichtete Metalle – Prüfverfahren – Teil 12: Widerstand gegen Ritzen
EN 13523-12:2004, Coil coated metals – Test methods – Part 12: Resistance to scratching

DIN EN 13523-13:2001, Bandbeschichtete Metalle – Prüfverfahren – Teil 13: Beständigkeit gegen beschleunigte Alterung durch Wärmeeinwirkung
EN 13523-13:2001, Coil coated metals – Test methods – Part 13: Resistance to accelerated ageing by the use of heat

DIN EN 13523-14:2001, Bandbeschichtete Metalle – Prüfverfahren – Teil 14: Kreiden (Verfahren nach Helmen)
EN 13523-14:2001, Coil coated metals – Test methods – Part 14: Chalking (Helmen method)

DIN EN 13523-15:2002, Bandbeschichtete Metalle – Prüfverfahren – Teil 15: Metamerie
EN 13523-15:2002, Coil coated metals – Test methods – Part 15: Metamerism

DIN EN 13523-16:2005, Bandbeschichtete Metalle – Prüfverfahren – Teil 16: Widerstandsfähigkeit gegen Abrieb
EN 13523-16:2004, Coil coated metals – Test methods – Part 16: Resistance to abrasion

DIN EN 13523-17:2012, Bandbeschichtete Metalle – Prüfverfahren – Teil 17: Haftfestigkeit von abziehbaren Folien
EN 13523-17:2011, Coil coated metals – Test methods – Part 17: Adhesion of strippable films

DIN EN 13523-18:2002, Bandbeschichtete Metalle – Prüfverfahren – Teil 18: Beständigkeit gegen Fleckenbildung
EN 13523-18:2002, Coil coated metals – Test methods – Part 18: Resistance to staining

DIN EN 13523-19:2011, Bandbeschichtete Metalle – Prüfverfahren – Teil 19: Probenplatten und Verfahren zur Freibewitterung
EN 13523-19:2011, Coil coated metals – Test methods – Part 19: Panel design and method for atmospheric exposure testing

DIN EN 13523-20:2012, Bandbeschichtete Metalle – Prüfverfahren – Teil 20: Haftfestigkeit von Schaum
EN 13523-20:2011, Coil coated metals – Test methods – Part 20: Foam adhesion

DIN EN 13523-21:2010, Bandbeschichtete Metalle – Prüfverfahren – Teil 21: Bewertung von freibewitterten Probenplatten
EN 13523-21:2010, Coil coated metals – Test methods – Part 21: Evaluation of outdoor exposed panels

DIN EN 13523-22:2010, Bandbeschichtete Metalle – Prüfverfahren – Teil 22: Farbabstand – Visueller Vergleich
EN 13523-22:2010, Coil coated metals – Test methods – Part 22: Colour difference – Visual comparison

DIN EN 13523-23:2002, Bandbeschichtete Metalle – Prüfverfahren – Teil 23: Beständigkeit der Farbe in feuchten, Schwefeldioxid enthaltenden Atmosphären
EN 13523-23:2002, Coil coated metals – Test methods – Part 23: Colour stability in humid atmospheres containing sulphur dioxide

DIN EN 13523-24:2005, Bandbeschichtete Metalle – Prüfverfahren – Teil 24: Block- und Stapelfestigkeit
EN 13523-24:2004, Coil coated metals – Test methods – Part 24: Resistance to blocking and pressure marking

DIN EN 13523-25:2006, Bandbeschichtete Metalle – Prüfverfahren – Teil 25: Beständigkeit gegen Feuchte
EN 13523-25:2006, Coil coated metals – Test methods – Part 25: Resistance to humidity

DIN EN 13523-26:2006, Bandbeschichtete Metalle – Prüfverfahren – Teil 26: Beständigkeit gegen Kondenswasser
EN 13523-26:2006, Coil coated metals – Test methods – Part 26: Resistance to condensation of water

DIN EN 13523-27:2009, Bandbeschichtete Metalle – Prüfverfahren – Teil 27: Beständigkeit gegen feuchte Verpackung (Kataplasma-Test)
EN 13523-27:2009, Coil coated metals – Test methods – Part 27: Resistance to humid poultice (Cataplasm test)

DIN EN 13523-29:2010, Bandbeschichtete Metalle – Prüfverfahren – Teil 29: Beständigkeit gegen Verschmutzung
EN 13523-29:2010, Coil coated metals – Test methods – Part 29: Resistance to environmental soiling (dirt pick-up and striping)

Ein weiterer Normentwurf zu EN 13523 ist in Vorbereitung:
Part 28: Evaluation of mildew – Bewertung von Pilzbefall

10.2.5 Weitere Prüfverfahren

ASTM B 567:1998 (Reapproved 2003), Standard Test Method for Measurement of Coating Thickness by the Beta Backscatter Method

DIN EN ISO 1518-1:2011, Beschichtungsstoffe – Bestimmung der Kratzbeständigkeit – Teil 1: Verfahren mit konstanter Last
EN ISO 1518-1:2011, Paints and varnishes – Determination of scratch resistance – Part 1: Constant loading method

DIN EN ISO 1518-2:2011, Beschichtungsstoffe – Bestimmung der Kratzbeständigkeit – Teil 2: Verfahren mit kontinuierlich ansteigender Last
EN ISO 1518-2:2011, Paints and varnishes – Determination of scratch resistance – Part 2: Variable loading method

DIN EN ISO 1519:2011, Beschichtungsstoffe – Dornbiegeversuch (zylindrischer Dorn)
EN ISO 1519:2011, Paints and varnishes – Bend test (cylindrical mandrel)

DIN EN ISO 1520:2007, Beschichtungsstoffe – Tiefungsprüfung
EN ISO 1520:2006, Paints and varnishes – Cupping test

DIN EN ISO 1522:2007, Beschichtungsstoffe – Pendeldämpfungsprüfung
EN ISO 1522:2006, Paints and varnishes – Pendulum damping test

DIN EN ISO 2409:2007, Beschichtungsstoffe – Gitterschnittprüfung
EN ISO 2409:2007, Paints and varnishes – Cross-cut test

DIN EN ISO 2431:2012, Beschichtungsstoffe – Bestimmung der Auslaufzeit mit Auslaufbechern
EN ISO 2431:2011, Paints and varnishes – Determination of flow time by use of flow cups

DIN EN ISO 2808:2007, Beschichtungsstoffe – Bestimmung der Schichtdicke
EN ISO 2808:2007, Paints and varnishes – Determination of film thickness

DIN EN ISO 2810:2004, Beschichtungsstoffe – Freibewitterung von Beschichtungen – Bewitterung und Bewertung
EN ISO 2810:2004, Paints and varnishes – Natural weathering of coatings – Exposure and assessment

DIN EN ISO 2812-1:2007, Beschichtungsstoffe – Bestimmung der Beständigkeit gegen Flüssigkeiten – Teil 1: Eintauchen in Flüssigkeiten außer Wasser
EN ISO 2812-1:2007, Paints and varnishes – Determination of resistance to liquids – Part 1: – Immersion in liquids other than water

DIN EN ISO 2812-2:2007, Beschichtungsstoffe – Bestimmung der Beständigkeit gegen Flüssigkeiten – Teil 2: Verfahren mit Eintauchen in Wasser
EN ISO 2812-2:2007, Paints and varnishes – Determination of resistance to liquids – Part 2: Water immersion method

DIN EN ISO 2812-3:2007, Beschichtungsstoffe – Bestimmung der Beständigkeit gegen Flüssigkeiten – Teil 3: Verfahren mit saugfähigem Material
EN ISO 2812-3:2007, Paints and varnishes – Determination of resistance to liquids – Part 3: Method using an absorbent medium

DIN EN ISO 2812-4:2007, Beschichtungsstoffe – Bestimmung der Beständigkeit gegen Flüssigkeiten – Teil 4: Tropf-/Fleckverfahren
EN ISO 2812-4:2007 Paints and varnishes – Determination of resistance to liquids – Part 4: Spotting methods

DIN EN ISO 2812-5:2007, Beschichtungsstoffe – Bestimmung der Beständigkeit gegen Flüssigkeiten – Teil 5: Verfahren mit dem Gradientenofen
EN ISO 2812-5:2007, Paints and varnishes – Determination of resistance to liquids – Part 5: Temperature-gradient oven method

DIN EN ISO 2813:1999, Beschichtungsstoffe – Bestimmung des Reflektometerwertes von Beschichtungen (außer Metallic-Beschichtungen) unter 20°, 60° und 85°
EN ISO 2813:1999: Paints and varnishes – Determination of specular gloss of non-metallic paint films at 20°, 60° und 85°

DIN EN ISO 2815:2003, Beschichtungsstoffe – Eindruckversuch nach Buchholz
EN ISO 2815:2003, Paints and varnishes – Buchholz indentation test

DIN EN ISO 3231:1998, Beschichtungsstoffe – Bestimmung der Beständigkeit gegen feuchte, Schwefeldioxid enthaltende Atmosphäre
EN ISO 3231:1998, Paints and varnishes – Determination of resistance to humid atmospheres containing sulfur dioxide

DIN EN ISO 3248:2000, Beschichtungsstoffe – Bestimmung der Auswirkung von Wärme
EN ISO 3248:2000, Paints and varnishes – Determination of the effect of heat

DIN EN ISO 3543:2001/Berichtigung 2006, Metallische und nichtmetallische Schichten – Dickenmessung – Betarückstreu-Verfahren
EN ISO 3543:2000, Metallic and non-metallic coatings – Measurement of thickness – Beta backscatter method

DIN EN ISO 3668:2001, Beschichtungsstoffe – Visueller Vergleich der Farbe von Beschichtungen
EN ISO 3668:2001, Paints and varnishes – Visual comparison of the colour of paints

DIN EN ISO 3678:1995, Lacke und Anstrichstoffe – Prüfung auf Abdruckfestigkeit
EN ISO 3678:1995, Paints and varnishes – Print-free test

ASTM D 3794:00, Standard Guide for Testing Coil Coatings

ASTM D 4145-83 (Reapproved 2002), Standard Test Method for Coating Flexibility of Pre-painted Sheet

ASTM D 4214-98 (Withdrawn 2007), Standard Test Methods for Evaluating the Degree of Chalking of Exterior Paint Films

DIN EN ISO 9117-2:2010, Beschichtungsstoffe – Trocknungsprüfungen – Teil 2: Druckprüfung zur Bestimmung der Stapelfähigkeit
EN ISO 9117-2:2010, Paints and varnishes – Drying tests – Part 2: Pressure test for stackability

DIN EN ISO 4623-1:2002, Beschichtungsstoffe – Bestimmung der Beständigkeit gegen Filiformkorrosion – Teil 1: Stahl als Substrat
EN ISO 4623-1:2002, Paints and varnishes – Determination of resistance to filiform corrosion – Part 1: Steel substrate

DIN EN ISO 4623-2:2004/Berichtigung 2006, Beschichtungsstoffe – Bestimmung der Beständigkeit gegen Filiformkorrosion – Teil 2: Aluminium als Substrat
EN ISO 4623-2:2004, Paints and varnishes – Determination of resistance to filiform corrosion – Part 2: Aluminium substrates

DIN EN ISO 4628-1:2004, Beschichtungsstoffe – Bestimmung von Beschichtungsschäden – Bewertung der Menge und Größe von Schäden und der Intensität von gleichmäßigen Veränderungen im Aussehen – Teil 1: Allgemeine Einführung und Bewertungssystem
EN ISO 4628-1:2004, Paints and varnishes – Evaluation of degradation of coatings – Designation of quantity and size of defects, and of intensity of uniform changes in appearance – Part 1: General introduction and designation system

DIN EN ISO 4628-2:2004, Beschichtungsstoffe – Bestimmung von Beschichtungsschäden – Bewertung der Menge und Größe von Schäden und der Intensität von gleichmäßigen Veränderungen im Aussehen – Teil 2: Bewertung des Blasengrades
EN ISO 4628-2:2003, Paints and varnishes – Evaluation of degradation of coatings – Designation of quantity and size of defects, and of intensity of uniform changes in appearance – Part 2: Assessment of degree of blistering

DIN EN ISO 4628-3:2004, Beschichtungsstoffe – Bestimmung von Beschichtungsschäden – Bewertung der Menge und Größe von Schäden und der Intensität von gleichmäßigen Veränderungen im Aussehen – Teil 3: Bewertung des Rostgrades
EN ISO 4628-3:2003, Paints and varnishes – Evaluation of degradation of coatings – Designation of quantity and size of defects, and of intensity of uniform changes in appearance – Part 4: Assessment of degree of rusting

DIN EN ISO 4628-4:2004, Beschichtungsstoffe – Bestimmung von Beschichtungsschäden – Bewertung der Menge und Größe von Schäden und der Intensität von gleichmäßigen Veränderungen im Aussehen – Teil 4: Bewertung des Rissgrades
EN ISO 4628-4:2003, Paints and varnishes – Evaluation of degradation of coatings – Designation of quantity and size of defects, and of intensity of uniform changes in appearance – Part 4: Assessment of degree of cracking

DIN EN ISO 4628-5:2004, Beschichtungsstoffe – Bestimmung von Beschichtungsschäden – Bewertung der Menge und Größe von Schäden und der Intensität von gleichmäßigen Veränderungen im Aussehen – Teil 5: Bewertung des Abblätterungsgrades
EN ISO 4628-5:2003, Paints and varnishes – Evaluation of degradation of coatings – Designation of quantity and size of defects, and of intensity of uniform changes in appearance – Part 5: Assessment of degree of flaking

DIN EN ISO 4628-6:2011, Beschichtungsstoffe – Bestimmung von Beschichtungsschäden – Bewertung von Ausmaß, Menge und Größe von Schäden und der Intensität von gleichmäßigen Veränderungen im Aussehen – Teil 6: Bewertung des Kreidungsgrades nach dem Klebebandverfahren
EN ISO 4628-6:2011, Paints and varnishes – Evaluation of degradation of coatings – Designation of quantity and size of defects, and of intensity of uniform changes in appearance – Part 6: Assessment of degree of chalking by tape method

DIN EN ISO 4628-7:2004, Beschichtungsstoffe – Bestimmung von Beschichtungsschäden – Bewertung der Menge und Größe von Schäden und der Intensität von gleichmäßigen Veränderungen im Aussehen – Teil 7: Bewertung des Kreidungsgrades nach dem Samtverfahren
EN ISO 4628-7:2003, Paints and varnishes – Evaluation of degradation of coatings – Designation of quantity and size of defects, and of intensity of uniform changes in appearance – Part 7: Assessment of degree of chalking by velvet method

DIN EN ISO 4628-8:2005/E:2010, Beschichtungsstoffe – Bestimmung von Beschichtungsschäden – Bewertung der Menge und Größe von Schäden und der Intensität von gleichmäßigen Veränderungen im Aussehen – Teil 8: Bewertung der von einem Ritz ausgehenden Enthaftung und Korrosion
EN ISO 4628-8:2005/pr:2010, Paints and varnishes – Evaluation of degradation of coatings – Designation of quantity and size of defects, and of intensity of uniform changes in appearance – Part 8: Assessment of degree of delamination and corrosion around a scribe or an artificial defection

DIN EN ISO 4628-10:2004, Beschichtungsstoffe – Bestimmung von Beschichtungsschäden – Bewertung der Menge und Größe von Schäden und der Intensität von gleichmäßigen Veränderungen im Aussehen – Teil 10: Bewertung der Filiformkorrosion
EN ISO 4628-10:2004, Paints and varnishes – Evaluation of degradation of coatings – Designation of quantity and size of defects, and of intensity of uniform changes in appearance – Part 10: Assessment of degree of filiform corrosion

DIN EN ISO 4892-3:2006, Kunststoffe – Künstliches Bestrahlen oder Bewittern in Geräten – Teil 3: UV-Leuchtstofflampen
EN ISO 4892-3:2006, Plastics – Methods of exposure to laboratory light sources – Part 3: Fluorescent UV lamps

DIN 6172:1993, Metamerieindex von Probenplatten bei Lichtartwechsel

DIN 6176:2001, Farbmetrische Bestimmung von Farbabständen bei Körperfarben nach der DIN99-Formel

DIN EN ISO 6270-1:2002, Beschichtungsstoffe – Bestimmung der Beständigkeit gegen Feuchtigkeit – Teil 1: Kontinuierliche Kondensation
EN ISO 6270-1:2001, Paints and varnishes – Determination of resistance to humidity – Part 1: Continuous condensation

DIN EN ISO 6270-2:2004, Beschichtungsstoffe – Bestimmung der Beständigkeit gegen Feuchtigkeit – Teil 2: Verfahren zur Beanspruchung von Proben in Kondenswasserklimaten
EN ISO 6270-2:2004, Paints and varnishes – Determination of resistance to humidity – Part 2: Procedure for exposing test specimens in condensation-water atmospheres

DIN EN ISO 6272-1:2011, Beschichtungsstoffe – Prüfung der Widerstandsfähigkeit bei schlagartiger Verformung (Schlagprüfung) – Teil 1: Prüfung durch fallendes Gewichtsstück, große Prüffläche
EN ISO 6272-1:2011, Paints and varnishes – Rapid-deformation (impact resistance) tests – Part 1: Falling-weight test, large-area indenter

DIN EN ISO 6272-2:2011, Beschichtungsstoffe – Prüfung der Widerstandsfähigkeit bei schlagartiger Verformung. (Schlagprüfung) – Teil 2: Prüfung durch fallendes Gewichtsstück, kleine Prüffläche
EN ISO 6272-2:2011, Paints and varnishes – Rapid-deformation (impact resistance) tests – Part 2: Falling-weight test, small-area indenter

DIN EN ISO 6504-3:2007, Beschichtungsstoffe – Bestimmung des Deckvermögens – Teil 3: Bestimmung des Kontrastverhältnisses (Deckvermögen) bei einer festgelegten Auftragsmenge
EN ISO 6504-3:2007, Paints and varnishes – Determination of hiding power – Part 3: Determination of contrast ratio of light-coloured paints at a fixed spreading rate

DIN EN ISO 6860:2006, Beschichtungsstoffe – Dornbiegeversuch (mit konischem Dorn)
EN ISO 6860:2006, Paints and varnishes – Bend test (conical mandrel)

ISO 7724-1:1984, Lacke und Anstrichstoffe – Farbmessung – Teil 1: Grundlagen
Paints and varnishes – Colorimetry – Part 1: Principles

ISO 7724-2:1984, Lacke und Anstrichstoffe – Farbmessung – Teil 2: Bestimmung von Farbmaßzahlen
Paints and varnishes – Colorimetry – Part 2: Colour measurement

ISO 7724-3:1984, Lacke und Anstrichstoffe – Farbmessung – Teil 3: Berechnung von Farbabständen
Paints and varnishes – Colorimetry – Part 3: Calculation of colour differences

DIN EN ISO 7784-1:2006, Beschichtungsstoffe – Bestimmung des Abriebwiderstandes – Teil 1: Verfahren mit rotierendem Reibrad mit Schleifpapier
EN ISO 7784-1:2006, Paints and varnishes – Determination of resistance to abrasion – Part 1: Rotating abrasive-paper-covered wheel method

DIN EN ISO 7784-2:2006, Beschichtungsstoffe – Bestimmung des Abriebwiderstandes – Teil 2: Verfahren mit rotierendem Gummireibrad
EN ISO 7784-2:2006, Paints and varnishes – Determination of resistance to abrasion – Part 2: Rotating abrasive rubber wheel method

DIN EN ISO 7784-3:2006, Beschichtungsstoffe – Bestimmung des Abriebwiderstandes – Teil 3: Verfahren mit sich hin und her bewegender Probenplatte
EN ISO 7784-3:2006, Paints and varnishes – Determination of resistance to abrasion – Part 3: Reciprocating test panel method

DIN EN ISO 9227:2006, Korrosionsprüfungen in künstlichen Atmosphären – Salzsprühnebelprüfungen
EN ISO 9227:2006, Corrosion tests in artificial atmospheres – Salt spray tests

DIN EN ISO 11341:2004, Beschichtungsstoffe – Künstliches Bewittern und künstliches Bestrahlen – Beanspruchung durch gefilterte Xenonbogenstrahlung
EN ISO 11341:2004, Paints and varnishes – Artificial weathering and exposure to artificial radiation – Exposure to filtered xenon-arc radiation

DIN EN ISO 11507:2007, Beschichtungsstoffe – Beanspruchung von Beschichtungen durch künstliche Bewitterung – Beanspruchung durch fluoreszierende UV-Strahlung und Wasser
EN ISO 11507:2007, Paints and varnishes – Exposure of coatings to artificial weathering – Exposure to fluorescent UV lamps and water

DIN EN ISO 11664-4:2011, Farbmetrik – Teil 4: CIE 1976 L*a*b* Farbenraum
*EN ISO 11664-4:2011, Colorimetry – Part 4: CIE 1976 L*a*b* Colour space*

DIN EN ISO 11890-1:2007, Beschichtungsstoffe – Bestimmung des Gehaltes an flüchtigen organischen Verbindungen (VOC-Gehalt) – Teil 1: Differenzverfahren
EN ISO 11890-1:2007, Paints and varnishes – Determination of volatile organic compound (VOC) content – Part 1: Difference method

DIN EN ISO 11890-2:2007, Beschichtungsstoffe – Bestimmung des Gehaltes an flüchtigen organischen Verbindungen (VOC-Gehalt) – Teil 2: Gas-chromatographisches Verfahren
EN ISO 11890-2:2006, Paints and varnishes – Determination of volatile organic compound (VOC) content – Part 2: Gas-chromatographic method

DIN EN ISO 11997-1:2006, Beschichtungsstoffe – Bestimmung der Beständigkeit bei zyklischen Korrosionsbedingungen – Teil 1: Nass (Salzsprühnebel)/trocken/Feuchte
EN ISO 11997-1:2006, Paints and varnishes – Determination of resistance to cyclic corrosion conditions – Part 1: Wet (salt fog)/dry/humidity

DIN EN ISO 11997-2:2006, Beschichtungsstoffe – Bestimmung der Beständigkeit bei zyklischen Korrosionsbedingungen – Teil 2: Nass (Salzsprühnebel)/trocken/Feuchte/UV-Strahlung
EN ISO 11997-2:2006, Paints and varnishes – Determination of resistance to cyclic corrosion conditions – Part 2: Wet (salt fog)/dry/humidity/UV light

DIN EN ISO 12137-1:2011, Beschichtungsstoffe – Bestimmung des Verhaltens gegen Verkratzen – Teil 1: Verfahren mit gebogenem Stichel
EN ISO 12137-1:2011, Paints and varnishes – Determination of mar resistance – Part 1: Method using a curved stylus

DIN EN ISO 13803:2004, Beschichtungsstoffe – Bestimmung des Glanzschleiers von Beschichtungen bei 20°
EN ISO 13803:2004, Paints and varnishes – Determination of reflection haze on paint films at 20°

DIN EN 15042-1:2006, Schichtdickenmessung und Charakterisierung von Oberflächen mittels Oberflächenwellen – Teil 1: Leitfaden zur Bestimmung von elastischen Konstanten, Dichte und Dicke von Schichten mittels laserinduzierten Ultraschall-Oberflächenwellen
EN 15042-1:2004, Thickness measurement of coatings and characterization of surfaces with surface waves – Part 1: Guide to the determination of elastic constants, density and thickness of films by laser induced surface acoustic waves

DIN EN 15042-2:2006, Schichtdickenmessung und Charakterisierung von Oberflächen mittels Oberflächenwellen – Teil 2: Leitfaden zur photothermischen Schichtdickenmessung
EN 15042-2:2006, Thickness measurement of coatings and characterization of surfaces with surface waves – Part 2: Thickness measurement of coatings by photothermic method

DIN EN 15457:2007, Beschichtungsstoffe – Labormethode für die Prüfung der Wirksamkeit von Filmkonservierungsstoffen in einer Beschichtung gegen Pilze
EN 15457:2007, Paints and varnishes – Laboratory method for testing the efficacy of film preservatives in coating against fungi

DIN EN 15458:2007, Beschichtungsstoffe – Labormethode für die Prüfung der Wirksamkeit von Filmkonservierungsstoffen in einem Beschichtungsstoff gegen Algen
EN 15458:2007, Paints and varnishes – Laboratory method for testing the efficacy of film preservatives in coating against algae

DIN EN ISO 15710:2006, Beschichtungsstoffe – Korrosionsprüfung durch abwechselndes Eintauchen in eine und Entfernen aus einer gepufferten Natriumchloridlösung
EN ISO 15710:2006, Paints and varnishes – Corrosion testing by alternate immersion in and removal from a buffered sodium chloride solution

DIN EN ISO 15711:2005, Beschichtungsstoffe – Bestimmung des Widerstandes gegen kathodische Enthaftung von Beschichtungen in Meerwasser
EN ISO 15711:2004, Paints and varnishes – Determination of resistance to cathodic disbonding of coatings exposed to sea water

DIN EN ISO 16773-1:2007, Beschichtungsstoffe – Elektrochemische Impedanzspektroskopie (EIS) von beschichteten Proben mit hoher Impedanz – Teil 1: Begriffe
EN ISO 16773-1:2007, Paints and varnishes – Electrochemical impedance spectroscopy (EIS) in high impedance coated specimens – Part 1: Terms and definitions

DIN EN ISO 16773-2:2007, Beschichtungsstoffe – Elektrochemische Impedanzspektroskopie (EIS) von beschichteten Proben mit hoher Impedanz – Teil 2: Datenerfassung
EN ISO 16773-2:2007, Paints and varnishes – Electrochemical impedance spectroscopy (EIS) on high impedance coated specimens – Part 2: Collection of data

DIN EN ISO 16805:2005, Bindemittel für Beschichtungsstoffe – Bestimmung der Glasübergangstemperatur
EN ISO 16805:2003, Binders for paints and varnishes – Determination of glass transition temperature

DIN EN ISO 16862:2006, Beschichtungsstoffe – Bewertung der Widerstandsfähigkeit gegen Ablaufen
EN 16862:2005, Paints and varnishes – Evaluation of sag resistance

DIN EN ISO 17132:2008, Beschichtungsstoffe – T-Biegeprüfung
EN ISO 17132:2007, Paints and varnishes – T-bend test

DIN EN ISO 17872:2007, Beschichtungsstoffe – Leitfaden zum Anbringen von Ritzen durch eine Beschichtung auf Metallplatten für Korrosionsprüfungen
EN ISO 17872:2007, Paints and varnishes – Guidelines for the introduction of scribe marks through coatings on metallic panels for corrosion testing

DIN EN ISO 20567-1:2007, Beschichtungsstoffe – Prüfung der Steinschlagfestigkeit von Beschichtungen – Teil 1: Multischlagprüfung
EN ISO 20567-1:2006, Paints and varnishes – Determination of stone-chip resistance of coatings – Part 1: Multi-impact testing

DIN EN ISO 20567-2:2007, Beschichtungsstoffe – Prüfung der Steinschlagfestigkeit von Beschichtungen – Teil 2: Einzelschlagprüfung mit geführtem Schlagkörper
EN ISO 20567-2:2007, Paints and varnishes – Determination of stone-chip resistance of coatings – Part 2: Single-impact test with a guided impact body

DIN EN ISO 21227-1:2003, Beschichtungsstoffe – Beurteilung von Beschichtungsschäden mittels digitaler Bildverarbeitung – Teil 1: Allgemeine Anleitung
EN ISO 21227-1:2003, Paints and varnishes – Evaluation of defects on coated surfaces using optical imaging – Part 1: General guidance

DIN EN ISO 21227-2:2007, Beschichtungsstoffe – Beurteilung von Beschichtungsschäden mittels digitaler Bildverarbeitung – Teil 2: Auswertung der Multisteinschlag-Prüfung
EN ISO 21277-2:2006, Paints and varnishes – Evaluation of defects on coated surfaces using optical imaging – Part 2: Evaluation procedure for multi-impact stone-chipping test

DIN EN ISO 21227-3:2007, Beschichtungsstoffe – Beurteilung von Beschichtungsschäden mittels digitaler Bildverarbeitung – Teil 3: Enthaftung und Auswertung der von einem Ritz ausgehenden Korrosion
EN ISO 21277-3:2007, Paints and varnishes – Evaluation of defects on coated surfaces using optical imaging – Part 3: Evaluation of delamination and corrosion around a scribe

DIN EN ISO 21227-4:2008, Beschichtungsstoffe – Beurteilung von Beschichtungsschäden mittels digitaler Bildverarbeitung – Teil 4: Beurteilung von Filiformkorrosion
EN ISO 21277-4:2008, Paints and varnishes – Evaluation of defects on coated surfaces using optical imaging – Part 4: Evaluation of filiform corrosion

DIN EN 23270:1991, Lacke, Anstrichstoffe und deren Rohstoffe – Temperaturen und Luftfeuchten für Konditionierung und Prüfung
EN 23270:1991, Paints, varnishes and their raw materials – Temperatures and humidities for conditioning and testing

DIN 50977:2005, Messung von Schichtdicken – Berührungslose Messung der Schichtdicke von Schichten am kontinuierlich bewegtem Messgut

DIN 53150:2002, Beschichtungsstoffe – Bestimmung des Trockengrades von Beschichtungen (Abgewandeltes Bandow-Wolff-Verfahren)

DIN 53159:2000, Beschichtungsstoffe – Bestimmung des Kreidungsgrades von Beschichtungen nach Kempf

DIN 53219:2009, Beschichtungsstoffe – Bestimmung des Volumens nichtflüchtiger Anteile – Verfahren durch Bestimmung der praktischen Trockenfilmdichte

DIN 53221:2005, Beschichtungsstoffe – Prüfung von Beschichtungen auf Überarbeitbarkeit

DIN 55665:2007, Beschichtungsstoffe – Freibewitterung von Beschichtungen – Prüfung des Korrosionsschutzverhaltens

10.2.6 Begriffe, Fachausdrücke

DIN EN ISO 1043-1:2011: Kunststoffe – Kennbuchstaben und Kurzzeichen –Teil1: Basis-Polymere und ihre besonderen Eigenschaften
EN ISO 1043-1:2011, Plastics – Symbols and abbreviated terms – Part 1: Basic polymers and their special characteristics

DIN EN ISO 3166-1:2007, Codes für die Namen von Ländern und deren Untereinheiten – Teil 1: Codes für die Ländernamen
EN ISO 3166-1:2006,Codes for the representation of countries and their subdivisions – Part 1: Country codes

DIN EN ISO 4618:2007, Beschichtungsstoffe – Begriffe; Dreisprachige Fassung
EN ISO 4618:2006, Paints and varnishes – Terms and definitions – Trilingual version

DIN 55943:2001, Farbmittel – Begriffe

DIN 55944:2011, Farbmittel – Einteilung von Farbmitteln nach koloristischen und chemischen Gesichtspunkten

DIN 55945:2007, Beschichtungsstoffe und Beschichtungen – Ergänzende Begriffe zu DIN EN ISO 4618

DIN 55950:2001, Bindemittel für Beschichtungsstoffe – Kurzzeichen

10.2.7 Normen und Merkblätter für die Verarbeitung

DIN 8580:2003, Fertigungsverfahren – Begriffe, Einteilung

DIN 8582:2003, Fertigungsverfahren Umformen – Einordnung, Unterteilung, Begriffe, Alphabetische Übersicht

DIN 8584-1:2003, Fertigungsverfahren Zugdruckumformen – Teil 1: Allgemeines; Einordnung, Unterteilung, Begriffe

DIN 8584-3:2003, Fertigungsverfahren Zugdruckumformen – Teil 3: Tiefziehen; Einordnung, Unterteilung, Begriffe

DIN 8584-4:2003, Fertigungsverfahren Zugdruckumformen – Teil 4: Drücken; Einordnung, Unterteilung, Begriffe

DIN 8585-1:2003, Fertigungsverfahren Zugumformen – Teil 1: Allgemeines; Einordnung, Unterteilung, Begriffe

DIN 8585-4:2003, Fertigungsverfahren Zugumformen – Teil 4: Tiefen; Unterteilung, Begriffe

DIN 8586:2003, Fertigungsverfahren Biegeumformen – Allgemeines; Einordnung, Unterteilung, Begriffe

DIN 8588:2003, Fertigungsverfahren Zerteilen – Einordnung, Unterteilung, Begriffe

DIN 8593-0:2003, Fertigungsverfahren Fügen – Teil 0: Allgemeines; Einordnung, Unterteilung, Begriffe

DIN 8593-3:2003, Fertigungsverfahren Fügen – Anpressen, Einpressen; Einordnung, Unterteilung, Begriffe

DIN 8593-5:2003, Fertigungsverfahren Fügen – Teil 5: Fügen durch Umformen; Einordnung, Unterteilung, Begriffe

DIN 8593-6:2003, Fertigungsverfahren Fügen – Teil 6: Fügen durch Schweißen; Einordnung, Unterteilung, Begriffe

DIN 8593-8:2003, Fertigungsverfahren Teil 8: Kleben; Einordnung, Unterteilung, Begriffe

DIN 1910-3:1997, Schweißen – Teil 3: Schweißen von Kunststoffen; Verfahren

DIN EN 14610:2005, Schweißen und verwandte Prozesse; Begriffe für Metallschweißprozesse. Dreisprachige Fassung

DIN EN ISO 18594:2007, Widerstandspunkt-, Buckel- und Rollennahtschweißen – Verfahren für das Bestimmen des Übergangswiderstandes von Aluminium- und Stahlwerkstoffen

EN ISO 18594:2007, Resistance spot-, projection- and seam-welding – Method for determining the transition resistance on aluminium and steel

Merkblatt DVS 2920:2000, Widerstandspunkt-, Buckel- und Rollennahtschweißen von Stahlblech mit metallischen Überzügen

Merkblatt DVS 2925:2005, Widerstandspunkt-, Buckel- und Rollennahtschweißen von organisch dünnfilmbeschichteten Stahlblechen

Merkblatt DVS 2927:2010, Widerstandsbuckelschweißen und Lichtbogenbolzenschweißen von einseitig kunststoffbeschichteten Stahlblechen

Merkblatt DVS 2939:2006, Widerstands-, Buckel- und Rollennahtschweißen von Stahl-Kunststoff-Stahl-Verbundwerkstoffen

10.2.8 Normen für Bauteile

DIN EN 502:2000, Dachdeckungsprodukte aus Metallblech – Festlegungen für vollflächig unterstützte Bedachungselemente aus nicht rostendem Stahlblech
EN 502:1999, Roofing products from metal sheet – Specification for fully supported roofing products of stainless steel sheet

DIN EN 505:1999, Dachdeckungsprodukte aus Metallblech – Festlegungen für vollflächig unterstützte Bedachungselemente aus Stahlblech
EN 505:1999, Roofing products from metal sheet – Specification for fully supported roofing products of steel sheet

DIN EN 507:2000, Dachdeckungsprodukte aus Metallblech – Festlegungen für vollflächig unterstützte Bedachungselemente aus Aluminiumblech
EN 507:1999, Roofing products from metal sheet – Specification for fully supported roofing products of aluminium sheet

DIN EN 508-1:2009, Dachdeckungsprodukte aus Metallblech – Festlegungen für selbsttragende Bedachungselemente aus Stahlblech, Aluminiumblech oder nicht rostendem Stahlblech – Teil 1: Stahl
EN 508-1:2008, Roofing products from metal sheet – Specification for self-supported roofing products of steel, aluminium or stainless steel sheet – Part 1: Steel

DIN EN 508-2:2009, Dachdeckungsprodukte aus Metallblech – Festlegungen für selbsttragende Bedachungselemente aus Stahlblech, Aluminiumblech oder nicht rostendem Stahlblech –Teil 2: Aluminium
EN 508-2:2008, Roofing products from metal sheet – Specification for self-supported roofing products of steel, aluminium or stainless steel sheet – Part 2: Aluminium

DIN EN 508-3:2009, Dachdeckungsprodukte aus Metallblech – Festlegungen für selbsttragende Bedachungselemente aus Stahlblech, Aluminiumblech oder nicht rostendem Stahlblech – Teil 3: Nicht rostender Stahl
EN 508-3:2008, Roofing products from metal sheet – Specification for self-supported roofing products of steel, aluminium or stainless steel sheet – Part 3: Stainless steel

DIN EN 612:2005, Hängedachrinnen mit Aussteifung der Rinnenvorderseite und Regenrohre aus Metallblech mit Nahtverbindungen
EN 612:2005, Eaves gutters with bead stiffened fronts and rain water pipes with seamed joints made of metal sheet

DIN EN 10162:2003, Kaltprofile aus Stahl – Technische Lieferbedingungen – Grenzabmaße und Formtoleranzen
EN 10162:2003, Cold rolled steel sections – Technical delivery conditions – Dimensions and cross-sectional tolerances

DIN EN 12219:2000, Türen – Klimaeinflüsse – Anforderungen und Klassifizierung
EN 12219:1999, Doors – Climatic influences – Requirements and classification

DIN EN 12433-1:2000, Tore – Terminologie – Teil 1: Bauarten von Toren
EN 12433-1:1999, Industrial, commercial and garage doors and gates – Terminology – Part 1: Types of doors

DIN EN 12519:2004, Fenster und Türen – Terminologie
EN 12519:2004, Windows and pedestrian doors – Terminology

DIN EN ISO 12944-1:1998, Korrosionsschutz von Stahlbauten durch Beschichtungssysteme – Teil 1: Allgemeine Einleitung
EN ISO 12944-1:1998, Paints and varnishes – Corrosion protection of steel structures by protective paint systems – Part 1: General introduction

DIN EN ISO 12944-2:1998, Beschichtungsstoffe – Korrosionsschutz von Stahlbauten durch Beschichtungssysteme – Teil 2: Einteilung der Umgebungsbedingungen
EN ISO 12944-2:1998, Paints and varnishes – Corrosion protection of steel structures by protective paint systems – Part 2: Classification of environments

DIN EN 13119:2007, Vorhangfassaden – Terminologie
EN 13119:2007, Curtain walling – Terminology

DIN EN 13830:2003, Vorhangfassaden – Produktnorm
EN 13830:2003, Curtain walling – Product standard

DIN EN 14351-1:2006, Fenster und Türen – Produktnorm, Leistungseigenschaften – Teil 1: Fenster und Außentüren ohne Eigenschaften bezüglich Feuerschutz und/oder Rauchdichtheit
EN 14351-1:2006, Windows and doors – Product standard, performance characteristics – Part 1: Windows and external pedestrian doorsets with resistance and/or smoke leakage characteristics to fire

DIN EN 14509:2007, Selbsttragende Sandwich-Elemente mit beidseitigen Metalldeckschichten – Werkmäßig hergestellte Produkte – Spezifikation und Anforderungen
EN 14509:2006, Self-supporting double skin metal faced insulating panels – Factory made products – Specifications

DIN EN 14782:2006, Selbsttragende Dachdeckungs- und Wandbekleidungselemente für die Innen- und Außenanwendung aus Metallblech – Produktspezifikation
EN 14782:2006, Self-supporting metal sheet for roofing, external cladding and internal lining – Product specification and requirements

DIN EN 14783:2006, Vollflächig unterstützte Dachdeckungs- und Wandbekleidungselemente aus Metallblech – Produktspezifikation
EN 14783:2006, Fully supported metal sheet and strip for roofing, external cladding and internal lining – Product specification and requirements

DIN 18516-1:2010, Außenwandbekleidung, hinterlüftet – Teil 1: Anforderungen, Prüfgrundsätze

DIN 18807-3:1987/A1:2001, Trapezprofile im Hochbau – Stahltrapezprofile; Festigkeitsnachweis und konstruktive Ausbildung

DIN 18807-9:1998, Trapezprofile im Hochbau – Teil 9: Aluminium-Trapezprofile und ihre Verbindungen; Anwendung und Konstruktion

DIN 55634:2010, Beschichtungsstoffe und Überzüge – Korrosionsschutz von tragenden dünnwandigen Bauteilen aus Stahl

DIN 59231:2003, Wellbleche und Pfannenbleche, oberflächenveredelt – Maße, Masse und statische Werte

10.2.9 Spezielle Prüfnormen und Eigenschaften zum Brandschutz

DIN EN ISO 1182:2010, Prüfungen zum Brandverhalten von Produkten – Nichtbrennbarkeitsprüfung
EN ISO 1182:2010, Reaction to fire tests for building products – Non-combustibility test

DIN EN 1363-1:1999, Feuerwiderstandsprüfungen – Teil 1: Allgemeine Anforderungen
EN 1363-1:1999, Fire resistance tests – Part 1: General requirements

DIN EN 1363-2:1999, Feuerwiderstandsprüfungen – Teil 2: Alternative und ergänzende Verfahren
EN 1363-2:1999, Fire resistance tests – Part 2: Alternative and additional procedures

DIN EN 1364-1:1999, Feuerwiderstandsprüfungen für nichttragende Bauteile – Teil 1: Wände
EN 1364-1:1999, Fire resistance tests for non-loadbearing elements – Part 1:Walls

DIN EN 1364-2: 1999, Feuerwiderstandsprüfungen für nichttragende Bauteile – Teil 2: Unterdecken
EN 1364-2:1999, Fire resistance tests for non-loadbearing elements – Part 2: Ceilings

DIN EN 1364-3:2006, Feuerwiderstandsprüfungen für nichttragende Bauteile – Teil 3: Vorhangfassaden – Gesamtausführung
EN 1364-3:2006, Fire resistance tests for non-loadbearing elements – Part 3: Curtain walling – Full configuration (complete assembly)

DIN EN 1365-1:1999, Feuerwiderstandsprüfungen für tragende Bauteile – Teil 1: Wände – Gesamtausführung
EN 1365-1:1999, Fire resistance tests for loadbearing elements – Part 1: Walls

DIN EN 1365-2:1999, Feuerwiderstandsprüfungen für tragende Bauteile – Teil 2: Decken und Dächer
EN 1365-2:1999, Fire resistance tests for loadbearing elements – Part 2: Floors and roofs

DIN EN 1365-5:2005, Feuerwiderstandsprüfungen für tragende Bauteile – Teil 5: Balkone und Laubengänge
EN 1365-5:2004, Fire resistance tests for loadbearing elements – Part 5: Balconies and walk ways

DIN 4102-1:1998, Brandverhalten von Baustoffen und Bauteilen – Teil 1: Baustoffe, Begriffe, Anforderungen und Prüfungen

DIN 4102-4/A1:2004, Brandverhalten von Baustoffen und Bauteilen – Teil 4: Zusammenstellung und Anwendung klassifizierter Baustoffe, Bauteile und Sonderbauteile

DIN EN 13241-1:2011/A1, Tore – Produktnorm – Teil 1: Produkte ohne Feuer- und Rauchschutzeigenschaften
EN 13241-1:2011/A1, Industrial, commercial and garage doors and gates – Product Standard – Part 1: Products without fire resistance or smoke control characteristics

DIN EN 13501-1:2007, Klassifizierung von Bauprodukten und Bauarten zu ihrem Brandverhalten – Teil 1: Klassifizierung mit den Ergebnissen aus den Prüfungen zum Brandverhalten von Bauprodukten
EN 13501-1:2007, Fire classification of construction products and building elements – Part 1: Classification using data from reaction to fire

DIN EN 13501-5:2006/A1:2010, Klassifizierung von Bauprodukten und Bauarten zu ihrem Brandverhalten, u. a. – Teil 5: Klassifizierung mit den Ergebnissen aus Prüfungen von Bedachungen bei Beanspruchung durch Feuer von außen
EN 13501-5:2005/A1:2009, Fire classification of construction products and building elements – Part 5: Classification using data from external fire exposures to roof tests

DIN EN 14351-1:2006/A1:2010, Fenster und Türen – Produktnorm, Leistungseigenschaften – Teil 1: Fenster und Außentüren ohne Eigenschaften bezüglich Feuerschutz und/oder Rauchdichtheit
EN 14351-1:2006/A1:2010, Windows and doors – Product standard, performance characteristics – Part 1: Windows and external pedestrian doorsets with resistance and/or smoke leakage characteristics to fire

DIN EN 14600:2006, Tore, Türen und zu öffnende Fenster mit Feuer- und/oder Rauchschutzeigenschaften –Anforderungen und Klassifizierung
EN 14600:2005, Doorsets and openable windows with fire resisting and/or smoke control characteristics –Requirements and classification

DIN CEN/TS 15447:2006, Einbau und Befestigung bei Prüfungen zum Brandverhalten von Bauprodukten, die unter die Bauproduktenrichtlinie fallen

DIN 18234-1:2003, Baulicher Brandschutz großflächiger Dächer – Brandbeanspruchungen von unten – Teil 1: Begriffe, Anforderungen und Prüfungen; geschlossene Dachflächen

DIN 18234-2:2003, Baulicher Brandschutz großflächiger Dächer – Brandbeanspruchungen von unten – Teil 2: Verzeichnis von Dächern, welche die Anforderungen nach DIN 18234-1 erfüllen

10.2.10 QualitätsManagement- und Umweltmanagementsysteme

DIN EN ISO 9000:2005, Qualitätsmanagementsysteme – Grundlagen und Begriffe
EN ISO 9000:2005, Quality management systems – Fundamentals and vocabulary

DIN EN ISO 9001:2000, Qualitätsmanagementsysteme – Anforderungen
EN ISO 9001:2000, Quality Management Systems – Requirements

DIN EN ISO 9004:2009, Leiten und Lenken für den nachhaltigen Erfolg einer Organisation – Ein Qualitätsmanagementansatz
EN ISO 9004: 2009: Managing for the sustained success of an organization – A quality management approach (ISO 9004:2009

DIN-Fachbericht ISO 10006:2004, Qualitätsmanagementsysteme – Leitfaden für Qualitätsmanagement in Projekten

DIN EN ISO 14001:2005/Cor1:2009, Umweltmanagementsysteme – Anforderungen mit Anleitung zur Anwendung
EN ISO 14001:2005/AC:2009, Environmental management systems – Requirements with guidance for use

DIN ISO 14004:2010, Umweltmanagementsysteme – Allgemeiner Leitfaden über Grundsätze, Systeme und unterstützende Methoden
ISO 14004:2004, Environmental management systems – General guidelines on principles, systems and support techniques

DIN ISO 14015:2010, Umweltmanagementsysteme – Umweltbewertung von Standorten und Organisationen (UBSO)
ISO 14015:2010, Environmental management systems – Environmental assessment of sites and organizations (EASO)

DIN EN ISO 14020:2002, Umweltkennzeichnungen und -deklarationen – Allgemeine Grundsätze;
EN ISO 14020:2001, Environmental labels and declarations – General principles

DIN EN ISO 14021:2001/A1:2011, Umweltkennzeichnungen und -deklarationen – Umweltbezogene Anbietererklärungen – (Umweltkennzeichnung Typ II)
EN ISO 14021:2001/AC:2011, Environmental labels and declarations – Self-declared environmental claims (Type II environmental labelling)

DIN EN ISO 14024:2001, Umweltkennzeichnungen und -deklarationen – Umweltkennzeichnung Typ I – Grundsätze und Verfahren)
EN ISO 14024:2000, Environmental labels and declarations – Type I environmental labelling – Principles and procedures

DIN EN ISO 14031:2012, Umweltmanagement – Umweltleistungsbewertung – Leitlinien
EN ISO 14031:2011, Environmental management – Environmental performance evaluation – Guidelines

DIN EN ISO 14040:2009, Umweltmanagement – Ökobilanz – Grundsätze und Rahmenbedingungen
EN ISO 14040:2009, Environmental management – Life cycle assessment – Requirements and guidelines

DIN EN ISO 14044:2006, Umweltmanagement – Ökobilanz – Anforderungen und Anleitungen
EN ISO 14044:2006, Environmental management – Life cycle assessment – Requirements and guidelines

DIN EN ISO 19011:2011, Leitfaden für Auditierung von Managementsystemen
EN ISO 19011:2011, Guidelines for quality and/or environmental management systems auditing

DIN-Fachbericht 107 (2001), Umweltmanagement – Ökobilanz – Anwendungsbeispiele zu ISO 14041 zur Festlegung des Ziels und des Untersuchungsrahmens sowie zur Sachbilanz

10.2.11 Weitere Regelwerke, Dokumentationen und Informationen

DVS – Deutscher Verband für Schweißen und verwandte Verfahren (Hrsg.):

Merkblatt DVS 2920:2000, Widerstandspunkt-, Buckel- und Rollennahtschweißen von Stahlblech mit metallischen Überzügen

Merkblatt DVS 2925:2005, Widerstandspunkt-, Buckel- und Rollennahtschweißen von organisch dünnfilmbeschichteten Stahlblechen

Merkblatt DVS 2927:2000, Widerstandsbuckelschweißen und Lichtbogenschweißen von einseitig kunststoffbeschichtetem Stahlblech

Merkblatt DVS 2939:2006, Widerstands-, Buckel- und Rollennahtschweißen von Stahl-Kunststoff-Stahl-Verbundwerkstoffen

FOSTA – Forschungsvereinigung Stahlanwendung e. V. im Stahl-Zentrum (Hrsg.):

Dokumentation 707 – Fügen durch Umformen, Nieten und Durchsetzfügen – Innovative Verbindungsverfahren für die Praxis (1996)

Projekt P 265 – Verbinden organisch beschichteter Bleche aus Stahl durch Stanznieten mit Halbhohlniet (1998)

Projekt 278 – Verhalten von Oberflächenbeschichtungen auf Stahlblechen beim Umformen (1998)

Projekt 443 – Schnittflächenbeschichtung mittels Laser bei verzinkten/beschichteten Blechen (2004)

IFBS, Industrieverband für Bausysteme im Stahlleichtbau e. V. (Hrsg.):

IFBS Info 1.04 (2003): Empfehlungen zur Anwendung und Auswahl von Korrosionsschutzsystemen für Bauelemente aus Stahlblech
Info 3.01 (2005): Stahlkassettenprofile
Info 3.02 (2007): Trapezprofile, Wellprofile und Sonderprofile
Info 3.03 (2007): Metall-Polyurethan (PUR)-Sandwichelemente
Info 3.04 (2004): Stahl-Mineralfaser-Sandwichelemente

Stahl-Informations-Zentrum (Hrsg.):

Charakteristische Merkmale 090 (1996): Schwingungsdämpfendes Verbundband und Verbundblech

Charakteristische Merkmale 092 (2008): Elektrolytisch veredeltes Band und Blech

Charakteristische Merkmale 093 (2012): Organisch bandbeschichtete Flacherzeugnisse aus Stahl – Anwendung – Eigenschaften – Verarbeitung

Charakteristische Merkmale 095 (2005): Schmelztauchveredeltes Band und Blech

Merkblatt 109 (2009): Stahlsorten für oberflächenveredeltes Feinblech

Merkblatt 110 (2008): Schnittflächenschutz und kathodische Schutzwirkung

Merkblatt 121 (2003): Korrosionsschutzsysteme für Bauelemente aus Stahlblech

Merkblatt 122 (2004): Stahlfeinbleche mit schweißgeeignetem Korrosionsschutzprimer für den Einsatz in der Automobilindustrie

Merkblatt 191 (2001): Wellprofile aus Stahl

Merkblatt 229 (2004): Beschichten von oberflächenveredeltem Stahlblech

Dokumentation 558 (2010): Bausysteme aus Stahl für Dach und Fassade

Dokumentation 588 (2007): Dach- und Fassadenelemente aus Stahl – Erfolgreich Planen und Konstruieren

STAHL-EISEN-Prüfblätter SEP 1160: Beurteilung schweißgeeigneter Korrosionsschutzprimerfür die Automobilindustrie:

- Teil 1: Korrosionsschutzwirkung (2004)
- Teil 2: Bestimmung der Schichtdicke mittels Gravimetrie (2004)
- Teil 3: Haftungsverhalten (2005)
- Teil 4: Abriebverhalten (2005)
- Teil 5: Prüfung der Klebeignung (2005)
- Teil 6: Prüfung der Eignung hinsichtlich kathodischer Tauchlackierung (2005)

10.3 Verbände, Institute, Beratungsstellen

Berufsgenossenschaft der chemischen Industrie (BG Chemie)
Heidelberg, www.bgchemie.de
Betriebsforschungsinstitut, VDEh-Institut für angewandte Forschung GmbH (BFI)
Düsseldorf, www.bfi.de
Beuth Verlag GmbH
Berlin, www.beuth.de
Bundesverband Deutscher Stahlhandel e. V. (BDS)
Düsseldorf, www.stahlhandel.com
CEPE – The European Council of the Paint, Printing Ink and Artists' Colours Industry
Brüssel, www.cepe.org
CEPMC – Council of European Producers of Materials for Construction
Brüssel, www.cepmc.org
Deutsche Forschungsgesellschaft für Oberflächenbehandlung e. V. (DFO)
Neuss, www.dfo-online.de
Deutscher Stahlbau-Verband DSTV
Düsseldorf, www.deutscherstahlbau.de
Deutsches Institut für Bautechnik (DIBt)
Berlin, www.dibt.de
Deutsches Lackinstitut GmbH
Frankfurt, www.lacke-und-farben.de
DIN Deutsches Institut für Normung e. V.
Berlin, www.din.de

DVS – Deutscher Verband für Schweißen und verwandte Fügeverfahren e. V.
Düsseldorf, www.dvs-ev.de
EAA – European Aluminium Association
Brüssel, www.eaa.net
ECCA – European Coil Coating Association
Brüssel, www.prepaintedmetal.eu
EPAQ – European Quality Assurance Association for Panels and Profiles
Düsseldorf, www.epaq.eu
Eurofer – European Federation of Iron and Steel Industries
Brüssel, www-eurofer.org
Europäische Gesellschaft für Lackiertechnik e. V. (EGL)
Neuss, www.egl-online.de
Fachinfomationszentrum Technik e. V. (FIZ Technik)
Frankfurt, www.fiz-technik.de
Fachvereinigung Kaltwalzwerke e. V.
Düsseldorf, www.kaltwalzwerke.de
Forschungsinstitut Edelmetalle & Metallchemie (FEM)
Schwäbisch Gmünd, www.fem-online.de
FOSTA – Forschungsvereinigung Stahlanwendung e. V.
Düsseldorf, www.stahlforschung.de
FVHF, Fachverband Baustoffe und Bauteile für vorgehängte hinterlüftete Fassaden e. V.
Berlin-Schöneberg, www.fvhf.de
GDA, Gesamtverband der Aluminiumindustrie e. V.
Düsseldorf, www.aluinfo.de
GRM, Gütegemeinschaft für die Reinigung von Metallfassaden e. V.
Schwäbisch Gmünd, www.grm-online.de
GSB International e. V. – Qualitätsgemeinschaft für die Stückbeschichtung von Bauteilen
Düsseldorf, www.gsb-international.de
IAI – International Aluminium Institut
London, www.world-aluminium.org
IFBS, Industrieverband für Bausysteme im Stahlleichtbau e. V.
Düsseldorf, www.ifbs.de
IISI – International Iron and Steel Institute
Brüssel, www.worldsteel.org
iLF Forschungs- u. Entwicklungsgesellschaft Lacke u. Farben mbH
Institut für Lacke und Farben e. V.
Magdeburg, www.lackinstitut.de
INPRO Innovationsgesellschaft für fortgeschrittene Produktionssysteme in der Fahrzeugindustrie, Berlin, www.inpro.de
Max-Planck-Institut für Eisenforschung GmbH (MPIE)
Düsseldorf, www.mpie.de

Normenausschuss Beschichtungsstoffe und Beschichtungen (NAB) im DIN Deutsches Institut für Berlin, www.nab.din.de

Normenausschuss Eisen und Stahl (FES) im DIN Deutsches Institut für Normung e. V. Berlin, http://www.fes.din.de

Normenausschuss Nichteisenmetalle (FNNE) im DIN Deutsches Institut für Normung e. V.
Berlin, www.fnne.din.de

RAL Deutsches Institut für Gütesicherung und Kennzeichnung e. V.
Sankt Augustin, www.ral.de/www.ral-farben.de

RTE – RadTech Europe
The Haag, www.radtech-europe

Stahl-Informations-Zentrum (SIZ)
Düsseldorf, www.stahl-info.de

Stahlinstitut VDEh
Düsseldorf, www.vdeh.de

Verband der Chemischen Industrie e. V. (VCI)
Frankfurt, www.vci.de

Verband der deutschen Lackindustrie e. V. (VdL)
Frankfurt, www.lackindustrie.de

Verband Deutscher Maschinen- und Anlagebau e. V. (VDMA)
Frankfurt, www.vdma.de

WSM Wirtschaftsverband Stahl- und Metallverarbeitung e. V.
Düsseldorf, www.wsm-net.de

Wirtschaftsvereinigung Industrie- und Bau-Systeme e. V. (WIB)
Hagen, www.wib-wirtschaftsvereinigung.de

Wirtschaftsvereinigung Metalle e. V.
Berlin, www.wvmetalle.de

Sachwortverzeichnis

A.-S. Jandel, B. Meuthen, *Coil Coating*,
DOI 10.1007/978-3-8348-2354-0, © Springer Fachmedien Wiesbaden 2013

GPSR Compliance

The European Union's (EU) General Product Safety Regulation (GPSR) is a set of rules that requires consumer products to be safe and our obligations to ensure this.

If you have any concerns about our products, you can contact us on ProductSafety@springernature.com

In case Publisher is established outside the EU, the EU authorized representative is:

Springer Nature Customer Service Center GmbH
Europaplatz 3
69115 Heidelberg, Germany

Batch number: 10584690

Printed by Printforce, the Netherlands